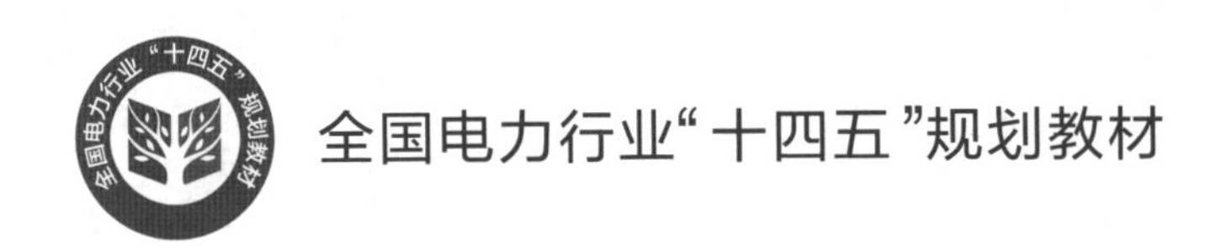

GONGCHENG LIUTI LIXUE

工程流体力学

（第三版）

刘向军　编
杜广生　主审

中国电力出版社
CHINA ELECTRIC POWER PRESS

内 容 提 要

本书为北京市精品课程配套教材。本书根据流体力学学科自身的规律，完整而系统地介绍流体力学的基础知识及工程应用。在内容安排上以牛顿第二定律为主线索，采用微元分析的方法构建方程，从自然界最基本的质量、能量与动量守恒出发，由一维到二维、三维，由理想流体到黏性流体，由不可压缩流体到可压缩流体，展开全书内容。全书共八章，内容包括流体力学的基本概念、流体静力学、流体动力学基础、黏性流体流动基础、理想流体的有势流动和旋涡流动基础、黏性流体的多维流动、相似原理与量纲分析及气体动力学基础，涵盖了能源动力类学科工程流体力学课程教学的基本要求。

本书可作为高等院校能源与动力类、机械类、化工类、环境类等专业的本科生教材，也可供其他专业选用。

图书在版编目（CIP）数据

工程流体力学/刘向军编．—3版．—北京：中国电力出版社，2024.7
ISBN 978-7-5198-8443-7

Ⅰ.①工…　Ⅱ.①刘…　Ⅲ.①工程力学－流体力学－高等学校－教材　Ⅳ.①TB126

中国国家版本馆CIP数据核字（2023）第245970号

出版发行：中国电力出版社
地　　址：北京市东城区北京站西街19号（邮政编码100005）
网　　址：http://www.cepp.sgcc.com.cn
责任编辑：周巧玲（010-63412535）
责任校对：黄　蓓　王小鹏
装帧设计：郝晓燕
责任印制：吴　迪

印　　刷：廊坊市文峰档案印务有限公司
版　　次：2007年8月第一版　2024年7月第三版
印　　次：2024年7月北京第一次印刷
开　　本：787毫米×1092毫米　16开本
印　　张：15.25
字　　数：373千字
定　　价：48.00元

前　言

工程流体力学是高等工科院校能源动力、机械、工物、汽车、化工、液压、环保、土木等专业的专业基础课，是学习上述专业课程、掌握相应专业知识以及在专业领域进一步深造的必要条件。本书系统介绍流体力学基础概念、基本原理及其工程应用。在内容编排上，从简到繁、循序渐进，由一维到二维、三维，由理想流体到黏性流体，由不可压缩流体到可压缩流体，展开全书内容。在概念、定理的引入方面，注重概念和知识点的工程背景，强调其物理意义与工程应用。在公式推导方面，从自然科学最基本的牛顿第二定律、质量、能量与动量守恒出发，采用微元分析的方法构建方程。例题和习题量的选取注重典型性和实用性。本书的编写，旨在便于学生迅速准确吸收学科要点，培养解决工程实际问题的能力和方法。

此次修订结合多年教学实践经验，并适应目前高校教改趋势，对全书内容进一步修订。主要修订内容是：删减了原第九章有关热气体流动的全部内容；删减了第四章、第六章和第八章部分章节内容；对全文文字表述进行了修订；修改了部分习题；每章增加了复习思考题。

本书的再版得到了北京科技大学教材建设经费和北京高校“重点建设一流专业”能源与动力工程专业建设项目的资助，得到了北京科技大学教务处的全程支持。

编　者

2024.3

第一版前言

流体力学是宏观力学的分支，它是研究流体平衡、运动以及流体和固体相互作用所遵循规律的一门学科。工程流体力学还注重研究这些规律在工程实际中的应用。

流体力学是人类在长期的生产实践中发展起来的一门学科。人类很早就在从事农业生产中为了用水方便开始认识和利用水流的规律，开沟引渠，实现人工灌溉。中国古代已开始大规模治理黄河、沟通连接五大水系的大运河，并在公元前256～前210年间修建了著名的都江堰等工程。公元前250年，阿基米德提出了浮力定律，这是人类最早利用流体力学的原理定量分析实际问题。到17世纪，流体力学开始系统形成与发展，1647年帕斯卡揭示了流体静力学的基本规律；1687年牛顿在理论分析和实验研究的基础上，提出了黏性流体的切应力公式，即牛顿内摩擦定律；1738年，伯努利建立了不可压缩流体流动的能量方程——伯努利方程；1755年欧拉在其论著中系统地建立了流体的连续性方程和理想流体的运动微分方程，提出了描述流体运动的欧拉法，欧拉被公认为是理论流体力学的奠基人。到19世纪初，纳维和斯托克斯先后提出了黏性流体的运动微分方程，即N-S方程，流体力学得以突破性的进展。19世纪末到20世纪初，流体力学加速发展，著名的雷诺实验揭示了黏性流体的层流和湍流两种流态；普朗特提出了边界层的概念，建立了边界层理论；雷诺、瑞利、伯金汉等人建立和完善了相似原理和量纲分析的理论；雷诺和普朗特对湍流进行了系统的研究，提出了雷诺应力等概念，奠定了湍流研究的理论基础；尼古拉兹、莫迪等人采用实验研究揭示了管流的阻力规律，有压管流的水力计算基本成熟；空气动力学研究的成果在此时期大量涌现，库塔和儒可夫斯基分别揭示了物体绕流的升力规律，建立了翼型理论；儒可夫斯基采用保角变换计算得到了一种理想的翼型；黎曼和马赫通过理论和实验研究揭示了激波规律；普朗特开始进行气体动力学的系统研究；布泽曼在普朗特的工作基础上改进设计得到了第一座超声速风洞；中国科学家钱学森提出了平板可压缩层流边界层的解法，该方法在机翼理论中广泛使用。空气动力学理论的成熟使得人类的航空航天事业得以迅猛发展，到20世纪50年代后期，人类飞行和进入太空的理想已基本实现，超声速飞机、人造卫星和航天飞机的成功也标志着流体力学已形成一个系统严密的学科。

流体力学发展到现代，其研究内容和发展方向有了明显的改变。一方面，研究问题的难度与复杂程度加大，湍流、旋涡运动、非稳定流动的研究不断深入；另一方面，流体力学在各个工业技术领域不断应用，深入研究与解决能源、化工、海洋、运输、环境等行业中的流体力学问题是流体力学的一个新的发展方向，相应地，出现了许多新的学科分支和交叉学科，如生物流体力学、多相流体力学、非牛顿流体力学、环境流体力学、地球物理流体力学、磁流体力学、稀薄气体流体力学等。流体力学发展到今天，目前已很难找到一个与流体力学无关的技术部门，几乎所有工业技术的发展都有流体力学的贡献。例如运输行业中现代汽车、船舶的设计；冶金工业中各种工业炉窑、燃烧装置和反应器中气体、液态金属等的流动与反应；水利工程、土木工程和市政建设中建筑的设计与管道的布置；航空工业中各种飞机和飞行器的设计；动力行业中所有动力设备的设计与安全运行；化工行业中反应器的优化设计；机械工业中的润滑、冷却、液压传动、气力输送、液压和气动控制问题；石油工业中石油的开采与输送；电子产品的生产和计算机运行的冷却问题；海洋潮汐、飓风及天气预报；人类环境的保护、大气污染的治理、污水垃圾的治理与利用；人体内部循环系统等，上述所有问题的解决都要用到流体力学的基本原理。流体力学的发展带动了工业技术的发展，同时，流体力学在各行业的应用中也不断发现新的问题，解决不断出现的问题，又推动了流体力学自身的发展。

流体力学是几乎所有的工业技术部门都必须应用和研究的一门重要学科，对于工科许多专业，流体力学都属于技术基础课程。流体力学是高等工科院校能源动力、机械、工物、汽车、化工、液压、环保、土木等专业的专业基础课，是学习上述专业课程、掌握相应专业知识以及在专业领域进一步深造的必要条件。

本教材根据流体力学学科自身的规律，完整而系统地介绍流体力学的基础知识及工程应用。在内容安排上以牛顿第二定律为主线索，采用微元分析的方法构建方程，从自然界最基本的质量、能量与动量守恒出发，由一维到二维、三维，由理想流体到黏性流体，由不可压缩流体到可压缩流体，展开全书内容。前八章涵盖了能源动力类学科工程流体力学课程教学的基本要求。考虑到目前高等院校能源动力类学科课程设置及学时的特点，第九章介绍热气体相对于大气的静止与运动规律，供师生选用。

北京科技大学工程流体力学课程于2007年被评为北京市精品课程。

本书由北京科技大学刘向军编写。山东大学杜广生教授和北京科技大学郭鸿志教授审阅了全书，对本书的编写提出了大量的宝贵意见，在此表示感谢。

限于编者的水平和经验，书中不足与不妥之处在所难免，恳请读者指评指正。

编　者

2007.06

第二版前言

流体力学是宏观力学的分支，它是研究流体平衡、运动以及流体和固体相互作用所遵循规律的一门学科，工程流体力学还注重研究这些规律在工程实际中的应用。

流体力学是高等工科院校能源动力、机械、工物、汽车、化工、液压、环保、土木等专业的专业基础课，是学习上述专业课程、掌握相应专业知识以及在专业领域进一步深造的必要条件。然而流体力学概念抽象、公式繁多，学生在学习过程常常出现困难。本书的编写，在公式推导方面，从自然科学最基本的牛顿第二定律、质量、能量与动量守恒出发，采用微元分析的方法构建方程，帮助学生在较高的自然科学的层次上理解与掌握流体力学。在内容编排上，从简到繁、循序渐进，由一维到二维、三维，由理想流体到黏性流体，由不可压缩流体到可压缩流体，展开全书内容。在概念、定理的引入方面，注重概念和知识点的工程背景，强调其物理意义与工程应用。在选材方面，重视理论与工程实际的结合，例题和习题量大，且在选取时注重典型性和实用性。本书的编写，旨在便于学生迅速准确吸收学科要点，培养解决工程实际问题的能力和方法。

本书于 2007 年 8 月第一次出版。本次修订对第一版的体系和结构未加改动，主要修订了某些概念定义的不严格，以及文字上的不妥之处。

北京科技大学工程流体力学课程于 2007 年被评为北京市精品课程。

本书的再版得到了教育部本科教学工程——专业综合改革试点项目经费和北京科技大学教材建设基金的资助。

编　者

2013.7

目　　录

第一章　流体力学的基本概念

本章主要介绍流体及流体力学的基本概念，为后续的学习打下基础。第一节介绍流体的定义，以及研究流体力学问题的最基本的假设——连续介质假设；第二节介绍流体的物理性质，如流体的密度、比体积等；第三节介绍作用在流体上的力——质量力和表面力；第四～七节介绍流体在质量力和表面力的作用下，表现出的与固体相区别的力学性质：流体的流动性、流体的黏性、流体的可压缩性和液体的表面特性。

第一节　流体的定义与连续介质假设

一、流体的定义

液体与气体这些能流动的物体统称为流体。明确流体的概念与特征，可从它与固体的直观区别、力学特征及微观构成等几个方面加以说明。

流体与固体最直观的区别在于，固体有确定的形状，而流体的形状取决于与流体接触的固体边界。从力学特征而言，固体和流体可以从其切应力与变形量间关系的不同来理解。一般而言，固体在一定的切应力作用下会产生固定的变形，力不变，变形量一般也不变。在所受应力小于其屈服应力的情况下，当应力取消后，固体所产生的变形就会消失；只有在所受应力大于其屈服应力的情况下，固体才会产生永久的变形，或是断裂。而就流体而言，只要有切应力作用在流体上，不论切应力的大小如何，都将使流体发生连续的变形，即使流体流动。流体不能在任何微小的切应力作用下保持静止。

在微观分子结构和分子运动形式方面，物质固态、液态与气态的区别在于其分子间平均距离和微观运动形式不同。固体分子间的平均距离最小，分子间的吸引力很强，固体的分子只能在其平衡位置上振动，固体具有刚性；液体分子间的平均距离较大，分子间的吸引力较弱，分子能较自由地运动；气体分子间的平均距离更大，分子间的吸引力更弱，因而气体的分子能更自由地运动。这就是流体具有很大流动性的原因，而且气体的流动性远远大于液体。

在分析与处理一般工程问题时，流体力学作为一门宏观学科，一般不涉及流体的分子结构与分子运动问题，而是将流体看作是连续不断且其中没有空隙的介质，即所谓的连续介质。在此前提下，就可利用连续函数的概念来分析与解决问题。

二、流体质点的概念及流体连续介质假设

流体和其他物质一样是由大量做无规则运动的分子组成的，且分子之间的间距远大于分子本身，从微观结构上看，流体是不连续的介质。流体力学作为宏观力学的分支，并不关心流体的微观结构与微观运动问题，而是研究流体在外力作用下的各种宏观特性。其最小研究对象是包含足够多分子且具有稳定宏观特性的流体微团——流体质点。

下面以流体密度的定义为例，对流体质点的概念进行深入讨论。

如图 1-1 (a) 所示，自流体内划分出一块流体，其体积为 δV，质量为 δm，此块流体内包含一点 P，P 点的坐标为 $P(x,y,z)$。体积 δV 内流体的平均密度为 $\delta m/\delta V$。现将 δV

缩小趋近于 P 点，图 1 - 1（b）所示为 δV 缩小过程中 $\rho=\delta m/\delta V$ 的变化。起初，体积 δV 内分子很多，流体平均密度为一个确定的数值，能代表宏观特性，但随着 δV 逐渐缩小，其内所包含的分子数目越来越少。当 δV 缩小至小于 $\delta V'$ 以后，该体积内只包含少量的分子，由于分子无规则运动，$\delta m/\delta V$ 的值剧烈地起伏变化，无法给 ρ 一个确定的数值。因此，流体内一点的流体密度 ρ 只能定义为

$$\rho=\lim_{\delta V\to\delta V'}\frac{\delta m}{\delta V} \tag{1-1}$$

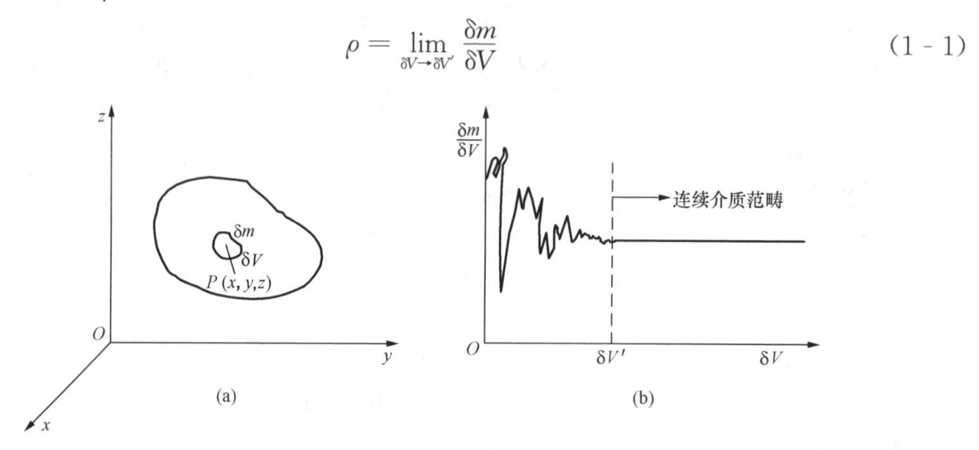

图 1 - 1　流体质点的概念及流体连续介质假设

由此可见，$\delta V'$ 是使流体具有宏观特性所允许的最小体积，体积小至 $\delta V'$ 的流体微团就称为流体质点。流体质点虽小，却包含了为数众多的分子。以空气为例，在标准状态下，1cm^3 的空气包含 2.7×10^{19} 个分子，当用常规方法对空气进行实验测定时（如采用皮托管、热丝风速仪等），即使这些仪器探头的尺寸小到体积为 10^{-9}cm^3，在此微小体积内，标准状态下包含的空气分子数目还会有 2.7×10^{10} 个。如此巨大的分子数足以表现出与分子数无关的宏观特性。而对于流体力学的研究对象，一般问题能了解到体积为 10^{-9}cm^3 就已足够精确了。

综上所述，引入流体质点的概念后，就可认为流体是由无数个连续分布的流体质点所组成的连续介质，即在充满流体的空间内每一点都被相应的流体质点所占据，其中没有间隙。可见连续介质是一个宏观概念，在此概念下不需要考虑流体单个分子的情况，流体质点就是构成流体连续介质的最小物质单位。在连续介质假设的前提下，流场空间内流体的密度 ρ 就可以用连续函数表示为

$$\rho=\rho(x,y,z,t) \tag{1-2}$$

其中，t 为时间。与密度 ρ 相同，在连续介质的假设下，流体的其他参数（如压强、速度等）也是空间和时间的连续函数。

连续介质假设是分析流体力学问题时的基本假设，但由上述连续介质假设的引入可见，流体质点的概念是流体连续介质假设的基础，流体质点作为宏观最小研究单元必须包含足够多的流体分子，同时研究对象内又必须包含足够多的流体质点，此时流体连续介质假设才能成立。也就是说，流体连续介质假设的条件是：流体质点的尺度需远大于分子的运动尺度，同时又远小于研究对象的特征尺度。因此，只有宏观研究对象远大于分子的运动尺度时，不需要考虑分子微观运动，才能定义流体质点，采用流体连续介质假设研究问题。实践结果表明，流体连续介质假设在研究流体宏观运动时是合理的，基于流体连续介质假设建立起来的

流体力学理论是正确的。

但是，在较深入地分析一些问题的时候，也常需要从流体真实的微观性质来考虑。例如，流体的黏度系数、导热系数与扩散系数的机理，以及流体动力学基本方程建立的依据及其可靠性等问题，都需要从微观的流体分子运动理论等出发来研究考察。而在研究微尺度流动（如直径为 8×10^{-4}cm 的红细胞在直径为 10^{-3}cm 微血管内流动）或高空稀薄气体流动等问题时，研究对象的尺度和微观运动尺度相当，不能采用连续介质假设，也需要从微观的流体分子运动理论出发。上述问题本书不予讨论。

第二节　流体的密度与比体积

一、流体的密度

密度是指单位体积流体所具有的质量，它表征流体质量在空间的密集程度，对于均质流体，流体密度 ρ 的定义为

$$\rho=\frac{m}{V} \tag{1-3}$$

式中：ρ 为密度，kg/m^3；m 为流体的质量，kg；V 为流体的体积，m^3。

由密度的定义可知，流体的密度与温度和压强有关。但一般液体的密度随温度和压强的变化幅度较小，对于一般工程问题，可认为液体的密度不随压强和温度的变化而改变。

在气体压强不太高而温度又远高于其液化温度的情况下，气体的密度与温度及压强的关系可按完全气体（热力学中的理想气体）的状态方程写为

$$\rho=\frac{p}{RT} \tag{1-4}$$

式中：p 为绝对压强，N/m^2 或 Pa；R 为气体常数，J/（kg·K）；T 为热力学温度。

式（1-4）中，$R=8314.34/M$，M 为气体分子量；$T=t℃+273$。

在可以将气体的压强看作是常数的情况下，常按以下方程计算不同温度下气体的密度：

$$\rho_t=\frac{\rho_0}{1+\alpha t} \tag{1-5}$$

$$\alpha=1/273℃$$

式中：ρ_t 为 t℃时气体的密度，kg/m^3；ρ_0 为 0℃时气体的密度，kg/m^3。

1 标准大气压下不同温度时水和常见流体的密度见表 1-1 和表 1-2，空气在不同温度下的密度见表 1-3。

表 1-1　水在不同温度下的密度

温度（℃）	密度（kg/m³）	温度（℃）	密度（kg/m³）	温度（℃）	密度（kg/m³）
0	999.87	20	998.23	60	983.24
4	1000.0	25	997.00	70	977.80
5	999.99	30	995.70	80	971.80
10	999.73	40	992.24	90	965.30
15	999.13	50	988.00	100	958.40

表 1-2 常见流体的密度

液体	密度（kg/m³）	温度（℃）	液体	密度（kg/m³）	温度（℃）
海　水	1025	20	煤　油	808	20
酒　精	789	20	润滑油	890～920	15
水　银	135 50	20	氧气	1.429	0
甲　醇	791.3	20	氮气	1.251	0
苯	895	20	氢气	0.089 9	0
甘　油	1258	20	二氧化碳	1.976	0
石　油	880～890	15	二氧化硫	2.927	0
普通汽油	700～750	15	水蒸气	0.804	0

表 1-3 空气在不同温度下的密度

温度（℃）	密度（kg/m³）	温度（℃）	密度（kg/m³）	温度（℃）	密度（kg/m³）
0	1.293	25	1.185	70	1.029
5	1.273	30	1.165	80	1.000
10	1.248	40	1.128	90	0.973
15	1.226	50	1.093	100	0.946
20	1.205	60	1.060		

二、流体的相对密度

工程上还经常用到相对密度的概念，流体的相对密度是指流体的密度与4℃时水的密度的比值，通常用 d 表示，即

$$d=\frac{\rho}{\rho_w} \tag{1-6}$$

式中：ρ_w 为4℃时水的密度，kg/m³。

显然，相对密度是一个无量纲量。

三、流体的比体积

密度的倒数称为比体积，记为 v，即

$$v=\frac{1}{\rho} \tag{1-7}$$

比体积的单位为 m³/kg，它表示单位质量的流体所占有的体积。

四、混合气体的密度

工程中常见的煤气、烟气等都是混合气体，混合气体的密度可按各组分气体所占的体积百分数计算，即

$$\rho=\rho_1\alpha_1+\rho_2\alpha_2+\cdots+\rho_n\alpha_n=\sum_{i=1}^{n}\rho_i\alpha_i \tag{1-8}$$

式中：ρ_i 为混合气体中各组分气体的密度；α_i 为混合气体中各组分气体所占的体积百分比。

【例 1-1】 氧气瓶容积为 0.02m³，瓶内绝对压强为 $1.013\,3\times10^7$Pa，温度为15℃。放出部分氧气后，压强下降到 $7.701\,1\times10^6$Pa，温度降为10℃。问放出的氧气质量是多少？[氧气的气体常数 $R=260$J/（kg·K）]

解 由完全气体的状态方程 $\rho=\frac{p}{RT}$，且 $m=\rho V$，所以瓶中气体的质量可计算为 $m=\frac{pV}{RT}$。

则瓶中原有气体的质量为

$$m_1 = \frac{1.0133 \times 10^7 \times 0.02}{260 \times 288} = 2.71(\text{kg})$$

放出部分氧气后瓶中气体的质量为

$$m_2 = \frac{7.7011 \times 10^6 \times 0.02}{260 \times 283} = 2.09(\text{kg})$$

所以放出的氧气质量为

$$\Delta m = m_1 - m_2 = 0.62\text{kg}$$

第三节　作用在流体上的力

作用在流体上的力可分为体积力和表面力两大类。

体积力，可以远距离地作用在流体内每一流体质点上，如重力、离心力、带电流体上作用的电磁力等。由于体积力可以远距离作用，所以对于一小块流体而言，可认为其中所受的体积力处处相同，流体所受的总体积力是与流体的体积成正比的，因此将这种力称为体积力。体积力与流体的体积成正比，因此也与流体的质量成正比，故也将体积力称为质量力。设$\vec{f}$为作用在单位质量流体上的质量力，则体积为 dV、密度为 ρ 的一块流体上所受的质量力为

$$\mathrm{d}\vec{F} = \vec{f}\rho \mathrm{d}V$$

单位质量力$\vec{f}$的单位为 N/kg 或 m/s^2。将单位质量力$\vec{f}$在 x、y、z 三个方向上的分量分别用 f_x、f_y、f_z 表示，则

$$\vec{f} = f_x \vec{i} + f_y \vec{j} + f_z \vec{k}$$

作用在流体上的另一类力就是表面力，如压力、内摩擦力等。表面力是直接作用在所约定的流体表面上的力，一块约定的流体表面上总表面力的大小，与此表面积的大小成正比。

如图 1-2 所示，在流体内划定一块面积 A，面积 A 可以在流体内部或在两种流体的界面上，也可以在流体与固体的接触面上。δA 为面积 A 上的一微元面积，a 为 δA 上的一点，$\vec{n}$为 δA 的外法向方向。与 δA 相接触的流体或固体作用在 δA 上的总表面力为$\vec{F}$。将$\vec{F}$分解为垂直于 δA 的分量 $\vec{F}_n$ 及与 δA 相切的分量 $\vec{F}_\tau$。分量$\vec{F}_n$即为法向表面力，若其方向与$\vec{n}$一致，则为拉力，定义为正；若其方向与$\vec{n}$相反，则为压力，定义为负。δA 面积上的平均法向应力$\bar{\sigma}$为

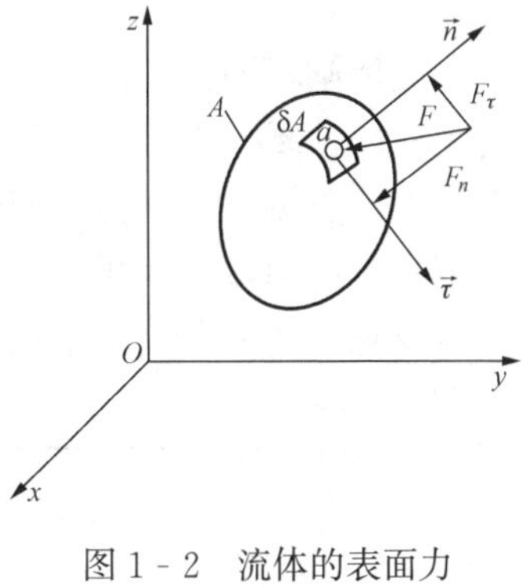

图 1-2　流体的表面力

$$\bar{\sigma} = \frac{F_n}{\delta A}$$

令 δA 缩小趋近于点 a，就得到流体的法向应力为

$$\sigma = \lim_{\delta A \to 0} \frac{F_n}{\delta A} \tag{1-9}$$

分量 F_τ 称为流体的切向力，一般是流体的内摩擦力，δA 面积上流体的平均切应力$\bar{\tau}$为

$$\bar{\tau} = \frac{F_\tau}{\delta A}$$

流体内任意一点的切应力定义为

$$\tau = \lim_{\delta A \to 0} \frac{F_\tau}{\delta A} \tag{1-10}$$

流体在表面力和体积力的作用下，表现出与固体相区别的力学性质：流体的流动性、流体的黏性、流体的可压缩性和液体表面具有张力的性质。本章的后续内容将分别讨论流体的上述力学性质。

第四节 流体的流动性

流体流动性最直观的体现就是流体易于变形，没有固定的形状。流体的流动性可以从受力特征和应力与应变的关系更明确地体现出来。

1. 受力特征

一般情况下，固体能承受一定的压力、拉力、切向力，在上述一定限度内的力的作用下一般能保持一定的形状不变。而流体一般不能承受拉力，在静止状态下也不能承受切向力。在任何微小切向力的作用下，流体都会变形，产生流动。

2. 应力与应变的关系

如图 1-3 所示，有一立方体的固体，下端固定，有一切向力 F 作用于固体的顶部。根据剪切形变的胡克定律，在一定变形限度内，切应力与切应变成正比，因而对于固体，一定的切应力对应一定的切应变，应力不变，应变也不变。

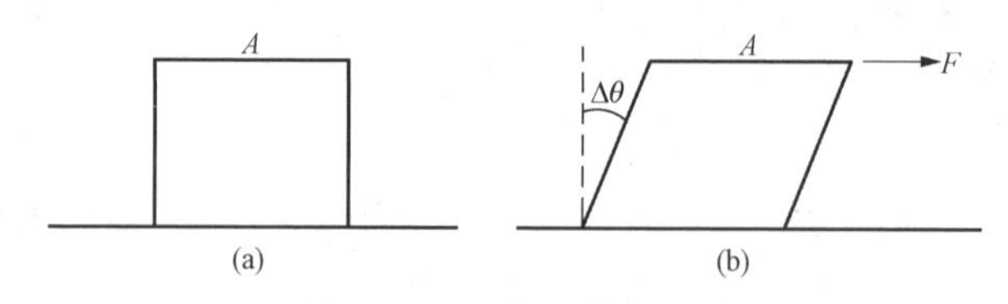

图 1-3 固体的剪切形变

而流体则不同。如图 1-4 所示，假设两平板间充满流体，下平板固定，上平板作用一切向力 F。只要有切向力 F 作用在上平板上，上平板将以一定速度运动，流体将持续不断地变形。由此可见，在任何切应力作用下，流体都会产生持续变形，只要切应力不停止作用，流体就永远不会达到静止。

这就是流体流动性的表现。

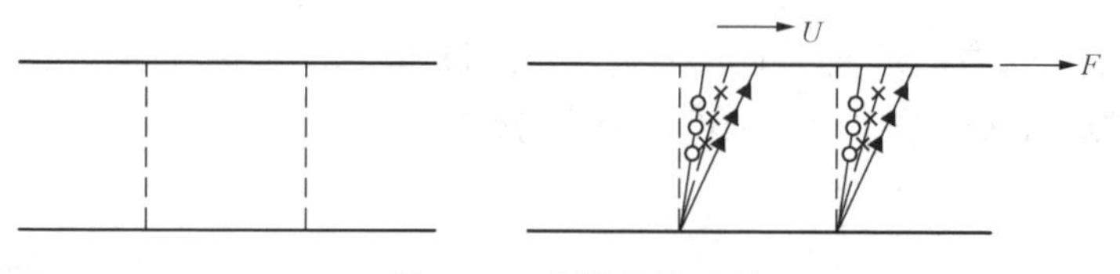

图 1-4 流体的流动性

第五节 流体的黏性

一、流体的黏性与牛顿内摩擦定律

流体的黏性是指流体微团之间或流体与固体表面之间存在相对运动时，流体产生内摩擦力阻碍彼此分离的特性。黏性是流体的重要属性，所有的实际流体都具有黏性。当然，流体处于静止时，没有相对运动，不呈现黏性。

如图1-5所示，在平行平板间充满黏性流体，下平板固定，上平板以速度U缓慢移动，平板间的流体将呈现层状运动。在此情况下，可以认为平板间的流体是分为无限多、无限薄与平板平行的流体层向右移动。实验研究表明，黏附在下平板上的流体层固定不动，速度为零，而黏附在上平板上的流体层将随平板以速度U向右运动，并带动与其相邻的下层流体向右运动。由于流体的内摩擦，上层流体对其下层流体有一个向前的拖力，带动下层流体向前运动，而下层流体对上层流体有一与运动方向相反的阻力。待平板间流体的运动达到稳定后，板间流体的速度分布如图1-5所示。此时，为维持平板间流体的运动，必须在上平板上保持切向拉力F'，而在平板下方，将作用一大小相等方向相反的流体阻力F。

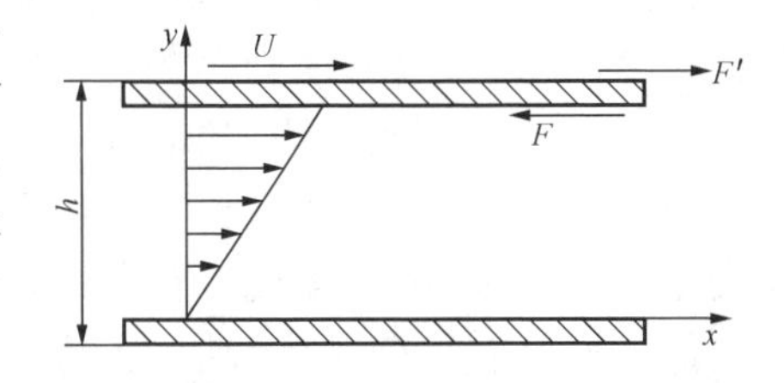

图1-5　流体黏性实验示意

显然拖动平板的力是用于克服流体的摩擦阻力，当流动稳定时，两者大小相等，方向相反。大量的实验研究表明，对于一般流体（如水、气体等）而言，摩擦阻力F的大小与平板表面积A成正比，与流体内的速度梯度$\mathrm{d}u/\mathrm{d}y$成正比，同时与流体的种类有关，可以表达为

$$F=\eta A\frac{\mathrm{d}u}{\mathrm{d}y} \tag{1-11}$$

式（1-11）中，比例系数η的数值取决于流体的种类，是流体黏性大小的表征，称为流体的绝对黏度或动力黏度，单位为Pa·s。

若用流体的内摩擦切应力τ来表示，式（1-11）可写为

$$\tau=\pm\eta\frac{\mathrm{d}u}{\mathrm{d}y} \tag{1-12}$$

在式（1-12）中加上“±”号，是在速度梯度为负时取负号，使τ保持为正值。式（1-12）通常称为牛顿内摩擦定律。可以看出，当$\mathrm{d}u/\mathrm{d}y=0$，流体内部没有相对运动，内摩擦切应力$\tau=0$，流体不呈现黏性。

二、黏度的表示方法

流体的黏度是流体黏性大小的度量，常用动力黏度、运动黏度和相对黏度来表示。

由式（1-12）可知，动力黏度的大小为

$$\eta=\frac{\tau}{\mathrm{d}u/\mathrm{d}y} \tag{1-13}$$

η在数值上与流体速度梯度$\mathrm{d}u/\mathrm{d}y$为1时所产生的内摩擦应力τ大小相同。在国际单位制中，应力的单位为Pa，相应地，动力黏度η的单位为Pa·s，或$\mathrm{N\cdot s/m^2}$。对于黏性小的流体，如水、酒精、空气等，η值较小；对于黏性大的流体，如甘油等，η值则较大。

在分析流体流动问题的时候，常常使用动力黏度η与流体密度ρ的比值，定义：

$$\nu=\frac{\eta}{\rho} \tag{1-14}$$

式中：ν为流体的运动黏度，$\mathrm{m^2/s}$。

液体的黏度常用恩氏黏度计来测定，表示为恩氏黏度（°E）。其测量方法如下：将$200\mathrm{cm^3}$的被测液体装入恩氏黏度计的容器内，测量它在某温度下（通常是20℃）从容器下

部直径为 2.8mm 的小孔中流出的时间 t_1；再将 200cm^3 的蒸馏水加入容器中，测量 20℃的蒸馏水从小孔流出的时间 t_2，t_1 和 t_2 的比值就是被测液体的恩氏黏度°E，按式（1 - 15）可将恩氏黏度°E 换算为液体的运动黏度：

$$\nu=\left(0.0731\,{}^{\circ}\mathrm{E}-\frac{0.0631}{{}^{\circ}\mathrm{E}}\right)\times10^{-4}\quad \mathrm{m^2/s} \tag{1-15}$$

三、流体黏性产生的原因和影响因素

流体的黏性是流体的微观结构和微观运动体现出来的宏观特性。黏性产生的原因有两种。

（1）分子间的相互吸引力。当流体微团之间存在相对运动时，相邻分子间的吸引力阻碍彼此分离，产生内摩擦阻力。

（2）分子不规则热运动的动量交换产生的阻力。一方面流体分子总是在做不规则的热运动。另一方面各层流体以各自的宏观流动速度向前运动，例如原来在低速度层的流体分子由于分子的热运动，跃迁至流速较高的流层内，将引起动量的变化；同理，若原来在高速度层的流体分子由于分子的热运动，运动至流速较低的流层内，也将引起动量的变化。根据动量定理，两层流体间就产生一对平行于宏观运动方向的力，即为内摩擦阻力。

流体的黏性是上述两方面原因共同作用的结果。对于气体，气体分子间的间距大，分子间的相互吸引力小，分子不规则热运动剧烈，气体的黏性主要是分子做不规则热运动引起的；对于液体，液体分子间的间距远远小于气体，分子间吸引力大，液体分子热运动较弱，因此形成液体黏性的主要原因是分子间的引力。

流体的黏度与压强和温度有关，但实验研究表明，一般情况下，可以认为流体的绝对黏度 η 与压强无关，仅随流体温度的变化而改变。

由于液体的黏性主要取决于分子间的引力，温度升高，液体分子间的距离加大，分子间的引力减小，故液体的黏性随温度的增高而下降。在以重油为燃料的炉子上，为了降低重油的黏性，改善其流动性，常将重油加热到一定温度，以便输送并改善重油的雾化。

水的动力黏度 η 与温度的关系如下：

$$\eta=\frac{\eta_0}{1+0.0337t+0.000221t^2} \tag{1-16}$$

式中：η_0 为 0℃时水的动力黏度，Pa・s；t 为水温，℃。

常见液体在 20℃时的黏度见表 1 - 4。1atm 下水的黏度随温度的变化见表 1 - 5。

气体的黏性主要取决于分子做不规则热运动的程度，温度越高，则其分子的热运动程度越剧烈，气体的黏性越大，故气体的黏性随气体温度的升高而增大。

在压强小于 1MPa 时，气体的动力黏度 η 与温度的关系常用苏士兰德（Sutherland）公式计算：

$$\eta=\eta_0\frac{273+S}{T+S}\left(\frac{T}{273}\right)^{1.5} \tag{1-17}$$

式中：η_0 为 0℃时气体的动力黏度，Pa・s；S 为苏士兰德常数；T 为气体的热力学温度，K。

常见气体 0℃时的黏度、分子量和苏士兰德常数见表 1 - 6。1atm 下空气的黏度随温度的变化见表 1 - 7。

表 1-4　常见液体的黏度（20℃）

液体名称	$\eta(\times10^{-3}Pa\cdot s)$	$\nu(\times10^{-6}m^2/s)$
水　银	1.56	0.168 5
苯	0.65	0.726 3
汽　油	0.29	0.427 7
煤　油	1.92	2.376 2
四氯化碳	0.97	0.610 8

表 1-5　水的黏度随温度的变化

温度（℃）	$\eta(\times10^{-3}Pa\cdot s)$	$\nu(\times10^{-6}m^2/s)$	温度(℃)	$\eta(\times10^{-3}Pa\cdot s)$	$\nu(\times10^{-6}m^2/s)$
0	1.792	1.792	40	0.656	0.661
5	1.519	1.519	45	0.599	0.605
10	1.308	1.308	50	0.549	0.556
15	1.140	1.141	60	0.469	0.477
20	1.005	1.007	70	0.406	0.415
25	0.894	0.897	80	0.357	0.367
30	0.801	0.804	90	0.317	0.328
35	0.723	0.727	100	0.284	0.296

表 1-6　常见气体 0℃ 时的黏度、分子量和苏士兰德常数

气体名称	$\eta_0(\times10^{-6}Pa\cdot s)$	$\nu_0(\times10^{-6}m^2/s)$	M	S
空气	17.09	13.20	28.96	111
氧	19.20	13.40	32.00	125
氮	16.60	13.30	28.02	104
氢	8.40	93.50	2.016	71
一氧化碳	16.80	13.50	28.01	100
二氧化碳	13.80	6.98	44.01	254
二氧化硫	11.60	3.97	64.06	306
水蒸气	8.93	11.12	18.01	961

表 1-7　空气的黏度随温度的变化

温度（℃）	$\eta(\times10^{-6}Pa\cdot s)$	$\nu(\times10^{-6}m^2/s)$	温度(℃)	$\eta(\times10^{-6}Pa\cdot s)$	$\nu(\times10^{-6}m^2/s)$
0	17.09	13.20	260	28.06	42.40
20	18.08	15.00	280	28.77	45.10
40	19.04	16.90	300	29.46	48.10
60	19.97	18.80	320	30.14	50.70
80	20.88	20.90	340	30.08	53.50
100	21.75	23.00	360	31.46	56.50
120	22.60	25.20	380	32.12	59.50
140	23.44	27.40	400	32.77	62.50
160	24.25	29.80	420	33.40	65.60
180	25.05	32.20	440	34.02	68.80
200	25.82	34.60	460	34.63	72.00
220	26.58	37.10	480	35.23	75.20
240	27.33	39.70	500	35.83	78.50

工程中的研究对象常常是混合气体，混合气体的动力黏度常用经验公式（1-18）计算：

$$\eta=\frac{\sum_{i=1}^{n}a_iM_i^{1/2}\eta_i}{\sum_{i=1}^{n}a_iM_i^{1/2}} \tag{1-18}$$

式中：a_i 为混合气体中各组分气体所占的体积百分比；M_i 为混合气体中各组分气体的分子量；η_i 为混合气体中各组分气体的动力黏度。

四、实际流体与理想流体

自然界中实际存在的流体称为实际流体，所有的实际流体都是有黏性的。但在实际流动问题中，有些问题黏性不是主要影响因素，忽略流体的黏性能使问题大大简化，且不影响关键问题的解决。另外，即使是对于黏性为主要影响因素的流动问题，在研究过程中，先忽略黏性的影响得出流动规律，再研究有黏性影响时的实际情况，更有利于问题的有效解决。因此，人们在研究流体力学问题时，对实际流体进行近似和简化，提出了一种没有黏性或其黏度可以看作是零的流体模型，称为理想流体。

理想流体是人们在解决流体流动问题时所抽象出的一种流体模型，是一种简化的研究方法。理想流体概念的引入对流体力学基本理论的建立具有重要意义，流体力学的基本理论正是从理想到实际逐步完善起来的，对很多实际问题的解决也是十分有用的，例如研究管流的基本规律，解决机翼、叶栅的绕流问题等。

五、牛顿流体与非牛顿流体

牛顿流体内摩擦定律揭示了内摩擦切应力与速度梯度间的关系，但是并不是所有的流体都满足这一关系。流体微团间存在相对运动时，若内摩擦切应力与速度梯度间的关系满足牛顿流体内摩擦定律式（1-12），这样的流体称为牛顿流体。一些分子结构简单的流体（如水、空气等）都是牛顿流体。

研究表明，还有很多流体，如奶油、蜂蜜、蛋白、果浆、沥青、水泥浆、血液及高分子聚合物溶液等，它们的内摩擦切应力与速度梯度间的关系不满足牛顿内摩擦定律，这样的流体称为非牛顿流体。

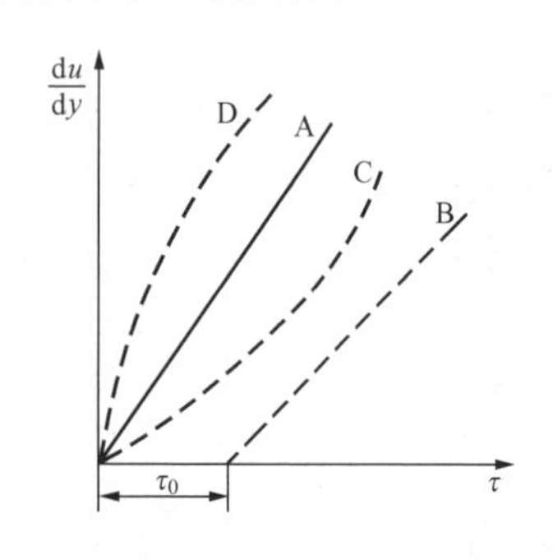

图 1-6 牛顿流体与非牛顿流体

A—牛顿流体；B—理想塑性流体；C—拟塑性流体；D—胀流型流体

非牛顿流体的种类很多，流体的内摩擦切应力与速度梯度间的关系也复杂多样。如图 1-6 所示，理想塑性流体（B）的内摩擦切应力与速度梯度间的关系为

$$\tau=\tau_0+\eta\frac{\mathrm{d}u}{\mathrm{d}y}$$

这种流体与牛顿流体（A）的区别在于：流体开始流动前，能承受一定的初始切应力 τ_0，切应力大于 τ_0 后，切应力与速度梯度之间呈线性关系。牙膏属理想塑性流体。

拟塑性流体（C）与胀流型流体（D）的内摩擦切应力与速度梯度间的关系为 $\tau=\eta\left(\frac{\mathrm{d}u}{\mathrm{d}y}\right)^n$，且 η 与 n 均为常数。对于拟塑性流体，$n<1$，高分子溶液、纸浆、泥浆等流体属于拟塑性流体；对于胀流型流体，$n>1$，油漆、乳化液等属于胀流型流体。显然，若 $n=1$，则为牛顿流体。

另外，也有些流体与理想塑性流体类似，在流动开始前，能承受一定的初始切应力，但开始流动后内摩擦切应力与速度梯度间的关系则是非线性的，可表示为 $\tau=\tau_0+\eta\left(\frac{\mathrm{d}u}{\mathrm{d}y}\right)^n$。

非牛顿流体在化工、食品等行业中极其普遍，本书重点讨论牛顿流体，对非牛顿流体仅做简单介绍。

【例 1-2】 如图 1-7 所示，一木块大小为 40cm×45cm，质量 $m=5\text{kg}$，沿着涂有油的斜面以 $U=1\text{m/s}$ 的速度匀速下滑，油层厚度 $\delta=1\text{mm}$，斜面与水平面夹角为 θ，已知 $\sin\theta=5/13$，求油的动力黏度。

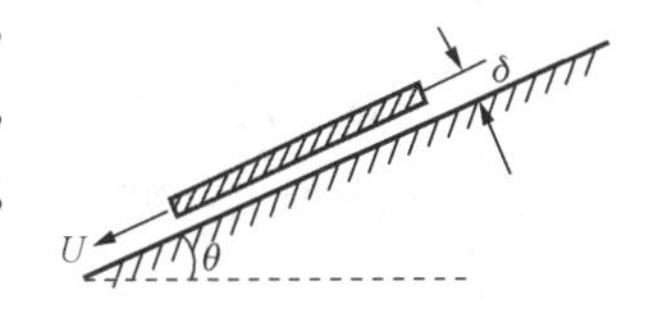

图 1-7　［例 1-2］图

解　由于木板在黏性力和重力的作用下做匀速运动，合力为零，因此

$$mg\sin\theta-\tau A=0$$

由牛顿内摩擦定律

$$\tau=\eta\frac{\mathrm{d}u}{\mathrm{d}y}=\eta\frac{U}{\delta}$$

因此

$$\eta=\frac{mg\sin\theta\cdot\delta}{AU}=\frac{5\times9.8\times(5/13)\times0.001}{40\times45\times10^{-4}\times1.0}=0.105(\text{Pa}\cdot\text{s})$$

【例 1-3】 图 1-8 所示为一油压机构，高压油经导管 d 进入油缸，推动活塞向右运动以冲压工件。活塞直径 $D=25\text{cm}$，导程间隙 $s=0.075\text{mm}$，导程 $l=40\text{cm}$。回程时油经导管 d 排出，油缸内压强降至大气压。活塞靠重锤 G 拉回，$G=8850\text{N}$。传动油的动力黏度 $\eta=0.245\text{Pa}\cdot\text{s}$。若只计导程间隙部分的阻力，试求回程时活塞移动的稳定速度是多少？

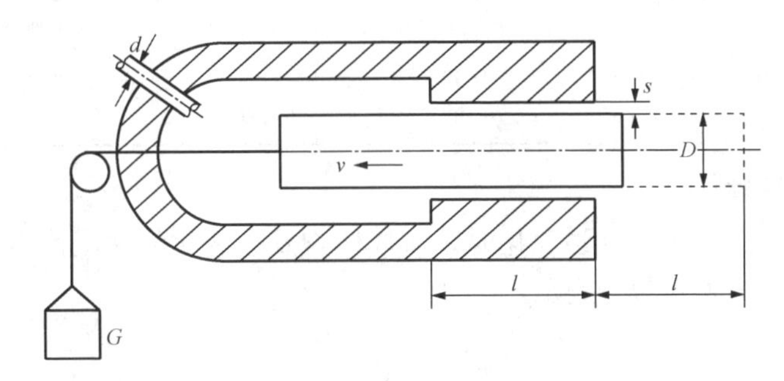

图 1-8　［例 1-3］图

解　由牛顿内摩擦定律

$$\tau=\pm\eta\frac{\mathrm{d}u}{\mathrm{d}y}$$

则内摩擦力

$$F=\tau A=A\eta\frac{\mathrm{d}u}{\mathrm{d}y}$$

因间隙很小，故可认为间隙内油的速度为线性分布，即 $\mathrm{d}u/\mathrm{d}y=v/s$。接触面积 $A=\pi Dl$。

回程时活塞按稳定运动处理，即活塞做等速运动，则重锤的拉力等于间隙中传动油产生的内摩擦阻力 F，有

$$G=F=\tau A=A\eta\frac{\mathrm{d}u}{\mathrm{d}y}=\pi Dl\eta\frac{v}{s}$$

则回程时活塞移动的稳定速度为

$$v=\frac{Gs}{\pi Dl\eta}=\frac{8850\times0.075\times10^{-3}}{0.245\times3.14\times0.25\times0.4}=8.63(\mathrm{m/s})$$

第六节 流体的膨胀性和压缩性、不可压缩流体

实际流体在温度、压强变化时，体积也会变化，流体的这种性质就是流体的压缩性和膨胀性。

一、流体的膨胀性

在一定压强下，流体温度升高体积膨胀的性质称为流体的膨胀性，其大小常用温度膨胀系数β表示：

$$\beta=\frac{1}{V}\frac{\Delta V}{\Delta T} \tag{1-19}$$

式中：β为流体的温度膨胀系数，1/K 或 1/℃；V 为流体的体积，m^3；ΔV 为流体的体积变化值，m^3；ΔT 为流体的温度变化值，K 或℃。

因此，流体的温度膨胀系数表征在一定压强下，升高单位温度所引起的体积变化率。气体的温度膨胀系数可由状态方程确定。液体的温度膨胀系数一般较小，水在不同压强和温度条件下的温度膨胀系数见表 1-8。

表 1-8　　水的温度膨胀系数

压强（$\times10^5$Pa）	温度（℃）				
	1～10	10～20	40～50	60～70	90～100
0.981	0.14×10^{-4}	1.50×10^{-4}	4.22×10^{-4}	5.56×10^{-4}	7.19×10^{-4}
98.1	0.43×10^{-4}	1.65×10^{-4}	4.22×10^{-4}	5.48×10^{-4}	7.04×10^{-4}
196.1	0.72×10^{-4}	1.83×10^{-4}	4.26×10^{-4}	5.39×10^{-4}	…

二、流体的压缩性

在一定温度下，流体所受压强变化时，流体体积发生变化的性质称为流体的可压缩性或压缩性，其大小常用压缩系数κ表示：

$$\kappa=-\frac{1}{V}\frac{\Delta V}{\Delta p} \tag{1-20}$$

式中：κ为流体的压缩系数，1/Pa；Δp 为流体的压强变化值，Pa。

压缩系数κ表征单位压强变化所引起的体积变化率。由于压强增加，流体体积总是减小，因此，在式（1-20）中引入一负号。

工程上常用压缩系数的倒数（即体积弹性模量）来表示流体的压缩性：

$$K=-V\frac{\Delta p}{\Delta V} \tag{1-21}$$

体积弹性模量 K 的单位为 Pa 或 N/m^2，与压强的单位相同，表征使流体体积减小单位体积变化率所需增大的压强。流体的体积弹性模量 K 越大，改变流体体积所需压强越大，因此流体越难压缩。不同温度和压强下水的体积弹性模量见表 1-9。由表中数值可见，水的体积弹性模量很大，不容易压缩。一般液体的体积弹性模量都很大。

表 1-9　不同温度和压强下水的体积弹性模量　$\times 10^9$ Pa

温度（℃）	压强（$\times 10^5$ Pa）				
	5	10	20	40	80
0	1.85	1.86	1.88	1.91	1.94
5	1.89	1.91	1.93	1.97	2.03
10	1.91	1.93	1.97	2.01	2.08
15	1.93	1.96	1.99	2.05	2.13
20	1.94	1.98	2.02	2.08	2.17

【例 1-4】　取水的体积模量为 2.0×10^9 Pa，求在等温情况下使水的体积缩小 0.1%和 1%所需的压强增量。

解　由式（1-21）

$$K=-V\frac{\Delta p}{\Delta V}$$

得到

$$\Delta p=-K\frac{\Delta V}{V}$$

则水的体积缩小 0.1%所需的压强增量为

$$\Delta p=-2.0\times10^9\times(-0.1\%)=2.0\times10^6(\text{Pa})=2.0(\text{MPa})$$

使水的体积缩小 1%所需的压强增量为

$$\Delta p=-2.0\times10^9\times(-1\%)=2.0\times10^7(\text{Pa})=20(\text{MPa})$$

三、不可压缩流体和可压缩流体

由前面流体的压缩性讨论可知，液体的可压缩性很小，因此在一般工程实际问题中，将液体看作是不可压缩流体，认为液体的比体积和密度是常数。气体的比体积或密度随压强改变较明显，因此一般将气体视为可压缩流体。但是，在解决实际问题时，流体究竟是看作不可压缩流体还是可压缩流体是相对的，并非绝对的。例如，在解决声音在液体中的传播问题时，就必须考虑液体的可压缩性，将液体看作可压缩流体；而气体在做低速流动的情况下，因流速变化而引起的气体密度改变很小，可忽略不计，所以可将低速流动下的气体看作不可压缩流体。

在流体力学中，马赫数是用来度量流体的可压缩性对流动影响程度的一个重要参数，马赫数 Ma 的定义为

$$Ma=\frac{v}{c} \tag{1-22}$$

式中：v 为流体的流速，m/s；c 为该流体温度下声音在流体内传播的速度，m/s。

$Ma<1$ 的流动称为亚声速流。在流体流速较低的情况下，当 $Ma<0.3$ 时，可忽略流体的可压缩性，将流体的密度看作常数；当 $0.3\leqslant Ma<0.75$ 时，则在按不可压缩流体流动计算的基础上，根据情况加以流体可压缩性的修正；当 $Ma\geqslant0.75$ 时，则必须按可压缩流体进行分析计算。$Ma=1$ 的流动称为声速流。$Ma>1$ 的流动称为超声速流。有关声速与马赫数的概念将在第八章重点讨论。

考虑流体的可压缩性时，流体运动过程的特性及其描述就变得复杂得多。例如，此时流体密度不再为常数，过程的控制方程个数增加，求解更加困难。流动现象与特征也复杂得

多，机械能的转换必须考虑热力学能的变化，流场中可能出现流动参数的间断面，速度、密度等参数出现急剧变化等。有关可压缩流动的运动特征将在第八章做详细介绍。

第七节 液体的表面特性

液体与气体界面、液体与固体以及两种不相溶液体的界面，称为液体的表面。液体表面以外的部分，由于不再是同种液体，表面上的液体的相互作用力与液体内部的作用力是不同的，相应地，液体表现出表面特性。本节简单介绍表面张力的概念和毛细现象。

一、表面张力

表面张力是由于液体表面分子受力不均匀所引起的内聚力。表面张力作用的结果总是使液体的自由表面产生表面积缩小的趋势。例如，小水滴、水银滴总是呈球形，肥皂水吹出后呈球形肥皂泡，这些都是表面张力的体现。若设想用一根线将液体自由表面分开，线两边的液体彼此吸引，存在相互作用的拉力，此力的作用方向与该线垂直并与该处液面相切，这就是表面张力。实验研究表明，表面张力的大小与线段的长度 l 成正比：

$$F=\sigma l \tag{1-23}$$

式中：σ 为表面张力系数，表征单位长度上流体受到的表面张力，N/m。

表面张力的概念本质上可以从能量的角度来解释：任何系统在平衡状态下势能总是趋于最小，使液体自由表面积增大，需克服表面张力做功，表面张力系数 σ 的单位也可写为 $N\cdot m/m^2$，表征使液体自由表面积增大单位面积所需输入的能量。

表面张力系数 σ 与液体的物理性质有关，特别是随温度变化明显，温度越高，表面张力系数越小。另外，表面张力系数 σ 还与液体自由表面上的气体的种类有关。1atm 下不同温度时水与空气接触的表面张力系数见表 1 - 10，常见液体与空气接触的表面张力系数见表 1 - 11。由表中的数值可看出，表面张力一般情况下是很小的。

表 1 - 10 不同温度时水与空气接触的表面张力系数

温度（℃）	表面张力系数 σ（10^{-3}N/m）
0	75.6
10	74.2
20	72.8
30	71.2
40	69.6
60	66.2
80	62.6
100	58.9

表 1 - 11 常见液体与空气接触的表面张力系数（20℃）

液体	表面张力系数 σ（10^{-3}N/m）
水银	465
酒精	22.3
原油	30
煤油	27
苯	28.9
润滑油	36

液体的界面通常为曲面，由于表面张力的作用，在曲面两侧必然存在压强差 Δp，如图 1 - 9 所示。液体曲面边长为 δS_1 和 δS_2，曲面在两个互相垂直方向的曲率半径分别为 R_1、

R_2，由受力平衡可求得两侧压强差 Δp 的大小为

$$\Delta p = \sigma\left(\frac{1}{R_1}+\frac{1}{R_2}\right) \tag{1-24}$$

当曲率中心在液体内部，即液面为凸面时，曲率半径取为正值，压强差 Δp 为正；当曲率中心在液面之外，即液面为凹面时，曲率半径取为负值，压强差 Δp 为负，即液面内的压强小于液面外的压强。

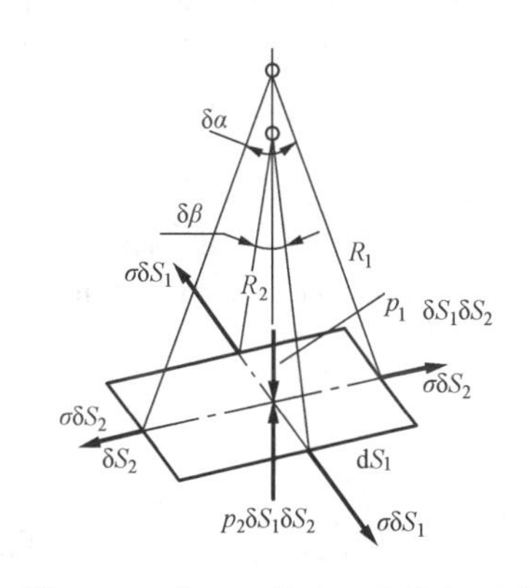

图 1 - 9　曲面上的表面张力与压强

对于球形液滴，由于 $R=R_1=R_2$，此时 $\Delta p=2\sigma/R$。

二、毛细现象

液体与固体壁面接触时，液体分子与固体分子之间也有相互吸引的作用力，这种吸引力称为附着力。若液体分子间的内聚力小于它与固体间的附着力，液体将附着在固体壁面上向外伸展，局部自由面呈凹面，这种接触称为润湿接触；反之，若液体的内聚力大于它与固体间的附着力，液体在固体壁面上向内收缩，局部自由面呈凸面，这种接触称为非润湿接触。液体与固体润湿与否取决于液体和固体的性质。

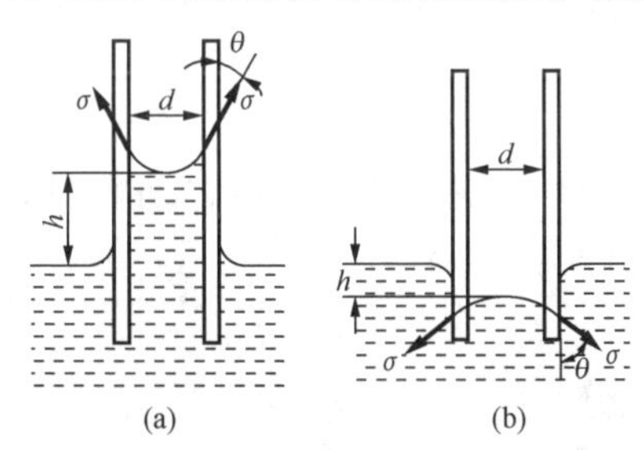

图 1 - 10　毛细管中液柱的上升或下降

毛细现象是指液体在细管中上升或下降的现象，能产生毛细现象的细管称为毛细管。如图 1 - 10 所示，若毛细管壁和液体是润湿的，毛细管插入液体中后，液体沿着管壁向上伸展，自由面呈凹面；另外，液体表面张力的作用又使自由面尽量缩小，使得凹面平齐，两者作用的结果使得液体沿毛细管上升，直到上升液柱的重量与表面张力的垂直分量相平衡为止。相反，若毛细管壁和液体是非润湿的，液柱则会在毛细管中下降一段高度。

如图 1 - 10 所示，表面张力与液柱上升或下降重量相平衡，即

$$\pi d\sigma\cos\theta = \rho g h \pi d^2/4$$

因此

$$h = \frac{4\sigma\cos\theta}{\rho g d} \tag{1-25}$$

可见，液柱上升或下降的高度与管径成反比。

复习与思考

1 - 1　流体有哪些基本特征？和固体的本质区别是什么？

1 - 2　什么是流体质点？什么是连续介质假设？流体力学引入连续介质假设有何意义？

1 - 3　能采用连续介质假设来分析解决流体流动问题的条件是什么？试列举几种不满足连续介质假设的流体流动问题。

1-4　常见的体积力和表面力有哪些？

1-5　流体黏性产生的原因是什么？温度对液体和气体的动力黏度有何影响？

1-6　什么是理想流体？什么情况下可以将流体简化处理为理想流体？

1-7　什么是牛顿流体？什么是非牛顿流体？试列举几种非牛顿流体。

1-8　什么是流体的膨胀性和压缩性？什么是不可压缩流体？什么情况下可以认为流体是不可压缩的？

1-9　试从能量的角度解释表面张力的物理意义。

1-10　什么是毛细现象？试举例说明。

习　题

1-1　某种液体的密度为 3000kg/m³，试求其比体积。

1-2　体积为 5.26m³ 的某种油，质量为 4480kg，试求这种油的密度与相对密度。

1-3　在温度不变的条件下，体积为 5m³ 的某液体，压强从 0.98×10^5Pa 增加到 4.9×10^5Pa，体积减小了 1.0×10^{-3}m³，求其体积弹性模量。

1-4　试计算空气在温度 $t=4$℃，绝对压强为 3.45×10^5Pa 下的密度与比体积。

1-5　某流体的动力黏度为 3.0×10^{-4}Pa·s，密度为 680kg/m³，求其运动黏度。

1-6　空气在蓄热室内处于定压状态，温度自 20℃增高为 400℃，问空气的体积增加了多少倍？

1-7　加热炉烟道入口处烟气的温度 $t_1=900$℃，烟气经烟道及其中设置的换热器后，至烟道出口温度下降为 $t_2=500$℃，若烟气在 0℃时的密度为 $\rho_0=1.28$kg/m³，求烟道入口与出口处烟气的密度。

1-8　由气体成分分析测得烟气各组分气体的体积分数为 $\alpha_{CO_2}=13.6\%$，$\alpha_{SO_2}=0.4\%$，$\alpha_{O_2}=4.2\%$，$\alpha_{N_2}=75.6\%$，$\alpha_{H_2O}=6.2\%$，求标准状态下混合烟气的密度。

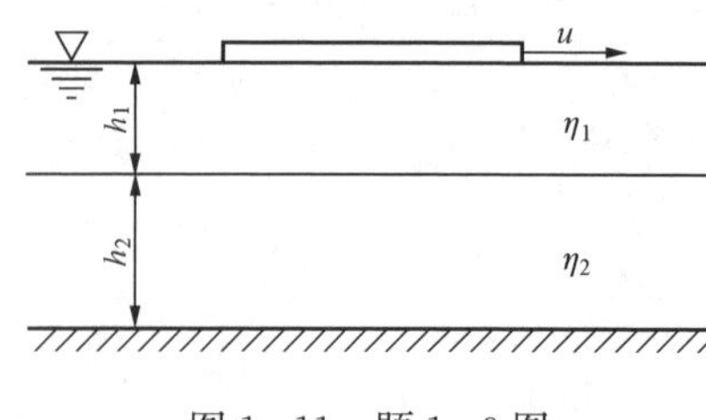

图 1-11　题 1-9 图

1-9　如图 1-11 所示，液面上有一面积为 1200cm² 的平板以 0.5m/s 的速度做水平运动，平板下液体分两层，动力黏度和厚度分别为 $\eta_1=0.142$Pa·s，$h_1=1.0$mm，$\eta_2=0.235$Pa·s，$h_2=1.4$mm，求作用在平板上的内摩擦力。

1-10　如图 1-12 所示，夹缝宽度为 h，其中所放的很薄的大平板以定速 v 移动。若板上方流体的动力黏度为 η，下方流体的动力黏度为 $k\eta$，问应将大平板放在夹缝中何处，方能使其移动时阻力为最小？

1-11　如图 1-13 所示，质量为 12kg 的正方形平板，尺寸为 67cm×67cm，在厚 $\delta=1.3$mm 的油膜支承下，匀速沿一斜面滑下，$\theta=30°$，油的动力黏度是 0.728Pa·s，求下滑速度为多少？

1-12　如图 1-14 所示，汽缸直径 $D_1=16$cm，活塞直径 $D_2=15.95$cm，高 $H=15$cm，质量 $m=0.97$kg，若活塞以匀速 0.05m/s 在汽缸内下降，试求油的动力黏度。

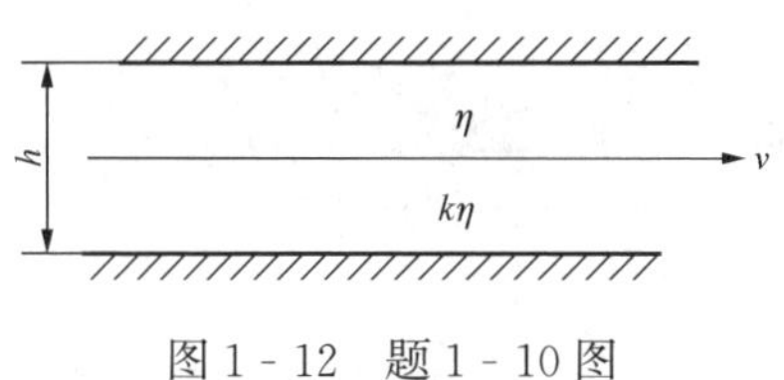

图 1 - 12　题 1 - 10 图

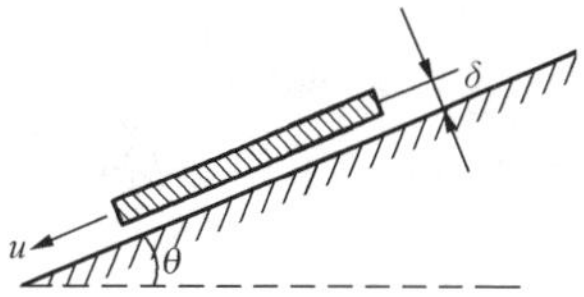

图 1 - 13　题 1 - 11 图

1 - 13　直径为 150mm 的圆柱，固定不动，内径为 151.24mm 的圆筒，同心地套在圆柱之外，二者的长度均为 250mm。柱面与筒内壁之间的空隙充满甘油，转动外筒，转速为 100r/min，测得转矩为 9.091N·m。假设空隙中甘油的速度按线性分布，不考虑末端效应，计算甘油的动力黏度 η。

1 - 14　某炉膛油枪进口重油的黏度 1.6°E，重油的密度为 $\rho=960\text{kg/m}^3$，求重油此时的动力黏度 η 为多少？

1 - 15　如图 1 - 15 所示，一平板在油面上做水平运动，已知速度 $v=1\text{m/s}$，板与固定边界的距离 $\delta=1\text{mm}$，油的动力黏度 $\eta=1.15\text{Pa}\cdot\text{s}$，由平板所带动的油层的运动速度呈直线分布，求作用在平板单位面积上的摩擦阻力为多少？

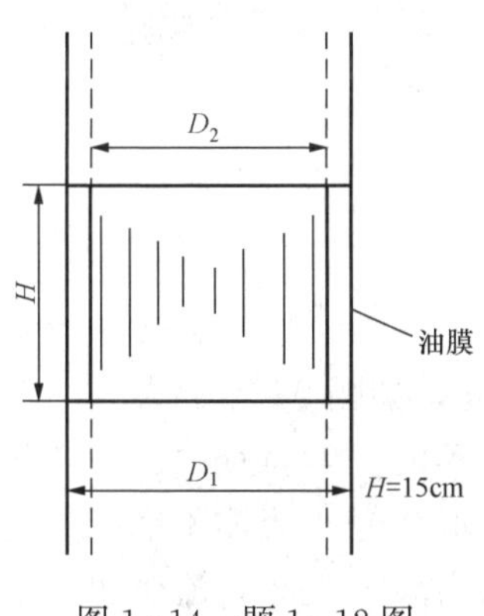

图 1 - 14　题 1 - 12 图

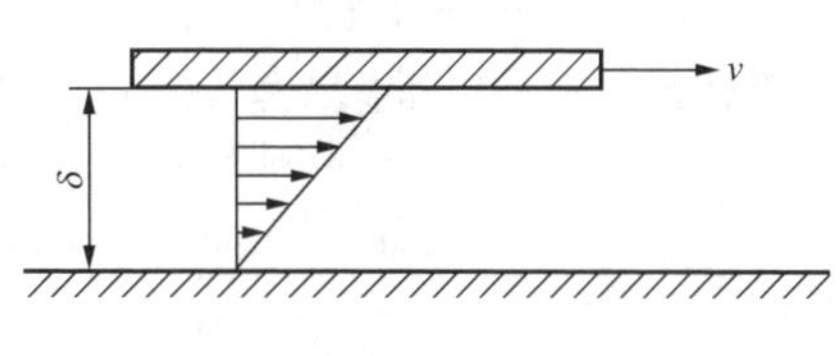

图 1 - 15　题 1 - 15 图

1 - 16　欲使 20℃的水在开口玻璃管中上升 4mm，已知水与玻璃的接触角 $\theta=10°$，求玻璃管的直径应为多少？

第二章　流 体 静 力 学

流体静力学研究流体处于静止状态下的平衡规律及其应用。所谓流体静止是指流体内部微团与微团之间或层与层之间不存在相对运动，流体整体可能是静止的，也可能像刚体一样做整体运动。一般情况下选取地球为惯性坐标系，流体相对于惯性坐标系没有运动时，称为绝对静止，常简称静止或平衡；相对于非惯性坐标系的没有运动时，称为相对静止或相对平衡。

绝对静止或相对静止的流体内速度梯度为零，相应地，流体内部摩擦切应力为零，不体现黏性的特性。因此，流体静力学的规律对黏性流体和理想流体都适用。

第一节　流体的静压强及其特征

压强是流体力学中最重要的物理量，流体的静压强是指流体处于静止或相对静止状态时流体单位面积上所受到的压力：

$$p = \lim_{\Delta A \to 0} \frac{F_n}{\Delta A} \tag{2-1}$$

式中：p 为静压强，Pa 或 N/m^2。

流体的静压强具有以下特征：

(1) 流体静压强的方向必然是指向作用面的内法向方向，如图 2 - 1 所示。

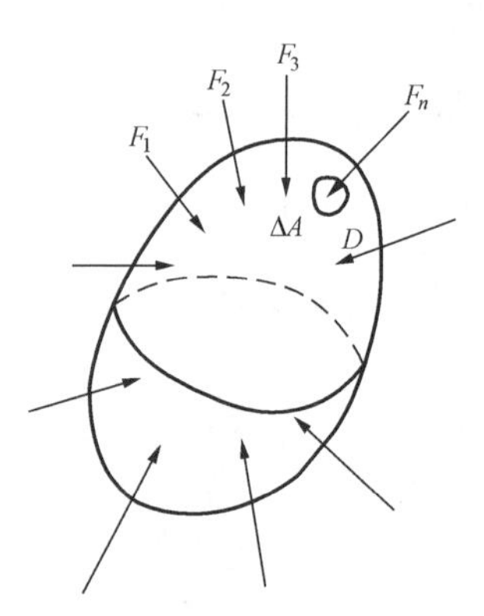

图 2 - 1　流体的静压强与特征

由流体的定义及其易流动的力学特征可知，流体受到任何微小的剪切力都会持续变形，静止流体不能承受剪切力的作用。另外，流体分子间的内聚力很小，流体也不能承受拉力的作用。因此，既然流体处于静止状态，流体内部微团与微团之间或层与层之间不存在相对运动，流体不可能受到剪切力和拉力的作用，唯一可能的是受到指向作用面的内法向方向的压力的作用，也就是说流体静压强的方向必然是指向作用面的内法向方向。

根据这一特性可知，静止流体对容器的静压力总是垂直于容器壁面。

(2) 静止流体中任一点流体静压强的大小与作用面的空间方位无关，即一点处各方向的流体静压强均相等。

这一特性可证明如下：

在静止流场中取一微小四面体 $OABC$ 的流体微团，且 OA、OB、OC 相互垂直，边长分别为 dx、dy、dz，建立坐标系如图 2 - 2 所示。

由于四面体是一个足够小的微团，可以认为每个面上各点作用的压强是相等的。设作用在△OAC、△OAB、△OBC、△ABC 面上的压强分别为 p_x、p_y、p_z、p_n，则作用在各面上

的压力分别为 $p_x \frac{1}{2}\mathrm{d}y\mathrm{d}z$、$p_y \frac{1}{2}\mathrm{d}x\mathrm{d}z$、$p_z \frac{1}{2}\mathrm{d}x\mathrm{d}y$ 和 $p_n\mathrm{d}A$。

除压力外，作用在微团的力还有质量力。假设单位质量力在 x、y、z 三个方向上的分量分别为 f_x、f_y、f_z，流体的密度为 ρ，四面体的体积为 $\frac{1}{6}\mathrm{d}x\mathrm{d}y\mathrm{d}z$，则所研究的流体微团在 x、y、z 三个方向上所受到的质量力分别为 $f_x\rho \frac{1}{6}\mathrm{d}x\mathrm{d}y\mathrm{d}z$、$f_y\rho \frac{1}{6}\mathrm{d}x\mathrm{d}y\mathrm{d}z$、$f_z\rho \frac{1}{6}\mathrm{d}x\mathrm{d}y\mathrm{d}z$。

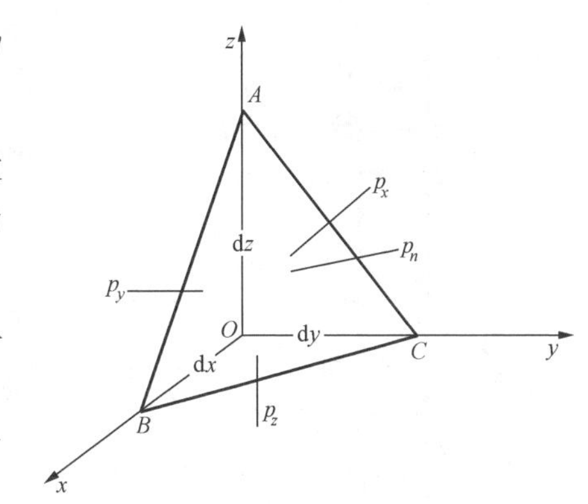

图 2-2　微元四面体与压强

由于流体是处于静止状态，微团在上述力的作用下平衡，$\sum \vec{F}=0$，则合力在 x 方向上的分量也为零，$\sum F_x=0$，即

$$p_x \frac{1}{2}\mathrm{d}y\mathrm{d}z - p_n\mathrm{d}A\cos(n,x) + f_x\rho \frac{1}{6}\mathrm{d}x\mathrm{d}y\mathrm{d}z = 0$$

而 $\mathrm{d}A\cos(n,x)$ 为 $\triangle ABC$ 在 yz 面上的投影，因而 $\mathrm{d}A\cos(n,x) = \frac{1}{2}\mathrm{d}y\mathrm{d}z$，则

$$p_x \frac{1}{2}\mathrm{d}y\mathrm{d}z - p_n \frac{1}{2}\mathrm{d}y\mathrm{d}z + f_x\rho \frac{1}{6}\mathrm{d}x\mathrm{d}y\mathrm{d}z = 0$$

化简为

$$p_x - p_n + f_x\rho \frac{1}{3}\mathrm{d}x = 0$$

若微小四面体向原点 O 收缩，式中第三项 $f_x\rho \frac{1}{3}\mathrm{d}x$ 为无穷小，可以忽略，则

$$p_x = p_n$$

同理可以证明

$$p_y = p_n, p_z = p_n$$

则

$$p_x = p_y = p_z = p_n$$

上述分析过程中微团是任选的，因此可得出结论：从各个方向作用于一点的流体静压强大小相等，静止流体中任一点处静压强的大小与作用方向无关；但不同位置点的静压强可能是不一样的，静止流体内一点的压强是空间坐标的连续函数，即

$$p = p(x,y,z) \tag{2-2}$$

第二节　流体的平衡微分方程

静止流体在外力的作用下，流体内部形成一定的压强分布，分析外力作用下静止流体内的压强分布规律，对解释静止流体的某些现象以及应用这种规律解决工程实际问题具有重要意义。本节介绍流体的欧拉平衡微分方程，揭示作用于静止流体的外力与流体静压强之间的关系。

一、平衡微分方程

如图 2-3 所示，在静止流体内取一平行六面体的流体微团，并置于直角坐标系中，其边长分别为 $\mathrm{d}x$、$\mathrm{d}y$、$\mathrm{d}z$，其中心点 A 的坐标为 (x,y,z)，中心点的流体静压强为 $p=p(x,$

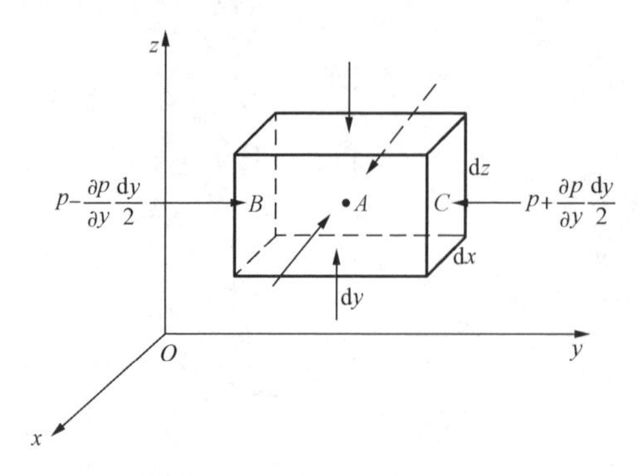

图 2-3 静止流体微小体积上的压力

y,z)，流体的密度为 ρ。

首先对流体微团进行受力分析。设过 A 点与 y 轴平行的直线与左侧面及右侧面相交于 B、C 点，则 B、C 为两侧面的中心点。B 点的坐标为 $\left(x,y-\frac{1}{2}\mathrm{d}y,z\right)$，$C$ 点的坐标为 $\left(x,y+\frac{1}{2}\mathrm{d}y,z\right)$。流体微团中心压强为 p，压强是空间坐标的连续函数，根据泰勒级数展开并略去高阶无限小量，点 B、C 的压强可表示为

$$p_B = p-\frac{\partial p}{\partial y}\frac{\mathrm{d}y}{2}$$

$$p_C = p+\frac{\partial p}{\partial y}\frac{\mathrm{d}y}{2}$$

p_B、p_C 可看作是左侧面及右侧面上的平均流体静压强，则左、右侧面上受到的 y 方向上的压力分别为 $\left(p-\frac{\partial p}{\partial y}\frac{\mathrm{d}y}{2}\right)\mathrm{d}x\mathrm{d}z$ 和 $-\left(p+\frac{\partial p}{\partial y}\frac{\mathrm{d}y}{2}\right)\mathrm{d}x\mathrm{d}z$。

静止流体受到的力除压力外，还有质量力。假设 f_y 为作用于流体的单位质量力在 y 方向上的分量，则流体微团受到的 y 方向的质量力为 $\rho f_y\mathrm{d}x\mathrm{d}y\mathrm{d}z$。

由于流体是处于静止状态，流体微团在上述力的作用下平衡，即 $\sum\vec{F}=0$，则合力在 y 方向上的分量也为零。写出 y 方向上受力平衡的方程为

$$\left(p-\frac{\partial p}{\partial y}\frac{\mathrm{d}y}{2}\right)\mathrm{d}x\mathrm{d}z-\left(p+\frac{\partial p}{\partial y}\frac{\mathrm{d}y}{2}\right)\mathrm{d}x\mathrm{d}z+f_y\rho\mathrm{d}x\mathrm{d}y\mathrm{d}z=0$$

将上式两端除以此微元六面体的流体质量 $\rho\mathrm{d}x\mathrm{d}y\mathrm{d}z$，即对单位质量的流体而言，$y$ 方向上流体平衡的方程为

$$f_y-\frac{1}{\rho}\frac{\partial p}{\partial y}=0$$

同理可得到此六面体的流体微团在 x 与 z 方向上受力平衡的方程。因此，对于单位质量的流体而言，流体平衡的微分方程为

$$\left.\begin{aligned}f_x-\frac{1}{\rho}\frac{\partial p}{\partial x}=0\\f_y-\frac{1}{\rho}\frac{\partial p}{\partial y}=0\\f_z-\frac{1}{\rho}\frac{\partial p}{\partial z}=0\end{aligned}\right\}\tag{2-3}$$

写成矢量形式为

$$\vec{f}-\frac{1}{\rho}\mathrm{grad}p=0$$

式（2-3）建立了作用于静止流体的质量力 f_x、f_y、f_z，流体的密度 ρ 及流体静压强 p 之间的关系。在式（2-3）的推导过程中，对质量力的性质和方向未做具体规定，因而该方程既适合绝对静止的流体，也适合相对静止的流体。同时，在推导过程中对整个空间的流体密度是否变化以及如何变化也未加以限制，因此式（2-3）既适合于不可压缩的

流体，也适合于可压缩的流体。

流体的平衡微分方程的物理意义是：在静止流体中，作用于流体上的质量力与压力相平衡。如果将流体的密度看作常数，那么对于大多数工程问题，质量力为已知的情况下，求解式（2-3）即可得到静止流体内压强分布的规律；如果流体的密度不能看作常数，则还需根据实际情况写出流体的状态方程，与式（2-3）构成完备的方程组，求解静止流体内的压强分布规律。

式（2-3）是欧拉于1755年首先提出的，因此也常称为流体的欧拉平衡微分方程。

二、压强差公式与等压面

将式（2-3）的三个分量方程，各相应乘以 $\mathrm{d}x$、$\mathrm{d}y$、$\mathrm{d}z$ 后相加，就得到

$$f_x\mathrm{d}x+f_y\mathrm{d}y+f_z\mathrm{d}z=\frac{1}{\rho}\left(\frac{\partial p}{\partial x}\mathrm{d}x+\frac{\partial p}{\partial y}\mathrm{d}y+\frac{\partial p}{\partial z}\mathrm{d}z\right)$$

由于流体静压强是坐标的函数，上式右端括号中的项就是流体静压强的全微分，即

$$\mathrm{d}p=\frac{\partial p}{\partial x}\mathrm{d}x+\frac{\partial p}{\partial y}\mathrm{d}y+\frac{\partial p}{\partial z}\mathrm{d}z$$

因此得到

$$\mathrm{d}p=\rho(f_x\mathrm{d}x+f_y\mathrm{d}y+f_z\mathrm{d}z) \tag{2-4}$$

式（2-4）称为压强差公式，该式的物理意义是：当静止流体中点的坐标改变量为 $\mathrm{d}x$、$\mathrm{d}y$、$\mathrm{d}z$ 时，静压强的改变量为 $\mathrm{d}p$，改变量的数值取决于各个方向上受到的质量力的大小。

流体内压强相等的各点构成的面称为等压面，在等压面上 $p=C$ 或 $\mathrm{d}p=0$，则由式（2-4），等压面的方程可写为

$$f_x\mathrm{d}x+f_y\mathrm{d}y+f_z\mathrm{d}z=0 \tag{2-5}$$

写成矢量形式为

$$\vec{f}\cdot\mathrm{d}\vec{r}=0$$

由等压面的方程，不难证明作用在静止流体上任意一点的质量力总是垂直于等压面。这样，根据质量力的方向就可以确定等压面的形状；反之，根据等压面的形状也可以确定质量力的方向。若均质的静止流体只受到重力的作用，则等压面就是等高面。

三、力势函数

由压强差公式（2-4），对于不可压缩流体，$\rho=C$，可以得到

$$\mathrm{d}(p/\rho)=f_x\mathrm{d}x+f_y\mathrm{d}y+f_z\mathrm{d}z \tag{a}$$

方程左边是全微分，右边也必然是某个函数的全微分，若用 $-\pi(x,y,z)$ 来表示这一函数，则

$$\mathrm{d}\left(\frac{p}{\rho}\right)=\mathrm{d}(-\pi)=-\frac{\partial\pi}{\partial x}\mathrm{d}x-\frac{\partial\pi}{\partial y}\mathrm{d}y-\frac{\partial\pi}{\partial z}\mathrm{d}z \tag{b}$$

比较式（a）和式（b）可以看出

$$\left.\begin{aligned}f_x&=-\frac{\partial\pi}{\partial x}\\f_y&=-\frac{\partial\pi}{\partial y}\\f_z&=-\frac{\partial\pi}{\partial z}\end{aligned}\right\} \tag{2-6}$$

写成矢量形式为

$$\vec{f}=-\mathrm{grad}\pi$$

可见函数 $-\pi(x,y,z)$ 是一个决定流体质量力的函数，称为力势函数。流场存在力势函数，则单位质量流体在各个方向上受到的质量力等于力势函数在各个方向上的负的方向导数，这样的力称为有势力。显然，要使流体处于平衡状态，作用在流体上的质量力必须是有势的。

另外，由式（b）可看出，对于不可压缩流体，等压面也是等力势函数面。

第三节　重力作用下静止流体的压强分布

重力是最常见的质量力，本节分析重力作用下静止液体内压强分布的规律及有关现象。

一、流体静力学的基本方程

首先研究均质不可压缩流体在重力作用下的规律，如均匀液体，此时密度为常数。如图 2-4 所示，容器内的流体在重力作用下处于静止状态，流体的密度为 ρ。

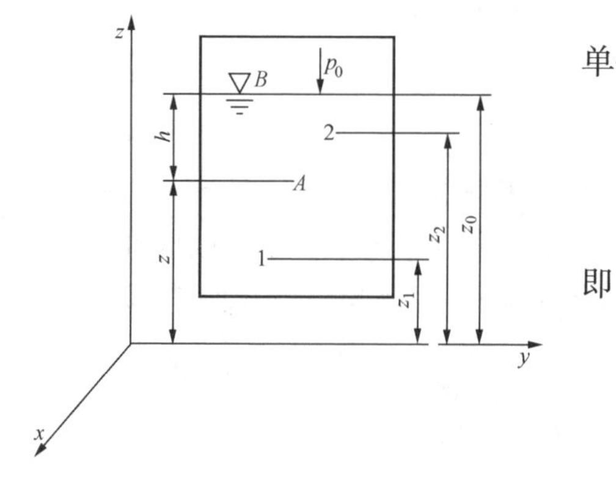

图 2-4　重力作用下静止的液体

在如图 2-4 所示的坐标系统下，容器内任一点单位质量流体所受的质量力为

$$f_x = f_y = 0, f_z = -g$$

代入压强差公式（2-4）得到

$$dp = -\rho g dz \tag{2-7}$$

即

$$dz + \frac{dp}{\rho g} = 0$$

由于密度为常数，积分后得到

$$z + \frac{p}{\rho g} = C \tag{2-8}$$

则对于如图 2-4 所示的容器内的静止流体中任意点 1 和 2，有

$$z_1 + \frac{p_1}{\rho g} = z_2 + \frac{p_2}{\rho g} \tag{2-9}$$

容器内静止流体各点的 z 与 $p/\rho g$ 之和处处一致。

式（2-8）或式（2-9）就是均质不可压缩流体在重力作用下流体平衡方程，常称为流体静力学基本方程。方程的几何意义与物理意义可分析如下：

几何意义　式（2-8）中各项的量纲为长度量纲，国际单位制中单位为 m，如图 2-5 所示。方程中第一项 z 是流体质点距离基准面的高度，称为位置高度或位置水头；$p/\rho g$ 表示单位重力作用下的流体在压强 p 的作用下可在真空中上升的一段高度，因此，压强能与一段流体柱高度相当，称为压强高度或压强水头；两项之和 $z+\frac{p}{\rho g}$ 称为静止流体的静水头，因而 $z+\frac{p}{\rho g}=C$ 表示在静止流体中静水头线是一条水平线。

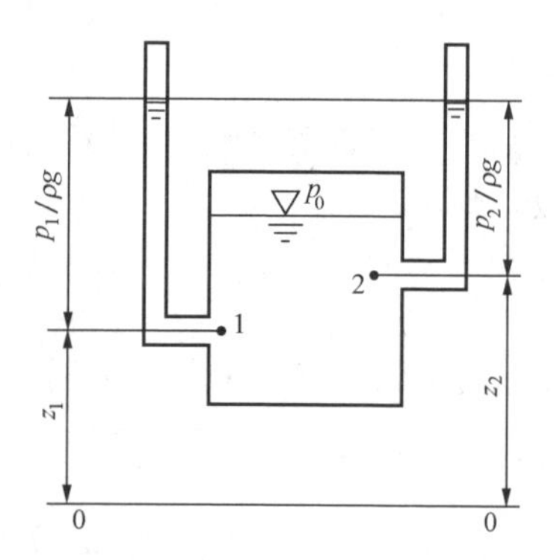

图 2-5　流体静力学基本方程几何意义与物理意义

物理意义　式（2-8）中各项单位也可写成N·m/N，表征单位重力作用下的流体具有的能量。则第一项 z 表征单位重力作用下的流体由于其所在位置所具有的位势能，$\frac{p}{\rho g}$ 则是单位重力作用下的流体所具有的压强势能，两项之和 $z+\frac{p}{\rho g}$ 为单位重力作用下的流体的总势能。因此，$z+\frac{p}{\rho g}=C$ 表示在静止流体中单位重力作用下的流体的位势能和压强势能之和为一常数，两者可以相互转换，但其总和保持不变。式（2-8）是能量守恒和转换定律在流体静力学中的具体体现。

二、自由面下流体的压强及连通容器特性

如图2-4所示，以容器内自由面为基准，向下取流体的深度坐标 h，h 称为流体在此处的淹深，则 $\mathrm{d}z=-\mathrm{d}h$。将此关系代入式（2-7）中，得到

$$\mathrm{d}p=\rho g\,\mathrm{d}h$$

对于均质的不可压缩流体，积分上式得到

$$p=\rho gh+C_1$$

积分常数 C_1 可根据自由面上的边界条件求得，当 $h=0$，$p=p_0$，有

$$p=p_0+\rho gh \tag{2-10}$$

式（2-10）揭示了重力作用下静止的均质不可压缩流体内的压强分布规律，由式（2-10）可得出以下结论：

（1）静止流体中任一点的压强 p，可看作是由自由面上的压强 p_0 及高为 h 的一段流体柱受重力作用产生的压强之和。

（2）静止流体表面上的压强 p_0，能大小不变地传递到流体内部的各个点上去，这就是流体的帕斯卡原理。

（3）由于 p_0 与 ρ 是常量，由式（2-10）可知，静止流体内任意一点在自由面下越深，则此点的压强越大，即压强 p 是流体深度 h 的线性函数。

由式（2-7），此情况下等压面的方程式为

$$-\rho g\,\mathrm{d}z=0$$

即

$$z=C_2 \tag{2-11}$$

由此可见，重力作用下静止流体内的等压面是一簇水平面，但在不同水平面上压强值各不相同。液体与气体的交界面称为自由面，自由面是等压面的一个特例。相应地，我们可以得出连通容器具有以下特征：

（1）装同一流体的连通容器内，若两边自由面上压强相同，则两容器的液面高度必然相同；若两边自由面上压强不同，则两容器的液面高度必然不同，且自由面上压强低的一侧液面较高。

（2）若连通容器内两侧流体密度不同且互不相混，且两边自由面上压强相同，则较重的流体会流向较轻的流体侧，使其液面上升。密度不同的流体内，等高面不再是等压面。

如图2-6所示的一端封闭的连通器，自由面1上的压强为大气压强 p_a，平面2与平面1在一个等压面上，故平面2处的压强也为大气压 p_a。如图2-7所示，测A与B两容器内

压差的U形管压差计，平面1—1处两支管的液面被密度为ρ'的液体隔断，不在一个容器中，不是等压面；2—2面则为等压面。

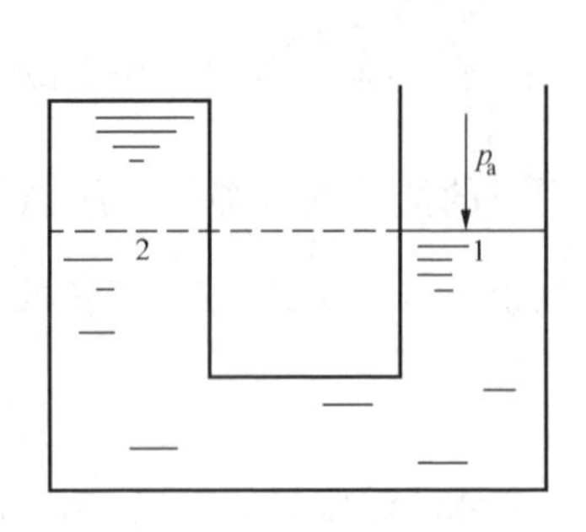

图2-6　连通器

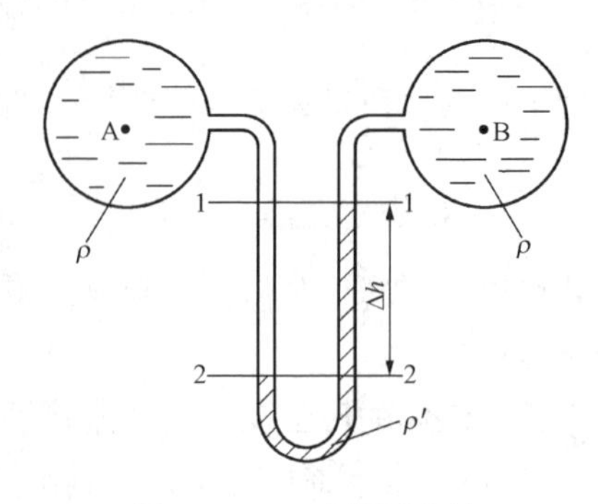

图2-7　U形管压差计

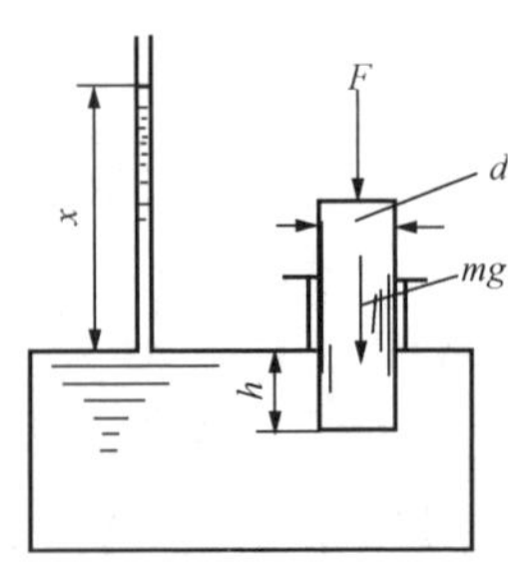

图2-8　［例2-1］图

【例2-1】　如图2-8所示，直径为d、质量为m的圆柱体在力F的作用下被推入液体内，推入深度为h，若液体的密度为ρ，试确定液体在测压管内上升的高度x。

解　圆柱体底面上液体的压强p_M为

$$p_M \frac{\pi d^2}{4} = F + mg$$

$$p_M = \frac{4(F+mg)}{\pi d^2}$$

又

$$p_M = \rho g(h+x)$$

所以

$$x = \frac{p_M}{\rho g} - h$$

三、可压缩流体内的压强分布

以上分析了均质不可压缩流体在重力作用下处于静止状态的压强分布规律。若流体是可压缩的，密度不能看作常数，则还需根据实际情况写出流体的状态方程，与式（2-7）联立，求解静止流体内的压强分布规律。

下面以国际标准大气为例，分析可压缩流体内的压强分布。

大气可以视为完全气体，其状态方程为

$$\rho = \frac{p}{RT}$$

式中：R为气体常数，对于空气，$R=287\text{N}\cdot\text{m}/(\text{kg}\cdot\text{K})$。

研究表明，大气的压强、密度和温度在不同时间和不同地点都是不同的，为便于国际交流，国际上约定建立了一大气模型，制定了标准的大气参数随高度变化的规律，这一模型称为国际标准大气。

国际标准大气规定，在海平面$z=0$处，大气参数如下：温度$T_0=288\text{K}$，密度$\rho_0=1.225\text{kg/m}^3$，压强$p_{a0}=101\ 325\text{Pa}$。

海平面处的压强又称为1个标准大气压，记为1atm。

国际标准大气规定的大气层内温度分布为

$$\begin{aligned} T &= 288 - 0.006\ 5z \quad \text{K} \qquad z \leqslant 11\ 000\text{m} \\ T &= 216.5 \quad \text{K} \qquad z > 11\ 000\text{m} \end{aligned} \tag{2-12}$$

式中：z 为海拔高度，m。

通常称 $z \leqslant 11\,000$m 为对流层，$z > 11\,000$m 为同温层。因此，对流层内标准大气的密度表达式为

$$\rho = \frac{p}{R(288 - 0.006\,5z)}$$

代入式（2-7）得

$$\frac{\mathrm{d}p}{p} = \frac{-g\mathrm{d}z}{R(288 - 0.006\,5z)}$$

将上式积分，海平面 $z=0$ 上的压强 $p_{a0}=101\,325$Pa，则对流层内的压强分布为

$$p = p_{a0}\left(1 - \frac{z}{44\,300}\right)^{5.255} \qquad z \leqslant 11\,000\text{m} \tag{2-13}$$

将同温层内大气温度代入状态方程并与式（2-7）联立，可得同温层内压强分布为

$$p = 0.223p_{a0}\exp\left(-\frac{z - 11\,000}{6340}\right) \qquad z > 11\,000\text{m} \tag{2-14}$$

第四节　压强的表示方法与测压仪表

一、压强的表示方法

常用的压强表示方法有绝对压强、表压强和真空度三种。

在图 2-4 中，若液面表面压强为大气压强 p_a，则液面下任意一点的压强为

$$p = p_a + \rho g h \tag{2-15}$$

其中，p 是以完全真空为基准计量的压强，称为绝对压强。

若以当地大气压为基准计量的压强，则称为相对压强或表压强，显然表压强是绝对压强与当地大气压强之差：

$$p_g = p - p_a \tag{2-16}$$

由于工程实际中用于测量压强的仪表都是与大气相通或处于大气环境中，所以一般测压仪表测量所得的压强通常都是表压强。

如图 2-9 所示，测压管与大气相通，液面上升的高度为 h，则测点的相对压强为

$$p_g = p - p_a = \rho g h$$

若所测流体测点的绝对压强低于大气压，即表压强 p_g 为负值，此时流体处于真空状态，大气压强与绝对压强的差值称为真空压强或真空度，它是相对压强的负值。

$$p_v = p_a - p = -p_g \tag{2-17}$$

绝对压强、表压强、真空度与大气压强之间的关系如图 2-10 所示。

二、压强的单位

国际单位制中压强的单位为 N/m^2，即 Pa；1 标准大气压计为 1atm，101 325N/m^2；1 工程大气压为计为 1atm，98 066.5N/m^2。标准大气压和工程大气压也是常用的压强单位。

由于压强的测量常用液柱式测压计测量，工程中也常用水柱高和水银柱高来表示压强的大小，液柱和帕斯卡之间的换算关系为

$$1\text{mH}_2\text{O} = 9806.65\text{N/m}^2$$

$$1\text{mmHg} = 133.322\text{N/m}^2$$

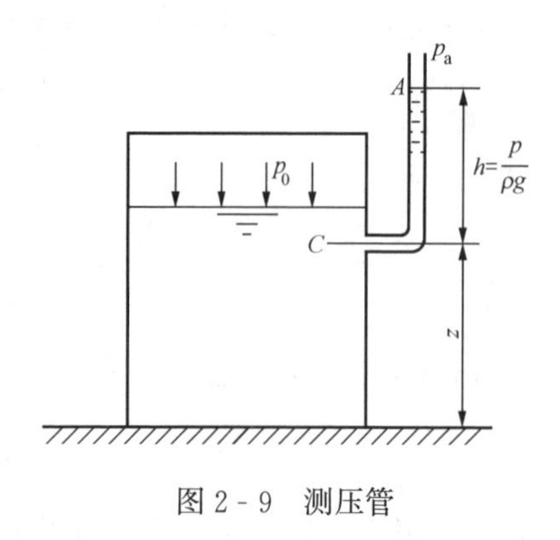

图 2-9 测压管

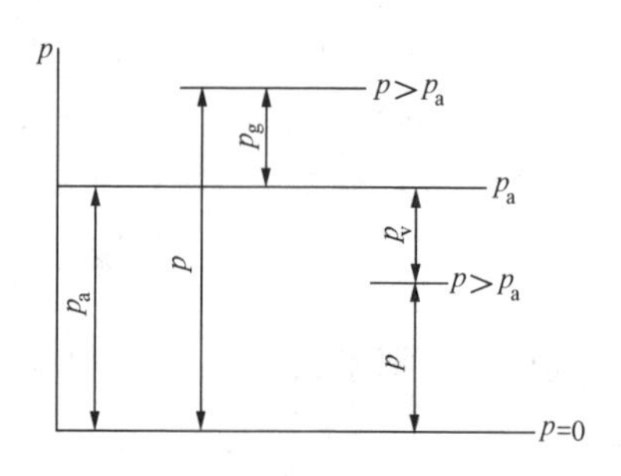

图 2-10 绝对压强、表压强、真空度与大气压强之间的关系

三、测压仪表

测量流体压强的仪器称为压强计或测压计。工程常用的测压计大致可分为三类：液柱式、金属式及电测式。液柱测压计最简单，读数也较精确，其测量原理就是流体静力学的基本原理。这里只介绍几种常用的液柱测压计。由于液柱测压计的一端总是敞开与大气相通，它们的直接读数都是表压强 p_g，这里也只按表压强分析问题。

1. 测压管

测压管就是用一根直管与待测点相连，直接测量该点的表压强。如图 2-11（a）所示，容器内 A 点的压强大于大气压，直管一端与测点 A 相连，另一端通大气，在压差的作用下液体在管内上升高度为 h，则 A 点的表压强为

$$p_{gA} = \rho gh \tag{2-18a}$$

若容器内压强小于大气压，如图 2-11（b）所示，外部流体在压差的作用下在管内上升一段高度，容器内测点处的表压强为

$$p_{gA} = -\rho gh \tag{2-18b}$$

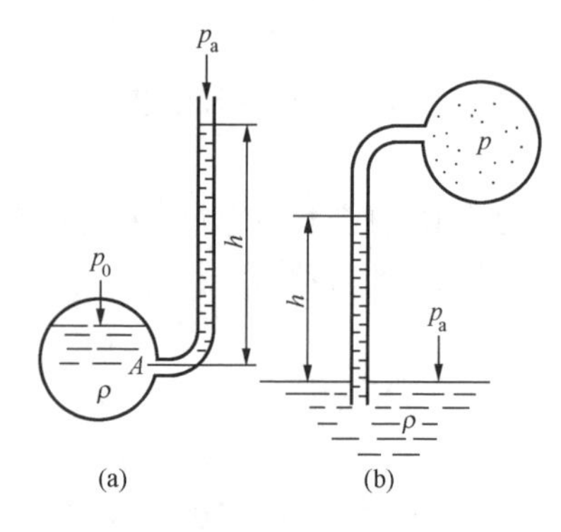

图 2-11 测压管

为避免毛细现象影响测量精度，测压管内径一般不小于 10mm。测压管的优点是结构简单，读数较精确，但只能用于测量较小的压强，若压强较大，所需测压管高度很大，使用不方便。

2. U 形管测压计

如图 2-12 所示，U 形管测压计一般是一个 U 形的玻璃管，管内装有测压液体，如酒精、水银等。U 形管一端连接被测容器，另一端通大气或另一个容器。

容器内的压强大于大气压，如图 2-12（a）所示，U 形管内测量液体密度为 ρ，流体密度为 ρ_1，有

$$p_1 = p_A + \rho_1 gh_1$$

$$p_2 = p_a + \rho gh$$

1—2 是等压面，即 $p_1 = p_2$，因此

$$p_A = p_a + \rho gh - \rho_1 gh_1 \tag{2-19}$$

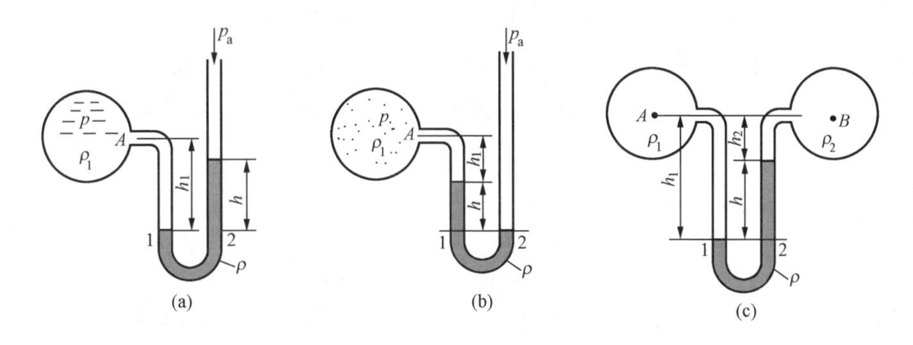

图 2-12　U形管测压计

当测气体的压强时，由于气体的密度比液体的小很多，即 $\rho_1 \ll \rho$，因此容器内 A 点的表压强可表示为

$$p_{gA} = \rho gh \tag{2-20}$$

若容器内的压强小于大气压，见图 2-12（b），与上述分析过程相同，A 点的真空度为

$$p_{vA} = \rho_1 gh_1 + \rho gh \tag{2-21}$$

当测气体的真空度时，由于 $\rho_1 \ll \rho$，因此

$$p_{vA} = \rho gh \tag{2-22}$$

U形管测压计还可用于测量两点的压强差，这时称为U形管压差计，如图 2-12（c）所示，1—2 为等压面，则有

$$p_A + \rho_1 gh_1 = p_B + \rho_2 gh_2 + \rho gh$$

因此

$$\Delta p = p_A - p_B = \rho gh + \rho_2 gh_2 - \rho_1 gh_1$$

如果所测压差的都为气体，上式可简化为

$$\Delta p = \rho gh \tag{2-23}$$

3. 倾斜式微压计

当测量微小压强或压差时，为提高测读精度，常采用倾斜式微压计。如图 2-13 所示，液体容器与倾斜角为 α 的玻璃管相连，容器截面积为 A_2，玻璃管截面积为 A_1。当容器未与所测压强接通，而通大气时，容器与斜管管内液面齐平。当容器接通所测压强 p_2 后，容器内液面下降 h_2，斜管内液面上升 h_1，此时斜管的读数为 l，因此被测表压强 p_2 为

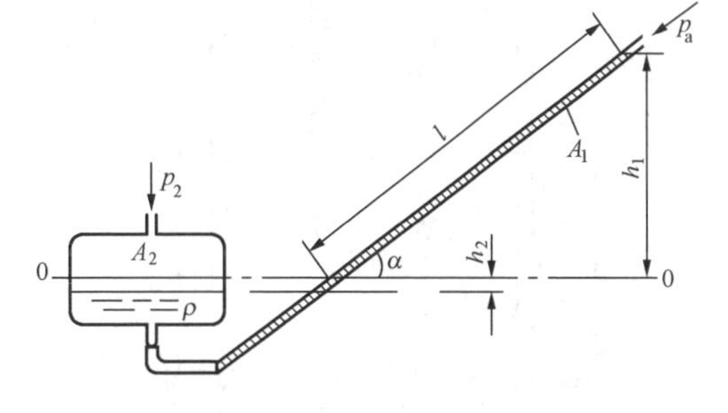

图 2-13　倾斜式微压计

$$p_2 = \rho g(h_1 + h_2) = \rho gl(\sin\alpha + A_1/A_2) \tag{2-24}$$

当 $A_1 \ll A_2$，则式（2-24）简化为

$$p_2 = \rho gl\sin\alpha \tag{2-25}$$

用于液柱测压计的测示液体，要求与所测压强的流体接触时不会发生变化，且接触面清晰，性质稳定，不黏附管壁。

【例 2 - 2】 如图 2 - 14 所示的 U 形管水银压差计，水银密度 $\rho=13\,600\text{kg/m}^3$，水的密度 $\rho_1=1000\text{kg/m}^3$，水银面高度差 $h=15\text{cm}$，求 A、C 两截面上的压差。

解 $$p_A = p_4 + \rho_1 g h_1 = p_2 + \rho_1 g h_1$$

$$p_C = p_3 + \rho_1 g h_2 = p_1 + \rho_1 g h_2$$

因此 $$p_A - p_C = p_2 - p_1 + \rho_1 g(h_1 - h_2)$$

又 $$p_2 - p_1 = \rho g(h_2 - h_1) = \rho g h$$

因此 $$p_A - p_C = \rho g h + \rho_1 g(h_1 - h_2) = \rho g h - \rho_1 g h$$

计算得 $$p_A - p_C = (13\,600 - 1000)\times 9.8 \times 0.15 = 18\,522(\text{N/m}^2)$$

【例 2 - 3】 如图 2 - 15 所示，若容器 A 水面上测压计读数为 0.25atm，水银密度 $\rho_{Hg}=13\,600\text{kg/m}^3$，酒精密度 $\rho_{Al}=800\text{kg/m}^3$，测压计各段液柱高度 $h=0.5\text{m}$，$h_1=200\text{mm}$，$h_2=250\text{mm}$，$h_3=220\text{mm}$，求容器 B 内空气的压强 p_g。

解 1—1 面为等压面，因此

$$p_1 = p_{gA} + \rho_{H_2O} g(h_1 + h)$$

2—2 面为等压面 $$p_2 = p_1 - \rho_{Hg} g h_1$$

3—3 面为等压面 $$p_3 = p_2 + \rho_{Al} g h_3$$

容器 B 内空气的压强 $$p_g = p_4\text{，且 } p_g = p_4 = p_3 - \rho_{Hg} g h_2$$

将以上各式联立，整理得

$$p_g = p_{gA} - (\rho_{Hg} - \rho_{H_2O}) g h_1 + \rho_{H_2O} g h + \rho_{Al} g h_3 - \rho_{Hg} g h_2$$

代入计算得 $$p_g = -26\,100\text{N/m}^2$$

即容器内真空度为

$$p_v = 26\,100\text{N/m}^2$$

或容器 B 内空气的绝对压强为

$$p = 101\,325 - 26\,100 = 75\,225(\text{N/m}^2)$$

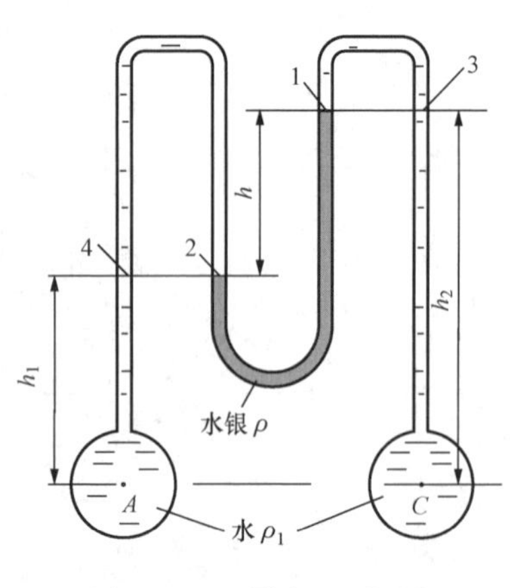

图 2 - 14 ［例 2 - 2］图

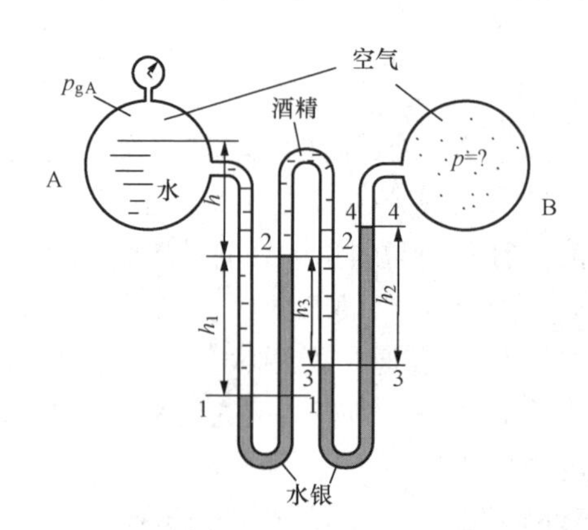

图 2 - 15 ［例 2 - 3］图

第五节 相 对 平 衡

前面介绍了流体的平衡微分方程及该方程在静止的均质重力流体中的应用，本节进一步研究流体处于相对平衡情况下的规律，具体研究流体做等加速水平直线运动和等角速度旋转运动时压强的分布规律。

一、等加速水平直线运动容器中流体的相对平衡

如图 2 - 16 所示，一开口盛有液体的容器以等加速度 a 做水平直线运动。容器内的液体随容器一起运动，在稳定状态下，液体内部没有相对运动。若以容器为参照系，如图 2 - 16 所示建立坐标系，则液体处于相对平衡状态，这就属于非惯性系问题。根据达朗伯原理，作用在液体质点上的质量力除重力外，还要虚加一个与加速度相反的惯性力。

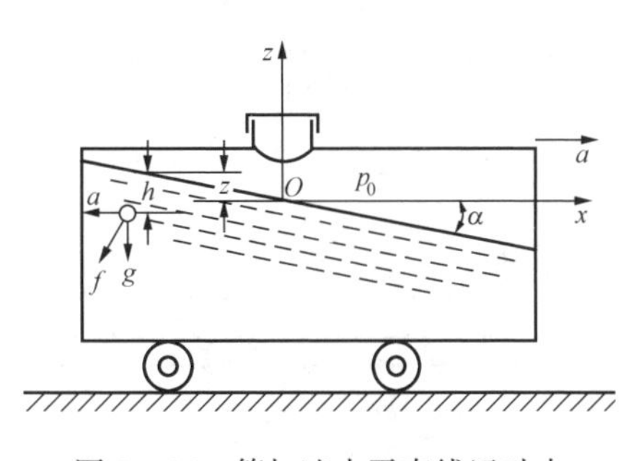

图 2 - 16　等加速水平直线运动中流体的相对平衡

因此，单位质量液体所受的质量力为

$$f_x = -a, f_y = 0, f_z = -g$$

代入压强差公式（2 - 4），得　$\mathrm{d}p = \rho(-a\mathrm{d}x - g\mathrm{d}z)$

积分得到　$p = -\rho(ax + gz) + C_1$

在如图 2 - 16 所示的坐标系中，有边界条件：

$$x = 0, z = 0 \text{ 时}, p = p_0$$

代入上式得 $C_1 = p_0$，因此

$$p = p_0 - \rho(ax + gz) \tag{2 - 26}$$

这就是等加速度水平直线运动的容器中液体的静压强分布公式，它表明压强不仅随 z 坐标的变化而变化，而且随 x 坐标的变化而变化。

从图 2 - 16 可看出，合质量力与 z 轴有一定的倾斜角度，根据静止流体中质量力与等压面相互垂直的原理，可以断定该条件下的等压面是一簇倾斜平面。

由等压面 $\mathrm{d}p=0$，因此　$a\mathrm{d}x + g\mathrm{d}z = 0$

积分得

$$ax + gz = C_2 \tag{2 - 27}$$

显然，这是一个倾斜的平面簇方程，该倾斜平面与 x 方向的倾斜角为

$$\alpha = \arctan \frac{a}{g}$$

由边界条件，自由面的方程为　$ax + gz_s = 0$

则

$$z_s = -\frac{a}{g}x \tag{2 - 28}$$

式中：z_s 为自由液面上某点的 z 坐标。

将式（2 - 28）代入式（2 - 26），得

$$p = p_0 - \rho(ax + gz) = p_0 - \rho g\left(\frac{a}{g}x + z\right) = p_0 - \rho g(-z_s + z)$$

或

$$p = p_0 + \rho g(z_s - z) = p_0 + \rho g h \tag{2 - 29}$$

式中：h 为某点在自由液面下的深度，即淹深。

可见式（2 - 29）和式（2 - 10）完全相同，即静止或相对静止流体内任一点的静压强，大小等于液面上的压强 p_0 加上高度为 h 的流体柱受重力作用产生的压强。

【例 2 - 4】　如图 2 - 17 所示，一车辆内装满密度为 $\rho=1000\text{kg/m}^3$ 的液体，车辆以 $v=$

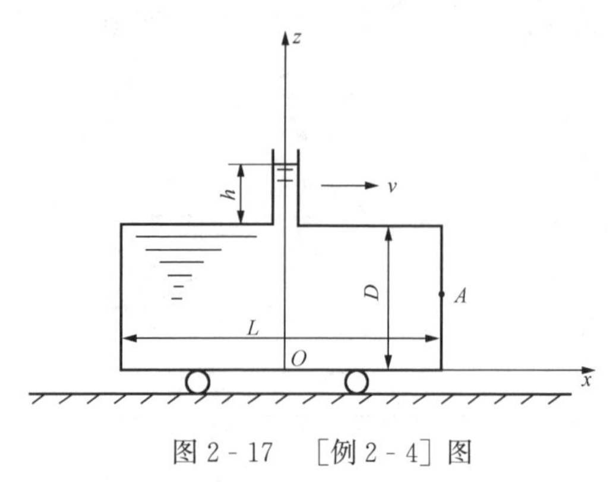

图 2 - 17 ［例 2 - 4］图

10m/s 的速度水平行驶，已知 $D=2\text{m}$，$h=0.3\text{m}$，$L=8\text{m}$，车辆在某一时刻开始均匀减速，经 $s=100\text{m}$ 的距离后完全停止，求作用在车辆右侧面中点 A 的压强。

解 首先计算减速加速度

$$a=\frac{v^2}{2s}=\frac{10^2}{2\times100}=0.5(\text{m/s})^2$$

在如图 2 - 17 所示的坐标系下

$$f_x=a, f_y=0, f_z=-g$$

由压强差公式

$$\mathrm{d}p=\rho(f_x\mathrm{d}x+f_y\mathrm{d}y+f_z\mathrm{d}z)$$

积分得

$$p=\rho ax-\rho gz+C$$

由边界条件 $x=0$，$z=D+h$ 时，$p_g=0$，代入上式得

$$C=\rho g(D+h)$$

则相对压强的分布为 $$p_g=\rho ax-\rho gz+\rho g(D+h)$$

右侧中点 A 的坐标为 $x=4\text{m}$，$z=1\text{m}$，代入数据计算可得

$$\begin{aligned}p_{gA}&=\rho ax-\rho gz+\rho g(D+h)\\&=1000\times0.5\times4-1000\times9.8\times1+1000\times9.8\times(2.0+0.3)\\&=14\,740(\text{Pa})\end{aligned}$$

二、等角速度旋转容器中流体的相对平衡

如图 2 - 18 所示，盛有液体的开口容器以等角度速 ω 绕中心轴做旋转运动，以容器作为参照系，容器内的流体是相对静止的。由于旋转着的容器本身具有向心加速度，因此这也属于非惯性系问题。根据达朗伯原理，作用于液体的质量力除重力外，还有一个惯性离心力。

如图 2 - 18 所示，由于距离转轴半径相同的地方液体所受到的离心力是一样的，故分析的问题为轴对称问题，因此可取径向坐标 r 代换 x 及 y 坐标。在距转轴半径为 r 之处，每单位质量流体所受离心力为 $r\omega^2$，以 f_r 表示，即所分析问题的受力条件为

$$f_r=\omega^2r, f_z=-g$$

则在直角坐标系中，单位质量液体所受的质量力为

$$f_x=\omega^2x, f_y=\omega^2y, f_z=-g$$

代入压强差公式（2 - 4），有

$$\mathrm{d}p=\rho(\omega^2x\mathrm{d}x+\omega^2y\mathrm{d}y-g\mathrm{d}z)=\rho(r\omega^2\mathrm{d}r-g\mathrm{d}z)$$

积分得

$$p=\rho g\left(\frac{r^2\omega^2}{2g}-z\right)+C_3 \tag{2-30}$$

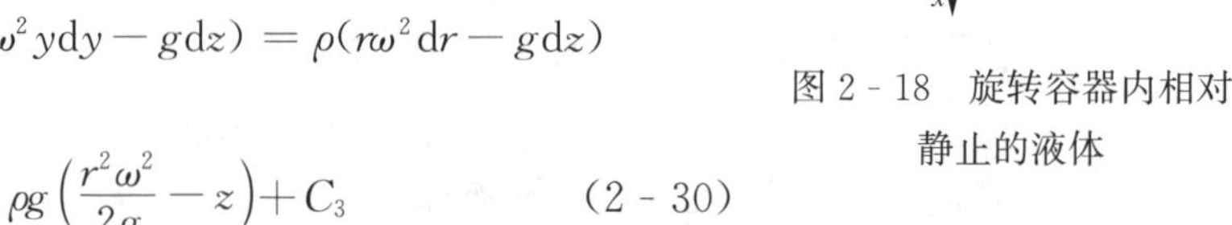

图 2 - 18 旋转容器内相对静止的液体

在自由面上，当 $r=0$，$z=0$ 时，$p=p_0$，根据此边界条件有 $C_3=p_0$。这样，容器内相对静止液体的压强分布规律为

$$p = p_0 + \rho g\left(\frac{r^2\omega^2}{2g} - z\right) \tag{2-31}$$

由此可知，对于 z 坐标相同的液体而言，距转轴越远的压强越大；对于 r 坐标相同的液体各点而言，则是在自由面下深度越深处的压强越大。

在等压面上 $\mathrm{d}p=0$，因此得到

$$\mathrm{d}z = \frac{1}{g}r\omega^2\mathrm{d}r$$

积分得

$$z = \frac{1}{2g}r^2\omega^2 + C_4 \tag{2-32}$$

可见等压面是一簇旋转抛物面。

在自由面上，$r=0$，$z=0$，因此自由面的方程为

$$z_s = \frac{1}{2g}r^2\omega^2 \tag{2-33}$$

将自由面的方程代入式（2-31），得

$$p = p_0 + \rho g(z_s - z) = p_0 + \rho g h$$

等角速度旋转容器中流体任一点的静压强，大小也等于液面上的压强 p_0 加上高度为 h 的流体柱受重力作用所产生的压强。

上述等角速度旋转的容器上部是开口的，改变上部边界条件，可以得到以下两个应用实例。

应用一　如图 2-19 所示，装满液体的容器顶部有盖，但盖中心开一小口，若容器以等角速度 ω 绕中心轴旋转，液体受到离心力的作用有向外甩出的趋势，但由于顶盖的限制，液面不能成为旋转抛物面。此时，容器顶部中心开口，仍有边界条件：$r=0$，$z=0$ 时，$p=p_0$。因此，压强分布规律仍满足式（2-31）。

压强分布仍按抛物面规律分布，分布曲线如图 2-19 所示。由式（2-31）可看出，r 越大，即越靠近边缘，压强越大；$r=R$ 时，同一水平面上压强最大。另外，角速度 ω 越大，边缘压强越大，因此可通过提高转速得到较大的边缘压强，这就是离心式铸造机和其他离心机械的设计原理。

应用二　如图 2-20 所示，同样装满液体的容器顶部有盖，但此时边缘处开口，此时的边界条件为

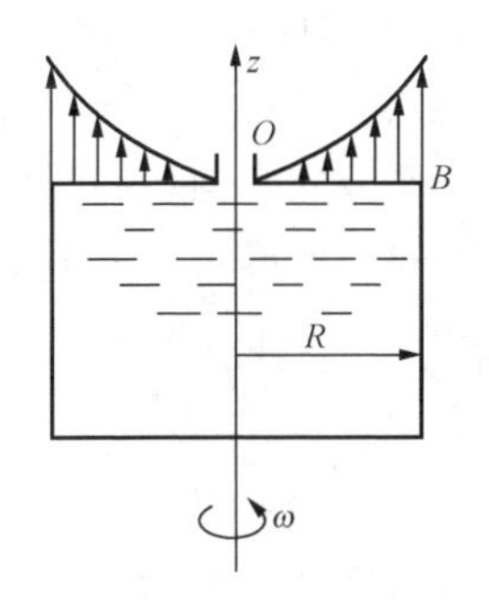

图 2-19　应用一

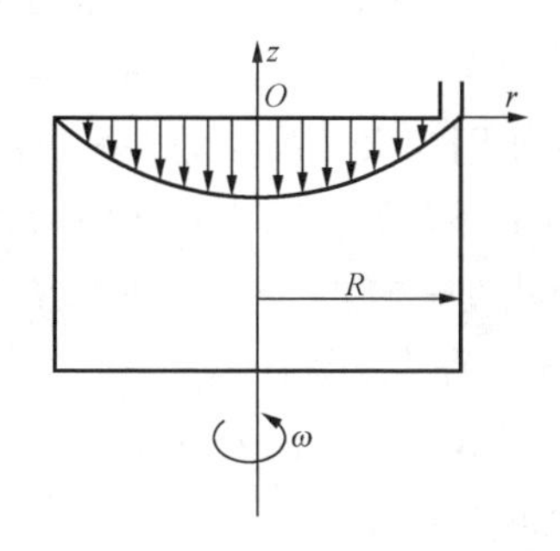

图 2-20　应用二

$r=R$，$z=0$ 时，$p=p_0$，代入式（2-30），可得液体内各点的压强分布为

$$p = p_0 - \rho g\left[\frac{\omega^2(R^2-r^2)}{2g}+z\right] \tag{2-34}$$

压强分布［式（2-34）］仍然是抛物面规律。

由式（2-34）可知，顶部中心处液体压强为 $p=p_0-\rho\omega^2R^2/g$，因此角速度 ω 越大，中心处负压越大，产生的抽力越大。离心式水泵和离心式风机就是根据这一原理设计的。

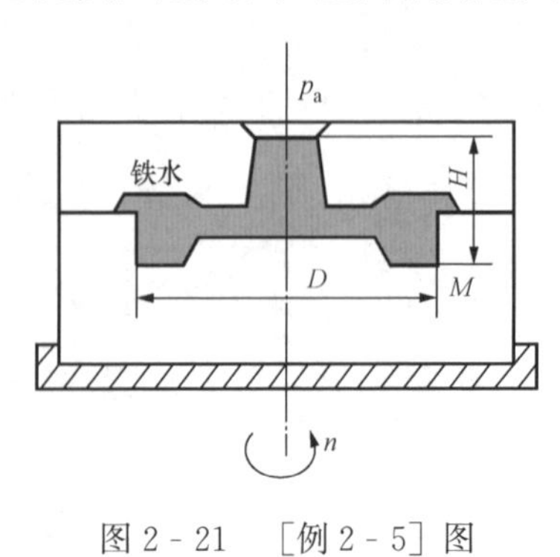

图 2-21 ［例 2-5］图

【例 2-5】 浇注生铁车轮的砂型如图 2-21 所示，已知 $H=180\text{mm}$，$D=600\text{mm}$，铁水密度 $\rho=7000\text{kg/m}^3$，求 M 点压强。为使铸件密实，采用离心铸造，使砂型以 $n=600\text{r/min}$ 的速度旋转，则 M 点的压强为多少？

解 不采用离心铸造时 M 点的表压强为

$$p_M=\rho gH = 7000\times 9.81\times 0.18 = 1.24\times 10^4(\text{Pa})$$

若采用离心铸造，由式（2-31），M 点的表压强为

$$p_M=\rho gH+\rho g\frac{r^2\omega^2}{2g}$$

其中 $\omega=2\pi n=20\pi\ \text{rad/s}$，$r=D/2=0.3\text{m}$

代入计算得 $p_M = 7000\times 9.81\times 0.18+7000\times(20\pi)^2\times(0.3)^2/2=1.25\times 10^6(\text{Pa})$

由计算结果可知，采用离心铸造，可使 M 点的压强增大上百倍，从而使轮缘部分密实耐磨。

第六节 静止流体作用在物体表面上的总压力

由前述内容可知，流体处于静止和相对静止状态，可计算出流体内的压强分布。但在工程实际问题中，经常还需研究流体对物体表面的总作用力。本节分别讨论表面为平面和曲面时，流体作用在其上的总压力，进而讨论物体受到的浮力。

一、静止流体作用在平板上的总压力

1. 水平平板上的总压力

最简单的情况是作用在水平平板上的总压力。如图 2-22 所示，设容器的底面积为 A，所盛流体的密度为 ρ，流体高为 h，液面上的压强为 p_0，则作用在底面上的总压力为

$$F=p_0A+\rho ghA \tag{2-35}$$

因此，流体作用在水平放置的平板上的总压力，只与平板的底面积、流体的密度、流体淹深及液面上的压强有关。图 2-22 所示各容器的形状不同，所盛流体的质量不同，但容器底部受到的总压力是一样的。

2. 倾斜平板上的总压力

如图 2-23 所示，一面积为 A 的平板与液体表面呈 θ 角倾斜放置，液体自由面上压强为 p_0。为便于研究问题，如图选取坐标系，显然平板上各点的压强是不同的，但方向都是垂直于平板。

平板上任意一微小面积 $\text{d}A$ 上的压力为

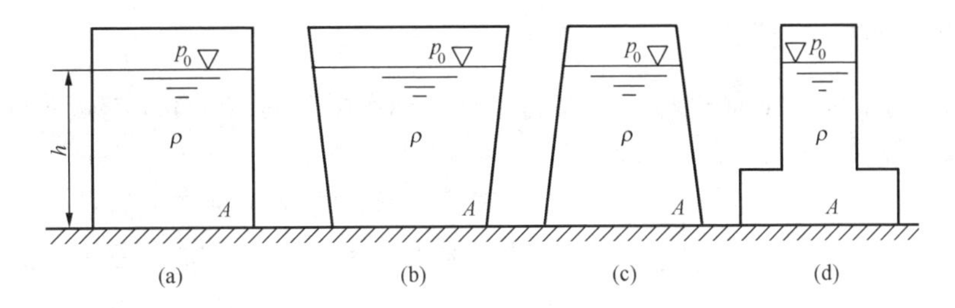

图 2-22　水平平板上的总压力

$$dF = p_0 dA + \rho gh dA = p_0 dA + \rho g y \sin\theta dA$$

则作用在整个平板上的合力为

$$F = \int_A (p_0 + \rho g y \sin\theta) dA = p_0 A + \rho g \sin\theta \int_A y dA$$

其中，$\int_A y dA$ 为面积 A 对 x 轴的静力矩。

设 C 为平板 A 的形心，y 方向的坐标为 y_C，淹深为 h_C，则由静力矩定理有

$$\int_A y dA = y_C A$$

代入上式得

$$F = p_0 A + \rho g \sin\theta y_C A$$

由于平板两侧都处于自由面上的压强 p_0 的作用下，可以不考虑 p_0 的影响，因此，流体对平板的总压力为

$$F = \rho g \sin\theta y_C A = \rho g h_C A \tag{2-36}$$

下面再来确定总压力的作用点，即压力中心。

设 D 点为平板 A 上的压力中心，由于平板受到的总压力与平板垂直，即为图 2-23 中的 x 方向，因此

$$F y_D = \int_A y dF$$

即

$$\rho g A \sin\theta y_C y_D = \rho g \sin\theta \int_A y^2 dA$$

或

$$A y_C y_D = \int_A y^2 dA \tag{2-37}$$

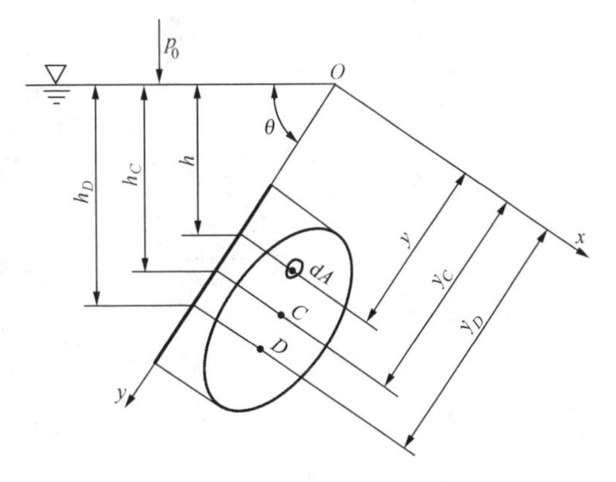

图 2-23　倾斜平板上的总压力

由材料力学可知，$\int_A y^2 dA = J_x$ 即为面积 A 对 x 轴的惯性矩，由平行移轴定理：

$$J_x = J_{Cx} + y_C^2 A$$

其中，J_{Cx} 为平板 A 对通过 C 点且与 x 轴平行的轴线的惯性矩，因此代入式（2-37）得

$$A y_C y_D = J_{Cx} + y_C^2 A$$

这样

$$y_D = \frac{J_{Cx} + y_C^2 A}{A y_C} = y_C + \frac{J_{Cx}}{A y_C}$$

采用同样的方法，可求得 $$x_D = x_C + \frac{J_{Cxy}}{Ay_C}$$

其中，J_{Cxy}为平板A对通过C点且平行于该坐标系两轴的惯性矩。有关不同平板惯性矩的确定，可参考相关文献。

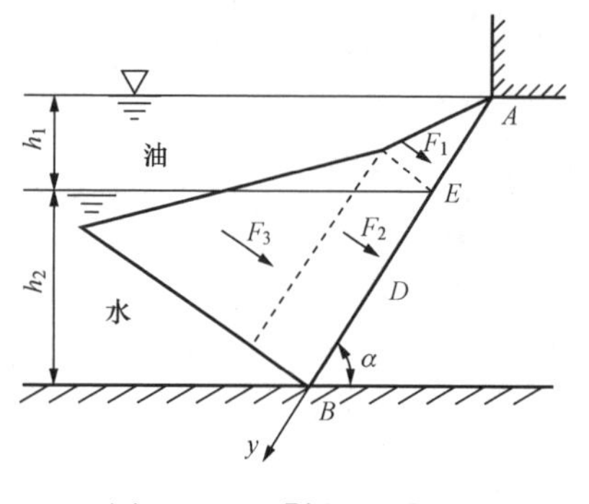

图 2-24 ［例 2-6］图

若通过形心的两轴中有任何一轴是该平面的对称轴，则$J_{Cxy}=0$，压力中心便在通过形心且平行于y轴的直线上。对于很多工程问题，平面一般是对称的，因此可不计算x_D。

【例 2-6】 如图 2-24 所示，矩形闸门AB，宽$b=1\text{m}$，左侧油深$h_1=1\text{m}$，油的密度$\rho_1=800\text{kg/m}^3$，水深$h_2=2\text{m}$，水的密度$\rho=1000\text{kg/m}^3$，闸门的倾角$\alpha=60°$，求作用在闸门上的液体总压力及作用点的位置。

解 设闸门上油水分界点为E，总压力的作用点为D，将总压力分为三部分，由式（2-36），有

$$F_1=\rho_1 g h_{C1} A_1=\rho_1 g \frac{h_1}{2}\frac{h_1}{\sin\alpha}b=800\times 9.81\times\frac{1}{2}\frac{1}{\sin 60°}\times 1=4531(\text{N})$$

$$F_2=\rho_1 g h_1 A_2=\rho_1 g h_1\frac{h_2}{\sin\alpha}b=800\times 9.81\times\frac{2}{\sin 60°}\times 1=18\,124(\text{N})$$

$$F_3=\rho g h_{C2} A_2=\rho g\frac{h_2}{2}\frac{h_2}{\sin\alpha}b=1000\times 9.81\times\frac{2}{2}\frac{2}{\sin 60°}\times 1=22\,655(\text{N})$$

因此，作用在闸门上的液体总压力为

$$F=F_1+F_2+F_3=4531+18\,124+22\,655=45\,310(\text{N})$$

又由合力矩原理：

$$Fy_D=F_1 y_1+F_2 y_2+F_3 y_3$$

而

$$y_1=\frac{2}{3}\frac{h_1}{\sin\alpha}=\frac{4\sqrt{3}}{9}(\text{m})$$

$$y_2=\left(h_1+\frac{h_2}{2}\right)\Big/\sin\alpha=\frac{4\sqrt{3}}{3}(\text{m})$$

$$y_3=\left(h_1+\frac{2h_2}{3}\right)\Big/\sin\alpha=\frac{14\sqrt{3}}{9}(\text{m})$$

代入计算得

$$y_D=\frac{F_1 y_1+F_2 y_2+F_3 y_3}{F}=\left(4531\times\frac{4\sqrt{3}}{9}+18\,124\times\frac{4\sqrt{3}}{3}+22\,655\times\frac{14\sqrt{3}}{9}\right)\Big/45\,310$$
$$=2.35(\text{m})$$

因此 $$h_D=y_D\sin\alpha=2.35\times\sin 60°=2.04(\text{m})$$

二、静止流体作用在曲面上的总压力

实际工程问题中很多情况下物体表面是形状复杂的曲面，其所受总压力在大小和方向上都比平板要复杂得多，为使问题简化，可借鉴平板的研究方法，将曲面受到的总压力分解为

多个分量，如三维直角坐标下可分解为 F_x、F_y 和 F_z，这样总压力可对分量求和得到。本节主要讨论静止流体对二维曲面的作用力。

如图 2 - 25 所示，液面下有一面积为 A 的二维曲面 ab，所取坐标系如图所示，在曲面上取一微小面 $\mathrm{d}A$，$\mathrm{d}A$ 处的淹深为 h，它与竖直方向的夹角为 θ，同样消去自由面上压强 p_0 的影响，$\mathrm{d}A$ 面上受到的压力为

$$\mathrm{d}F = \rho gh\,\mathrm{d}A$$

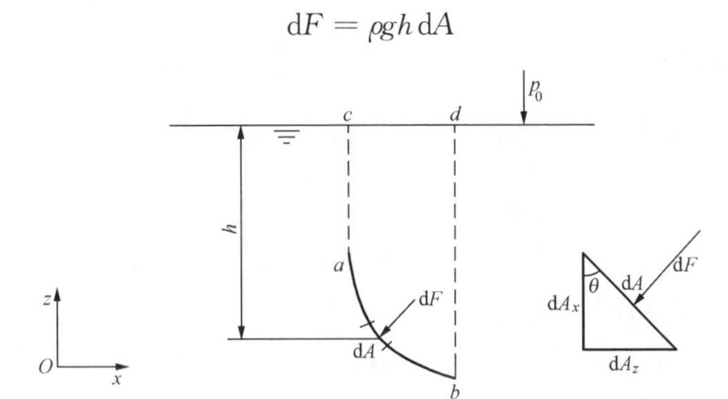

图 2 - 25　静止流体作用在曲面上的总压力

压力在 x、z 方向上的分量为

$$\mathrm{d}F_x = \rho gh\cos\theta\mathrm{d}A = \rho gh\,\mathrm{d}A_x$$
$$\mathrm{d}F_z = \rho gh\sin\theta\mathrm{d}A = \rho gh\,\mathrm{d}A_z$$

将上述两式积分，可得

$$F_x = \rho g\int_{A_x} h\,\mathrm{d}A_x = \rho gh_{Cx}A_x \tag{2 - 38}$$

$$F_z = \rho g\int_{A_z} h\,\mathrm{d}A_z = \rho gV \tag{2 - 39}$$

其中，A_x 为曲面 A 在垂直于 x 轴的坐标平面上的投影面积；h_{Cx} 为投影面 A_x 形心处的淹深；$V = \int_{A_z} h\,\mathrm{d}A_z$ 为曲面以上到自由面所在水平面之间的体积，即图中区域 $abdc$ 的体积，常称为压力体。

这样，确定了曲面上总压力在 x、z 方向上的分量，总压力的大小为

$$F = \sqrt{F_x^2 + F_z^2}$$

其作用力的方向与水平面之间的夹角为

$$\alpha = \arctan(F_z/F_x)$$

由于水平分量 F_x 的作用线通过 A_x 的压力中心，竖直分量 F_y 的作用线通过压力体 V 的形心，合力 F 的作用线通过两条线的交点，作用线与曲面的交点就是曲面总压力的作用点。

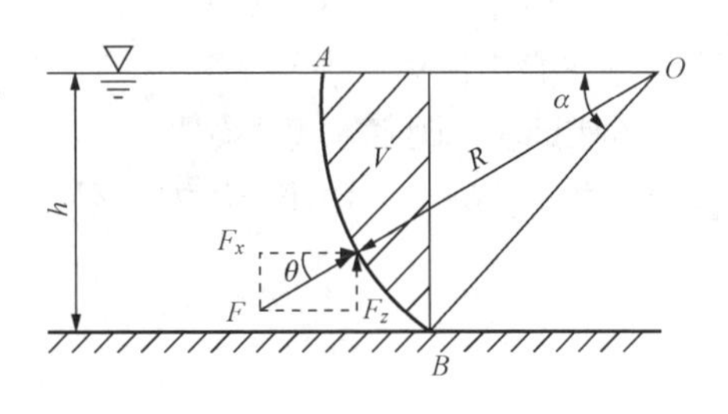

图 2 - 26　［例 2 - 7］图

【例 2 - 7】　如图 2 - 26 所示，一弧形闸门 AB 宽 b 为 4m，半径 R=2m，α=45°，闸门转轴刚好与门顶平齐，求作用在闸门 AB 上的液体总压力。

解 闸门高为 $h=R\sin45°=1.414\text{m}$，投影面 A_x 形心处的淹深 $h_{Cx}=\frac{h}{2}$。

由式（2-38），水平方向上压力为

$$F_x=\rho g h_{Cx}A_x=\rho g\frac{h}{2}bh=1000\times9.81\times1.414^2\times4/2=39\,240(\text{N})$$

由式（2-39），竖直方向压力为

$$F_z=\rho gV=\rho g\left(\frac{1}{8}\pi R^2-\frac{1}{2}R\sin\alpha R\cos\alpha\right)b=\frac{1}{8}\rho gR^2(\pi-2\sin2\alpha)b$$

$$=\frac{1}{8}\times1000\times9.8\times2^2\times(\pi-2)\times4=22\,366(\text{N})$$

因此，作用在阀门 AB 上的总压力为

$$F=\sqrt{F_x^2+F_z^2}=\sqrt{39\,240^2+22\,366^2}=45\,166(\text{N})$$

作用力的方向与水平面之间的夹角为

$$\theta=\arctan(F_z/F_x)=\arctan(22\,366/39\,240)=29.7°$$

三、静止流体作用在物体上的浮力

物体在流体中会受到浮力的作用，船舶作为水上交通运输工具在水面上行驶，热气球升空，都是利用了流体对物体浮力的作用。利用流体静力学的基本方程，可分析计算流体中的物体受到的浮力。

如图 2-27 所示，一任意形状的物体 $abcd$ 淹没在流体中，流体处于静止状态，流体的密度为 ρ，由于作用在物体上的压强左右对称，因此压力在水平方向上的分量总是为零，只有垂直方向上的分量可能不为零。

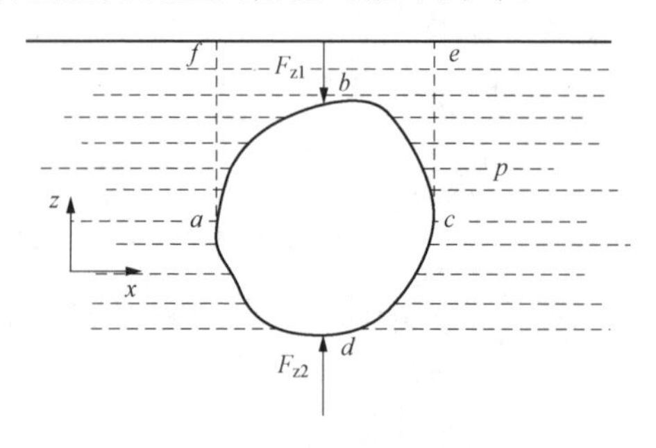

图 2-27 流体对物体的浮力

如图 2-27 所示，取向上方向为正向，将物体表面分为上半曲面 abc 和下半曲面 adc，由式（2-39），作用在上半曲面 abc 上的总压力方向向下，大小为

$$F_{z1}=-\rho gV_{abcef}$$

作用在下半曲面 adc 上的总压力方向向上，大小为

$$F_{z1}=\rho gV_{adcef}$$

因此，作用在物体上的总压力为

$$F=\rho gV_{adcef}-\rho gV_{abcef}=\rho gV_{abcd} \tag{2-40}$$

其中，V_{abcd} 就是物体的体积，因此淹没在静止流体中的物体受到的总压力方向向上，大小等于物体排开流体所受的重力，这一总压力称为浮力。这就是著名的阿基米德浮力原理，即物体在静止流体中所受的浮力等于其排开的相同体积流体的重力。

不难证明，阿基米德浮力原理不仅适用于完全浸没在流体中的物体，也适用于部分浸没的物体，此时式（2-40）中压力体体积不是物体的全部体积，而是物体浸没在流体中的部分体积。

复习与思考

2-1 什么是绝对静止？什么是相对静止？绝对静止和相对静止的共同力学特征是

什么？

2-2　什么是静压强？静压强有何特征？

2-3　试解释流体平衡微分方程的物理意义，另其适用条件是什么，黏性流体相对静止时是否满足流体的平衡微分方程。

2-4　黏性流体在静止时有没有切向应力？若某流体静止时没有切向应力，那该流体是否没有黏性？

2-5　什么是力势函数？流体能处于平衡状态的必要条件是什么？

2-6　试说明流体静力学基本方程 $z+\frac{p}{\rho g}=C$ 中各项的物理意义和几何意义。

2-7　只受重力作用的连通容器内等高面就是等压面吗？为什么？

2-8　压强的表示方法有哪些？

2-9　试说明倾斜式微压计的测压原理。

2-10　相对于某坐标系静止的流体其自由面是倾斜面，则其所受质量力有何特征？

2-11　试说明离心式铸造机的设计原理。

2-12　静止流体作用下倾斜平板的压力中心与其几何形心是否相同？为什么？

2-1　截面积为 $30cm^2$ 的活塞，以 60N 的力作用在液面上，试将活塞对液体产生的压强用 atm、Pa 及 mH_2O 为单位来表示。

2-2　已知单位质量流体所受的质量力为 $f_x=zy$，$f_y=axz$，$f_z=bxy$，试问在该质量力作用下流体能否平衡。

2-3　已知海水密度随海水深度变化的关系为 $\rho=\rho_0+K\sqrt{h}$，试导出海洋中深为 h 的任一点压强的表达式。

2-4　如图 2-28 所示，气柜 1 与 2 内充满空气，若测压计 A 的读数为 2.1atm，真空计 C 的读数为 78mmHg，大气压为 1atm，试问安装在气柜 1 上而露在气柜 2 中的测压计 B 的读数是多少。

2-5　如图 2-29 所示，U 形管水银压差计初始的读数为 h，现将压差计向下移动距离 a，压差计的读数为$h+\Delta h$，试求出压差计读数的改变值 Δh 与 a 之间的关系。(单位：mm)

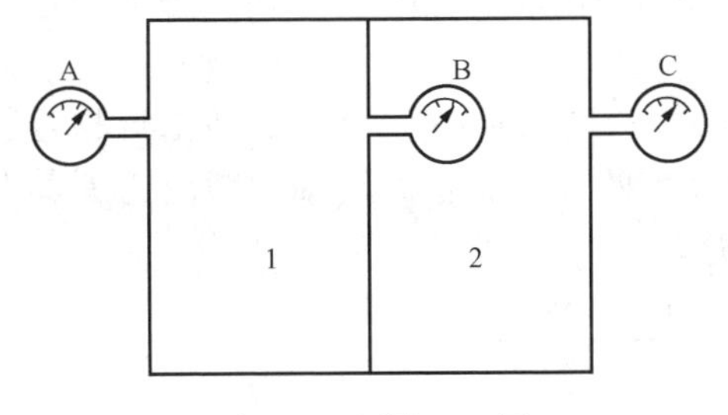

图 2-28　题 2-4 图

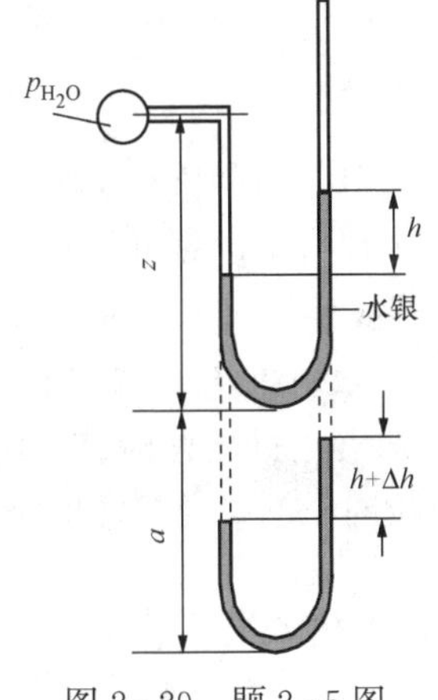

图 2-29　题 2-5 图

2-6　为测定运动物体的加速度，可在物体上安装一如图2-30示的U形管随物体一起运动。若在物体运动时测得两支管的液位差$h=5\text{cm}$，两支管间距$l=30\text{cm}$，问此时物体运动的加速度a是多少？

2-7　如图2-31所示，一底面积为$b\times b=200\text{mm}\times 200\text{mm}$的容器，质量$m_1=4\text{kg}$，装水深度$h=150\text{mm}$，在质量为25kg的物体的拖动下沿平面滑动，若容器与平面间的摩擦系数$\mu=0.3$，欲保证在此情况下容器内水不致溢出，则容器的高度H最少要多少？

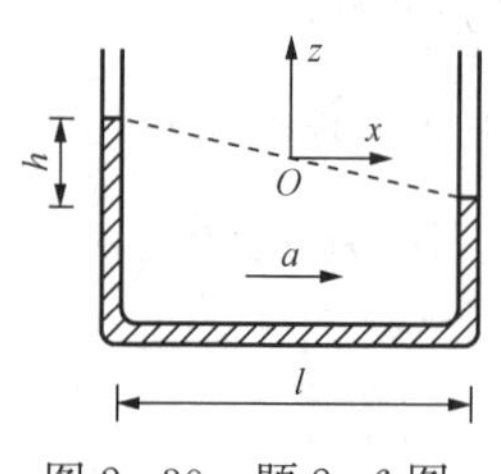

图2-30　题2-6图

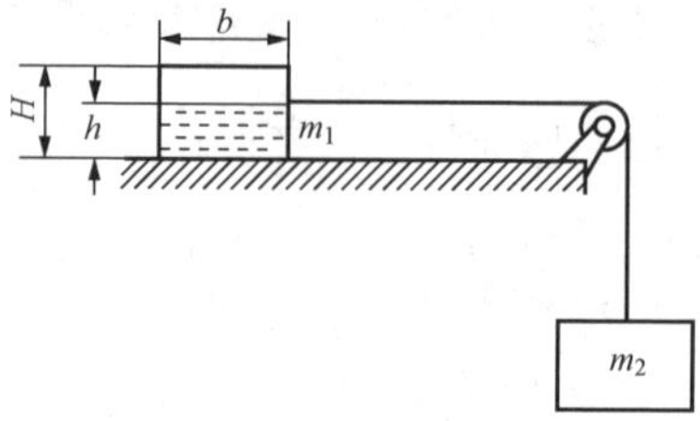

图2-31　题2-7图

2-8　如图2-32所示，U形管水银压差计$h_1=76\text{cm}$，$h_2=152\text{cm}$，油的相对密度为0.85，大气压强为756mmHg，求压强p_x。

2-9　如图2-33所示的倒装差压计，油的相对密度$d=0.86$，$h_1=165\text{cm}$，$h_2=25\text{cm}$，$h_3=50\text{cm}$，求p_x-p_y的值。

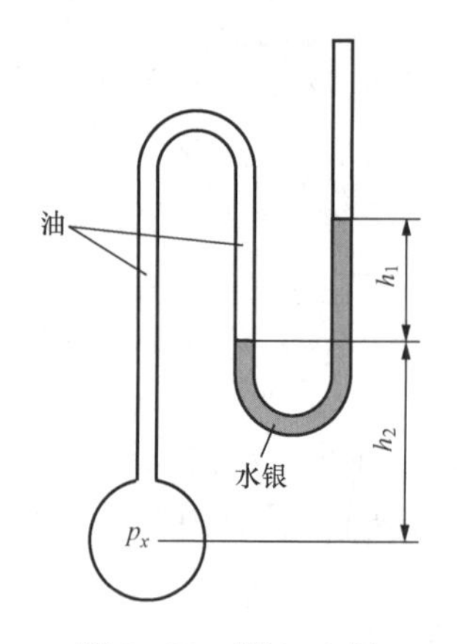

图2-32　题2-8图

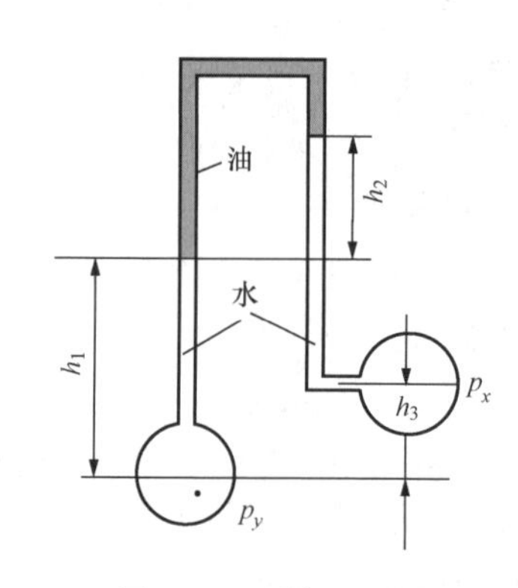

图2-33　题2-9图

2-10　如图2-34所示，内部有隔板的盛水容器以加速度a做水平直线运动，已知容器的尺寸l_1和l_2，静止时的水深h_1和h_2，求当中间隔板受到静水总压力为零时，容器的加速度为多少？

2-11　如图2-35所示，液体转速计由一个直径为d_1的圆筒、活塞盖和连通的直径为d_2的两支竖直支管构成。转速计内装有液体，两竖直支管离转轴的距离为R，当旋转角速度为ω时，活塞比静止时下降了h，试证明：

$$h=\frac{\omega^2}{2g}\frac{R^2-d_1^2/8}{1+\frac{1}{2}(d_1/d_2)^2}$$

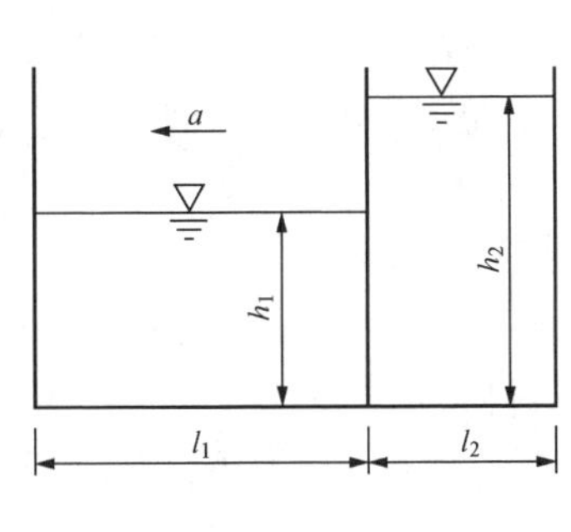

图 2-34 题 2-10 图

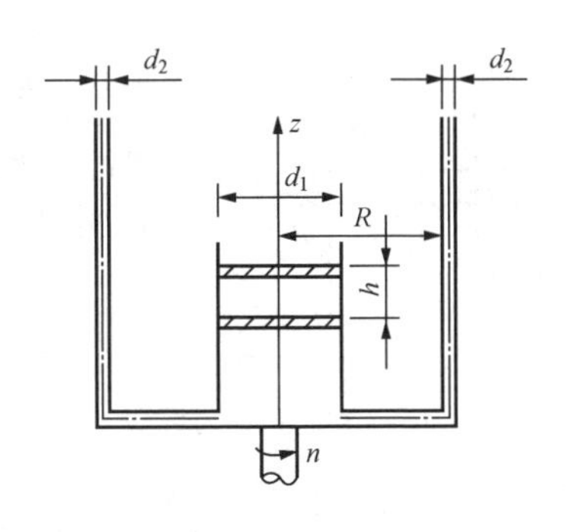

图 2-35 题 2-11 图

2-12 如图 2-36 所示，一盛有水的圆筒形容器，容器半径为 R，原液面高度为 h，若容器以角速度 ω 绕垂直轴做等角速旋转，水不外溢，试求超过多少转数时可露出筒底。

2-13 如图 2-37 所示的盛水开口容器，已知 $a_x=a_z=4.903\text{m/s}^2$，$AB=BC=1.3\text{m}$，求 A、B、C 各点处的压强。

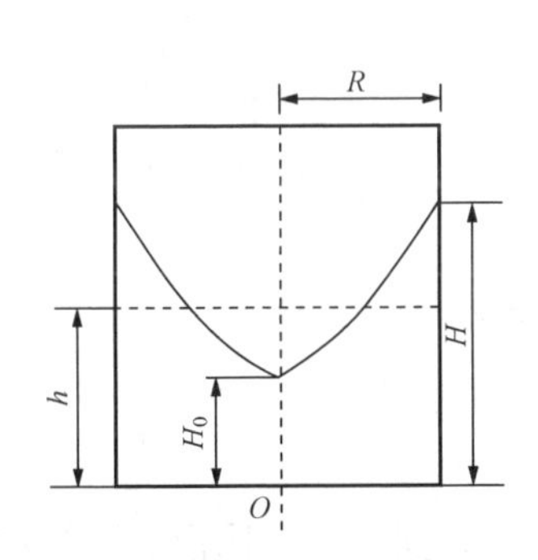

图 2-36 题 2-12 图

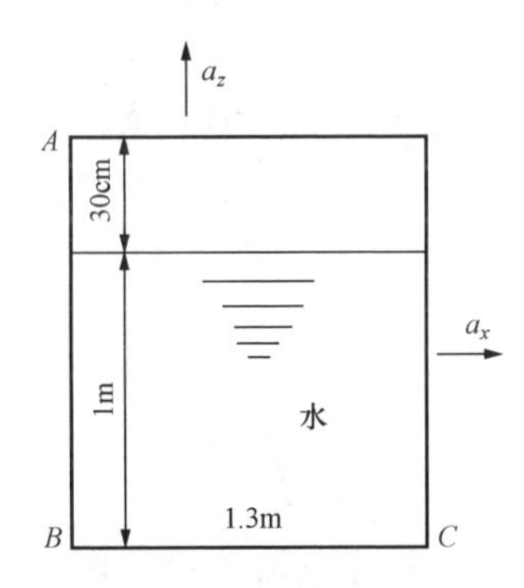

图 2-37 题 2-13 图

2-14 如图 2-38 所示，一 U 形管绕自身轴旋转，两竖直管离转轴的距离分别为 R_1 和 R_2，两液面差为 Δh，若 $R_1=0.08\text{m}$，$R_2=0.20\text{m}$，$\Delta h=0.06\text{m}$，求旋转角速度 ω。

2-15 如图 2-39 所示的蓄水设备，点 C 处的绝对压强为 $p=196\ 120\text{Pa}$，$h=1.0\text{m}$，$R=1.0\text{m}$，求作用在半球 AB 上的总压力。

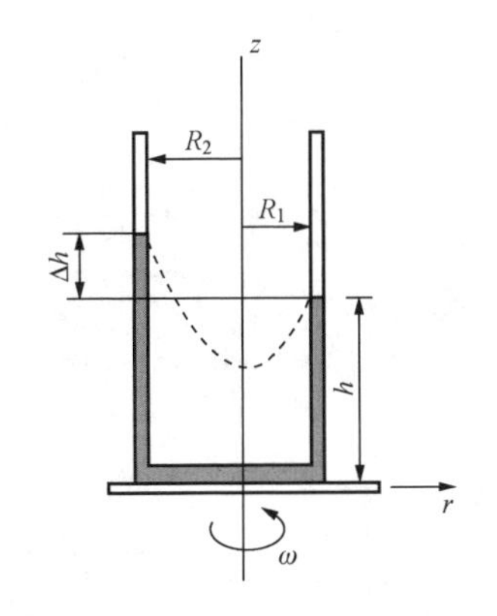

图 2-38 题 2-14 图

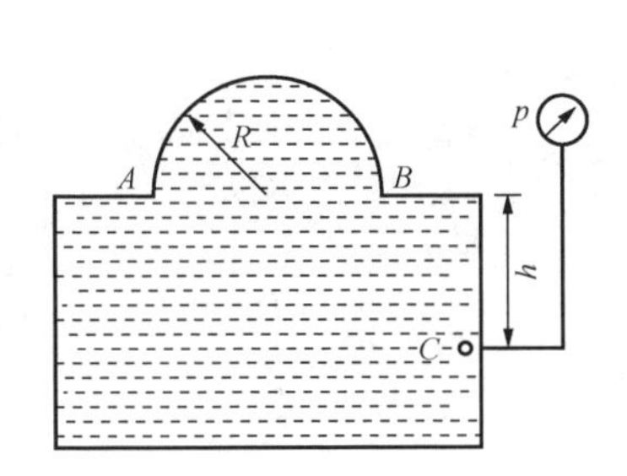

图 2-39 题 2-15 图

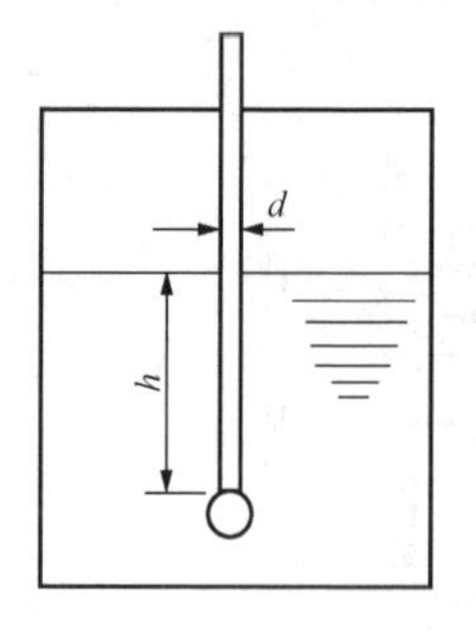

图 2-40 题 2-16 图

2-16 如图 2-40 所示，相对密度测量装置重 0.4N，其球泡体积$V=15cm^3$，管外径$d=25mm$，问在用此装置测定水与煤油（密度为 $760kg/m^3$）的相对密度时，管子淹没在液面下的深度 h 各为多少？

2-17 如图 2-41 所示的锥阀，已知 $D=100mm$，$d=50mm$，$d_1=25mm$，$a=100mm$，$b=50mm$，液体的相对密度为 0.83，不计锥阀的自重，试确定：（1）当测压表读数 $p_g=9806Pa$ 时，提起锥阀所需最小力 F；（2）若 $F=0$，p_g 应等于多少。

2-18 如图 2-42 所示的挡水弧形闸门，已知 $R=2m$，$\theta=30°$，$h=5m$，求单位宽度闸门所受静水总压力的大小。

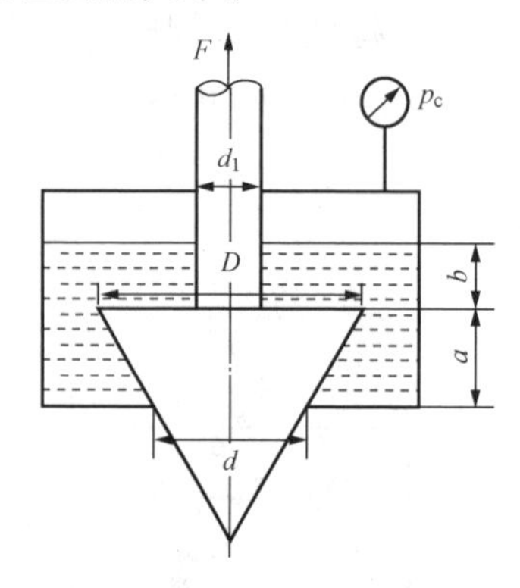

图 2-41 题 2-17 图

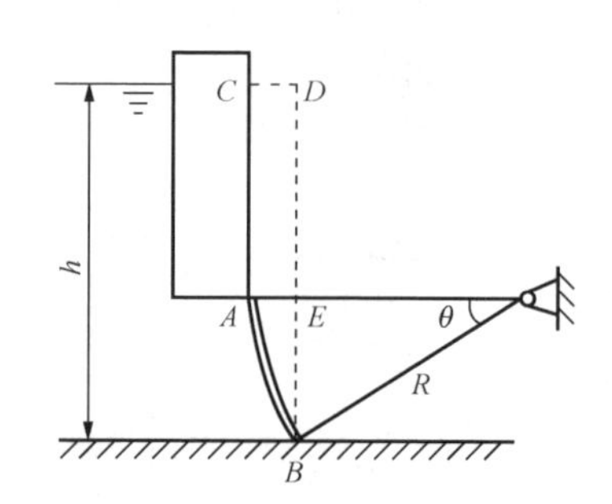

图 2-42 题 2-18 图

2-19 两个直径为 1.2m 的球体，质量为 400kg 和 1200kg，分别用短绳连接放入水中，短绳重力不计，求：（1）短绳所受张力分别为多少？（2）较轻的球浮出水面的体积占其总体积的比例为多少？

第三章　流体动力学基础

本章首先简要介绍描述流场的基本方法及流体运动学的基本概念，在此基础上，应用物理学中的质量守恒定律、牛顿第二定律、动量定律和动量矩定律，建立理想流体一维管流的连续性方程、伯努利方程、动量方程和动量矩方程，并介绍这些基本方程的实际应用。

第一节　研究流体流动的方法

一、描述流体运动的方法

流体流动的空间称为流场，流场内连续分布着流体质点，描述流场中流体的运动规律可以从流体质点和流场空间点两个着眼点出发。

在第一章中已经介绍，采用连续介质假设，流体质点是构成流体的最小物质单位，它的体积无论多微小，总还包含很多的流体分子。在分析流场时，以单个流体质点为研究对象，通过研究流场中各个流体质点运动的规律，来揭示全流场的规律，这种描述流体运动的方法，称为拉格朗日法，拉格朗日法在固体力学中是一种常用的方法，对于流体力学的大多数问题，采用拉格朗日法较不方便。

流体力学中常用的描述流体运动的方法是欧拉法，它将流场中流体的各个运动参数，如速度、加速度等，看作是空间点的坐标与时间的函数，通过研究流场中每个空间点在不同时刻的各个运动参数的变化规律来揭示全流场的运动规律，无须去专门追踪特定的流体质点。

描述流场内流体的状态及运动规律的参数，如密度 ρ、压强 p、速度 $\vec{v}$ 等，统称为流体的流动参数。采用欧拉法，流体的所有流动参数都是空间几何坐标与时间 t 的连续函数，即

$$\begin{cases} \rho = \rho(x, y, z, t) \\ p = p(x, y, z, t) \\ \vec{v} = \vec{v}(x, y, z, t) \end{cases}$$

式中：x、y、z 为空间点的坐标；t 为时间变量。

二、系统与控制体

系统是由一群特定的流体质点组成的流体团。对于运动的流体，系统的形状和位置是随时间不断变化的，但它始终是由同一些流体质点组成的，保持确定的质量，系统与外界没有质量交换，但可能有动量和能量的交换，动量和能量的交换遵循物质系统的动量定律和能量守恒定律。显然，系统是与拉格朗日方法相联系的概念。

控制体是根据研究问题的需要在流场中划定的一个确定空间区域，其边界称为控制面。控制面可以是实际存在的表面，也可以是设想的。如图 3 - 1 所示，取圆管内 1—1 截面与 2—2截面间一段管流为研究对象，图上虚线所包围的空间就是控制体，虚线所示即为控制面。圆管的内表面是控制面的一部分，这部分表面是实际存在的，而 1—1 和 2—2 截面则是虚拟设想的。控制体确定后，它的形状和位置不再随时间而变化，但控制体内所包含的流体质点在不同时刻是不同的，控制面上可能有流体流进流出。由于控制体是固定在流场中某一

确定位置的，因此控制体是与欧拉法相联系的概念。

三、质点导数

流体质点的流动参数对时间的变化率称为质点导数。采用欧拉法研究质点导数，质点的空间位置也是时间变量 t 的函数，必须按照复合函数的求解法去推导。下面以质点加速度为例研究欧拉法中质点导数的表示方法。

如图 3-2 所示，t 时刻流场中某质点在位置（x，y，z）处，其速度为 $\vec{v}(x,y,z,t)$，速度在三个方向上的分量为 $v_x(x,y,z,t)$、$v_y(x,y,z,t)$ 和 $v_z(x,y,z,t)$；到 $t+\delta t$ 时刻，该流体质点运动到 $(x+\delta x,y+\delta y,z+\delta z)$ 处，其速度为 $\vec{v}(x+\delta x,y+\delta y,z+\delta z,t+\delta t)$，根据加速度的定义，$x$ 坐标方向上的质点加速度为

$$\begin{aligned}a_x &=\lim_{\delta t\to 0}\frac{v_x(x+\delta x,y+\delta y,z+\delta z,t+\delta t)-v_x(x,y,z,t)}{\delta t}\\&=\lim_{\delta t\to 0}\frac{1}{\delta t}\left[v_x(x,y,z,t)+\frac{\partial v_x}{\partial x}\delta x+\frac{\partial v_x}{\partial y}\delta y+\frac{\partial v_x}{\partial z}\delta z+\frac{\partial v_x}{\partial t}\delta t-v_x(x,y,z,t)\right]\\&=\lim_{\delta t\to 0}\left[\frac{\partial v_x}{\partial t}\frac{\delta t}{\delta t}+\frac{\partial v_x}{\partial x}\frac{\delta x}{\delta t}+\frac{\partial v_y}{\partial y}\frac{\delta y}{\delta t}+\frac{\partial v_x}{\partial z}\frac{\delta z}{\delta t}\right]\end{aligned}$$

而
$$v_x=\lim_{\delta t\to 0}\frac{\delta x}{\delta t},v_y=\lim_{\delta t\to 0}\frac{\delta y}{\delta t},v_z=\lim_{\delta t\to 0}\frac{\delta z}{\delta t}$$

因此
$$a_x=\frac{\mathrm{d}v_x}{\mathrm{d}t}=\frac{\partial v_x}{\partial t}+v_x\frac{\partial v_x}{\partial x}+v_y\frac{\partial v_x}{\partial y}+v_z\frac{\partial v_x}{\partial z}$$

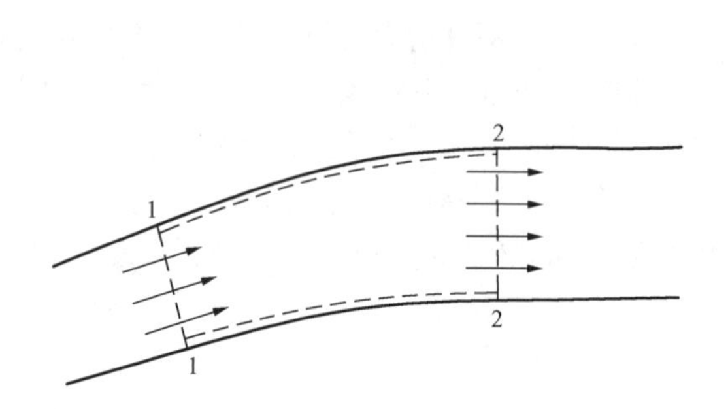

图 3-1 控制体

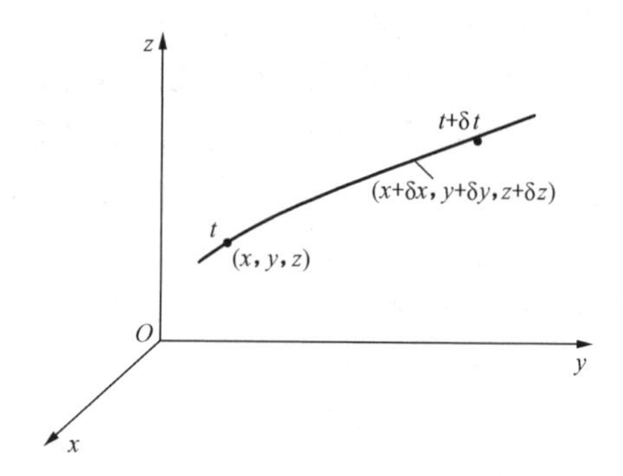

图 3-2 质点加速度

同样可以得到 y、z 坐标方向上质点加速度的表达式，加速度的三个分量为

$$\begin{cases}a_x=\dfrac{\mathrm{d}v_x}{\mathrm{d}t}=\dfrac{\partial v_x}{\partial t}+v_x\dfrac{\partial v_x}{\partial x}+v_y\dfrac{\partial v_x}{\partial y}+v_z\dfrac{\partial v_x}{\partial z}\\a_y=\dfrac{\mathrm{d}v_y}{\mathrm{d}t}=\dfrac{\partial v_y}{\partial t}+v_x\dfrac{\partial v_y}{\partial x}+v_y\dfrac{\partial v_y}{\partial y}+v_z\dfrac{\partial v_y}{\partial z}\\a_z=\dfrac{\mathrm{d}v_z}{\mathrm{d}t}=\dfrac{\partial v_z}{\partial t}+v_x\dfrac{\partial v_z}{\partial x}+v_y\dfrac{\partial v_z}{\partial y}+v_z\dfrac{\partial v_z}{\partial z}\end{cases}\tag{3-1a}$$

写成矢量形式为

$$\vec{a}=\frac{\partial\vec{v}}{\partial t}+(\vec{v}\cdot\nabla)\vec{v}\tag{3-1b}$$

$$\nabla=\frac{\partial}{\partial x}\vec{i}+\frac{\partial}{\partial y}\vec{j}+\frac{\partial}{\partial z}\vec{k}$$

式中：∇为哈密顿算子。

同样，采用欧拉法研究流体流动，其他流动参数，如密度和压强随时间的质点导数为

$$\frac{\mathrm{d}p}{\mathrm{d}t}=\frac{\partial p}{\partial t}+v_x\frac{\partial p}{\partial x}+v_y\frac{\partial p}{\partial y}+v_z\frac{\partial p}{\partial z} \tag{3-2}$$

$$\frac{\mathrm{d}\rho}{\mathrm{d}t}=\frac{\partial \rho}{\partial t}+v_x\frac{\partial \rho}{\partial x}+v_y\frac{\partial \rho}{\partial y}+v_z\frac{\partial \rho}{\partial z} \tag{3-3}$$

采用欧拉法求流体质点导数的通用公式是

$$\frac{\mathrm{d}}{\mathrm{d}t}=\frac{\partial}{\partial t}+\vec{v}\cdot\nabla \tag{3-4}$$

由式（3-1a）～式（3-4）可以看出，用欧拉法描述流场中质点的运动时，质点导数由两部分组成，第一部分称为当地导数或时间导数，表征在固定空间点的流动参数由于时间变化而产生的变化率；第二部分称为迁移导数或位移导数，表征流体质点由于空间位置的改变而导致的参数变化率。

【例3-1】 已知流场的速度分布为$\vec{v}=x^2y\vec{i}-3y\vec{j}+2z^2\vec{k}$（m/s），求（3，1，2）点的加速度。

解 由式（3-1）得

$$a_x=\frac{\partial v_x}{\partial t}+v_x\frac{\partial v_x}{\partial x}+v_y\frac{\partial v_x}{\partial y}+v_z\frac{\partial v_x}{\partial z}$$

$$=0+x^2y\times(2xy)+(-3y)\times x^2+0=27(\mathrm{m/s^2})$$

$$a_y=\frac{\partial v_y}{\partial t}+v_x\frac{\partial v_y}{\partial x}+v_y\frac{\partial v_y}{\partial y}+v_z\frac{\partial v_y}{\partial z}$$

$$=0+x^2y\times0+(-3y)\times(-3)+2z^2\times0=9(\mathrm{m/s^2})$$

$$a_z=\frac{\partial v_z}{\partial t}+v_x\frac{\partial v_z}{\partial x}+v_y\frac{\partial v_z}{\partial y}+v_z\frac{\partial v_z}{\partial z}$$

$$=0+x^2y\times0+(-3y)\times0+2z^2\times4z=64(\mathrm{m/s^2})$$

所以（3，1，2）点的加速度为 $\vec{a}=27\vec{i}+9\vec{j}+64\vec{k}$

第二节 流体流动的分类

实际流体的流动过程是十分复杂的，不同的流动问题有不同的特点，通常将流动问题进行分类，不同类型的问题采用不同的研究方法。

在第一章已介绍，可按照流体的性质对流体进行分类。根据流体的黏性是否可以忽略，可将流体分为理想流体与黏性流体；根据流体的可压缩性是否需要考虑，可将流体分为可压缩流体与不可压缩流体；根据流体切应力与切应变之间的关系，可将流体分为牛顿流体与非牛顿流体。相应地，流体的流动形式也可分为理想流体流动与黏性流体流动、可压缩流体流动与不可压缩流体流动、牛顿流体流动与非牛顿流体流动。

除按流体本身的性质分类外，流体的流动还有多种分类形式，如根据流体微团是否绕自身轴旋转，可将流动分为有旋流动与无旋流动；根据流体质点的运动是否规则有序，可将流动分为层流流动与湍流流动；根据流动参数是否沿流动方向变化，可将流动分为均匀流动和非均匀流动；根据研究过程中流场的重力是否可忽略，可将流动分为重力流体流动和非重力

流体流动；根据流动参数是否随时间变化，可将流动分为稳定流动与非稳定流动；根据流动参数空间自变量的个数，可将流动分为一维流动、二维流动、三维流动等。

上述部分类型的流动在随后的章节中将做详细介绍。为便于本章的学习，此处重点介绍稳定流动与非稳定流动，一维流动、二维流动和三维流动的概念。

一、稳定流动与非稳定流动

流场内各空间点上流体质点的所有流动参数不随时间而改变的流动，称为稳定流动或定常流动。因此，对于稳定流动而言，流动参数只是空间坐标的函数，与时间没有关系。以速度为例，有

$$\vec{v}=\vec{v}(x,y,z),\frac{\partial \vec{v}}{\partial t}=0$$

流场内各空间点上流体质点的流动参数随时间而改变的流动，称为非稳定流动或非定常流动。同样以速度为例，有

$$\vec{v}=\vec{v}(x,y,z,t),\frac{\partial \vec{v}}{\partial t}\neq 0$$

需要说明的是，只要流场中有一种流动参数随时间改变，则流动就是非稳定流动。工程实际上绝大多数流体流动都是非稳定流动。例如，湍流就属于非稳定流动。非稳定流动的问题较稳定流动的问题要复杂得多。在工程实际中，若所分析的流体流动稳定性较高，在所分析问题涉及的时间范围内，流动参数的时均值存在，且不随时间而改变，那么我们常将这样非稳定流动的问题简化为稳定流动来分析处理。

二、一维流动、二维流动和三维流动

如果速度、压强等流动参数是三个空间坐标的函数，那么这种流动就称为三维流动。相应地，流动参数是两个空间坐标的函数称为二维流动，是一个坐标的函数称为一维流动。严格地讲，实际过程中的流动问题都是三维流动问题，但由于流场的维数越多，问题就越复杂。因此，在要求精度不高，可以简化的情况下，总是尽可能地将三维流动简化为二维流动或一维流动来求近似解。

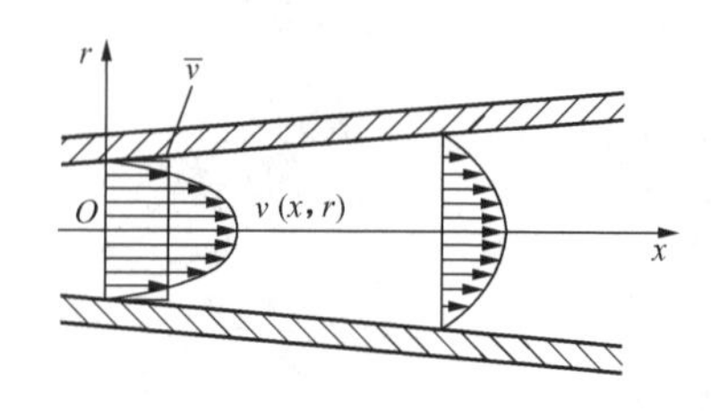

图 3-3　圆锥管内的流动

同一流动问题，流动的维数与坐标系的选取和研究的参数有关。如图 3-3 所示，黏性流体在圆锥形管中流过，若在直角坐标系中研究此问题，流动是三维的。若选用如图 3-3 所示的圆柱坐标，流体的流动参数是半径 r 和沿轴线的距离 x 的函数，即 $v=v\ (r,\ x)$。

这就是二维流动问题。但若如图 3-3 所示，在每个截面上取速度的平均值，只研究平均值的变化规律，则 $\overline{v}=\overline{v}(x)$，流动又变成了一维流动问题。

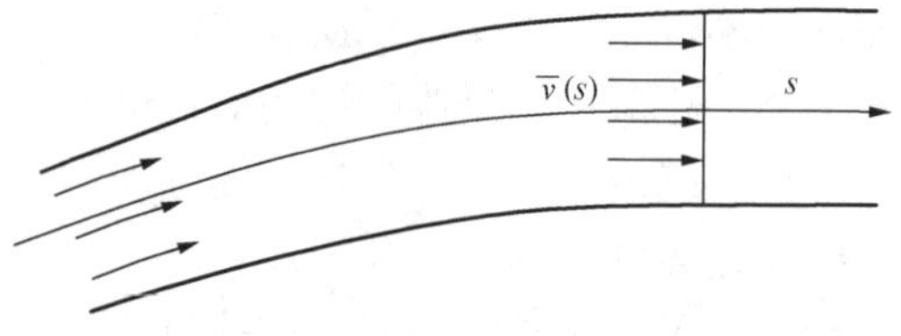

图 3-4　一维管流

需要说明的是，坐标系或空间自变量的选取并不一定是直角坐标系或圆柱坐标系。如图 3-4所示，工业管道的布置是十分复杂的，而研究问题时通常只关心流动参数在截面上的平均值。因此，选用管流流动方向为自变量，

有 $\bar{v}=\bar{v}(s)$，管道计算问题是一维流动问题。

第三节　流线与迹线

流线与迹线的概念是从大量的实验研究中抽象出来的，它能形象、直观地揭示流场的图像及流体质点运动的情况，是流体运动学中最基本的概念。

一、流线与迹线定义

流线是流场中某瞬时的一条空间曲线，在该曲线上任意点处，流体质点的速度方向都与曲线上该点的切线方向相一致。

根据流线的定义可绘出流场的任一条流线。如图 3 - 5所示，设在某一瞬时 t，流场内某一空间点 a 处流体质点的速度为$\vec{v}_a$，距 a 极近的一点 b 处，流体质点的速度为$\vec{v}_b$；距 b 点极近的一点 c 处，流体质点的速度为$\vec{v}_c$…以此类推，在瞬时 t，流场空间内有一条经过流体质点 a、b、c、d、e…组成的折线 $abcde$…，当 a、b、c、d、e…各点间无限趋近，或作出折线 $abcde$…的包络线，就得到瞬时 t 流场空间的一根流线 $abcde$…。

流线可以通过实验方法直接观察到，例如明槽水流中显示翼型绕流的流动，可在水流中撒布镁粉，在摄影灯光照射下，用快速照相机在极短的曝光时间下拍摄水流翼型的照片，即可得到翼型绕流的流线图。在照相底片上可清晰看出，这些流线是由很多闪亮的短线汇聚组成的。这些短线是在短促的曝光时间内，由镁粉颗粒各自运动画出的，这样，通过流线的显现，就可直观地显示流场，揭示流场的流动特性。

由上述流线的概念可看出，流线是通过揭示同一时刻流体在各个空间点的流动特性来揭示流场特性的，属于欧拉法的研究范畴。流场中的多条流线就构成流谱。图 3 - 6 所示为翼型绕流的流谱。

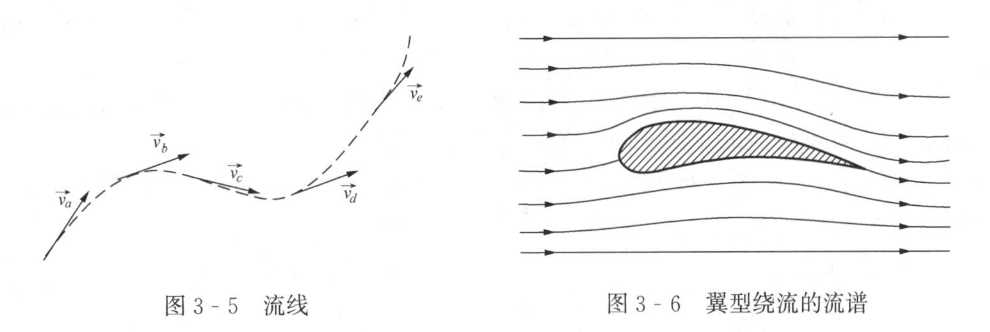

图 3 - 5　流线　　　图 3 - 6　翼型绕流的流谱

迹线则是采用拉格朗日法研究流场的概念。迹线是流体质点在一段时间内的运动轨迹，每个流体质点都有自己的迹线。迹线也可以通过实验方法直接观察到，如在流场中放入一滴颜色不同、密度与流体密度相同的小液滴，跟踪液滴在一段时间内的运动轨迹，就可得到小液滴所代表的流体质点的迹线。跟踪多个流体质点，得到迹线簇，就可揭示流场特性。

二、流线的方程

根据流线的定义，可以写出流线的方程。如图 3 - 7 所示，流线上 M 点处的流速为$\vec{v}$，它在 x、y、z 坐标方向上的分量为 v_x、v_y 与 v_z，M 点处流线的一段微元线段为ds，其分量

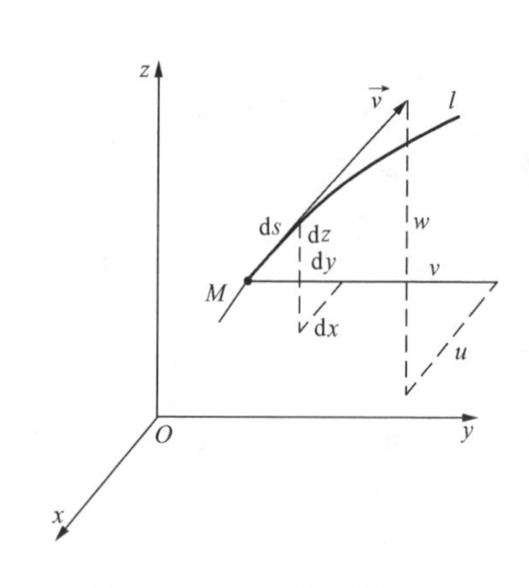

图 3 - 7　流线段与流速分量

为 dx、dy、dz，由于在流线上任意一点处的速度方向与该点的切线方向相一致，因此有

$$\frac{v_z}{v}=\frac{\mathrm{d}z}{\mathrm{d}s},\frac{v_y}{v}=\frac{\mathrm{d}y}{\mathrm{d}s},\frac{v_x}{v}=\frac{\mathrm{d}x}{\mathrm{d}s}$$

得到流线的微分方程为

$$\frac{\mathrm{d}x}{v_x}=\frac{\mathrm{d}y}{v_y}=\frac{\mathrm{d}z}{v_z} \tag{3-5}$$

三、流线与迹线的性质

根据以上所述流线与迹线的概念，可以得出，流线与迹线具有下述性质：

（1）流线是一条空间曲线，瞬时由很多个流体质点组成，而迹线则是由一个特定的流体的质点，在一段时间内的运动轨迹。

（2）在非稳定流动情况下，流线与迹线不重合，非稳定流动下，流线只能描绘出流场瞬时的流动图像。稳定流动下流线与迹线相重合，且稳定流动下，流线在空间的位置及形状都不随时间而改变。

图 3 - 8（a）所示为水由水箱侧壁上的孔口出流的情况，在出流过程中水箱水位连续下降，出流是不稳定流动，t_1、t_2、t_3 瞬时水箱中的水位分别为 H_1、H_2、H_3，相应的孔口出流水流形状（流线）为 1、2、3。t_1 瞬时最先在流线 1 上的流体质点 m，由于速度随时间改变，t_2 瞬时落在流线 2 上，至 t_3 瞬时落在流线 3 上，图中虚线所示为 t_1～t_3 时间内流体质点 m 的迹线。

图 3 - 8（b）所示为出流时水箱中的水位维持不变，出流为稳定流动的情况。稳定流动下流线上各点的流速不随时间而改变，初始在某一流线上运动的流体质点，将始终在这根流线上运动，即在稳定流动下，流线与迹线相重合，且流线在空间的位置与形状均不随时间而改变。

（3）由于流速与流线相切，因此一般流线不可能相交，不可能有垂直于流线的流速分量，即不可能有穿过流线的流体流动。这一结论可证明如下：

如图 3 - 9 所示，假设有两条流线 1、2 在 M 点相交，根据流线的定义，则在 M 点处流

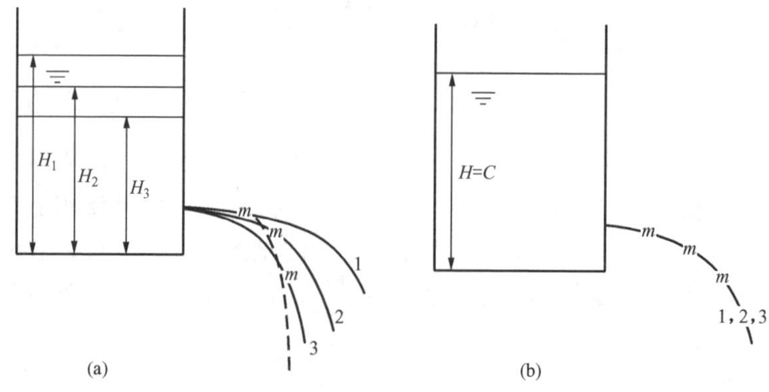

图 3 - 8　流线与迹线的关系
（a）非稳定流；（b）稳定流

体质点有两个速度矢量$\vec{v}$，这显然是不可能的，因为在同一瞬时，M点只能有一个速度矢量，所以一般流线不可能相交。只有在流场内速度为零或为无穷大的点流线才有可能相交。速度为零的点称为驻点，速度为无穷大的点是一种奇点。

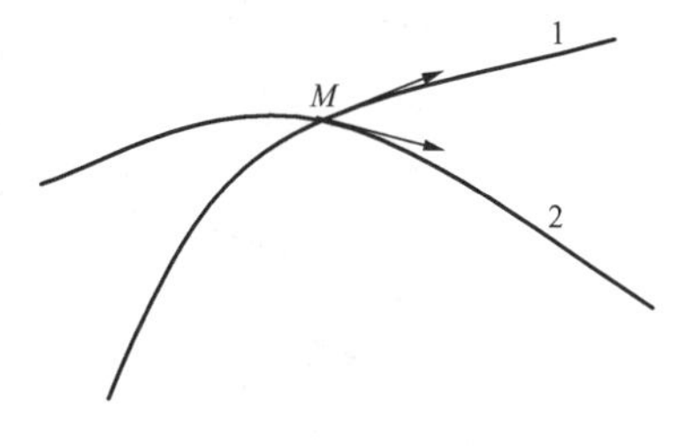

图 3-9 流线不能相交

【例 3-2】 有一速度场为$\vec{v}=ay\vec{i}+b\vec{j}$，$\vec{v}$的单位为 m/s，$y$ 的单位为 m，$a=2s^{-1}$，$b=1m/s$。求：

(1) 该流场是几维的？

(2) 点（1，2，0）的速度分量是多少？

(3) 点（1，2，0）处流线的斜率是多少？

解 (1) 由于速度分布只是一个空间坐标的函数，因此该流场是一维流。

(2) 已知 $\vec{v}=ay\vec{i}+b\vec{j}$，所以

$$v_x = ay = 2y, v_y = b = 1, v_z = 0$$

点（1，2，0）的速度分量为

$$v_x = 4\text{m/s}, v_y = 1\text{m/s}, v_z = 0$$

(3) 根据流线的定义，在每一瞬时，流线上任一点的切线方向与过该点流体质点的速度方向相一致，因此，点（1，2，0）处流线的斜率为

$$\frac{dy}{dx} = \frac{v_y}{v_x} = \frac{1}{4}$$

【例 3-3】 已知二维流场速度分布为 $v_x=x+1$，$v_y=-y$，求过点（1，2）的流线方程。

解 由式（3-5），流线的方程为

$$\frac{dx}{v_x} = \frac{dy}{v_y}$$

因此
$$\frac{dx}{x+1} = \frac{dy}{-y}$$

积分得
$$\ln(x+1) = -\ln y + \ln C$$

或
$$(x+1)y = C$$

所以过点（1，2）的流线方程为 $(x+1)y = 4$

第四节 有效截面、流量与平均流速

如图 3-10 所示，在流场中取一条不是流线的封闭曲线，通过封闭曲线的所有流线，将构成一个流体质点不能穿过的边界，流线这样形成的管状表面称为流管。流管内的流体称为流束。由于流管是由所有流线围成的，根据流线的定义，垂直于流管方向上没有流体流进流出。在分析问题时取定流管后，就可将管内的流体流动与其外的流动区域分开。

截面无限小的流管称为微元流管，微元流管的极限即为流线。

如图 3-11 所示，在流场中所取与所分析流动的流线垂直的截面称为有效截面。当该处流线全部相互平行时，有效截面为如图 3-11 所示的平面 1—1；当该处流线不平行时，则

有效截面为如图 3 - 11 所示的曲面 2—2，有效截面的面积以 A 表示。

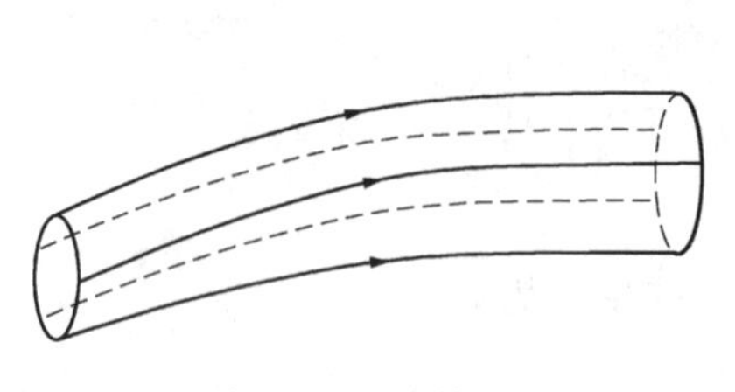

图 3 - 10　流管图

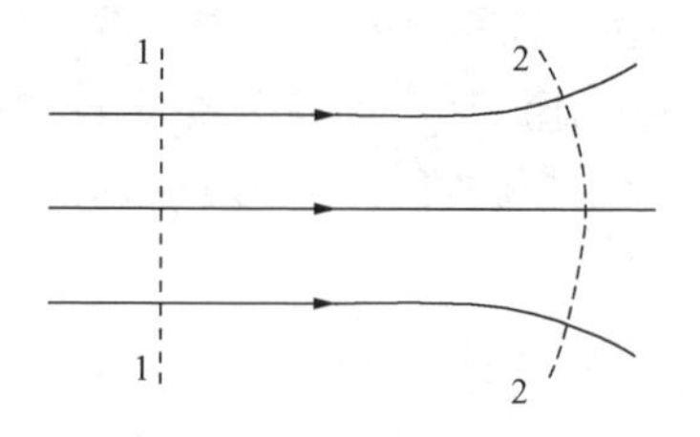

图 3 - 11　有效截面

单位时间内流过有效截面的流体量称为流量。若流量以体积计，称为体积流量，用 q_V 表示，单位为 m^3/s；若流量以质量计，则称为质量流量，用 q_m 表示，单位为 kg/s。

在有效截面上，各流量为

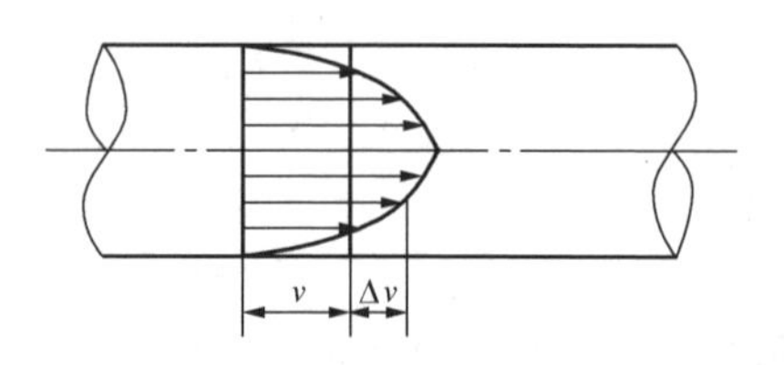

图 3 - 12　平均流速

体积流量
$$q_V=\int_A v\mathrm{d}A \tag{3-6}$$

质量流量
$$q_m=\int_A \rho v\mathrm{d}A \tag{3-7}$$

工程上常用的平均流速的概念，一般是就体积流量得出的，截面上的体积流量除以该截面的有效截面积，即为平均流速：

$$\bar{v}=\frac{q_V}{A} \tag{3-8}$$

【例 3 - 4】　从空气预热器经两条热风管，将温度为 400℃、表压为 600mmH_2O 的空气，送往燃烧室，热风总流量为 0.222kg/s，热风管内径 d=31cm，求热风管内空气的平均流速。

解　气体的绝对压强为

$$p=p_a+\rho gh=101\,325+1000\times9.8\times0.6=107\,205(\text{Pa})$$

则 400℃时，该压强下空气的密度为

$$\rho=\frac{p}{RT}=\frac{107\,205}{287\times(400+273)}=0.555(\text{kg/m}^3)$$

热风的体积流量为

$$q_V=\frac{q_m}{\rho}=\frac{0.222}{0.555}=0.40(\text{m}^3/\text{s})$$

由于是两条热风管，故管中空气的平均流速为

$$v=\frac{q_V/2}{\pi d^2/4}=\frac{0.40}{(0.31)^2\times\pi/2}=2.65(\text{m/s})$$

第五节　连 续 性 方 程

连续性方程是流体运动学的基本方程之一，它是质量守恒定律在流体流动这一具体问题上的表达式。本节研究一维管流内的连续性方程。

如图 3 - 13 所示，所谓一维管流，是指流体的各个流动参数只在沿管轴线 s 方向上有变化，而在其他方向上可认为是无变化的流动。即对一维管流而言，认为在管流有效截面上，

流体各流动参数是均匀分布的。

若流动参数在有效截面上是有变化的，但只研究各截面上的平均参数沿流动方向的变化规律，也是一维管流问题。

如图3-13所示，取流体流经有效截面1—1和2—2的管段为控制体，1—2截面为管壁面，控制体的体积为V，ρ_1、v_1、A_1与ρ_2、v_2、A_2分别表示管截面1—1和2—2上流体的密度、流速和有效截面面积，则单位时间内流入控制体的流体质量，即质量流量为$\rho_1\int_{A_1} v_1 \mathrm{d}A_1$；单位时间内流出控制体的流体质量，即质量流量为$\rho_2\int_{A_2} v_2 \mathrm{d}A_2$。根据质量守恒定律，流入控制体内的流体质量与流出的流体质量之差等于控制体内流体质量的增量，因此有

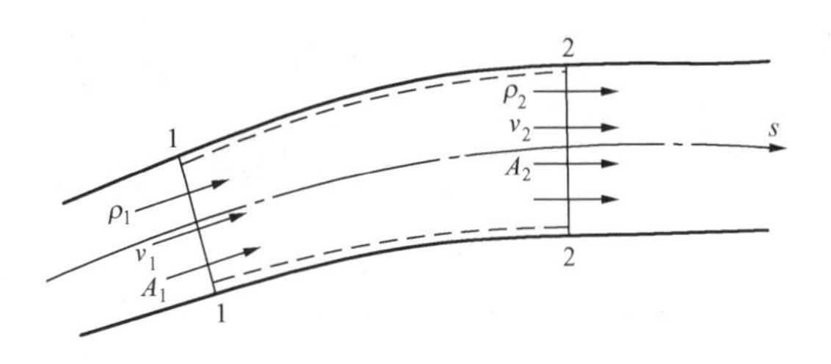

图3-13　管流

$$\rho_1\int_{A_1} v_1 \mathrm{d}A_1 - \rho_2\int_{A_2} v_2 \mathrm{d}A_2 = \int_V \frac{\partial\rho}{\partial t}\mathrm{d}V \tag{3-9}$$

如果研究的问题是稳定流动，$\frac{\partial\rho}{\partial t}=0$，控制体内流体的质量不会随时间而改变，因此，方程变为

$$\rho_1\int_{A_1} v_1 \mathrm{d}A_1 - \rho_2\int_{A_2} v_2 \mathrm{d}A_2 = 0 \tag{3-10}$$

若在有效截面上流体各运动参数是均匀分布的，或只研究各截面上的平均参数的规律，即将问题简化按一维管流来分析，则有

$$\rho_1 v_1 A_1 = \rho_2 v_2 A_2 = C \tag{3-11}$$

式（3-11）就是一维稳定管流的连续性方程。

对于不可压缩流体，可将连续性方程简化为

$$v_1 A_1 = v_2 A_2 = q_V \tag{3-12}$$

因此，对于不可压缩流体而言，流速与管截面积成反比，即

$$\frac{v_1}{v_2} = \frac{A_2}{A_1} \tag{3-13}$$

上述各方程适合一维无分支的管流。若流动是有分支的（见图3-14），根据质量守恒则有

$$\rho_1 v_1 A_1 = \rho_2 v_2 A_2 + \rho_3 v_3 A_3 \tag{3-14a}$$

对于不可压缩流体，则

$$v_1 A_1 = v_2 A_2 + v_3 A_3 \tag{3-14b}$$

同样地，若管流有多个入口或出口，则

$$\sum(\rho v A)_{\mathrm{in}} = \sum(\rho v A)_{\mathrm{out}} \quad 或 \quad \sum(vA)_{\mathrm{in}} = \sum(vA)_{\mathrm{out}} \tag{3-15}$$

其中，下标“in”表示流入截面，“out”表示流出截面。

【例3-5】　流量为272kg/s的水流经如图3-15所示的一管段，$d_1=320\text{mm}$，$d_2=160\text{mm}$，求体积流量及大、小管内的平均流速。

解　体积流量　$q_V = \frac{q_m}{\rho} = \frac{272}{1000} = 0.272(\text{m}^3/\text{s})$

则
$$v_1=\frac{q_V}{\pi d_1^2/4}=\frac{0.272}{(0.32)^2\times\pi/4}=3.385(\mathrm{m/s})$$
$$v_2=\frac{q_V}{\pi d_2^2/4}=\frac{0.272}{(0.16)^2\times\pi/4}=13.54(\mathrm{m/s})$$

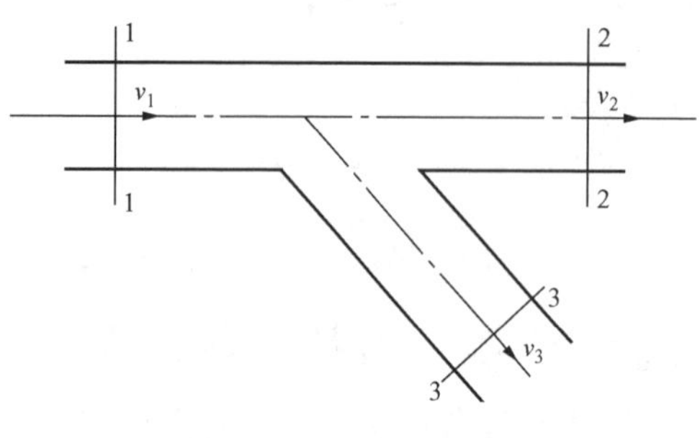

图 3 - 14　有分支管流

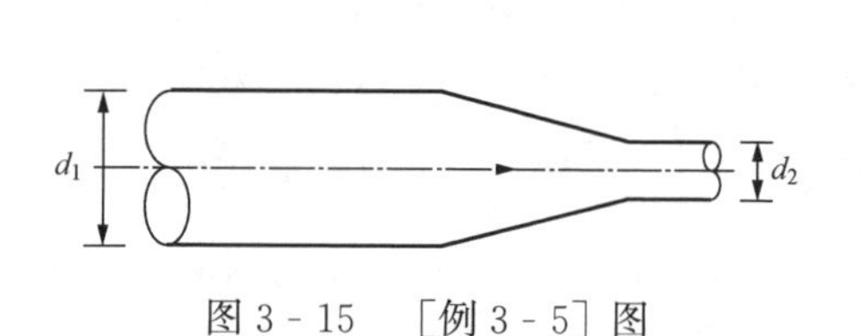

图 3 - 15　［例 3 - 5］图

第六节　理想流体沿流线的运动微分方程和伯努利方程

在稳定流动下，一个特定的流体质点是始终在流场内一固定的流线上运动的，分析流体质点沿流线的运动，就是一个简单的一维流动问题。本节采用微元分析法，应用牛顿力学第二定律得到理想流体沿流线的运动微分方程，进而积分得到沿流线的伯努利方程，建立理想流体沿流线的密度、速度、压强与外力间的关系。

一、沿流线的运动微分方程

如图 3 - 16 所示，某瞬时在流场中任取一流线 s，在流线 s 上取一微小圆柱体控制体，以某瞬时圆柱体内的流体质点团为研究对象，微团底面积为 $\mathrm{d}A$，长为 $\mathrm{d}s$，流体微团速度为 v，根据流线的定义，速度方向与流线相一致，因此速度可表示为

$$v=v(s,t)$$

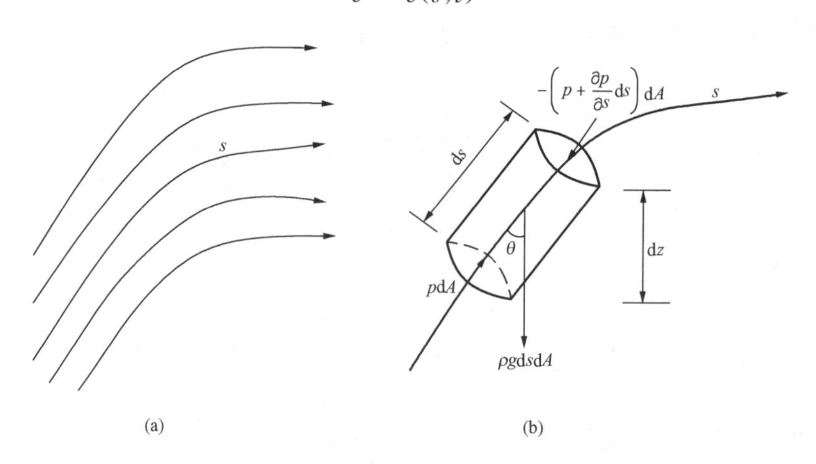

图 3 - 16　流线与流线方向上流体微团的受力分析
（a）流场中的流线；（b）流体微团与受力分析

流体密度为 ρ，微团下底面中心压强为 p，流体所受到的质量力只有重力，重力的方向

竖直向下，与此处流线切线方向的夹角为 θ。

下面对流体微团进行流线 s 方向上的受力分析。

对于理想流体，流体微团受到的表面力只有压力，根据已知条件，可得出受到的 s 方向上表面力的合力为

$$F_{s1}=p\mathrm{d}A-\left(p+\frac{\partial p}{\partial s}\mathrm{d}s\right)\mathrm{d}A$$

流体的质量力只有重力，重力在 s 方向上的分量为

$$F_{s2}=-\rho g\,\mathrm{d}s\mathrm{d}A\cdot\cos\theta$$

因此，流体在 s 方向上的合力为

$$\sum F_s=p\mathrm{d}A-\left(p+\frac{\partial p}{\partial s}\mathrm{d}s\right)\mathrm{d}A-\rho g\,\mathrm{d}s\mathrm{d}A\cdot\cos\theta \tag{3-16}$$

由牛顿第二定律，在 s 方向上有

$$\sum F_s=ma_s \tag{3-17}$$

将式（3-16）代入式（3-17），得

$$p\mathrm{d}A-\left(p+\frac{\partial p}{\partial s}\mathrm{d}s\right)\mathrm{d}A-\rho g\,\mathrm{d}s\mathrm{d}A\cdot\cos\theta=\rho\mathrm{d}s\mathrm{d}Aa_s$$

整理得

$$g\cos\theta+\frac{1}{\rho}\frac{\partial p}{\partial s}+a_s=0 \tag{3-18}$$

由图 3-16 中几何关系可知　$\cos\theta=\dfrac{\partial z}{\partial s}$

而流体微团加速度 a_s 可表示为

$$a_s=\frac{\partial v}{\partial t}+v\frac{\partial v}{\partial s}$$

因此，式（3-18）又可写为

$$g\frac{\partial z}{\partial s}+\frac{1}{\rho}\frac{\partial p}{\partial s}+\frac{\partial v}{\partial t}+v\frac{\partial v}{\partial s}=0 \tag{3-19a}$$

对于稳定流动 $\dfrac{\partial v}{\partial t}=0$,则有

$$g\frac{\partial z}{\partial s}+\frac{1}{\rho}\frac{\partial p}{\partial s}+v\frac{\partial v}{\partial s}=0 \tag{3-19b}$$

因为 p、z、v 都只是 s 的函数，因此可将式（3-19）中的偏微分写为全微分，则

$$g\frac{\mathrm{d}z}{\mathrm{d}s}+\frac{1}{\rho}\frac{\mathrm{d}p}{\mathrm{d}s}+v\frac{\mathrm{d}v}{\mathrm{d}s}=0$$

或

$$g\mathrm{d}z+\frac{1}{\rho}\mathrm{d}p+v\mathrm{d}v=0 \tag{3-20}$$

式（3-20）就是稳定的理想流体沿流线的运动微分方程，是由欧拉提出的，也称为欧拉运动微分方程。该方程沿任意一根流线均成立，它建立了沿流线，流体质点的压强、密度、速度和位移之间的微分关系。

【例 3-6】　已知理想流体一维流动的速度分布为 $v=(3s^2+30)\mathrm{m/s}$，坐标 z 的沿程变化规律为 $z=5s$ m，流体的密度 $\rho=1.25\mathrm{kg/m^3}$，求加速度的表达式及在 $s=2$m 处的压强梯度。

解 加速度的表达式为

$$a_s=\frac{\partial v}{\partial t}+v\frac{\partial v}{\partial s}=v\frac{\partial v}{\partial s}$$

$$=(3s^2+30)\times(6s)=18s^3+180s(\mathrm{m/s^2})$$

由式（3 - 20）可得

$$\frac{\mathrm{d}p}{\mathrm{d}s}=-\rho\left(g\frac{\mathrm{d}z}{\mathrm{d}s}+v\frac{\mathrm{d}v}{\mathrm{d}s}\right)$$

代入计算，可得 $s=2\mathrm{m}$ 处的压强梯度为

$$\frac{\mathrm{d}p}{\mathrm{d}s}=-1.25\times(9.81\times5+18\times8+180\times2)$$

$$=-691.25(\mathrm{N/m^3})$$

二、沿流线的伯努利方程

对式（3 - 20）沿着流线积分，得到

$$gz+\int\frac{1}{\rho}\mathrm{d}p+\frac{v^2}{2}=C_1 \tag{3 - 21a}$$

对于可压缩流体，必须补充压强 p 和密度 ρ 之间的关系，式（3 - 21a）才能积分；但对于不可压缩流体，ρ 为常数，则有

$$gz+\frac{p}{\rho}+\frac{v^2}{2}=C_1 \tag{3 - 21b}$$

对于单位重力作用下的流体而言，有

$$z+\frac{p}{\rho g}+\frac{v^2}{2g}=C_2 \tag{3 - 22a}$$

其中，C_1、C_2 为常数。

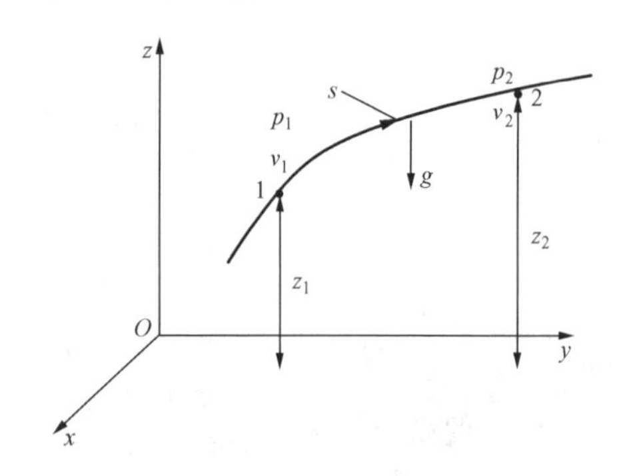

图 3 - 17 流体质点沿线流的运动

式（3 - 22a）表明，稳定流动且只受重力作用下，理想不可压缩流体沿流线运动过程中，z、$\frac{p}{\rho g}$、$\frac{v^2}{2g}$三项之和为一常数。因此，对于流线上的任意两点 1 与 2（见图3 - 17），有

$$z_1+\frac{p_1}{\rho g}+\frac{v_1^2}{2g}=z_2+\frac{p_2}{\rho g}+\frac{v_2^2}{2g} \tag{3 - 22b}$$

该方程是由瑞士科学家伯努利于 1738 年首先提出的，常称为伯努利方程。下面进一步讨论它的物理意义和几何意义。

1. 物理意义

从物理意义上看，式（3 - 22a）中每一项的单位是（N·m)/N，即单位重力作用下的流体具有的能量（比能）。就单位重力作用下的流体而言，式（3 - 22a）中每一项的物理意义如下：

z ——单位重力作用下的流体相对于基准面具有的位势能，（N·m）/N；

$\frac{p}{\rho g}$——单位重力作用下的流体压强势能，（N·m）/N；

$\frac{v^2}{2g}$——单位重力作用下的流体动能，（N·m）/N；

$z+\frac{p}{\rho g}+\frac{v^2}{2g}$——单位重力作用下的流体总机械能，（N·m）/N。

因此，式（3-22b）说明，理想不可压缩流体在只受重力作用下做稳定流动时，沿流线方向，单位重力作用下的流体各种形式的机械能之和是不变的，但相互之间可以转换，它实际上揭示的是流体的机械能守恒，是能量守恒与转换规律（即热力学第一定律）的具体体现。因此，式（3-22b）就是稳定流只受重力作用下，理想不可压缩流体沿流线运动的能量方程。

2. 几何意义

如果将每项单位中力的单位"N"消去，则式（3-22a）中每一项的单位是 m，即式（3-22a）中每一项还代表某一种高度，具有几何意义如下：

z——单位重力作用下的流体相对于基准面的高度，称为位置水头或位压头，m；

$\frac{p}{\rho g}$——单位重力作用下的流体因具有绝对压强 p，在顶端封闭抽成真空的管子中可自行上升的高度，称为压强水头或静压头，m；

$\frac{v^2}{2g}$——单位重力作用下的流体以初始速度 v 克服重力上抛可达到的高度，称为速度水头或动压头，m。

上述位置水头、压强水头和速度水头之和称为总水头或总压头，前两项之和称为静水头或静压头。

因此，如图 3-18 所示，式（3-22b）的几何意义是：对于理想不可压缩流体在只受重力作用下做稳定流动时，沿流动方向，总水头线是一条水平线。

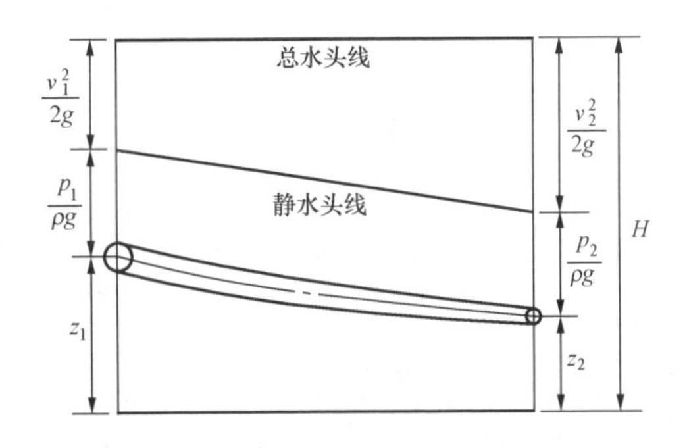

图 3-18　伯努利方程的物理意义和几何意义

第七节　沿流线法向方向压强和速度的变化

第六节中讨论的伯努利方程，是对理想不可压缩的重力流体，在稳定流动的条件下将运动微分方程沿流线积分得到的，它表达几何高度、压强、速度等参数沿流线的变化，不能表达流线法向上流体运动参数的变化。但在有些工程问题上，需要分析这方面的问题。下面分析流线的曲率对流线法向方向上速度和压强分布的影响。

如图 3-19 所示，流体质点沿流线运动，在流线上 C 点处取一微小圆柱体控制体，研究对象为某瞬时圆柱体内的流体微团，圆柱体的轴线与流线的法线重合，底面积为 $\mathrm{d}A$，高为 $\mathrm{d}r$。在 C 点处，流线曲率半径为 r，流体沿流线流速为 v，密度为 ρ，因此流体微团的向心加速度为 $-v^2/r$，则 C 点处流线法向方向上流体质点的运动方程为

$$p\mathrm{d}A-\left(p+\frac{\partial p}{\partial r}\mathrm{d}r\right)\mathrm{d}A-\rho g\,\mathrm{d}r\mathrm{d}A\cdot\cos\theta=-\rho\mathrm{d}r\mathrm{d}A\,\frac{v^2}{r}$$

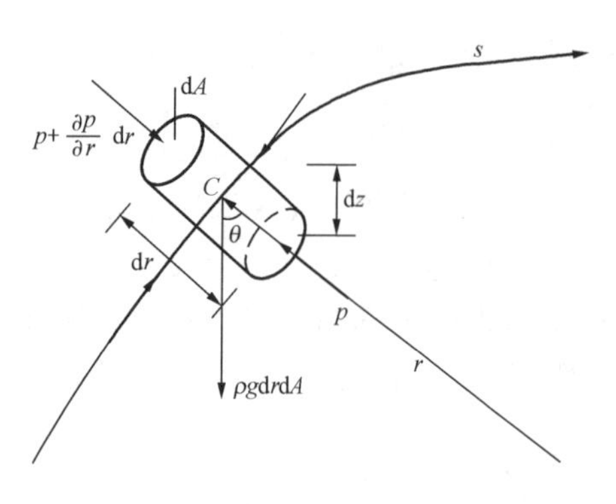

图 3 - 19 流体质点沿流线法向方向上的受力分析

由于 $\cos\theta=\frac{\partial z}{\partial r}$，将上式整理得

$$\rho\mathrm{d}r\mathrm{d}A\frac{v^2}{r}=\frac{\partial p}{\partial r}\mathrm{d}r\mathrm{d}A+\rho g\,\mathrm{d}r\mathrm{d}A\frac{\partial z}{\partial r}$$

进一步可得

$$\frac{\partial}{\partial r}\left(z+\frac{p}{\rho g}\right)=\frac{v^2}{gr} \tag{3 - 23}$$

由式（3 - 23）可见，$z+\frac{p}{\rho g}$ 在 r 方向上的梯度永远为正值，即 $z+\frac{p}{\rho g}$ 随曲率半径的增大而增大，随曲率半径的减小而减小。根据以上所述规律，可分析流速在流线的法向方向上的变化规律。

应用一 当流线为平行直线时，$r\rightarrow\infty$，由式（3 - 23）可得

$$\frac{\partial}{\partial r}\left(z+\frac{p}{\rho g}\right)=0$$

设 1 和 2 为流线的某一垂直线上的任意两点，如图 3 - 20 所示，则有

$$z_1+\frac{p_1}{\rho g}=z_2+\frac{p_2}{\rho g} \tag{3 - 24}$$

可见当流线为平行直线时，流线法向方向上的压强分布规律与静止流体内的压强分布规律相一致。

如果不考虑重力的影响，如对于水平面上的运动，则当流线为平行直线时，式（3 - 23）可写成

$$\frac{\partial p}{\partial r}=0,\quad 即\ p_1=p_2$$

上式表明，当流线为直线且忽略重力影响时，法向方向上的压强梯度为零，如图 3 - 21 所示的水平直管段，管截面上压强相等。

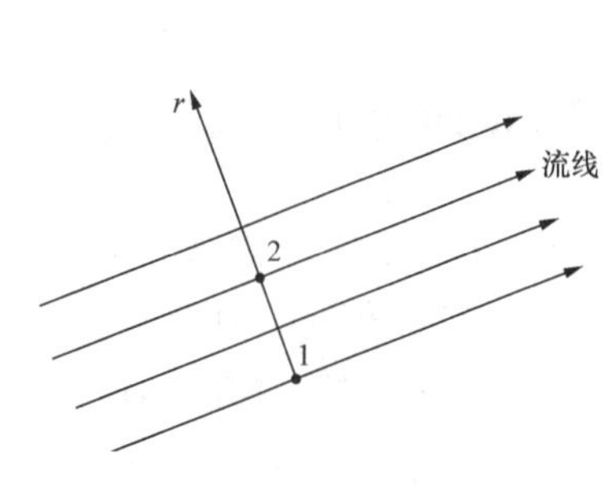

图 3 - 20 流线为平行直线时法向的压强分布

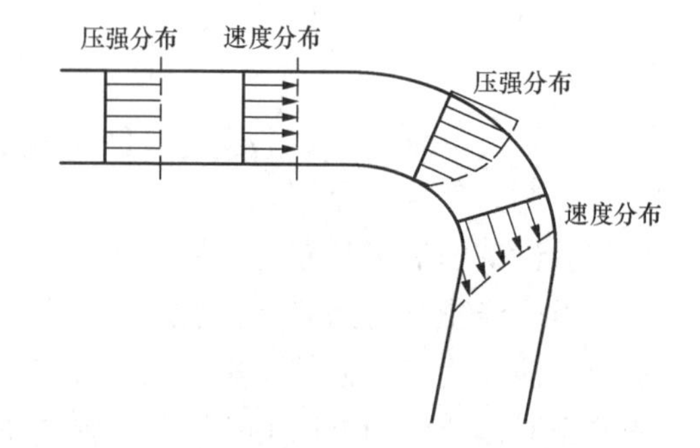

图 3 - 21 流体流经弯管的速度和压强分布

应用二 已经知道，对于不可压缩理想重力流体的稳定流动而言，在同一流线上各点 $z+\frac{p}{\rho g}+\frac{v^2}{2g}=C$。因此，对于伯努利常数值在所有流线上都相同的流动，取伯努利方程的法向导数就得到

$$\frac{\partial}{\partial r}\left(z+\frac{p}{\rho g}+\frac{v^2}{2g}\right)=\frac{\partial}{\partial r}\left(z+\frac{p}{\rho g}\right)+\frac{v}{g}\frac{\partial v}{\partial r}=0$$

或

$$\frac{\partial}{\partial r}\left(z+\frac{p}{\rho g}\right)=-\frac{v}{g}\frac{\partial v}{\partial r}$$

将式（3 - 23）的关系代入，得

$$\frac{v^2}{gr}=-\frac{v}{g}\frac{\partial v}{\partial r}\qquad \text{或}\qquad v\partial r+r\partial v=0$$

对于流场的流线只有一个曲率中心的情况而言，积分后得到

$$vr=C_1 \tag{3 - 25a}$$

其中，C_1 为沿法向的积分常数。

由式（3 - 25a）可见，对符合所分析条件的流动而言，距曲率中心越近处流速越大。

又对于水平面上的流动，式（3 - 23）可写成

$$\frac{v^2}{r}=\frac{\partial}{\partial r}\left(\frac{p}{\rho}\right)$$

将式（3 - 25a）代入，积分得

$$p=C_2-\rho\frac{C_1^2}{2r^2} \tag{3 - 25b}$$

可见，在水平面上的流动，距曲率中心越近，流速越大，压强越低。

图 3 - 21 所示为流体流经水平弯管的情况。在直管段截面上，$r\to\infty$，因而流速与压强均为均匀分布；在管弯处流速分布形状改变，管内壁处曲率半径 r 最小，流速最大，压强最小；管外壁处曲率半径 r 最大，流速最小，压强最大。

第八节　一维稳定管流的伯努利方程

一、管流伯努利方程

由第六节推导可看出，沿流线的伯努利方程的应用条件是：①不可压缩理想流体；②稳定流动；③只受重力作用；④沿同一根流线。

推广到管流问题中时，限制条件①、②、③都不变，只是把推广所及的流动看作是很多流线组成的，且所有流线几乎是相互平行的直线。由于在所分析的流动上流线是平行直线，流体是不可压缩的理想流体，因此在流动的每个截面上流速是均匀分布的。

如图 3 - 22 所示，理想流体情况下某点速度 v 与截面平均流速 $\bar{v}$ 相同，对原动能或速度水头 $\frac{v^2}{2g}$ 项不必调整，可认为采用的是有效截面上的平均流速。需进一步考察的是同一截面上不同点 $z+\frac{p}{\rho g}$ 间的关系。

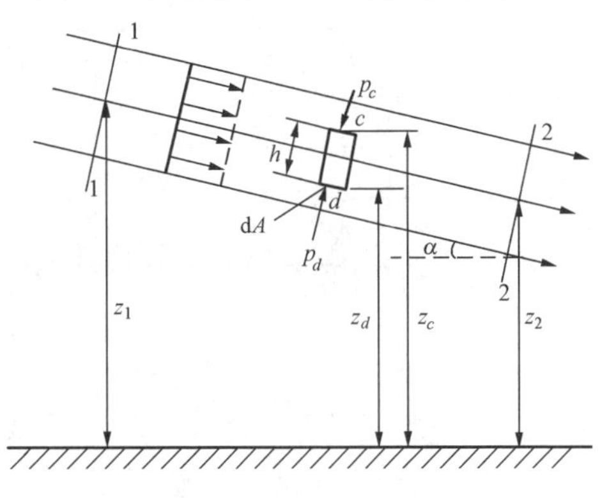

图 3 - 22　流线为平行直线的流动

由于流线是平行直线，由式（3－24），当流线为平行直线时，垂直于流线方向上的压强分布规律与静止流体中的压强分布规律相一致，即在流动的有效截面上各点的 $z+\dfrac{p}{\rho g}$ 为一常数。

对有效截面上的流体微团进行受力平衡分析也可得出上述结论。在流动的一个有效截面上，取出一底面为 $\mathrm{d}A$，高为 h 的流体微团，由于流线是平行直线，法向方向上流体受到的压力和重力相平衡，流体微团上、下底面上压力的合力为（p_d-p_c）$\mathrm{d}A$，重力在法向上的分量为 $\rho gh\mathrm{d}A\cos\alpha$，且 $\cos\alpha=\dfrac{z_c-z_d}{h}$，因此

$$(p_d-p_c)\mathrm{d}A=\rho g(z_c-z_d)\mathrm{d}A$$

经整理得到

$$z_c+\frac{p_c}{\rho g}=z_d+\frac{p_d}{\rho g}$$

综上分析，流线为平行直线时，流动的任一有效截面上各点分析得到的 $\dfrac{v^2}{2g}$ 与 $z+\dfrac{p}{\rho g}$ 都相同，因此，可将沿流线的伯努利方程推广用于大型流动上，得到

$$z_1+\frac{p_1}{\rho g}+\frac{v_1^2}{2g}=z_2+\frac{p_2}{\rho g}+\frac{v_2^2}{2g} \tag{3-26}$$

式（3－26）就是理想不可压缩重力流体一维管流的伯努利方程，对管流而言，z 与 $\dfrac{p}{\rho g}$ 常取管截面中心点上的数值，必须注意，z 与 $\dfrac{p}{\rho g}$ 是取截面上同一点的数值。

理想流体且流线又为平行直线的流动是一种典型的一维流动形式。应用一维管流的方法去解决具体管流的问题，并不要求管流流线全部为平行直线，只要求分析问题所选取的管流上游截面 1—1 与下游截面 2—2，是选在流线为近似的平行直线之处即可。为便于研究问题，在此引入缓变流和急变流的概念。

如图 3－23 所示，以一突然扩大管道内的流动为例，在 1—1 到 2—2 截面，以及 3—3到 4—4 截面，流线基本平行，对于这种流线弯曲程度很小，流线几乎是直线；同时流线之间的夹角很小，流线几乎相互平行，这样的流动称为缓变流。缓变流的有效截面简称为缓变流截面。由式（3－24）可知，当流体只受重力作用时，在缓变流的任一有效截面上，各点的 $z+\dfrac{p}{\rho g}$ 为一常数。与缓变流相对应的就是急变流，不符合缓变流条件的流动就称为急变流。如图3－23所示的 2—2 到 3—3 截面间的流动就是急变流，急变流的有效截面简称为急变流截面。流体在截面突然扩大、突然缩小、管弯头、阀门等处的流动都是急变流。

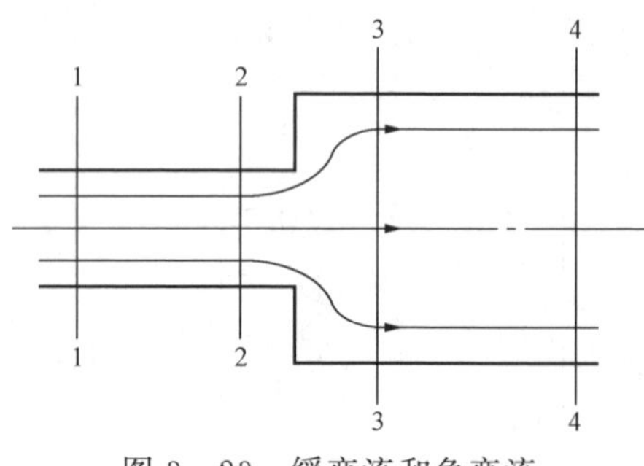

图 3－23 缓变流和急变流

式（3－26）用于管道计算时，两截面必须是缓变流截面。这样，一维管流的伯努利方程的应用限制条件是：①稳定流；②只受重力作用；③不可压缩理想流体；④分析问

题时有效截面应选在流线几乎为平行直线的缓变流截面上；⑤z与$\frac{p}{\rho g}$是截面上同一点的数值。

二、一维管流伯努利方程的能量意义

式（3-26）中各项的物理意义和几何意义与前面沿流线的伯努利方程相同，为了较好地掌握伯努利方程，下面进一步说明伯努利方程的能量意义。如图3-24所示，取截面1—1与2—2之间的管段为控制体，截面1—1与2—2为流体流入和流出的控制面。对于不可压缩的理想流体，z与$\frac{v^2}{2g}$为单位重力作用下流体的位能与动能，因此

$$单位重力作用下流体流入控制体携带的能量 = z_1 + \frac{v_1^2}{2g}$$

$$单位重力作用下流体流出控制体携带的能量 = z_2 + \frac{v_2^2}{2g}$$

在稳定流动情况下，某时间有质量为$\rho A_1 \mathrm{d}s_1$的流体移动距离$\mathrm{d}s_1$进入截面1—1，此块流体对控制体内流体所做的功为$p_1 A_1 \mathrm{d}s_1$；同时，有质量为$\rho A_2 \mathrm{d}s_2$的流体移动$\mathrm{d}s_2$距离流出截面2—2，控制体内流体对此块流体所做的功为$p_2 A_2 \mathrm{d}s_2$。即每牛顿流体流入控制体做功为$\frac{p_1}{\rho g}$，而每牛顿流体流出控制体时被做的功为$\frac{p_2}{\rho g}$，因此根据能量守恒与转换定律：

$$流入控制体能量 + 流体在控制体边界上所做的净功 = 流出控制体的能量$$

即

$$\left(z_1 + \frac{v_1^2}{2g}\right) + \left(\frac{p_1}{\rho g} - \frac{p_2}{\rho g}\right) = z_2 + \frac{v_2^2}{2g}$$

得到伯努利方程

$$z_1 + \frac{p_1}{\rho g} + \frac{v_1^2}{2g} = z_2 + \frac{p_2}{\rho g} + \frac{v_2^2}{2g} \tag{3-27}$$

因而$\frac{p}{\rho g}$项也称为流动功。综上所述，可以进一步建立这样的概念，即当流体流经控制体的控制面时，从能量意义上讲，可以认为是有一股能量穿过了控制面。

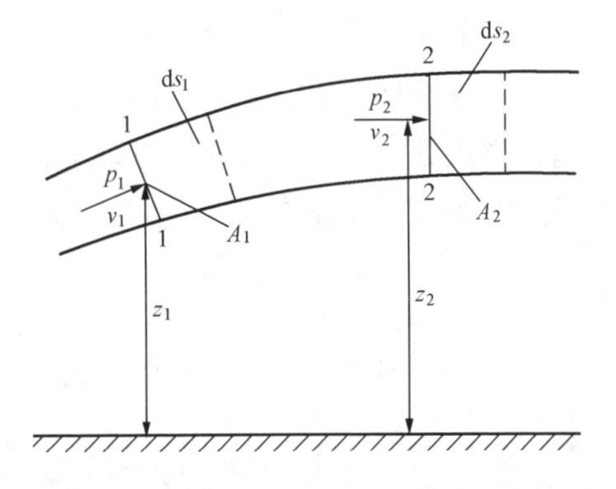

图3-24　管流伯努利方程的能量意义

以上管流的伯努利方程是按理想流体提出的，因此在缓变流截面上流速是均匀分布的。此外，管流过程中也没有流体黏性与内摩擦引起的能量损失。实际流体管流管截面上的流速不是均匀分布的，且流动过程中有黏性与内摩擦引起的能量损失，因此，实际流体管流的伯努利方程形式是不同的，具体内容将在第四章第一节中详细介绍。

第九节 理想不可压缩流体一维管流伯努利方程应用举例

一、应用管流伯努利方程的注意事项

在分析解决管流的具体问题时，常需将管流的伯努利方程与连续性方程联立，分析计算时必须注意下列事项：

（1）先选定基准面与有效截面。伯努利方程是针对两个缓变流截面建立的，式（3-27）中 z_1、z_2 是相对于基准面的高度，因此需选定基准面和有效截面。选取的原则是在通过选定基准面和有效截面后，能使两截面的未知量最少。

（2）z 与 $\frac{p}{\rho g}$ 是用管截面上同一点的数值，一般是用管截面中心点的数值。压强 p 按表压强、绝对压强或真空计算均可，但伯努利方程两端的压强必须按同一表示标准计算。

（3）伯努利方程中流体的密度 ρ 是管内流体的密度，绝不是测压计中测压液体的密度。

二、皮托管

皮托管是用来测量流场内某点流速的一种常用仪器，它是以伯努利方程为依据来测量计算流速的。

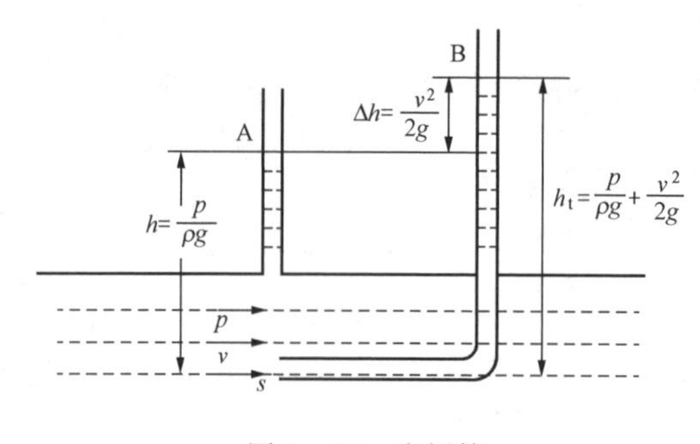

图 3-25 皮托管

如图 3-25 所示，在管流截面的一点 s 处，流体的压强为 p，流速为 v。若在点 s 处接测压管 A，则液体在 A 管内上升的高度（按表压）为 $h=p/\rho g$；若在 s 点处插入一根前端敞口迎向来流的弯管 B，则液体由于具有压强 p，将在 B 管内上升 $p/\rho g$ 的高度。此外，由于 s 点处液体的流速为 v，因此单位流体的动能为 $v^2/2g$。进入 B 管内的液体，在此动能的支配下，将继续在 B 管上升一高度 $\Delta h=v^2/2g$。此时，B 管内的液柱高 $h_t=p/\rho g+v^2/2g$，为 s 点处来流的压强能与动能之和，B 管前端点处成为流速为零的点，称为驻点，此点压强为总压 $p_t=\rho g h_t$。因此，在稳定流动情况下，对于流动的截面上任一点 s，当已用管 A 与 B 分别测得液柱高 h 与 h_t 时，则由于

$$\frac{p}{\rho g}+\frac{v^2}{2g}=\frac{p_t}{\rho g}$$

可计算得到 s 点处流体的流速为

$$v=\sqrt{2g\frac{(p_t-p)}{\rho g}}=\sqrt{2g(h_t-h)}=\sqrt{2g\Delta h} \tag{3-28}$$

以上所述 A 管与 B 管就构成一简单形式的皮托-静压管，A 管为静压管，B 管为总压管，为纪念法国工程师皮托，常称为皮托管。工程中一般将皮托管与静压强管组合成套管。图 3-26所示为皮托-静压管结构图，皮托管套装在静压管内，静压测孔开在静压管侧壁的适当地方，测得的总压与静压分开引出接在压差计上。皮托-静压管的使用注意事项与各种构造尺寸要求，可参考有关流体测量技术及仪表方面的文献。

采用皮托 - 静压管可直观地显示出管流伯努利方程的几何意义。如图 3 - 27 所示，如果在管流多处截面的中心上插装皮托 - 静压管，则各处静压管及总压管中的液柱将按具体情况上升达到一定高度。就理想不可压缩流体而言，由于没有能量损失，各总压管内液面是在同一个水平面上，如图 3 - 27 中的总水头线所示。

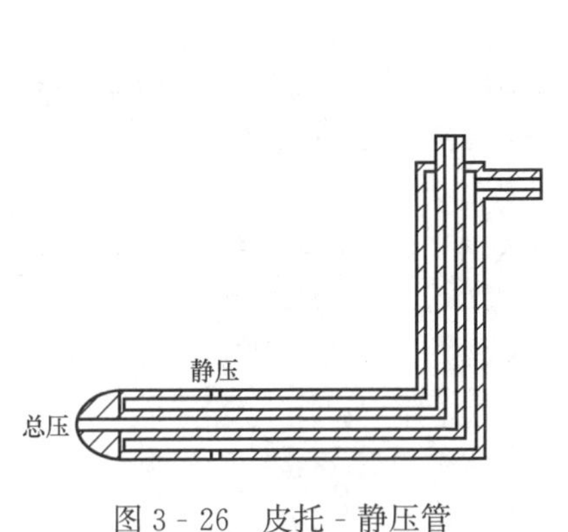

图 3 - 26　皮托 - 静压管

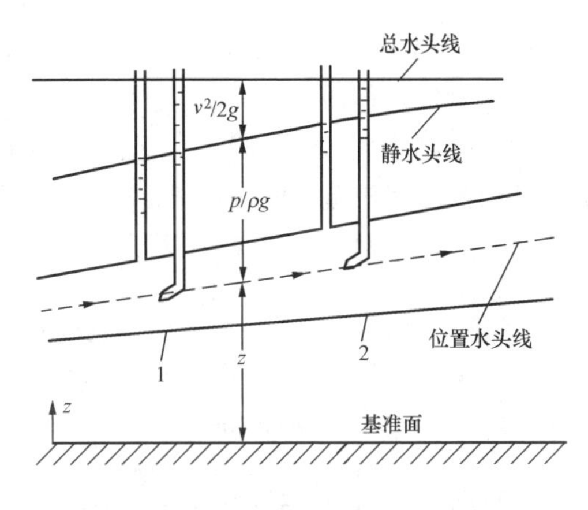

图 3 - 27　管流伯努利方程的图解

连接各静压管内液面的线，称为静水头线，它表示管流各截面上 $z+p/\rho g$ 项的变化情况；管流中心线则称为位置水头线，位置水头线与静水头线间的高度差，表示管流沿程 $p/\rho g$ 项或压强的变化；总水头线与静水头线间的高度差，表示管流沿程 $v^2/2g$ 项或流速的变化。

三、文丘里管流量计

如图 3 - 28 所示，文丘里管流量计由一收缩管段和一扩张管段构成。在管段收缩的最小截面上，流速达到最大，而压强达到最小，因此在 1—1 截面与 2—2 截面造成压差。根据此压差，联立管流的连续性方程与伯努利方程，就可求出管道中流体的流量。

如图 3 - 28 所示，以管中心线为基准面，选取截面 1—1与 2—2，写出 1—1 与 2—2 截面间的伯努利方程为

$$\frac{p_1}{\rho g}+\frac{v_1^2}{2g}=\frac{p_2}{\rho g}+\frac{v_2^2}{2g}$$

又由连续性方程

$$v_1A_1=v_2A_2$$

所以

$$v_2=v_1\frac{A_1}{A_2}$$

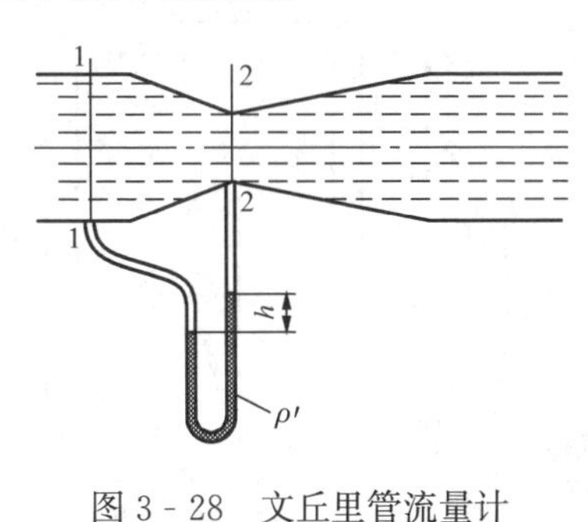

图 3 - 28　文丘里管流量计

因此，得到 1—1 截面上的流速为

$$v_1=\sqrt{\frac{2(p_1-p_2)}{\rho\left[\left(\frac{A_1}{A_2}\right)^2-1\right]}}$$

流体的流量为

$$q_V=A_1\sqrt{\frac{2(p_1-p_2)}{\rho\left[\left(\frac{A_1}{A_2}\right)^2-1\right]}} \tag{3-29}$$

由于实际过程中的流体都是黏性流体，在截面上流速分布是不均匀的，同时流体从1—1截面到2—2截面都有能量损失，因此实际应用时还要进行修正，即

$$q_V = \beta A_1 \sqrt{\frac{2(p_1 - p_2)}{\rho\left[\left(\frac{A_1}{A_2}\right)^2 - 1\right]}}$$

其中，β 为文丘里管的修正系数，修正系数 β 的大小与流体的性质与流态、管子的形状大小等有关，实际应用时需具体标定。

【例 3 - 7】 如图 3 - 28 所示，文丘里管流量计管径 $d_1=250\text{mm}$，$d_2=100\text{mm}$，若其上连接的 U 形管水银压差计的读数 $h=800\text{mm}$，不计损失，试求管路中水的流量。

解 1—1 与 2—2 截面间的压差为

$$p_1 - p_2 = (\rho_{\text{Hg}} - \rho_{\text{H}_2\text{O}})gh = (13\,600 - 1000) \times 9.8 \times 0.8 = 98\,784(\text{Pa})$$

又

$$\frac{A_1}{A_2} = \left(\frac{d_1}{d_2}\right)^2$$

代入式（3 - 29）得流量为

$$q_V = A_1 \sqrt{\frac{2(p_1 - p_2)}{\rho\left[\left(\frac{A_1}{A_2}\right)^2 - 1\right]}}$$

$$= \pi \frac{0.25^2}{4} \sqrt{2 \times 98\,784 / [1000 \times (2.5^4 - 1)]} = 0.112(\text{m}^3/\text{s})$$

四、虹吸管与空化现象

【例 3 - 8】 如图 3 - 29 所示，流体经等截面虹吸管从容器内流出，虹吸管最高点离液面的距离 $h_1=3.6\text{m}$，如果当时水温下水的汽化压强为 0.32atm，试问当管路中通过的流量为最大时，管出口 B 端离液面的距离是多少？

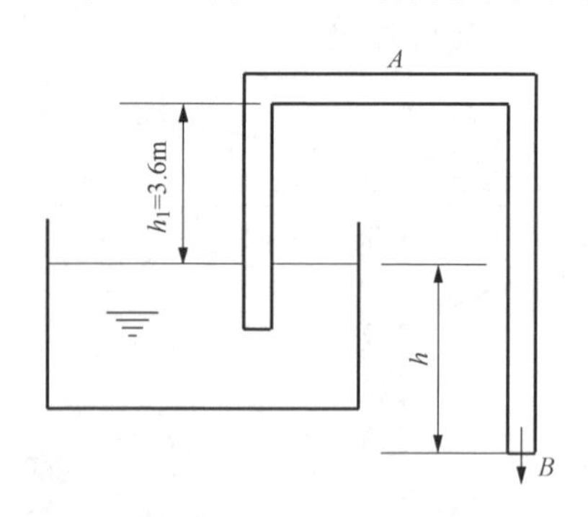

图 3 - 29 ［例 3 - 8］图

解 选虹吸管出口 B 端截面为基准面，由容器液面和出口截面的伯努利方程，可以得到出口流速为

$$v = \sqrt{2gh} \tag{a}$$

对于等截面管道，管内速度为常数，最高点 A 处流速与出口流速相同。列出 A、B 两截面伯努利方程，B 点压强为大气压强，以表压强表示，得到

$$h_1 + h + \frac{p_{gA}}{\rho g} = 0 \tag{b}$$

由（a）、（b）两式可看出，虹吸管最高点 A 离液面的距离 h_1 一定时，管出口 B 端离液面的距离 h 越大，管内流速越高，A 处压强越低。依题意，当时水温下水的汽化压强为 0.32atm，小于 0.32atm，水开始汽化，流动将中断。因此，A 处压强为 0.32atm 时，流量最大，则

$$p_{gA} = (0.32 - 1.0) \times 101\,325 = -68\,901(\text{Pa})$$

$$h = -h_1 - \frac{p_{gA}}{\rho g} = -3.6 - \frac{-68\,901}{1000 \times 9.81} = 3.42(\text{m})$$

在实际管道流动中，由于局部流速或位置高度增加，压强降低，经常出现负压。当局部压强降到相应温度下的饱和蒸汽压强以下时，液体开始汽化，形成气泡，流体的连续性将被

破坏，液流将中断，流动中的这种现象通常称为空化现象，空化产生的气泡常称为空穴或空泡。空泡随液流运动到高压区，又会由于蒸汽迅速凝结而溃灭，连续大量空泡的迅速溃灭在流场中局部产生很大的压强和温度脉动，同时产生噪声，对流体机械造成破坏。液流中的固体壁面由于空泡溃灭而造成的表面材料剥蚀现象常称为空蚀现象。空穴和空蚀现象在工程实际中对设备的运行是十分有害的，是流动设计中应避免的现象。

五、其他应用举例

【例3-9】 风扇自大气中将空气吸入直径 $D=300\text{mm}$ 的风管内（见图3-30），安装在风管上的测压管水柱高 $h=25\text{mm}$，若空气的密度 $\rho=1.22\text{kg/m}^3$，试求风管内空气的流量。

解 在风管吸风口远前方大气中选取截面1—1，在风管上安装测压管处选取截面2—2。写出1—1与2—2截面间气体管流的伯努利方程如下：

$$z_1+\frac{p_1}{\rho g}+\frac{v_1^2}{2g}=z_2+\frac{p_2}{\rho g}+\frac{v_2^2}{2g}$$

由于1—1与2—2在同一水平线上，$z_1=z_2$，又 $A_1\gg A_2$，因此可认为 $v_1\approx 0$，截面1—1上压强为大气压，即 $p_1=p_a$，截面2—2上压强为

$$p_2=p_a-\rho_{H_2O}gh$$

1—1与2—2截面间伯努利方程可写为

$$\frac{p_1}{\rho g}=\frac{p_2}{\rho g}+\frac{v_2^2}{2g}$$

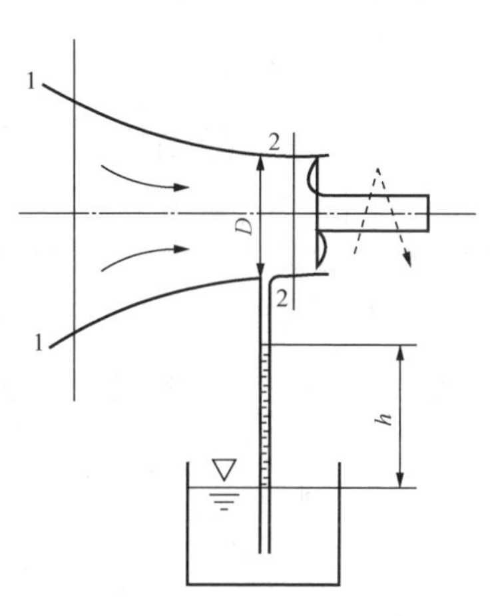

图3-30　[例3-9]图

将截面2—2上压强代入上式中，得到

$$v_2=\sqrt{2\frac{\rho_{H_2O}gh}{\rho}}=\sqrt{2\times\frac{1000\times 9.81\times 0.025}{1.22}}=20.05(\text{m/s})$$

风量 q_V 为

$$q_V=Av_2=\frac{\pi}{4}D^2v_2=\frac{\pi}{4}\times(0.3)^2\times 20.05=1.417(\text{m}^3/\text{s})$$

【例3-10】 如图3-31所示消防喷水枪，已知管道直径 $d_1=150\text{mm}$，表压强 $p_1=0.975\times 10^5\text{Pa}$，喷嘴出口直径 $d_2=50\text{mm}$，射流倾角为30°。求水枪的出流速度、最高射程 h 和最高点处的射流直径 d_3。

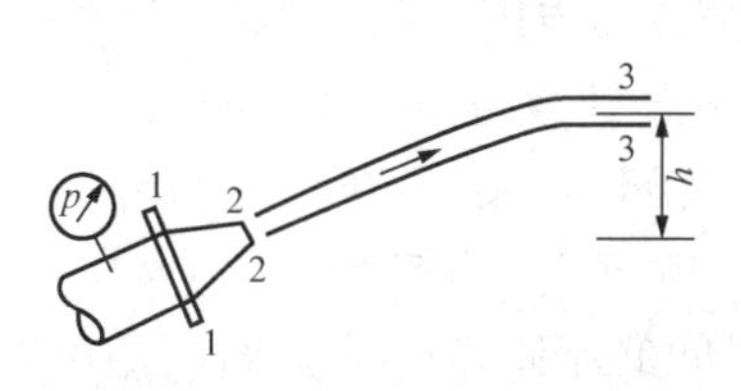

图3-31　[例3-10]图

解 (1) 忽略1—1和2—2截面的高度差，2—2截面为出口，压强为大气压强，按表压强计算伯努利方程为

$$\frac{p_1}{\rho g}+\frac{v_1^2}{2g}=\frac{v_2^2}{2g}$$

由连续性方程 $v_1\frac{\pi}{4}d_1^2=v_2\frac{\pi}{4}d_2^2$，代入上述伯努利方程，可得

$$\frac{v_2^2}{2g}\left[1-\left(\frac{d_2}{d_1}\right)^4\right]=\frac{p_1}{\rho g}$$

计算可得

$$v_2=\sqrt{\frac{2p_1}{\rho}\Big/\left[1-\left(\frac{d_2}{d_1}\right)^4\right]}=\sqrt{\frac{2\times 0.975\times 10^5}{1000}\Big/\left[1-\left(\frac{1}{3}\right)^4\right]}=14.05(\text{m/s})$$

（2）因为射流倾角为 30°，出流水平速度和竖直速度为

$$v_{2x}=v_2\cos\theta=12.17\text{m/s},v_{2y}=v_2\sin\theta=7.025\text{m/s}$$

水流向上运动过程中，水平速度保持不变，竖直速度不断减小，到射流最高点，竖直速度为零，因此 $v_3=v_{2x}$，列出 2—2 和 3—3 截面的伯努利方程：

$$\frac{p_a}{\rho g}+\frac{v_2^2}{2g}=h+\frac{p_a}{\rho g}+\frac{v_3^2}{2g}$$

则 $$h=\frac{v_2^2-v_3^2}{2g}=\frac{v_2^2-(v_2\cos\theta)^2}{2g}=\frac{v_2^2\times[1-(\cos\theta)^2]}{2g}=\frac{14.05^2\times[1-(\cos30°)^2]}{2\times 9.81}$$
$$=2.52(\text{m})$$

（3）根据连续性方程 $$v_2\frac{\pi}{4}d_2^2=v_3\frac{\pi}{4}d_3^2$$

所以 $$d_3=d_2\sqrt{\frac{v_2}{v_3}}=d_2\sqrt{\frac{1}{\cos30°}}=53.73\text{mm}$$

第十节　稳定管流的动量方程和动量矩方程

前面所讨论的连续性方程和伯努利方程可以解决许多实际问题，如确定管道面积、管内流速和压强等，但对于涉及流体与固体间的相互作用力的问题时，经常要用到动量定理和动量矩定理。

一、稳定管流的动量方程

牛顿力学第二定律的另一种表述形式就是动量——冲量定律，即物体动量的变化等于作用在该物体上外力的冲量，或物体动量的时间变化率是等于作用在该物体上的外力，即

$$\sum\vec{F}=\frac{\Delta(M\vec{v})}{\Delta t} \tag{3-30}$$

将式（3－30）应用于流经控制体内的流体上，就得到流体力学的动量方程。

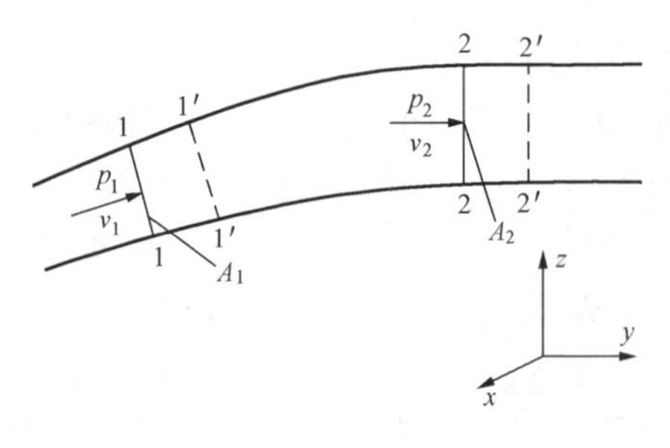

图 3－32　流体控制空间

如图 3－32 所示，流体在管道内流动，在某 t 时刻取有效截面 1—1 与 2—2 间的管段 1122 为控制体，1—2 面为管壁面，1—1、2—2 为有效截面，研究对象为此时控制体内的流体质点团。截面 1—1 与 2—2 上流体的密度、截面积与速度分别为 ρ_1、A_1、v_1 与 ρ_2、A_2、v_2，经过 dt 时间后，该控制体内的流体质点团运动到 $1'1'2'2'$。对于稳定流动，控制体 1122 和 $1'1'2'2'$ 重叠部分空间的流体动量在 dt 时间内没有变化，流体质点团的动量变化应等于空间 $111'1'$ 和 $222'2'$ 内流体质点团的动量之差。

由图 3－32 知，空间 $111'1'$ 内流体质点团的质量为 $\left(\int_{A_1}\rho_1 v_1\mathrm{d}A_1\right)\mathrm{d}t$，它所携带的动量为 $\left(\int_{A_1}\vec{v}_1\rho_1 v_1\mathrm{d}A_1\right)\mathrm{d}t$；空间 $222'2'$ 内流体质点的质量为 $\left(\int_{A_2}\rho_2 v_2\mathrm{d}A_2\right)\mathrm{d}t$，它所携带的穿过截面

2—2的动量为 $\left(\int_{A_2}\vec{v}_2\rho_2 v_2 \mathrm{d}A_2\right)\mathrm{d}t$ 。$\vec{v}_1$与$\vec{v}_2$不仅大小不同，方向也有变化。这样，$\mathrm{d}t$ 时间内空间 111′1′和 222′2′内流体质点团的动量之差，即所研究的流体质点团 $\mathrm{d}t$ 时间内动量的变化量为

$$\mathrm{d}(M\vec{v})=\left(\int_{A_2}\vec{v}_2\rho_2 v_2 \mathrm{d}A_2\right)\mathrm{d}t-\left(\int_{A_1}\vec{v}_1\rho_1 v_1 \mathrm{d}A_1\right)\mathrm{d}t$$

动量的时间变化率为

$$\frac{\mathrm{d}(M\vec{v})}{\mathrm{d}t}=\int_{A_2}\vec{v}_2\rho_2 v_2 \mathrm{d}A_2-\int_{A_1}\vec{v}_1\rho_1 v_1 \mathrm{d}A_1$$

代入式（3 - 30），得到稳定管流的动量方程为

$$\int_{A_2}\vec{v}_2\rho_2 v_2 \mathrm{d}A_2-\int_{A_1}\vec{v}_1\rho_1 v_1 \mathrm{d}A_1=\sum\vec{F} \tag{3 - 31}$$

式（3 - 31）中 $\sum\vec{F}$ 为作用在控制体内流体质点上的所有外力，包括流体质点所受到的所有质量力和表面力。

若截面上密度均匀分布，但速度分布不一定是均匀的，采用截面上的平均速度 $\bar{v}$ 计算截面上的动量，还需引入动量修正系数 β 的概念：

$$\int_A \rho v^2 \mathrm{d}A=\beta\rho A\,\bar{v}^2 \tag{3 - 32}$$

$$\beta=\frac{\int_A v^2 \mathrm{d}A}{\bar{v}^2 A}=\frac{1}{A}\int_A\left(\frac{v}{\bar{v}}\right)^2 \mathrm{d}A$$

将式（3 - 32）代入式（3 - 31），方程变为

$$\beta_2\rho_2 q_{V2}\,\vec{\bar{v}}_2-\beta_1\rho_1 q_{V1}\,\vec{\bar{v}}_1=\sum\vec{F} \tag{3 - 33}$$

若流体在截面上速度是均匀分布的，则 $\beta=1$，工程实际中大部分情况都可近似取 $\beta=1$，另外，由管流的连续性方程：

$$\rho_2 q_{V2}=\rho_1 q_{V1}=\rho q_V$$

因此，常用均匀管流的动量方程为

$$\rho q_V(\vec{v}_2-\vec{v}_1)=\sum\vec{F} \tag{3 - 34a}$$

式（3 - 34a）是矢量式，在直角坐标下的分量式为

$$\left.\begin{aligned}\rho q_V(v_{2x}-v_{1x})&=\sum F_x\\ \rho q_V(v_{2y}-v_{1y})&=\sum F_y\\ \rho q_V(v_{2z}-v_{1z})&=\sum F_z\end{aligned}\right\} \tag{3 - 34b}$$

由动量定理的推导过程可见，采用动量定理研究问题时，有以下几个注意事项：

(1) 首先要正确选出控制体，计算过程中只涉及流入和流出两个截面上的参数，并不用考虑其中间过程。

(2) 其次要选定坐标系，动量方程是矢量式，按坐标方向确定动量及力的各分量的正负号。必须注意，当流体流进与流出的方向一致时，总是流出的动量减去流入的动量。

(3) 由于在所选定的控制体范围内大气压强的作用相互抵消，因此压强 p 一般都是按表压强计算。

(4) 当所选定的控制体范围不大时，流体所受到的重力可忽略不计。

二、稳定管流的动量矩方程

采用与动量方程类似的推导，若将流体的动量对某点取矩，可以得到

$$\int_{A_2}(\vec{r_2}\times\vec{v_2})\rho_2 v_2 \mathrm{d}A_2-\int_{A_1}(\vec{r_1}\times\vec{v_1})\rho_1 v_1 \mathrm{d}A_1=\sum(\vec{r}\times\vec{F}) \tag{3-35a}$$

式（3-35a）就是稳定管流的动量矩方程。

采用截面上的平均速度表示，并取$\beta=1$，式（3-35a）变为

$$\rho q_V(\vec{r_2}\times\vec{v_2})-\rho q_V(\vec{r_1}\times\vec{v_1})=\sum(\vec{r}\times\vec{F}) \tag{3-35b}$$

式（3-34）和式（3-35）的动量方程和动量矩方程是针对一个入口和一个出口的控制体推导而得，和连续性方程一样，若流体有多个入口或出口（见图3-14），方程变为

$$\sum(\rho q_V\vec{v})_{\text{out}}-\sum(\rho q_V\vec{v})_{\text{in}}=\sum\vec{F} \tag{3-36}$$

$$\sum\rho q_V(\vec{r}\times\vec{v})_{\text{out}}-\sum\rho q_V(\vec{r}\times\vec{v})_{\text{in}}=\sum(\vec{r}\times\vec{F}) \tag{3-37}$$

其中，下标“in”表示流入截面，“out”表示流出截面。

【例3-11】 如图3-33所示，流体经渐缩喷嘴流入大气中，流体的相对密度为0.85，截面1处表压强$p_1=7.0\times10^5\text{Pa}$，$d_1=10\text{cm}$，$d_2=4\text{cm}$，不计阻力，求喷嘴法兰盘螺钉S上所受到的力。

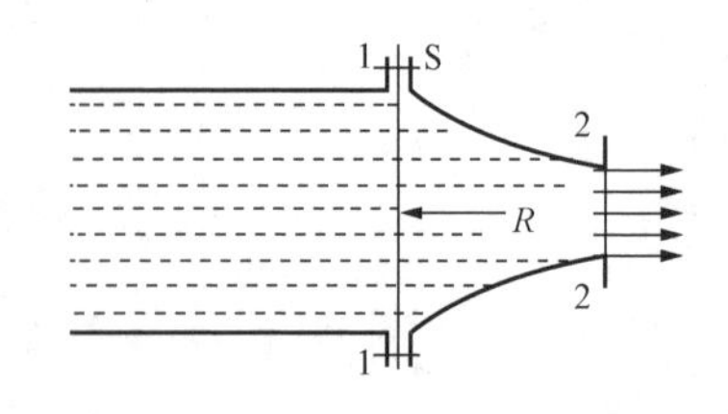

图3-33 ［例3-11］图

解 选喷管管段1122为控制体，喷管壁对流体的作用力为R，选定管流方向为x方向，根据连续性方程得到

$$v_1=v_2\frac{A_2}{A_1}=v_2\left(\frac{d_2}{d_1}\right)^2 \tag{a}$$

1—1与2—2截面间的伯努利方程为（不计阻力）

$$\frac{p_1}{\rho g}+\frac{v_1^2}{2g}=\frac{v_2^2}{2g} \tag{b}$$

将式（a）代入式（b），得到

$$p_1=\rho g\left(\frac{v_2^2}{2g}-\frac{v_1^2}{2g}\right)=\rho\frac{v_2^2}{2}\times\left[1-\left(\frac{d_2}{d_1}\right)^4\right]$$

$$v_2=\sqrt{\frac{2p_1}{\rho\times\left[1-\left(\frac{d_2}{d_1}\right)^4\right]}}$$

$$=\sqrt{\frac{2\times7\times10^5}{0.85\times1000\times\left[1-\left(\frac{4}{10}\right)^4\right]}}=41.1(\text{m/s})$$

因此

$$v_1=v_2\left(\frac{d_2}{d_1}\right)^4=41.1\times\left(\frac{4}{10}\right)^2=6.58(\text{m/s})$$

$$q_V=v_1\pi\left(\frac{d_1}{2}\right)^2=6.58\times\pi\times\left(\frac{0.1}{2}\right)^2=0.0516(\text{m}^3/\text{s})$$

写出x方向上的动量方程，有

$$\rho q_V(v_2-v_1)=p_1A_1-R$$

$$R=p_1A_1-\rho q_V(v_2-v_1)$$

$$=7\times10^5\times\frac{\pi}{4}\times(0.1)^2-0.85\times1000\times0.0516\times(41.1-6.58)$$

$$=3982(\text{N})$$

流体对喷管壁的作用力F大小与R相同，但方向相反，F即为法兰盘螺钉S上所受之

力，为拉力。

【例 3-12】　如图 3-34 所示，一变直径弯管水平放置，$\theta=30°$，$d_1=0.3\text{m}$，$d_2=0.2\text{m}$，管中水流量为 $q_V=0.1\text{m}^3/\text{s}$，1—1 截面表压强为 $2.94\times10^4\text{Pa}$，求弯管所受流体的作用力。

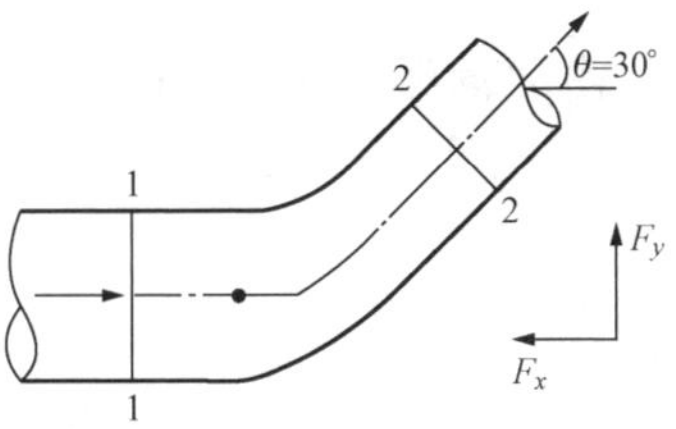

图 3-34　[例 3-12] 图

解　由连续性方程

$$q_V=v_1A_1=v_2A_2$$

所以　$v_1=q_V/A_1=1.415\text{m/s}$

$v_2=q_V/A_2=3.183\text{m/s}$

由于弯管水平放置，列出 1—1 和 2—2 截面的伯努利方程：

$$\frac{p_1}{\rho g}+\frac{v_1^2}{2g}=\frac{p_2}{\rho g}+\frac{v_2^2}{2g}$$

所以

$$p_2=p_1+\rho g\left(\frac{v_1^2}{2g}-\frac{v_2^2}{2g}\right)=2.53\times10^4(\text{Pa})$$

选取 1122 为控制体，设管壁对流体的作用力为$\vec{F}$，由动量方程：

$$\rho_2q_{V2}\vec{v_2}-\rho_1q_{V1}\vec{v_1}=\overrightarrow{p_1A_1}-\overrightarrow{p_2A_2}+\vec{F}$$

则 x、y 方向的动量方程为

$$p_1A_1-p_2A_2\cos\theta-F_x=\rho q_V(v_2\cos\theta-v_1)$$

$$-p_2A_2\sin\theta+F_y=\rho q_Vv_2\sin\theta$$

代入数据得　$F_x=1254\text{N}$，$F_y=557\text{N}$

管壁对流体的合力为　$F=\sqrt{F_x{}^2+F_y{}^2}=1372\text{N}$

则弯管所受流体的作用力与管壁对流体的力大小相等，方向相反。

【例 3-13】　如图 3-35 所示，二维水平射流冲击到一平板上，射流流量为 q_V，流速为 v，射流厚度为 d，射流中心线与平板的夹角为 θ，射流在平板上分流的两股射流厚度分别为 d_1 和 d_2。不计重力影响，求流体对平板的冲击力及作用点的位置。

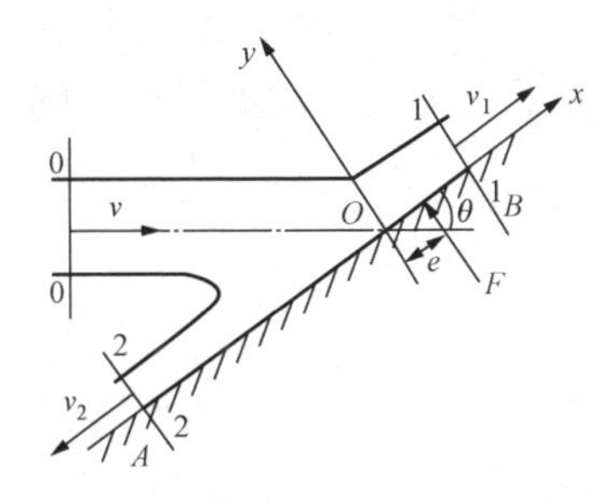

图 3-35　[例 3-13] 图

解　如图 3-35 所示取 0—0、1—1 和 2—2 截面间的空间为控制体，由于射流周围都是大气，不计重力影响，对 0—0、1—1 和 2—2 截面写出伯努利方程，得

$$v_1=v_2=v \tag{a}$$

对于二维平板射流，沿垂直纸面方向取单位宽度，由连续性方程可得

$$d_1+d_2=d \tag{b}$$

以平板方向为 x 方向，平板垂直方向为 y 方向，平板对流体的作用力为 F，由动量方程可得

y 方向　$$F=\rho v^2d\sin\theta \tag{c}$$

x 方向　$$0=(\rho v_1^2d_1-\rho v_2^2d_2)-\rho v^2d\cos\theta \tag{d}$$

因此，射流对平板的冲击力为

$$R=-F=-\rho v^2d\sin\theta$$

联立式 (a)、式 (b)、式 (d) 可得

$$d_1=\frac{1+\cos\theta}{2}d,\ d_2=\frac{1-\cos\theta}{2}d$$

由动量矩定理，以 O 点为矩心，列出动量矩方程为

$$Fe=-\rho v_1^2\frac{d_1^2}{2}+\rho v_2^2\frac{d_2^2}{2}$$

得到

$$e=-\frac{d}{2}\cot\theta$$

复习与思考

3 - 1　拉格朗日法和欧拉法研究流场的根本区别是什么？各自有何优缺点？

3 - 2　什么是控制体？控制体必须由固体壁面围成吗？控制体内流体的质量是否变化？

3 - 3　试说明 $\frac{\mathrm{d}\rho}{\mathrm{d}t}=0,\frac{\partial\rho}{\partial t}=0,(\vec{v}\cdot\nabla)\rho=0$ 的物理意义。

3 - 4　稳定流场中流体质点加速度是否为零？流体质点加速度为零的流场是否是稳定的？为什么？

3 - 5　什么一维流动，流场什么情况下可以处理为一维流动？

3 - 6　什么是流线？什么是迹线？烟囱里冒出的烟是流线吗？

3 - 7　实际流场中存在流线吗？流线有何特性？引入流线的概念有何意义？

3 - 8　什么是有效截面？流体在管道内做稳定流动，截面平均流速与管道有效截面积一定成反比吗？有何条件？

3 - 9　试说明理想流体沿流线的伯努利方程的适用条件、物理意义和几何意义。

3 - 10　不可压缩理想流体在水平弯管内流动，通常管道外壁压强很大，试分析原因。

3 - 11　什么是缓变流？什么是急变流？流动参数在缓变流有效截面上变化有何规律？

3 - 12　试说明理想流体一维管流伯努利方程的适用条件。

3 - 13　试分别说明皮托管和文丘里管的工作原理。

3 - 14　什么是空化？什么是空蚀？如何避免空化与空蚀？

3 - 15　采用动量方程求解流动问题，分析受力时可以直接采用用表压强进行计算吗？为什么？

习题

3 - 1　已知速度分布 $\vec{v}=x^2y\vec{i}-\frac{1}{3}y^3\vec{j}+xy\vec{k}$，单位为 m/s，问：

(1) 流动是几维的？

(2) $(x,\ y,\ z)=(1,\ 2,\ 3)$ 点的加速度是多少？

(3) 流动是稳定流还是非稳定流？

3 - 2　已知速度分布 $\vec{v}=(4x^3+2y+xy)\vec{i}+(3x-y^3+z)\vec{j}$，单位为 m/s，问：

(1) 流动是几维的？

(2) $(x,\ y,\ z)=(2,\ 2,\ 3)$ 点的加速度是多少？

3-3 已知速度分布$\vec{v}=yzt\vec{i}+xzt\vec{j}$，单位为m/s，问：

(1) 流动是几维的？

(2) 流动是稳定流还是非稳定流？

(3) $t=0.5$时，$(x, y, z)=(2, 5, 3)$点的加速度是多少？

3-4 已知平面流动的速度分布为$v_r=\left(1-\frac{1}{r^2}\right)\cos\theta$，$v_\theta=-\left(1+\frac{1}{r^2}\right)\sin\theta$，求直角坐标下点(0，1)处的加速度和流线的方程。

3-5 已知平面流场的速度分布为$v_x=x+t$，$v_y=-y+4t$，求$t=1$时刻过(1，1)点的流线的方程。

3-6 已知速度场$v_x=-x$，$v_y=2y$，$v_z=3-z$，求(1，1，2)点的流线的方程。

3-7 已知平面流动的速度分布为$\vec{v}=(4y-6x)t\vec{i}+(6y-9x)t\vec{j}$，求$t=1$时的流线方程，并画出$1\leqslant x\leqslant 4$区间穿过$x$轴的4条流线图形。

3-8 已知平面流动的速度分布为$\vec{v}=\frac{4x}{x^2+y^2}\vec{i}+\frac{4y}{x^2+y^2}\vec{j}$，证明通过任意以原点为圆心的同心圆的流量都相等。(提示：采用极坐标)

3-9 已知下列平面流场的速度分布，求流线的方程，并绘出流线图。

(1) $v_x=-4x+2$，$v_y=4y-2$。

(2) $v_x=x^2+2x-4y$，$v_y=-2xy-2y$。

(3) $v_r=-\frac{1}{r}$，$v_\theta=\frac{1}{r}$。

3-10 如图3-36所示，$d=80$mm的一分流管，在壁面上等距离地开有四处分流口，若分流管底端封闭，经各分流口流出的流量为$q_{V1}=q_{V2}=q_{V3}=q_{V4}=0.015\text{m}^3/\text{s}$，求分流管2—2截面与4—4截面上的流速是多少？

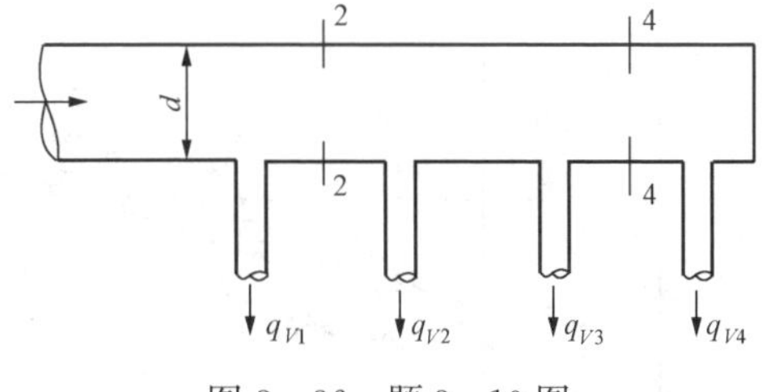

图3-36 题3-10图

3-11 试证明一维稳定管流的连续性方程也可以写为

$$\frac{dA}{A}+\frac{dv}{v}+\frac{d\rho}{\rho}=0$$

3-12 拟设计一锥形收缩喷嘴，已知喷嘴进口直径$d_1=60$mm，水流流量$q_V=0.012\text{m}^3/\text{s}$，若需将喷嘴出口流速提高为进口的两倍，问喷嘴出口直径d_2与流速v_2为多少？

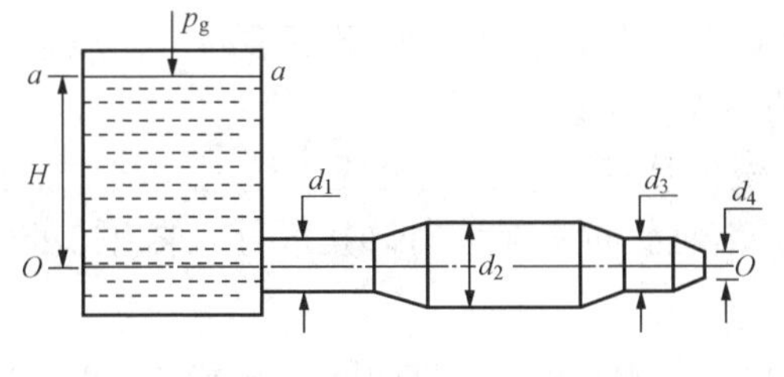

图3-37 题3-14图

3-13 采用皮托-静压管测量空气流速，压差计的读数为$h=250\text{mmH}_2\text{O}$，空气的密度为$\rho=1.23\text{kg/m}^3$，求空气的流速。

3-14 如图3-37所示，一大水箱出流口连接多个变截面管道。已知$d_1=100$mm，$d_2=150$mm，$d_3=125$mm，$d_4=75$mm，自由液面上表压强$p_g=147\ 150$Pa，$H=5$m，不计能量损失，求管道内水的流量，并绘制管道静水头线。

3-15　如图3-38所示，在阀门打开的情况下，风管内空气的流速 v=30m/s，酒精测压计的读数 h=100mm，若空气与酒精的密度各为 ρ_a=1.29kg/m^3，ρ_{Al}=800kg/m^3。问将阀门关闭后，酒精测压计的读数是多少？

3-16　为测定离心式风机的进风量，在风机吸风口装置了集流管，直径 d=200mm，如图3-39所示，若空气的密度 ρ_a=1.29kg/m^3，真空计读数 H=250mmH_2O，试求风机的吸风量。

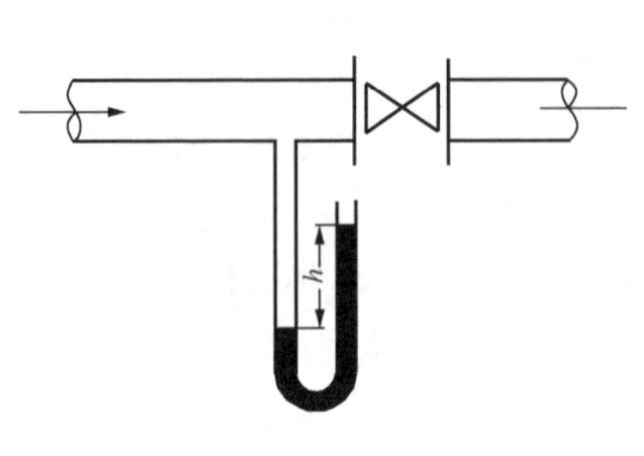

图3-38　题3-15图

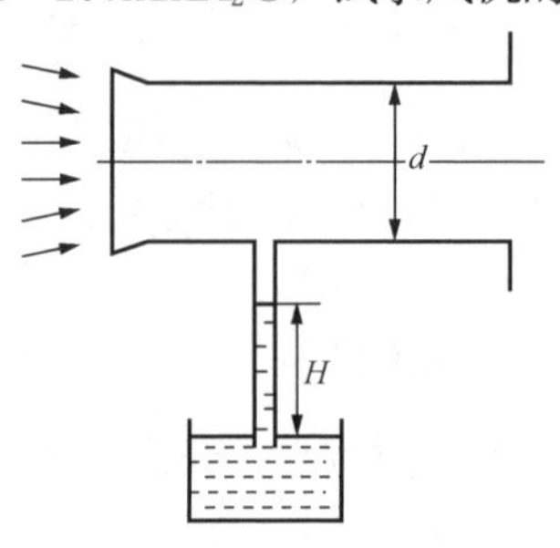

图3-39　题3-16图

3-17　如图3-40所示，水自密封容器沿管路流出，d_1=100mm，d_2=150mm，容器液面上的真空度为1kPa，求管内流量、A 点流速，以及管中压强最低点的位置及其负压值。

3-18　如图3-41所示，水流经一倾斜管段流过，若 d_1=150mm，d_2=100mm，h_1=1.5m，h_2=1.2m，A 点处流速为2.4m/s，不计能量损失，求 B 点处水管高度 h_3 为多少？

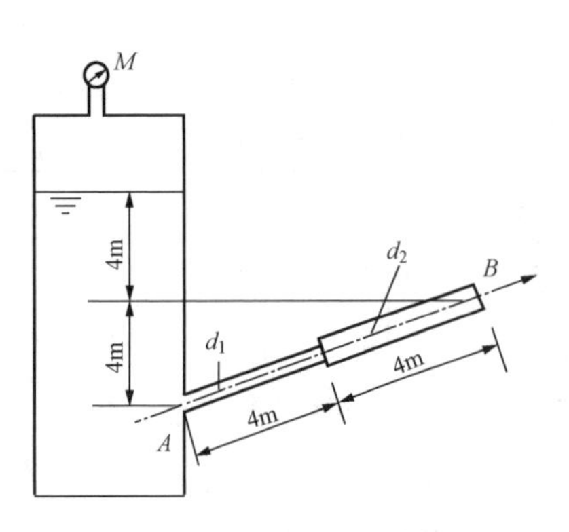

图3-40　题3-17图

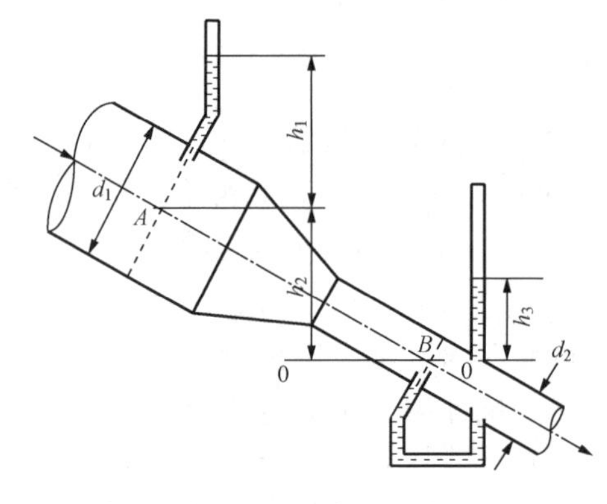

图3-41　题3-18图

3-19　如图3-42所示，水流流速 v_1=6m/s，d_1=300mm，两个测压计高度相差3m，若要求两个测压计的读数相同，则管径 d_2 应该是多少？

3-20　如图3-43所示的管路，各部分尺寸如图所示，若当时水温下水的汽化压强为0.2个大气压，不计能量损失，试求此时管道中的最大流量。

3-21　虹吸管各部分尺寸如图3-44所示，液体从一大容器经虹吸管流入大气中，若容器液面保持不变，设流体为理想不可压缩流体，出口截面速度是均匀分布的，求出口处的流速及 A 点的绝对压强。

3-22　如图3-45所示，水流经管径 d=50mm管顶端的两圆盘间的夹缝射出，设水流在夹缝中为径向流动，不计损失，试求点 A、B、C、D 处水流的压强。（D 面为出口）

3-23　如图3-46所示，水流自管段射出，d_1=150mm，d_2=100mm，出口处有一开口水管正对来流，管中水柱高为15m，试求水流流量及测压计 M 的读数。

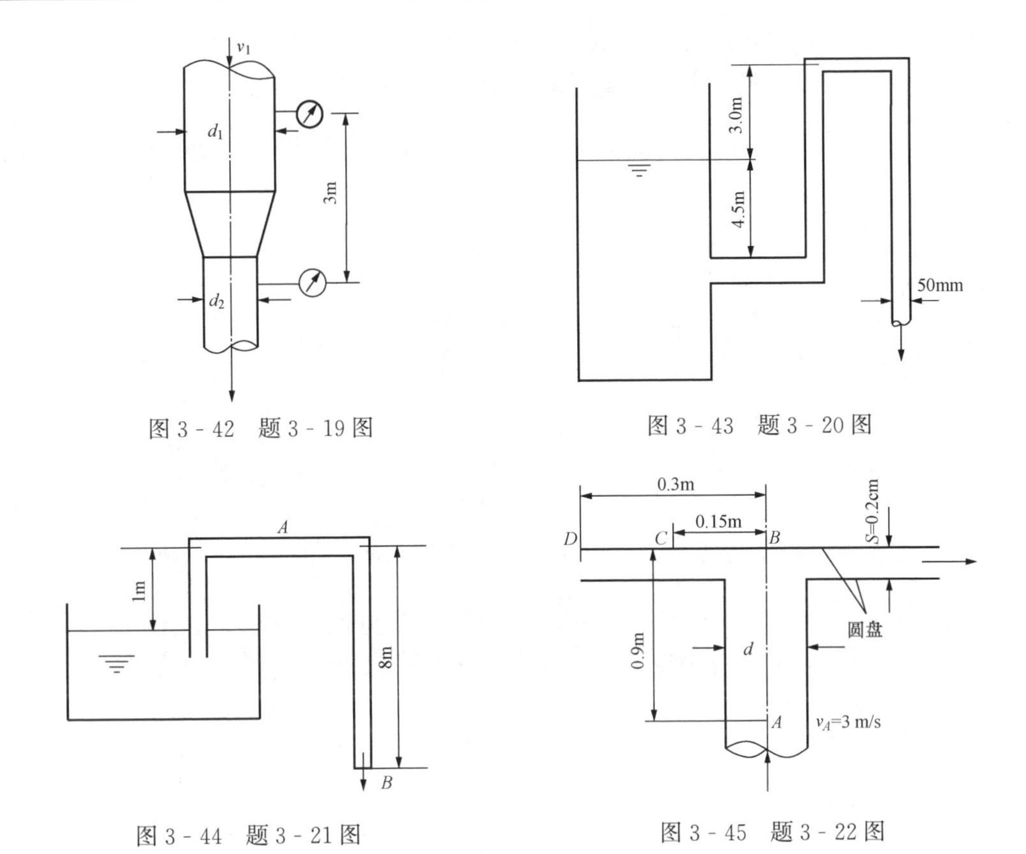

图 3-42 题 3-19 图

图 3-43 题 3-20 图

图 3-44 题 3-21 图

图 3-45 题 3-22 图

3-24 如图 3-47 所示，一股直径为 125mm 水射流射在一圆盘上，圆盘直径为 250mm，圆盘上水流厚度为 12mm，射流出口距离圆盘水面 75mm，若不计损失，试求水流的流量。

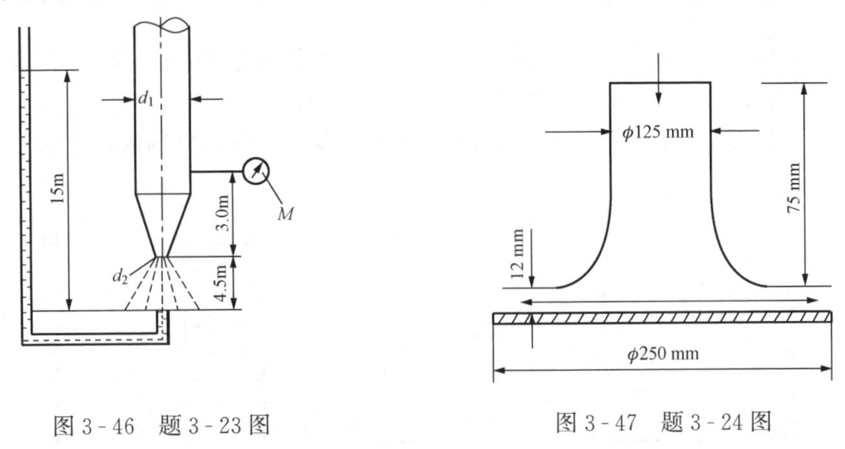

图 3-46 题 3-23 图

图 3-47 题 3-24 图

3-25 图 3-48 所示为一个油罐，油的相对密度为 0.9，油面上空气压强维持为表压 $p_{g0}=100\text{mmHg}$，油经罐壁上直径为 50mm 的一管嘴流出，若不计损失，试求罐内油面下降 0.7m 所需的时间。

3-26 如图 3-49 所示，用文丘里流量计测量竖直水管中的流量，已知 $d_1=0.3\text{m}$，$d_2=0.15\text{m}$，水银压差计中左右水银面的高差 $\Delta h=0.02\text{m}$，求水流量。

3-27 如图 3-50 所示，水池的水位高 $h=4\text{m}$，池壁开一小孔，孔口到水面的高差为 y，试求：

（1）若从孔口射出的水流到达地面的水平距离 $x=2\text{m}$，y 的值为多少？

（2）要使水柱射出的水平距离最远，则 x 和 y 应为多少？

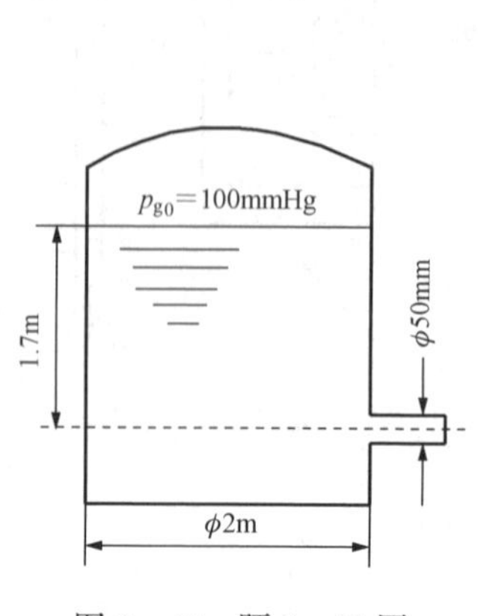

图 3 - 48 题 3 - 25 图

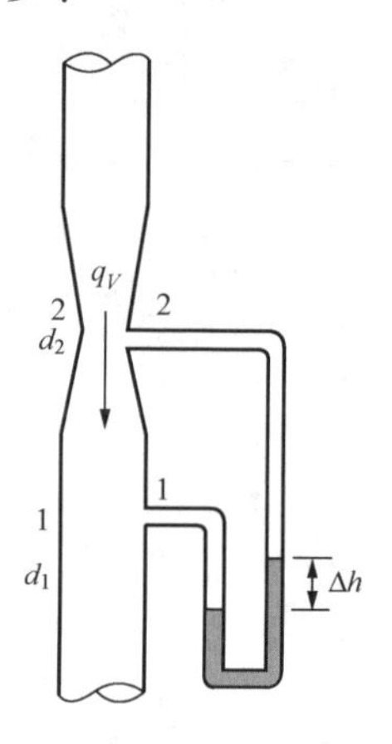

图 3 - 49 题 3 - 26 图

3 - 28 如图 3 - 51 所示，放置在平面上的一套管，管径 $D=150\text{mm}$，喷嘴出口直径 $d=50\text{mm}$，管内水的流量 $q_V=0.057\text{m}^3/\text{s}$，阻力不计，求水流过时 S 螺栓上所受之力。

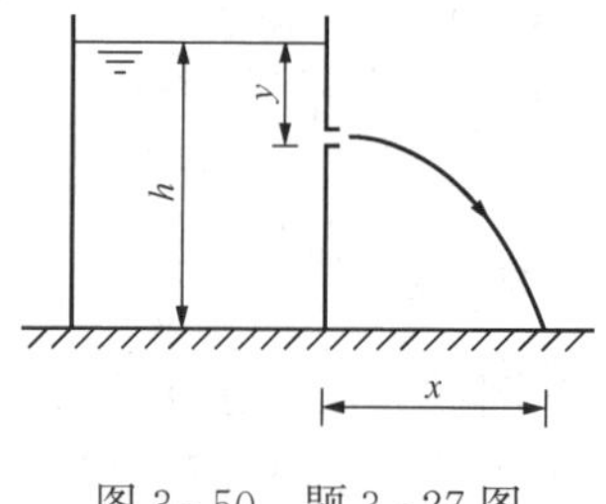

图 3 - 50 题 3 - 27 图

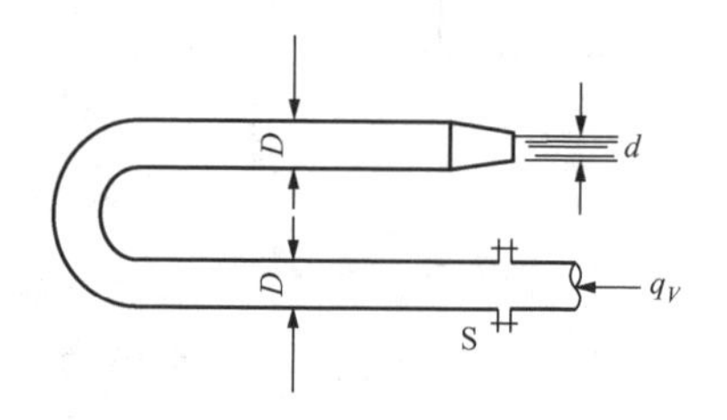

图 3 - 51 题 3 - 28 图

3 - 29 如图 3 - 52 所示，流股以 45°角自一窄缝射出冲击在平板上，若出流的流量为 q_V，不计阻力及重力，求平面上流体流量 q_{V1} 与 q_{V2} 的比值。

3 - 30 如图 3 - 53 所示，在进行圆柱绕流的阻力测定时，测得速度分布如图，求单位长度圆柱对流体的阻力。

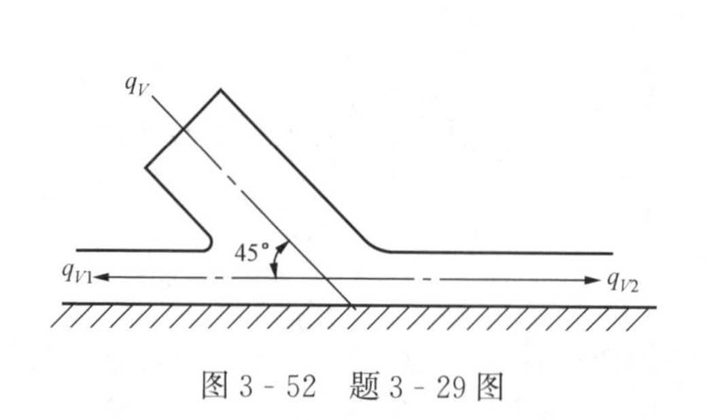

图 3 - 52 题 3 - 29 图

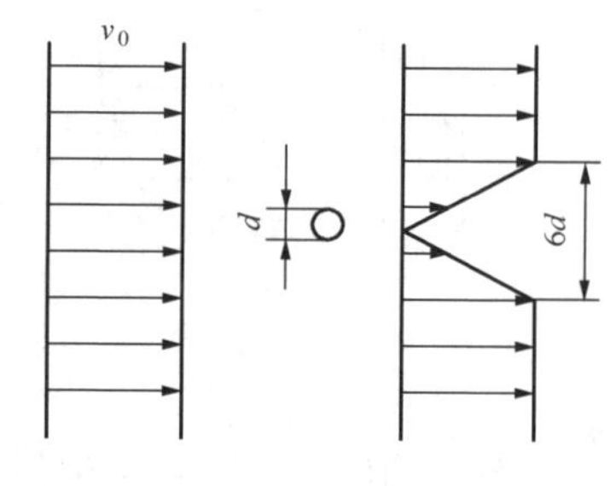

图 3 - 53 题 3 - 30 图

3 - 31 如图 3 - 54 所示，一变直径弯管，轴线位于同一水平面，转角 $\alpha=60°$，直径由 $d_A=200\text{mm}$ 变为 $d_B=150\text{mm}$，在流量 $q_V=0.1\text{m}^3/\text{s}$ 时压强 $p_A=18\text{kPa}$，求水流对 AB 段弯管的作用力。（不计弯段的阻力损失）

3 - 32 如图 3 - 55 所示，二维高速水射流冲击到一块倾斜放置的平板上，已知射流截面

积为 A_0，射流速度为 v_0，平板倾角为 θ，求：

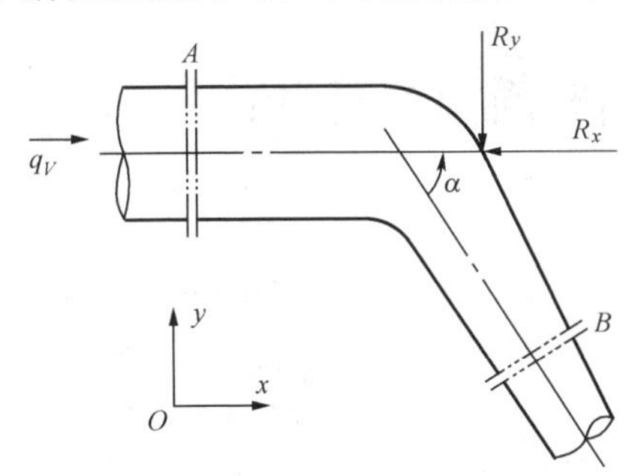

图 3-54　题 3-31 图

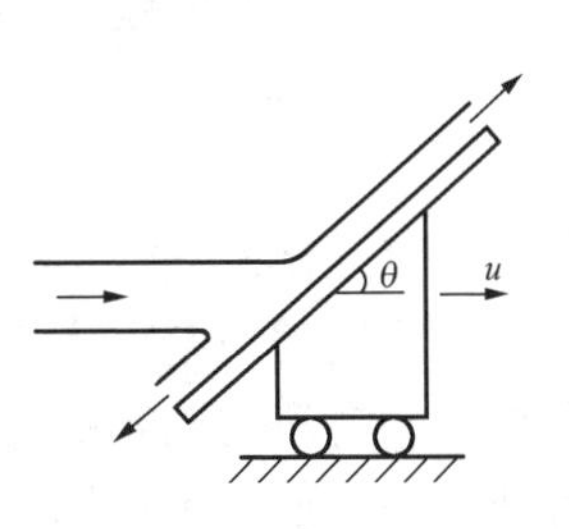

图 3-55　题 3-32 图

(1) 平面固定不动，求其所受水流的冲击力。

(2) 平板以速度 u 在水平方向匀速运动，求平板所受的冲击力。

3-33　如图 3-56 所示，上下两个水箱，盛水深度相同，底部均有出口直径 $d=0.2\text{m}$ 的流线型喷嘴，下水箱和箱中水共重 1.120kN，如将台称置于下水箱的下面，称的读数将为多少？

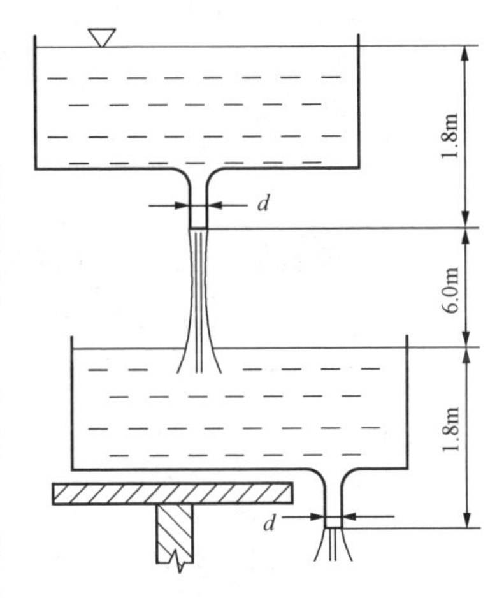

图 3-56　题 3-33 图

3-34　如图 3-57 所示，水流在明槽中以流速 $v_0=12\text{m/s}$，水深 $h=0.6\text{m}$，漫过 $H=1.2\text{m}$ 的平台流去，若明槽宽 $B=1.2\text{m}$，求水流在流动方向上作用于平台上的力。

3-35　如图 3-58 所示，旋转洒水器半径 $R=25\text{cm}$，两喷口的面积都为 0.93cm^2，喷水量为 $5.6\times10^{-4}\text{m}^3/\text{s}$，喷射角 $\theta=45°$，不计摩擦阻力，求旋臂的转动角速度。如果不让它转动，需要施加多大的力矩？

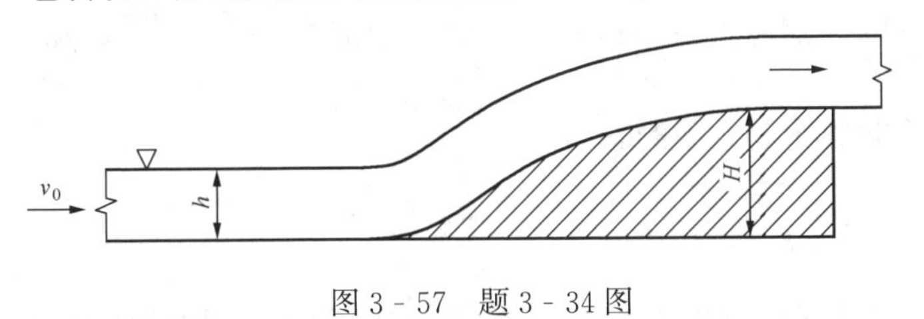

图 3-57　题 3-34 图

3-36　如图 3-59 所示，有一边长为 30cm 的正方形平板，用铰链将其垂直挂起，一股水射流水平冲击此平板中心，平板偏转角为 30°，水射流直径为 25mm，流速为 6m/s，求平板的质量，并求偏转后射流冲击点到铰链的距离。

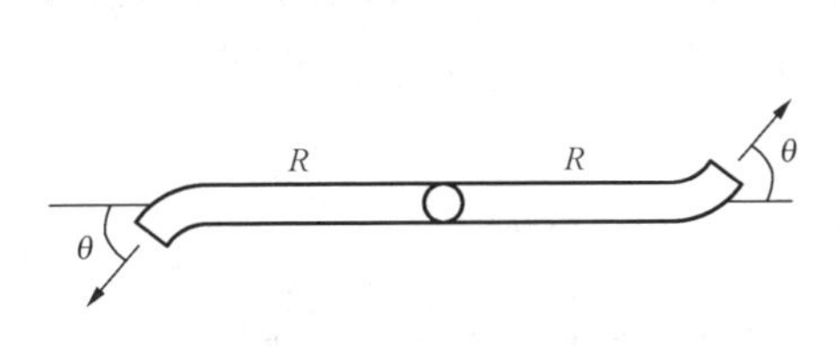

图 3-58　题 3-35 图

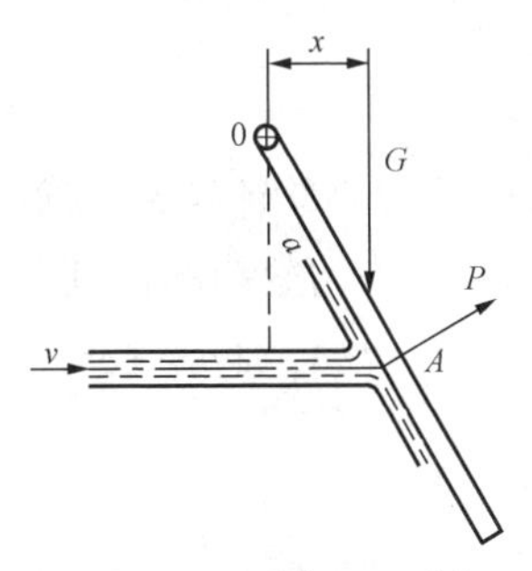

图 3-59　题 3-36 图

第四章 黏性流体流动基础

实际过程中的流动都是黏性流体的流动。本章主要介绍黏性流体流动的基本现象、基本概念、黏性流体管流流动的基本方程及实际管道计算等问题。首先介绍黏性流体总流的伯努利方程，介绍层流和湍流的基本概念及圆管内的层流和湍流流动，局部能量损失和沿程能量损失的计算方法，非圆形管道计算，最后介绍复杂管路计算。

湍流是一种远较层流复杂的流动。本章仅简单介绍湍流的主要特点，描述湍流的基本方法及有关湍流旋涡黏度系数和速度分布的一些半经验结果。

第一节 不可压缩实际流体稳定管流的伯努利方程

一、管截面上的速度分布及动能修正系数

理想流体在管内流动，管截面上速度分布是均匀的。但对于实际流体，由于黏性的作用，管流截面上速度分布不均匀。如图 4-1 所示，在管壁上流速为零，而在管中心线上流速最大。工程上对管流问题进行分析计算，一般是采用管截面上按流量平均所取的平均流速，显然，在管截面上流速分布不均匀的情况下，管截面流量平均速度的数值，与动量平均速度及动能平均速度是不相同的。

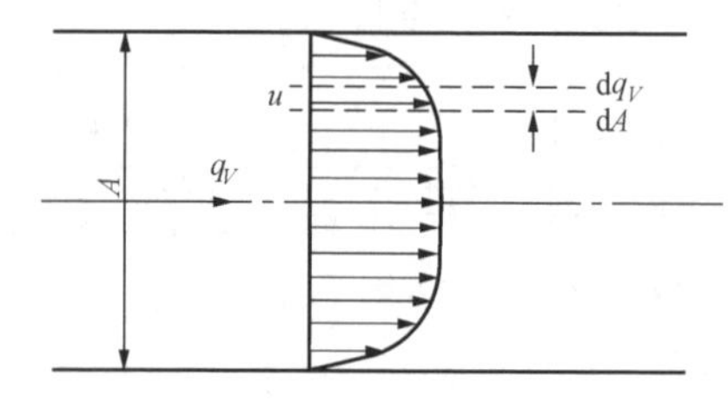

图 4-1 管截面上的速度分布

如图 4-1 所示，设以 $dq_V=udA$ 表示通过图中虚线所示的微小流管流体的体积流量，则此部分流体通过微小流管的动能为 $dq_V\cdot\rho\dfrac{u^2}{2}$ 或 $\rho u^3\dfrac{dA}{2}$。在上述速度分布下，流体携带穿过整个管截面的总动能为

$$\sum K_A=\frac{\rho}{2}\int_A u^3 dA \tag{4-1}$$

在对实际问题的研究中，管流的流量通常用体积流量 q_V 计算，速度则是采用截面上的平均流速 v。因此，总动能可写为

$$\sum K_A=\alpha\rho g q_V\frac{v^2}{2g}=\rho g q_V\left(\alpha\frac{v^2}{2g}\right) \tag{4-2}$$

其中，α 为以平均流速来计算截面总动能时，所需采用的无因次修正系数。显然，如果管截面上速度是均匀分布的，则 $\alpha=1$；如果是非均匀分布的，则 $\alpha>1$。将式（4-1）与式（4-2）相比较，注意到 $q_V=vA$，因此有

$$\alpha=\frac{1}{A}\int_A\left(\frac{u}{v}\right)^3 dA \tag{4-3}$$

一般称 α 为动能修正系数。管截面上速度分布不均匀性越大，则 α 值越大。

二、实际流体管流伯努利方程

对于理想不可压缩流体，流动过程中流体的机械能没有损失。但对于实际流体，由于流体黏性的作用，沿流动方向流体的机械能将有所损失，在管流与外界无能量交换的情况下，管流下游截面上流体的机械能总是小于上游截面。流体由于其黏性而损失的机械能，最终转换为热能，又被流体所吸收，成为流体内能的一部分，但在不可压缩流体的情况下，由于其数量很小，不会引起流体温度的显著变化。

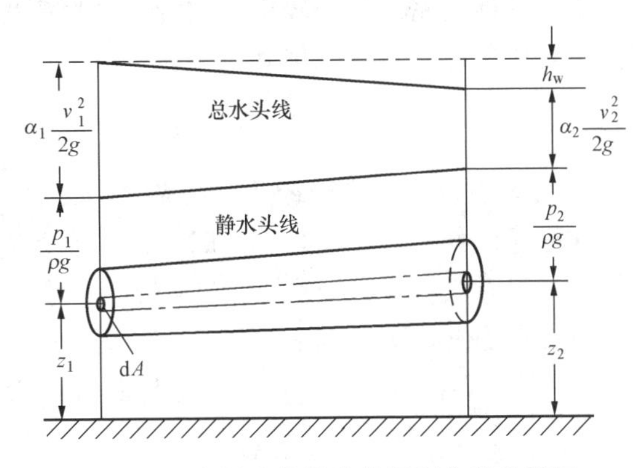

图 4-2　实际流体管流伯努利方程的图解

如图 4-2 所示，对于仅受重力作用、稳定流、不可压缩的实际流体，且管流与外界无能量交换的情况下，管流的质量流量为 ρq_V，若以 h_w 表示从上游截面1—1至下游截面 2—2 间单位重力作用下的流体的机械能损失，则

$$\rho g q_V h_w = \int_{A_1}\left(z_1 + \frac{p_1}{\rho g} + \frac{u_1^2}{2g}\right)\rho g u_1 dA_1 - \int_{A_2}\left(z_2 + \frac{p_2}{\rho g} + \frac{u_2^2}{2g}\right)\rho g u_2 dA_2 \tag{4-4}$$

由于截面 1—1 和 2—2 是缓变流截面，截面上 $z+\frac{p}{\rho g}$ 各为均匀分布，引入上述动能修正系数的概念，采用截面上的平均流速表示动能项，则

$$\rho g q_V h_w = \rho g q_V\left(z_1 + \frac{p_1}{\rho g}\right) + \rho g q_V\left(\alpha_1 \frac{v_1^2}{2g}\right) - \rho g q_V\left(z_2 + \frac{p_2}{\rho g}\right) - \rho g q_V\left(\alpha_2 \frac{v_2^2}{2g}\right) \tag{4-5}$$

即在所述条件下，实际流体管流的伯努利方程可写为

$$z_1 + \frac{p_1}{\rho g} + \alpha_1 \frac{v_1^2}{2g} = z_2 + \frac{p_2}{\rho g} + \alpha_2 \frac{v_2^2}{2g} + h_w \tag{4-6}$$

伯努利方程（4-6）中，各项的物理意义及几何意义与第三章理想流体的完全相同，只是多了一项机械能损失 h_w(N·m/N)，h_w 表征单位重力作用下的流体在管流两截面间的机械能损失。

图 4-2 所示为实际流体管流伯努利方程的图解，与理想流体不同，由于有能量损失，因此，实际流体的总比能线或总水头线沿程不断下降。

三、伯努利方程的拓展形式

1. 低速气流的伯努利方程

实际流体管流的伯努利方程（4-6），就其能量意义而言，是按每单位时间内通过管流截面的流体重力平均计算的；而对于气体管流，经常是按流体体积平均计算，气体在低速流动的情况下，可按不可压缩流体处理。气体管流伯努利方程常写为

$$\rho g z_1 + p_1 + \alpha_1 \rho g \frac{v_1^2}{2g} = \rho g z_2 + p_2 + \alpha_2 \rho g \frac{v_2^2}{2g} + \rho g h_w \tag{4-7}$$

因此，式（4-7）中每一项的单位为 $N \cdot m/m^3$，表征单位体积气体的能量。令 $\Delta p_w = \rho g h_w$，即 Δp_w 为管流从截面 1—1 至 2—2 间的总压强损失，一般称为压降，则可将式（4-7）

写为

$$\rho g z_1 + p_1 + \alpha_1 \rho \frac{v_1^2}{2} = \rho g z_2 + p_2 + \alpha_2 \rho \frac{v_2^2}{2} + \Delta p_w \tag{4-8}$$

由于气体的密度数值较小，在管流沿程高度变化不大的情况下，可将 $\rho g z$ 项忽略不计，因此，常用气体管流的伯努利方程又可写为

$$p_1 + \alpha_1 \rho \frac{v_1^2}{2} = p_2 + \alpha_2 \rho \frac{v_2^2}{2} + \Delta p_w \tag{4-9}$$

2. 与外界有能量交换的管流的伯努利方程

在推导伯努利方程（4-6）时，是认为管流与外界无能量交换的。当单位重力作用下的流体与外界有机械能的交换 E_m(N·m/N) 时，若管流对外界输出机械能，例如管路上装有水轮机、水力马达等，则 E_m 为正；若外界对管流输入机械能，例如管路上装有泵或风机，则 E_m 为负。在此情况下，广义的伯努利方程为

$$z_1 + \frac{p_1}{\rho g} + \alpha_1 \frac{v_1^2}{2g} = z_2 + \frac{p_2}{\rho g} + \alpha_2 \frac{v_2^2}{2g} + h_w + E_m \tag{4-10}$$

3. 分支流的伯努利方程

若管道中有分支或汇流，如图 4-3 所示，1—1 截面的来流 $\rho g q_{V1}$ 分成两股，其中，$\rho g q_{V2}$ 通过 2—2 截面，$\rho g q_{V3}$ 通过 3—3 截面，分别对两股流体写出伯努利方程，有

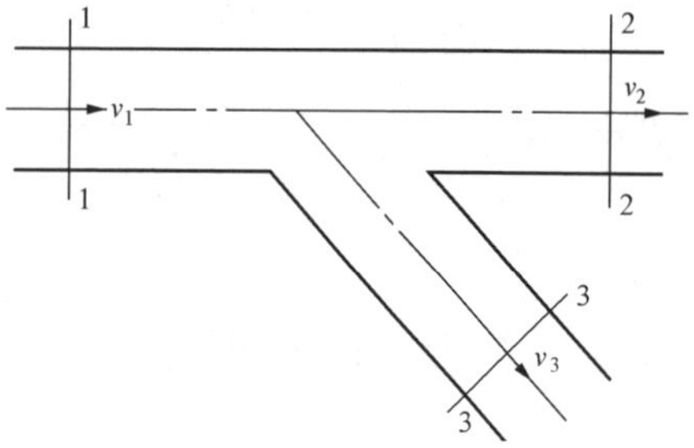

$$z_1 + \frac{p_1}{\rho g} + \alpha_1 \frac{v_1^2}{2g} = z_2 + \frac{p_2}{\rho g} + \alpha_2 \frac{v_2^2}{2g} + h_{w1-2} \tag{4-11a}$$

$$z_1 + \frac{p_1}{\rho g} + \alpha_1 \frac{v_1^2}{2g} = z_3 + \frac{p_3}{\rho g} + \alpha_3 \frac{v_3^2}{2g} + h_{w1-3} \tag{4-11b}$$

图 4-3 分支流

将式（4-11a）和式（4-11b）两端分别乘以 $\rho g q_{V2}$ 和 $\rho g q_{V3}$，再将两式相加，结合连续性方程 $\rho g q_{V1} = \rho g q_{V2} + \rho g q_{V3}$，可以得到

$$\rho g q_{V1}\left(z_1 + \frac{p_1}{\rho g} + \alpha_1 \frac{v_1^2}{2g}\right) = \rho g q_{V2}\left(z_2 + \frac{p_2}{\rho g} + \alpha_2 \frac{v_2^2}{2g} + h_{w1-2}\right) + \rho g q_{V3}\left(z_3 + \frac{p_3}{\rho g} + \alpha_3 \frac{v_3^2}{2g} + h_{w1-3}\right) \tag{4-12}$$

式（4-12）为总流量的伯努利方程，若管道中有多个分支或汇流，结论相同。

关于应用伯努利方程的注意事项，已经在第三章第九节中讨论过，这里不再重复。

第二节 管流能量损失的两种类型

不可压缩实际流体稳定管流的机械能损失，一般分为沿程能量损失和局部能量损失两种。

（1）沿程能量损失或沿程损失。沿程能量损失是指在管截面不变的一段管流上，由于流体的黏性及管壁的粗糙度，在管流沿程运动过程中产生摩擦，而引起的能量损失，也称为摩擦损失。显然管流沿程经过的路程越长，沿程能量损失越大。通常管道流动中单位重力作用下的流体的沿程损失用达西公式计算：

$$h_f = \lambda \frac{l}{d} \frac{v^2}{2g} \tag{4-13}$$

式中：λ 为沿程能量损失系数，简称沿程损失系数；l 为管道长度；d 为管道内径。

λ 是一个无因次量，它与流体的黏度、速度、管道大小、管壁粗糙度等有关。

(2) 局部能量损失或局部损失。当流体通过阀门、折管、弯头、三通、变截面管件等配件，或管流的大小或方向发生变化时，常在这些管配件的局部地区产生旋涡区。因此，当管流流经管配件的这一局部区域时，将产生管流机械能或压头的损失，一般称为局部能量损失或局部损失。单位重力作用下的流体局部能量损失的计算式为

$$h_j = K\frac{v^2}{2g} \tag{4-14}$$

其中，K 为局部损失系数，也是一个无因次量。

综上所述，管流的能量损失，包括沿程能量损失与局部能量损失两种。在管流上有多个管段的沿程损失和多个局部损失的情况下，管流全程的能量损失按叠加原则计算，即

$$h_w = \sum_{i=1}^{n} h_{fi} + \sum_{k=1}^{m} h_{jk} \tag{4-15}$$

在本章随后的章节将详细讨论沿程能量损失与局部能量损失的计算方法。

【例 4-1】 如图 4-4 所示，水塔水面标高 30m，经一内径为 100mm 的水管向车间供水，若供水量为 0.012m^3/s，水塔至标高为 15m 的管截面间的能量损失 h_w=1.8m H_2O，问该管截面上的压强为多少？(取动能修正系数为 1.0)

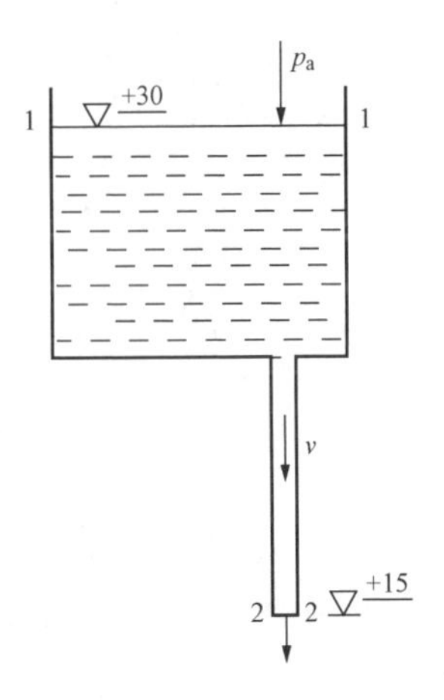

图 4-4 ［例 4-1］图

解 管截面上水的平均流速为

$$v = \frac{q_V}{\pi d^2/4} = \frac{0.012}{\pi \times 0.1^2/4} = 1.53(\mathrm{m/s})$$

如图 4-4 所示，取截面 1—1 与 2—2，截面上压强按表压强计，则有

$$z_1 = z_2 + \frac{p_2}{\rho g} + \frac{v_2^2}{2g} + h_w$$

因此

$$p_2 = \rho g\left[(z_1 - z_2) - \frac{v_2^2}{2g} - h_w\right] = 9800 \times \left[(30-15) - \frac{1.53^2}{2\times 9.8} - 1.8\right]$$
$$= 1.28 \times 10^5(\mathrm{Pa})$$

【例 4-2】 一离心式水泵输水量为 5.55×10^{-3} m^3/s，安装在吸水池水面上高 H_s=5.5m。若吸水管内径 d=100mm，吸水管上全部能量损失为 0.25mH_2O，求此情况下水泵进口处以毫米水银柱表示的真空度，取动能修正系数为 1.0，水的运动黏度 ν=1.308×10^{-6} m^2/s。

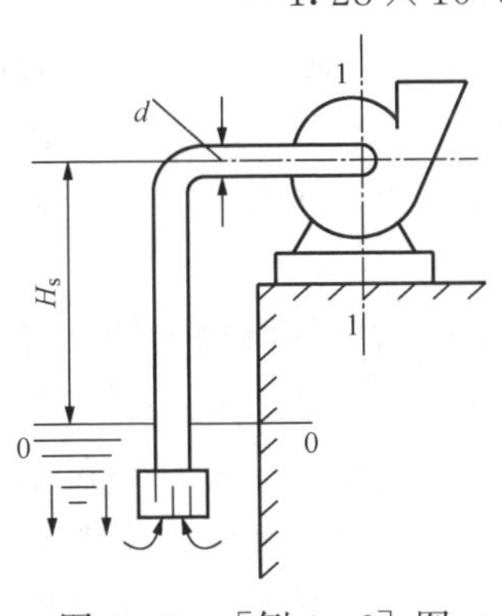

图 4-5 ［例 4-2］图

解 吸水管内水的流速为

$$v = \frac{q_V}{A} = \frac{0.00555}{\pi \times 0.1^2/4} = 0.706(\mathrm{m/s})$$

如图 4-5 所示，取 0—0 截面及 1—1 截面，并以 0—0 为基准面，按绝对压强计算，伯努利方程有

$$\frac{p_a}{\rho g}=H_s+\frac{p_1}{\rho g}+\frac{v^2}{2g}+h_{w0-1}$$

因此，水泵进口的真空度为

$$h_B=\frac{p_a-p_1}{\rho g}=H_s+\frac{v^2}{2g}+h_{w0-1}=5.5+\frac{0.706^2}{2\times 9.8}+0.25=5.78(mH_2O)$$

换算成水银柱得到

$$h'_B=\frac{h_B\rho_{H_2O}}{\rho_{Hg}}=0.425mHg$$

【例 4 - 3】　如图 4 - 6 所示，输水管流量为 $0.2m^3/s$，M 点与 N 点的高差 $z=2m$，已知 $d_M=0.2m$，$d_N=0.4m$，$p_M=98\ 000Pa$，$p_N=68\ 600Pa$，试确定水流方向与两点间的能量损失。

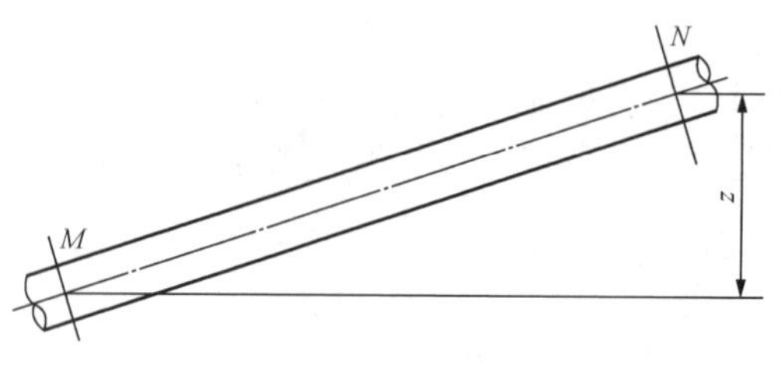

图 4 - 6　［例 4 - 3］图

解　两截面的流速分别为

$$v_M=\frac{q_V}{A_M}=\frac{0.2}{\pi\times 0.2^2/4}=6.37(m/s)$$

$$v_N=\frac{q_V}{A_N}=\frac{0.2}{\pi\times 0.4^2/4}=1.59(m/s)$$

单位重力作用下的流体在 M、N 两截面的总能量分别为

$$H_M=\frac{p_M}{\rho g}+\frac{v_M^2}{2g}+z_M=\frac{98\ 000}{1000\times 9.8}+\frac{6.37^2}{2\times 9.8}=12.07(mH_2O)$$

$$H_N=\frac{p_N}{\rho g}+\frac{v_N^2}{2g}+z_N=\frac{68\ 600}{1000\times 9.8}+\frac{1.59^2}{2\times 9.8}+2=9.14(mH_2O)$$

由于 $H_M>H_N$，因此水流是由 M 流向 N，两点间能量损失为

$$h_w=H_M-H_N=12.07-9.14=2.93(mH_2O)$$

第三节　雷诺实验、层流与湍流

人类在从事有关流体流动的实践活动中早已观察到，流体在流速较低和流速较高时，阻力的规律是不一样的，并由此设想两种情况下流体流动的内部结构是不相同的。

英国物理学家雷诺在前人工作的基础上，进行了大量的实验研究，他在 1883 年发表的报告中提出：自然界的流体流动有两种不同的流态，低流速下为层流，流速增大后，流体流动过渡为湍流；在层流情况下，流体质点的运动是有规则有秩序的；在湍流情况下，流体质点的运动是杂乱无章的。

图 4 - 7 所示为雷诺实验装置。在实验开始前，首先打开水箱进出口的阀门，使大水箱内的水面高度在实验过程中保持不变。将玻璃管上的阀门 3 打开稍许，待管中水流稳定后，玻璃管内水流速很小，随即将色水管上的小阀门 6 打开，密度与水相近的有色水，自色水管流入玻璃管的水流内，待稳定后，可以看到，在玻璃管水流内，引入的色水像一根绷紧的弦，保持稳定不动［见图 4 - 7（a）］，这表明染上颜色的这部分流体质点始终在一根流线上运动，不与周围的液体相混合，且液体质点的运动是有规则、有秩序的，这就是流体的层流

运动。此时圆管内的水流，可以看作是无限薄的流片，相对向前滑动。

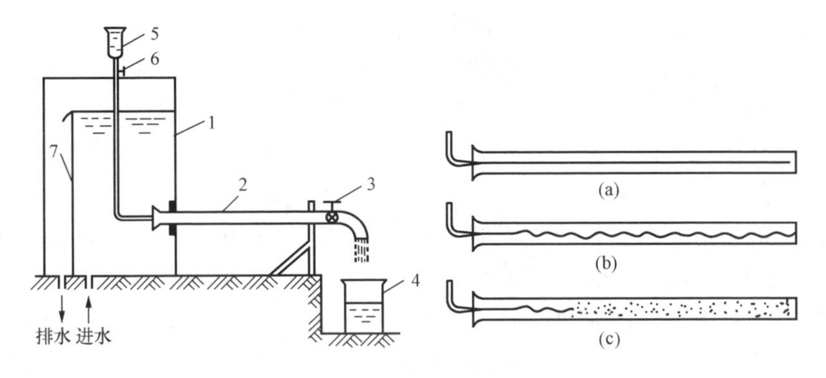

图 4-7　雷诺实验装置

(a) 层流；(b) 层流向湍流的过渡状态；(c) 湍流

1—水箱；2—玻璃管；3—调节阀门；4—量筒；5—小色水箱；6—色水管小阀门；7—水位挡板

将玻璃管上的阀门 3 慢慢开大，使管内水流速度慢慢增大，起初管内的色水线保持不动，随后色水线开始发生振荡；当水流速度再增大时，色水线逐渐弯曲成波浪形状［见图 4-7 (b)］；若流速再增大，色水线断裂卷成旋涡，待流速继续增大至一定程度时，这些有色旋涡在水流中扩散而消失［见图 4-7 (c)］，在水流中已看不到染上颜色的液体。该现象表明，此时液体质点的运动是杂乱无章、互相掺混在一起的，这就是湍流运动。由此可见，当阀门 3 的开度自小而大，随着水流速度的增高，水流由层流过渡到湍流。

在玻璃管内水流做湍流运动后，将阀门 3 逐渐关小，使水流速度逐渐降低，待管中水流速度降低到一定程度，色水线又逐渐汇集而出现，最后在流速达到相当低时，恢复为一条稳定的直线，这说明流速在由大变小的过程中，水流又由湍流过渡为层流。

流动由一种流态过渡到另一种流态，中间过渡状况为临界状态。实验表明，层流转化为湍流时掠变的速度要高一些，称此速度为上临界速度，以 v'_c表示；湍流转化为层流时掠变的速度要低一些，称为下临界速度，以 v''_c表示，即 $v'_c > v''_c$。两种流态的相互转化，各有一过渡阶段，但二者互不可逆。显然，当管内水流速度低于下临界流速时，即 $v < v''_c$，管内水流一定是层流。当管内水流速度大于上临界速度时，即 $v > v'_c$，流动一定是湍流。当 $v''_c < v < v'_c$时，如果流速是由小增大，流动是层流；如果流速是由大变小，则流动是湍流，且实验研究表明，两种情况下的流动均不稳定。

实验表明，临界速度 v_c 与管径 d 及流体的种类（密度 ρ、动力黏度 η）相关，依靠临界速度来判断流体的流动状态是很不方便的。雷诺在大量实验研究的基础上，用所有影响流动状态因素的一个无因次组合数，来判断流动是层流还是湍流，定义为雷诺数：

$$Re = \frac{\rho v d}{\eta} = \frac{vd}{\nu} \tag{4-16}$$

相对于上临界速度 v'_c的上临界雷诺数为

$$Re'_c = \frac{v'_c d}{\nu}$$

相对于下临界速度 v''_c的下临界雷诺数为

$$Re''_c = \frac{v''_c d}{\nu}$$

临界雷诺数 Re_c 是综合包含管径 d、速度 v_c 及流体的物性（ρ、η）的一个数值，故不论这些物理量的大小如何，临界雷诺数 Re_c 的数值是固定的。

实验研究表明，光滑圆管内流动下临界雷诺数约为 2300，一般采用 $Re_c''=2320$；而上临界雷诺数 Re_c' 的值则变化较大，根据实验设备及条件的不同而不同，可达 12 000～13 000，甚至更高，但此时流动稳定性很差，稍受干扰就立即转化为湍流，上临界雷诺数没有实用的工程意义。在工程实际中，是按下临界雷诺数的数值来判别流态的。

工程实际中的管道壁面粗糙，一般当 $Re \leqslant 2000$ 时，认为管内的流动为层流；当 $Re>2000$ 时，则认为管内的流动为湍流。

上述内容以圆管内的流体流动为例，初步说明了层流、湍流及雷诺数的概念。事实上，对于自然界的流体流动，不论是内部流动（管流）还是外部流动（如物体的绕流），都可按流体的物理性质（ρ、η）及流场几何特征计算雷诺数 Re：

$$Re=\frac{\rho v l}{\eta} \tag{4-17}$$

式中：v 为根据具体情况选定的流速；l 为表征流场几何特点的特征尺寸。

雷诺数不但是判断流动为层流还是湍流的依据，还是研究流体流动中动量传输、热量传输与质量传输问题时，研究参数之间关系的重要依据。

【例 4-4】 某输送重油管道供油量为 0.083 3kg/s，重油密度为 $\rho=950\text{kg/m}^3$，重油的运动黏度 $\nu=0.25\times10^{-4}\text{m}^2/\text{s}$，油管内径 $d=25\text{mm}$，试判定重油在管内的流态。

解 重油的体积流量为

$$q_V=\frac{q_m}{\rho}=\frac{0.0833}{950}=8.77\times10^{-5}\ (\text{m}^3/\text{s})$$

管内重油的平均流速为

$$v=\frac{q_V}{A}=\frac{8.77\times10^{-5}}{0.785\times0.025^2}=0.18(\text{m/s})$$

雷诺数为

$$Re=\frac{vd}{\nu}=\frac{0.18\times0.025}{0.25\times10^{-4}}=180<2300$$

因此，管内重油流动为层流。

第四节 圆管内不可压缩流体的稳定层流运动

圆管内的流体流动是工程实际中的常见问题，本节将详细分析圆管内不可压缩流体的稳定层流运动。

一、圆管内流动的起始段

图 4-8 所示为流体进入圆管后，从管进口起一段管长内管截面上速度分布的变化。由于流体的黏性，固体壁面上流体速度为零，近壁区速度较低，速度梯度大，这一区域称为边界层，有关边界层的定义与特征，将在第六章详细介绍。

如图 4-8 所示，如果管进口的收缩形状良好，则管进口截面上的速度为均匀分布，且其流速等于下游管截面上平均流速的大小。从管进口起，在管壁上形成一边界层，其厚度沿管流方向逐渐增大。边界层外，即管中心部分未受黏性影响的流体逐渐减少，其速度仍为均

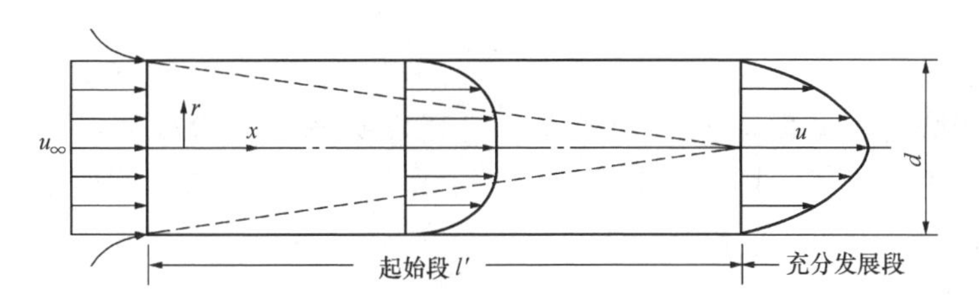

图 4-8　圆管内层流起始段

匀分布，但流速不断增高；最后，管壁上的边界层在管中心线上汇合。此时，管中心线上的流速达到最大值。若流动是层流，此时管截面上的速度为抛物线分布。如图 4-8 所示，从管进口截面起到边界层汇合处，这一段管长 l' 内的流动，称为管内流动的起始段。不同流动状态的起始段长度是不同的。

根据理论分析与实验结果，当管内流动为层流时，起始段的长度可按以下公式确定：

$$\frac{l'}{d} \approx 0.058Re \tag{4-18}$$

若管内流动是湍流，流动起始段的长度一般与雷诺数无关，而与来流受扰动的程度有关，扰动越大，起始段的长度越短，一般湍流起始段的长度为

$$l' \approx (20-40)d \tag{4-19}$$

起始段以后，圆管内的流体运动进入充分发展段，若流动是稳定的，且管截面不变，则进入充分发展段后，各个截面上的速度分布是相同的。本章随后的内容中所研究的流动都是充分发展段内的流动。

二、圆管内充分发展段不可压缩流体的稳定层流流动

在离管入口足够远的管段上，管内层流已得到完全发展，在此情况下，管中心线上流速最大，管壁上流速为零。由于问题的轴对称性，取如图 4-9 所示的圆柱坐标。

为分析圆管内流动参数的详细分布规律，同样采用微元分析法进行研究。如图 4-9 所示，在管流中心取一半径为 r、长度为 $\mathrm{d}l$ 的圆柱体微小控制体，研究对象是某瞬时流过此控制体的流体质点团。由于微团处于管道中心，此处流速最大，因此流体微团以外的流体对其运动存在黏性阻力，设单位面积上黏性阻力为 τ。除黏性阻力外，流体还受到压力的作用，设微团左侧面压强为 p，则右侧面压强可表示为 $p+\frac{\mathrm{d}p}{\mathrm{d}x}\mathrm{d}l$。由于流动是等速的，圆柱体流体微团处于受力平衡状态，因此有

$$p\pi r^2-\left(p+\frac{\mathrm{d}p}{\mathrm{d}x}\mathrm{d}l\right)\pi r^2-\tau\cdot 2\pi r\mathrm{d}l=0 \tag{4-20}$$

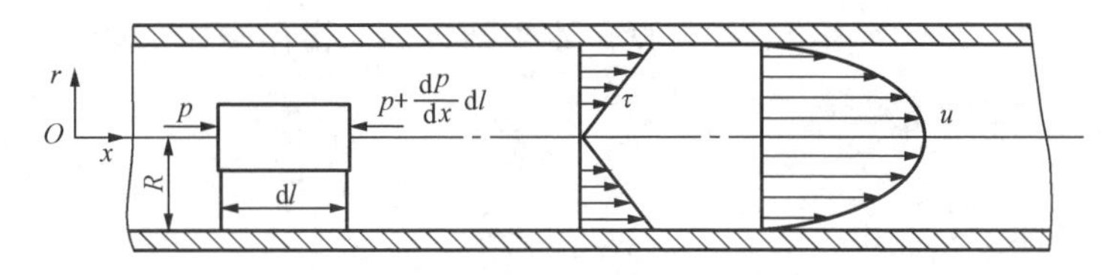

图 4-9　圆管内流体的层流运动

化简可得

$$\tau = -\frac{r}{2}\frac{\mathrm{d}p}{\mathrm{d}x} \tag{4-21}$$

对于等直径圆管充分发展段内的流动，研究表明 $\mathrm{d}p/\mathrm{d}x$ 为常数，并且其数值采用实验方法可以很容易地得到。因此，如图 4-9 所示，在圆管内同一截面上，切应力的大小与半径成正比。这一结论的得出未对流态进行限制，即式（4-21）对于层流和湍流都适用。

根据牛顿内摩擦定律，对于圆管内的层流流动有

$$\tau = -\eta\frac{\mathrm{d}u}{\mathrm{d}r} \tag{4-22}$$

联立式（4-21）和式（4-22），有 $$\eta\frac{\mathrm{d}u}{\mathrm{d}r} = \frac{r}{2}\frac{\mathrm{d}p}{\mathrm{d}x}$$

进一步得到

$$\frac{\mathrm{d}u}{\mathrm{d}r} = \frac{r}{2\eta}\frac{\mathrm{d}p}{\mathrm{d}x} \tag{4-23}$$

由于 $\mathrm{d}p/\mathrm{d}x$ 为常数，将式（4-23）积分，可得

$$u = \frac{1}{4\eta}\frac{\mathrm{d}p}{\mathrm{d}x}r^2 + C_1 \tag{4-24}$$

又由边界条件，$r=R$ 时，$u=0$，可确定式（4-24）中的常数 $C_1 = -\frac{R^2}{4\eta}\frac{\mathrm{d}p}{\mathrm{d}x}$，将 C_1 代入式（4-24）中，整理得

$$u = -\frac{1}{4\eta}\frac{\mathrm{d}p}{\mathrm{d}x}R^2\left[1-\left(\frac{r}{R}\right)^2\right] \tag{4-25}$$

式（4-25）表明，对于不压缩流体在圆管内充分发展段的层流运动，速度为抛物面分布，如图 4-9 所示。

根据速度分布还可以进一步得到以下各量。

（1）最大速度 $u_{\max}$。当 $r=0$，得到

$$u_{\max} = -\frac{1}{4\eta}\frac{\mathrm{d}p}{\mathrm{d}x}R^2 \tag{4-26}$$

（2）体积流量 q_V。

$$q_V = \int_A u\,\mathrm{d}A = -\frac{\pi R^4}{8\eta}\frac{\mathrm{d}p}{\mathrm{d}x} \tag{4-27}$$

（3）平均流速 v。

$$v = \frac{q_V}{A} = -\frac{1}{8\eta}\frac{\mathrm{d}p}{\mathrm{d}x}R^2 \tag{4-28a}$$

比较式（4-26）与式（4-28a）可见，对于圆管内不可压缩流体的层流运动，有

$$v = \frac{u_{\max}}{2} \tag{4-28b}$$

（4）沿程能量损失 h_f。由于$\frac{\mathrm{d}p}{\mathrm{d}x}=C$，故可写为

$$\frac{\mathrm{d}p}{\mathrm{d}x} = \frac{p_2-p_1}{x_2-x_1} = -\frac{p_1-p_2}{x_2-x_1} = -\frac{\Delta p}{l}$$

其中，$\Delta p = p_1 - p_2$，表示长为 l 的一段管流的压降。因而，由式（4-28a）可得到

$$\frac{\Delta p}{l}=-\frac{\mathrm{d}p}{\mathrm{d}x}=\frac{8\eta}{R^2}v=\frac{32\eta}{d^2}v \tag{4-29}$$

管流沿程能量损失为

$$h_f=\frac{p_1-p_2}{\rho g}=\frac{\Delta p}{\rho g}=\lambda\frac{l}{d}\frac{v^2}{2g}$$

因此，将上式变换后得到

$$\lambda=\frac{2\Delta p}{\rho v^2}\frac{d}{l} \tag{4-30}$$

将式（4-29）代入式（4-30），得

$$\lambda=\frac{2d}{\rho v^2}\frac{32\eta}{d^2}v=\frac{64\eta}{\rho vd}$$

注意到 $Re=\frac{\rho dv}{\eta}$，沿程损失系数 λ 为

$$\lambda=\frac{64}{Re} \tag{4-31}$$

代入达西公式（4-13），管流层流沿程能量损失可写为

$$h_f=\frac{64}{Re}\frac{l}{d}\frac{v^2}{2g} \tag{4-32}$$

由式（4-32）可见，在层流情况下，沿程能量损失与平均流速成正比。

（5）动能修正系数 α。

$$\alpha=\frac{1}{A}\int_A\left(\frac{u}{v}\right)^3\mathrm{d}A=2 \tag{4-33}$$

式（4-33）说明，不可压缩流体在圆管内做层流运动时，由于速度分布不均匀，流动的实际动能是按平均流速计算所得动能的两倍。

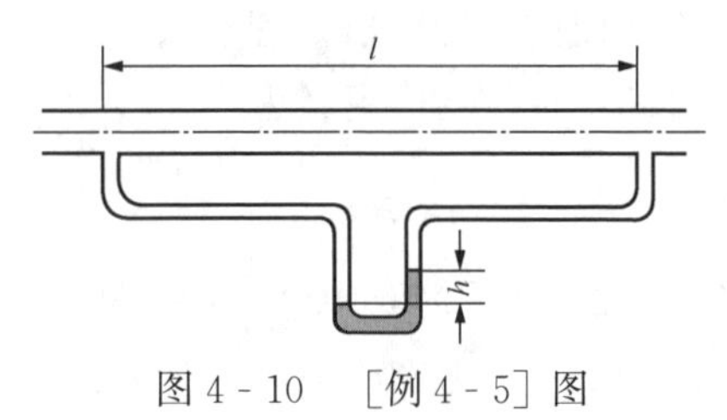

图 4-10 ［例 4-5］图

【例 4-5】 如图 4-10 所示，测定液体的黏度，管段长 $l=2\mathrm{m}$，管径 $d=6\mathrm{mm}$，水银压差计的读数 $h=120\mathrm{mm}$，流量 $q_V=7.3\times10^{-6}\ \mathrm{m^3/s}$，所测液体为油，其密度 $\rho=900\mathrm{kg/m^3}$，试求油的动力黏度。

解 自水银差压计的读数可计算得到压强降为

$$\Delta p=\rho gh\left(\frac{\rho_{\mathrm{Hg}}-\rho}{\rho}\right)=900\times9.8\times0.12\times\left(\frac{13\,600-900}{900}\right)=14\,935.2(\mathrm{Pa})$$

由式（4-28a）可得

$$\eta=\frac{\pi\Delta pR^4}{8q_Vl}=\frac{\pi\times14\,935.2\times3^4\times10^{-12}}{8\times7.3\times10^{-6}\times2}=0.032\,5(\mathrm{Pa\cdot s})$$

上述计算中假设流体是层流，还需进一步验证管内流动是否为层流，计算雷诺数得

$$Re=\frac{\rho dv}{\eta}=\frac{4q_V\rho}{\pi d\eta}=\frac{4\times7.3\times10^{-6}\times900}{\pi\times3\times10^{-3}\times3.25\times10^{-2}}$$
$$=85.8<2300$$

因此，管内流动为层流，假设成立。

第五节 湍流的基本概念

工程实际中的大多数流动都是湍流。通过雷诺实验已经知道，湍流情况下流体质点的运动是杂乱无章、互相掺混的，湍流是一种在主流上叠加有杂乱脉动、掺混与旋涡的运动，它的各个流动参数既随空间坐标变化也随时间变化。

一、湍流时均值与脉动值

对湍流做进一步的观察和测定发现，湍流空间固定点上的速度、压强等是随时间不断变化的，而且是以很高的频率随机脉动的。图 4－11 所示为层流和湍流情况下，流场中某空间点上速度随时间的变化。稳定层流的情况下，流速不随时间的变化而变化，但对于湍流流动，流速随时间高频脉动。湍流各种参数的脉动，是由于在湍流的主流方向上，以及在横贯主流流向的方向上，都有各种大小的宏观流体微团高频掺混运动引起的。

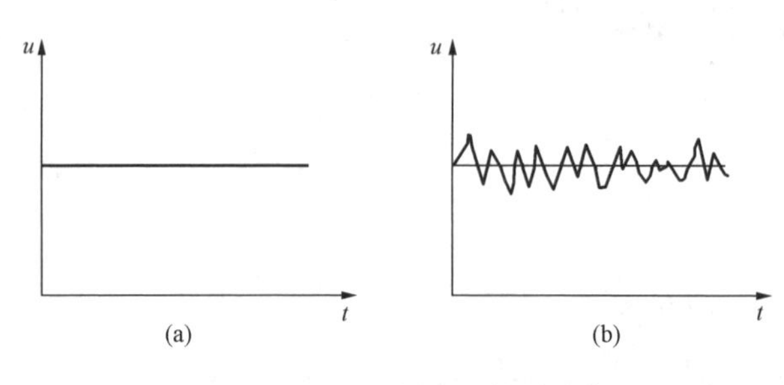

图 4－11　层流与湍流的瞬时值

（a）稳定层流；（b）准稳定湍流

由于湍流流场中某空间点的各个流动参数是随时间的变化而不断高频脉动变化的，因此湍流本质是非稳定流。但是，对于大多数湍流来说，如果观察的时间足够长，将可看到湍流空间固定点的各个参数是在某平均值处上下脉动变化的。基于这种现象，对于湍流的一种分析处理方法，就是将湍流的任一流动参数 f，都分解为时均值$\overline{f}$与脉动值f'之和，且时均值定义为

$$\overline{f}=\frac{1}{\Delta t}\int_{t}^{t+\Delta t} f\,\mathrm{d}t \tag{4-34}$$

式中：Δt 为远大于脉动周期的时间。

如图 4－11（b）所示，如果湍流的时均值$\overline{f}$在所观测的时间内不随时间变化，则称此时的湍流为准稳定湍流。

由时均值概念，湍流空间任一固定点上的速度、压强与温度的瞬时值表示为

$$\begin{aligned}&v_x=\overline{v_x}+v'_x,v_y=\overline{v_y}+v'_y,v_z=\overline{v_z}+v'_z\\&\rho=\overline{\rho}+\rho',p=\overline{p}+p',T=\overline{T}+T'\end{aligned} \tag{4-35}$$

湍流各种时均参数值描述的流动，称为湍流的时均流。显然，湍流的时均流是有规则、有秩序的，是湍流的主流。从以上概念出发，可将湍流看作是由时均流叠加脉动运动或旋涡运动而组成的流动。

二、湍流度

根据前面湍流流动参数时均值的定义可知，流动参数脉动值的时均值应为零。以 x 方向流速脉动值 v'_x为例，则

$$\overline{v'_x}=\frac{1}{\Delta t}\int_{0}^{\Delta t} v'_x\mathrm{d}t=\frac{1}{\Delta t}\int_{0}^{\Delta t}(v_x-\overline{v_x})\mathrm{d}t=\overline{v_x}-\overline{v_x}=0 \tag{4-36}$$

虽然湍流流动参数脉动值的时均值为零，但脉动值是构成湍流时均流某些物理量的一个

组成部分。

例如，单位体积流体时均动能为

$$\overline{K}=\frac{1}{2}\rho\,\overline{[(\overline{v_x}+v_x')^2+(\overline{v_y}+v_y')^2+(\overline{v_z}+v_z')^2]}$$

进一步写为

$$\overline{K}=\frac{1}{2}\rho[\overline{(\overline{v_x^2}+2\,\overline{v_x}v_x'+v_x'^2)}+\overline{(\overline{v_y^2}+2\,\overline{v_y}v_y'+v_y'^2)}+\overline{(\overline{v_z^2}+2\,\overline{v_z}v_z'+v_z'^2)}]$$

又由于 $\overline{\overline{v_x}v_x'}=0$，$\overline{\overline{v_y}v_y'}=0$，以及$\overline{\overline{v_z}v_z'}=0$，所以

$$\overline{K}=\frac{1}{2}\rho(\overline{v_x}^2+\overline{v_y}^2+\overline{v_z}^2+\overline{v_x'^2}+\overline{v_y'^2}+\overline{v_z'^2})\tag{4-37}$$

由此可见，湍流情况下流体总动能的一部分是与湍流脉动值大小直接相关的。$(\overline{v_x'^2}+\overline{v_y'^2}+\overline{v_z'^2})^{1/2}$是表示湍流脉动激烈程度的一个重要指标，一般定义湍流度为

$$I=\frac{\sqrt{(\overline{v_x'^2}+\overline{v_y'^2}+\overline{v_z'^2})/3}}{v}\tag{4-38}$$

式（4-38）中，v 为湍流时均流的合速度。湍流度是研究湍流的一个重要参数，在实验中常需要测定湍流度。前面介绍过的皮托管测速仪不能测量流动的湍流信息，常用测量湍流度的仪器为热线风速仪和激光多普勒测速仪。

三、湍流的附加切应力

与层流流动不同，流体做湍流流动时，微团的随机脉动会在黏性切应力的基础上产生湍流附加切应力。下面对流体微团运动进行分析，说明湍流附加应力产生的原因。

流体在一水平管道内做稳定湍流流动，壁面处各速度分量为零，截面上时均速度分布如图 4-12 所示。由于流体做湍流流动，虽然时均流动沿 x 方向，但在瞬时有各个方向上的速度分量。

只分析 xy 平面上的流动情况，在流场中取一微小的面积 dA，dA 面与 x 轴平行，此面积上流体在 x、y 方向的瞬时速度分量为 v_x、v_y，由式（4-35），有

$$v_x=\overline{v_x}+v_x',\quad v_y=v_y'$$

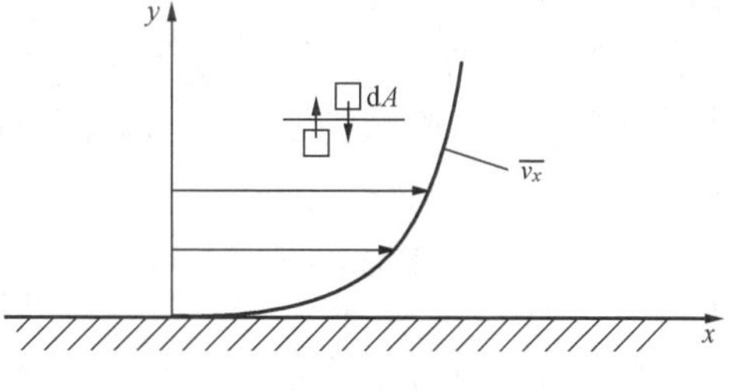

图 4-12　湍流附加切应力

可见在湍流情况下，由于在 y 方向上有速度脉动，所以在 y 方向不同的流层间有质量交换，同时也产生动量交换。dt 时间内穿过 dA 流向上层或下层的流体质量为 $\rho v_y'\mathrm{d}A\mathrm{d}t$，这部分流体本身具有 x 方向的速度为 $v_x=\overline{v_x}+v_x'$，因此，随之传递出去的 x 方向上的动量为

$$\mathrm{d}k_x=\rho(\overline{v_x}+v_x')v_y'\mathrm{d}A\mathrm{d}t=\rho\,\overline{v_x}v_y'\mathrm{d}A\mathrm{d}t+\rho v_x'v_y'\mathrm{d}A\mathrm{d}t$$

对时间间隔 Δt 内进行平均，则得到平均单位时间内通过 dA 传递的 x 方向的动量为

$$\frac{\Delta k_x}{\Delta t}=\frac{1}{\Delta t}\int_0^{\Delta t}\rho(\overline{v_x}+v_x')v_y'\mathrm{d}A\mathrm{d}t=\frac{1}{\Delta t}\int_0^{\Delta t}\rho\,\overline{v_x}v_y'\mathrm{d}A\mathrm{d}t+\frac{1}{\Delta t}\int_0^{\Delta t}\rho v_x'v_y'\mathrm{d}A\mathrm{d}t$$

方程右端各项分别计算，得到

$$\frac{1}{\Delta t}\int_0^{\Delta t}\rho\,\overline{v_x}v_y'\mathrm{d}A\mathrm{d}t=\rho\,\overline{v_x}\mathrm{d}A\,\frac{1}{\Delta t}\int_0^{\Delta t}v_y'\mathrm{d}t=0$$

$$\frac{1}{\Delta t}\int_0^{\Delta t}\rho v'_x v'_y \mathrm{d}A\mathrm{d}t = \rho\overline{v'_x v'_y}\mathrm{d}A$$

因此

$$\frac{\Delta k_x}{\Delta t} = \rho\overline{v'_x v'_y}\mathrm{d}A$$

$\rho\overline{v'_x v'_y}\mathrm{d}A$ 就是单位时间内通过 $\mathrm{d}A$ 面由于湍流脉动所传递的 x 方向上的动量，即 $\mathrm{d}A$ 面上、下层流体的动量变化率。根据动量定律，该动量变化率等于上、下流层在 $\mathrm{d}A$ 面上的相互作用力，因此

$$F_x = -\rho\overline{v'_x v'_y}\mathrm{d}A \tag{4-39}$$

式（4-39）右端采用负号是因为 v'_x 和 v'_y 的脉动方向相反，即 $v'_x>0$ 时，$v'_y<0$；$v'_x<0$ 时，$v'_y>0$。将此力除以面积 $\mathrm{d}A$，就得到应力，因此 x 方向上作用在 $\mathrm{d}A$ 上的应力为

$$\tau_t = -\frac{\Delta k_x}{\Delta t\cdot\mathrm{d}A} = -\rho\overline{v'_x v'_y} \tag{4-40}$$

这个应力称为湍流附加切应力或雷诺应力，它是由于湍流脉动形成的动量交换所产生的。在湍流流动下，由于流体微团的高频脉动，流层之间动量交换加强，低速层被加速，高速层被减速，因此，湍流对截面上的速度分布起着均匀化的作用。湍流附加切应力的方向与黏性切应力的方向相同。

这样，湍流流场中流体受到的总切应力应等于黏性摩擦切应力和湍流附加切应力之和，即

$$\tau = \tau_l + \tau_t = \pm\eta\frac{\mathrm{d}\overline{v_x}}{\mathrm{d}y} - \rho\overline{v'_x v'_y} \tag{4-41}$$

四、湍流模拟初步

1. 理论基础

湍流流体微团的高频脉动或旋涡运动，对其自身的动量输运现象起着重要的作用，式（4-40）建立了湍流附加切应力（雷诺应力）的理论表达式。目前，研究湍流时经常采用一些半经验理论，建立时均速度分量与湍流附加切应力间的关系，从而对湍流问题进行定量分析。

已经知道，根据流体流动内摩擦定律，流体层流动情况下黏性产生的内摩擦切应力 τ_l 为

$$\tau_l = \eta\frac{\mathrm{d}v_x}{\mathrm{d}y}$$

对于湍流而言，布西涅斯克引入湍流旋涡动力黏度 η_t，将湍流的附加切应力 τ_t 表示为

$$\tau_t = \eta_t\frac{\mathrm{d}\overline{v_x}}{\mathrm{d}y} \tag{4-42}$$

对湍流附加切应力的其他分量也可做相类似的处理。注意，旋涡动力黏度 η_t 不是流体的物性参数，它随着湍流流场流动状态的不同而改变，而黏度 η 则是流体的物性参数。

一般也常用湍流的旋涡运动黏度 $\nu_t=\dfrac{\eta_t}{\rho}$ 来计算湍流的附加切应力：

$$\tau_t = \rho\nu_t\frac{\mathrm{d}\overline{v_x}}{\mathrm{d}y} \tag{4-43}$$

在引用布西涅斯克旋涡黏度系数的概念以后，由于流体的黏性及湍流旋涡运动而产生的内摩擦切应力 τ 应为

$$\tau=\tau_{l}+\tau_{t}=(\eta+\eta_{t})\frac{\mathrm{d}\,\overline{v_x}}{\mathrm{d}y} \tag{4-44}$$

2. 普朗特混合长度模型

虽然式（4-42）与式（4-43）提供了一种计算湍流附加切应力的方法，但由于 η_t 与 ν_t 是随流场的情况而变化的，因此，对于具体的湍流而言，只有在建立了 η_t 或 ν_t 与湍流时均速度场的关系后，才能将式（4-42）用于具体计算。下面介绍取得 η_t 与湍流时均速度关系的普朗特混合长度模型。

普朗特假设湍流的旋涡输运现象，与分子运动理论提出的分子输运现象相似，将湍流附加切应力与当地湍流脉动量间的关系表示为

$$\tau_{t}=-\rho\overline{v'_x v'_y}=c\rho\sqrt{\overline{v'^2_x}}\sqrt{\overline{v'^2_y}} \tag{4-45}$$

仿照分子运动理论中分子运动平均自由程的概念，普朗特提出了湍流混合长度的概念，通过湍流混合长度，将湍流局部脉动的均方值与时均速度梯度间的关系表示为

$$\sqrt{\overline{v'^2_x}}=l_1\frac{\mathrm{d}\,\overline{v_x}}{\mathrm{d}y}\ ,\ \sqrt{\overline{v'^2_y}}=l_2\frac{\mathrm{d}\,\overline{v_x}}{\mathrm{d}y}$$

由于 c 为无因次系数，因此可将 cl_1l_2 用一简单的长度 l^2 代替，l 通常称为普朗特混合长度。这样，可将湍流附加切应力表示为

$$\tau_{t}=\rho c l_1 l_2\left(\frac{\mathrm{d}\,\overline{v_x}}{\mathrm{d}y}\right)^2=\rho l^2\left(\frac{\mathrm{d}\,\overline{v_x}}{\mathrm{d}y}\right)^2$$

考虑到 τ_t 的符号将随 $\frac{\mathrm{d}\,\overline{v_x}}{\mathrm{d}y}$ 的正负而改变，为正确起见，将 τ_t 表示为

$$\tau_{t}=\rho l^2\left|\frac{\mathrm{d}\,\overline{v_x}}{\mathrm{d}y}\right|\frac{\mathrm{d}\,\overline{v_x}}{\mathrm{d}y} \tag{4-46}$$

式（4-46）为湍流模拟的普朗特混合长度模型。

将式（4-46）与式（4-42）相比较，可得到湍流的旋涡动力黏度为

$$\eta_{t}=\rho l^2\left|\frac{\mathrm{d}\,\overline{v_x}}{\mathrm{d}y}\right| \tag{4-47}$$

旋涡运动黏度为

$$\nu_{t}=l^2\left|\frac{\mathrm{d}\,\overline{v_x}}{\mathrm{d}y}\right| \tag{4-48}$$

显然，在求解具体湍流的问题时，还需正确建立混合长度 l 的表达式。通常混合长度 l 由理论分析和实验总结得到，对于一些典型的湍流流动，前人已总结出一些有效的代数表达式。

混合长度模型是最早的湍流模型之一，其突出的优点就是简单、直观，而且前人已经积累了丰富的经验，可以根据具体情况选择合适的混合长度分布，至今尚有不少研究者用其解决一些具体的工程实际问题。

但是由于混合长度模型理论基础的局限性，其缺陷也是不容忽视的。最明显的是，由式（4-47）知，η_t 与 $\left|\frac{\mathrm{d}\,\overline{v_x}}{\mathrm{d}y}\right|$ 成正比，那么在 $\left|\frac{\mathrm{d}\,\overline{v_x}}{\mathrm{d}y}\right|=0$ 处，如管流中心，旋涡黏度就等于零，这

一结论与实验结果及湍流一般理论都是不相符的。这是因为，按混合长度模型的思想，认为旋涡黏度仅是流场当地性质的函数，湍流脉动速度与当地时均速度的梯度成正比。而实际上，体现湍流脉动的旋涡黏度是流动状态的函数，受到对流和扩散过程的影响，当地时均速度梯度为零并不意味着此处的湍流脉动速度为零。

【例 4-6】 液体在直径为 0.6m 的圆管内做湍流流动，其时均速度可近似表达为 $v_x=30y^{1/7}$m/s，距管壁 0.15m 处流体的湍流附加切应力为 6.22N/m²，液体的相对密度为 0.9，试用普朗特混合长度模型确定此处的旋涡动力黏度及混合长度。

解

$$\tau_t=\eta_t\frac{dv_x}{dy}$$

$$\frac{dv_x}{dy}=\frac{30}{7}y^{-6/7}$$

代入数据，得 $\eta_t=\tau_t/(dv_x/dy)=\dfrac{7\times 6.22}{30\times(0.15)^{-6/7}}=0.285(\text{Pa}\cdot\text{s})$

又由式（4-46），得 $\eta_t=\rho l^2\left|\dfrac{dv_x}{dy}\right|$

则 $l=\sqrt{\dfrac{\eta_t}{\rho(dv_x/dy)}}=\sqrt{\dfrac{0.285\times 7}{900\times 30\times(0.15)^{-6/7}}}=3.83(\text{mm})$

第六节 圆管内的湍流流动

本节主要研究圆管内充分发展段的湍流流动规律。自本节起，本章讨论的物理量大部分是时均量，为简单起见，略去时均量的上标“-”。

一、湍流流场的结构

湍流时均流速分布应满足的边界条件与层流情况下的相同，即在固体壁上流速为零，且在固体壁上湍流的全部脉动项都消失。在紧邻固体壁面的区域内，流速很低，无湍流脉动，此区域中主要是受层流黏性切应力的作用。由此可见，对于流过固体壁面的湍流而言，在固体壁面附近，总存在一层厚度很薄、运动情况与层流相同的流体，这薄层流体称为湍流的层流黏性底层，如图 4-13 所示。在黏性底层内流体的黏性对流动起主要作用，虽然湍流的层流黏性底层厚度很薄，但它对于分析计算湍流的阻力以及传热、传质问题都具有重要意义。常用的计算层流黏性底层厚度的经验式有

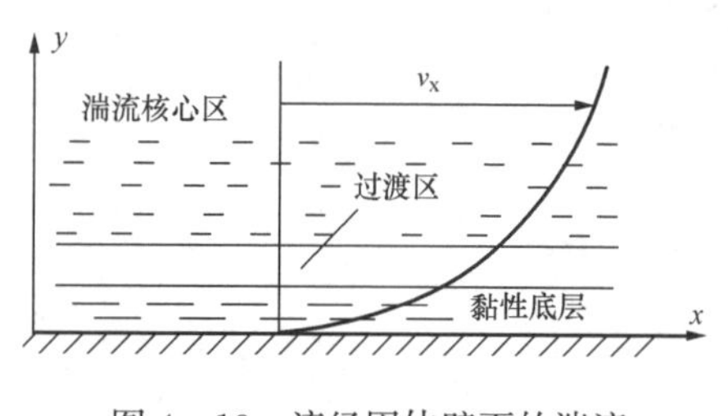

图 4-13 流经固体壁面的湍流

$$\delta=\frac{34.2d}{Re^{0.875}}\text{mm} \tag{4-49a}$$

或

$$\delta=\frac{32.8d}{Re\sqrt{\lambda}}\text{mm} \tag{4-49b}$$

式（4-49）中，δ 与管径 d 的单位均为 mm，λ 为沿程损失系数。

在层流黏性底层之上是一薄层过渡区，在过渡区中湍流脉动已相当大，可认为湍流脉动所起的作用在过渡区中与流体黏性所起的作用，大小在同一数量级。过渡区之上为湍流核心

区，在此区域内，湍流脉动起主要作用，流体黏性的作用可忽略不计。

由此，对于流经固体壁面的湍流而言，根据与壁面的距离、流体黏性与湍流脉动影响程度的不同，可将流场划分为层流底层、过渡区和湍流核心区三个区域。在分析流经固体壁面的湍流流场的速度分布规律时，这三个区域内的速度分布需要分别讨论。

二、水力光滑与水力粗糙

在工程实际中，与流体接触的固体壁面大都是粗糙的，其粗糙程度，如粗糙凸起的高度与大小、凸起的排列、形状与分布等，与壁面的材质、加工方法、新旧程度、使用维护等情况有关。大量的实验研究表明，壁面粗糙对湍流流速分布与阻力的影响程度，是与粗糙凸起高度相对于层流黏性底层厚度的大小紧密相关的。

如图 4 - 14 所示，壁面的粗糙程度通常用粗糙凸起高度的平均值 ε 来表示，称 ε 为绝对粗糙度，ε 与管径 d 的比值$\frac{\varepsilon}{d}$为相对粗糙度。壁面的粗糙度对流动阻力和湍流速度分布都有影响。

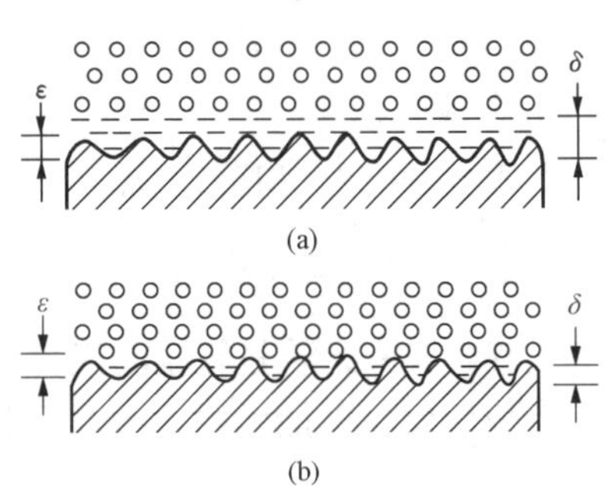

图 4 - 14　壁面的粗糙程度
(a) 水力光滑；(b) 水力粗糙

如图 4 - 14 (a) 所示，流经固体壁面湍流的雷诺数 Re 较小，层流黏性底层的厚度 δ 较大，且 $\delta>\varepsilon$，壁面粗糙度完全被层流黏性底层所覆盖，对湍流核心区的流动无影响，流体好像在完全光滑的管道流动，这种流动称为水力光滑流动。这种情况下的壁面就称为水力光滑壁。

如图 4 - 14 (b) 所示，流经固体壁面湍流的雷诺数 Re 增大，黏性底层的厚度 δ 减小，壁面粗糙度已不能被层流黏性底层所覆盖，暴露在黏性底层外的壁面粗糙度所产生的流动分离现象，成为湍流脉动与旋涡运动新的来源，壁面粗糙度对流经壁面的湍流产生影响。将 $\delta<\varepsilon$ 时的流动称为水力粗糙流动，此时的壁面称为水力粗糙壁。

三、圆管内的湍流流动速度分布

下面采用普朗特混合长度模型，来定量研究圆管内的充分发展段湍流流动速度分布，由于湍流的复杂性，定量研究是非常近似的，研究中假设如下：

(1) 由于过渡层通常很薄，在研究中忽略过渡层的厚度，假设流场由层流黏性底层直接转化为湍流核心区。

(2) 假设摩擦切应力 τ 不随距离壁面的远近而变化，即在壁面垂直方向上为常数，$\tau=\tau_w$。

(3) 对于光滑管，认为普朗特混合长度不受黏性的影响。进一步假设 $l=ky$，其中，y 为离壁面的距离，取壁面为坐标原点，k 为常数。

首先分析湍流核心区内的速度分布规律。

已知，湍流的摩擦切应力是由黏性切应力与湍流附加切应力组成的，若湍流附加切应力按普朗特混合长度计算，则由式 (4 - 41) 和式 (4 - 46) 有

$$\tau=\tau_l+\tau_t=\eta\frac{\mathrm{d}v_x}{\mathrm{d}y}+\rho l^2\left|\frac{\mathrm{d}v_x}{\mathrm{d}y}\right|\frac{\mathrm{d}v_x}{\mathrm{d}y} \tag{4 - 50}$$

对于湍流核心区的流动，$\tau_l\ll\tau_t$，式 (4 - 50) 右端的第一项忽略不计，湍流核心区切应力可计算为

$$\tau = \rho l^2 \left(\frac{\mathrm{d}v_x}{\mathrm{d}y}\right)^2 \tag{4-51}$$

根据上述假设（2）和假设（3），有

$$\tau = \tau_w = \rho l^2 \left(\frac{\mathrm{d}v_x}{\mathrm{d}y}\right)^2 = \rho k^2 y^2 \left(\frac{\mathrm{d}v_x}{\mathrm{d}y}\right)^2$$

因此有

$$\frac{\mathrm{d}v_x}{\mathrm{d}y} = \frac{1}{ky}\sqrt{\frac{\tau_w}{\rho}}$$

其中，$\sqrt{\frac{\tau_w}{\rho}}$的量纲与速度相同，定义 $v_* = \sqrt{\frac{\tau_w}{\rho}}$，称为切应力速度。则上式可写成

$$\frac{\mathrm{d}v_x}{v_*} = \frac{1}{k}\frac{\mathrm{d}y}{y} \tag{4-52}$$

将式（4 - 52）积分，有

$$\frac{v_x}{v_*} = \frac{1}{k}\ln y + C \tag{4-53a}$$

式（4 - 53a）就是管流湍流核心区内的速度分布，流速是按对数规律分布的。

再分析层流黏性底层内的速度分布规律。

由于层流黏性底层很薄，可认为其中速度分布为线性分布，取壁面为坐标原点，$\frac{\mathrm{d}v_x}{\mathrm{d}y} = \frac{v_x}{y}$，因此层流黏性底层内的切应力有

$$\tau_w = \eta\frac{\mathrm{d}v_x}{\mathrm{d}y} = \eta\frac{v_x}{y} = \rho\frac{\nu v_x}{y}$$

则

$$\frac{\nu v_x}{y} = \frac{\tau_w}{\rho} = v_*^2$$

速度分布可写为

$$\frac{v_x}{v_*} = \frac{v_* y}{\nu} \tag{4-53b}$$

联立式（4 - 53a）和式（4 - 53b），圆管内湍流流动的速度分布为

$$\left.\begin{aligned} \frac{v_x}{v_*} &= \frac{1}{k}\ln y + C \qquad (y \geqslant \delta) \\ \frac{v_x}{v_*} &= \frac{v_* y}{\nu} \qquad (y \leqslant \delta) \end{aligned}\right\} \tag{4-53c}$$

下面再来确定常数 C。

当 $y=\delta$ 时，由式（4 - 53a）有

$$\frac{v_\delta}{v_*} = \frac{1}{k}\ln\delta + C$$

所以

$$C = \frac{v_\delta}{v_*} - \frac{1}{k}\ln\delta \tag{a}$$

又当 $y=\delta$ 时，由式（4 - 53b）有

$$\delta = \frac{v_\delta}{v_*}\frac{\nu}{v_*} \tag{b}$$

将式（a）、式（b）代入式（4-53a），得到湍流核心区内的速度分布为

$$\frac{v_x}{v_*}=\frac{1}{k}\ln\frac{yv_*}{\nu}+\frac{v_\delta}{v_*}-\frac{1}{k}\ln\frac{v_\delta}{v_*}$$

令 $C_1=\frac{v_\delta}{v_*}-\frac{1}{k}\ln\frac{v_\delta}{v_*}$，则上式写为

$$\frac{v_x}{v_*}=\frac{1}{k}\ln\frac{yv_*}{\nu}+C_1$$

尼古拉兹对于光滑管内湍流流动的实验结果为 $k=0.4$，$C_1=5.5$，代入上式得到

$$\frac{v_x}{v_*}=2.5\ln\frac{yv_*}{\nu}+5.5 \tag{4-54}$$

研究表明，对于水力粗糙管，式（4-53a）仍然适用，只是在确定积分常数时要考虑管壁粗糙度的影响。尼古拉兹对于粗糙管内湍流流动的实验结果为

$$\frac{v_x}{v_*}=2.5\ln\frac{y}{\varepsilon}+8.48 \tag{4-55}$$

由湍流流动的速度分布可看出，湍流脉动的结果，使管截面速度分布均匀化。图 4-15 所示为层流与湍流管截面上速度分布的比较。随管流雷诺数的增大，管截面上的速度越趋向均匀分布，动能修正系数越接近 1，因此对于湍流流动，一般近似取 $\alpha=1.0$。

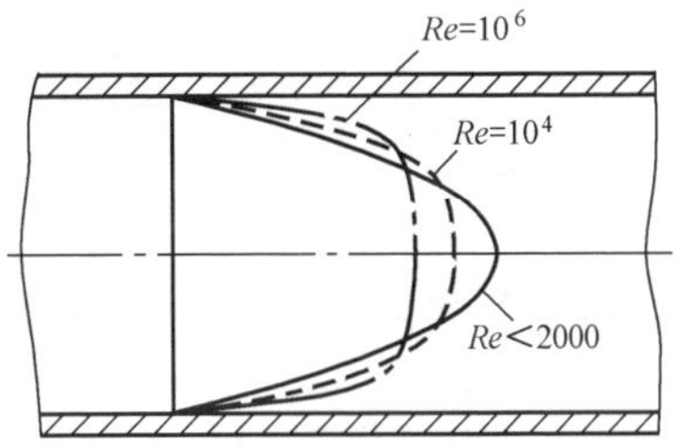

图 4-15　层流与湍流管截面上流速分布的比较

根据在雷诺数为 $4\times10^3\leqslant Re\leqslant3.2\times10^6$ 范围内的实验结果，也可将湍流管截面上的流速分布用指数公式表示，即

$$\frac{v}{v_{x\max}}=\left(\frac{y}{R}\right)^{\frac{1}{n}} \tag{4-56}$$

n 的数值随雷诺数的变化而变化，具体见表 4-1。

表 4-1　　雷诺数与 n、$v/v_{x\max}$ 的关系

Re	4.0×10^3	2.3×10^4	1.1×10^5	1.1×10^6	2×10^6	3.2×10^6
n	6.0	6.6	7.0	8.8	10	10
$v/v_{x\max}$	0.791	0.808	0.817	0.848	0.865	0.865

表 4-1 还列出了截面平均流速与最大流速的比值，对于圆管层流，$v/v_{x\max}=0.5$，但对于湍流流动，则一般为 0.8～0.87。

四、圆管内的湍流流动沿程损失系数

采用上述圆管内的湍流流动的速度分布，不难得出沿程损失系数的表达式。

由式（4-21），圆管壁面处的切应力为

$$\tau_w=\frac{\Delta p}{l}\frac{R}{2}$$

又由式（4-30），有

$$\lambda=\frac{2\Delta p}{\rho v^2}\frac{d}{l}$$

联立上述两式，得到

$$\tau_w = \frac{\lambda}{8}\rho v^2 \tag{4-57}$$

用切应力速度 $v_* = \sqrt{\frac{\tau_w}{\rho}}$ 表示，则有

$$\left(\frac{v}{v_*}\right)^2 = \frac{8}{\lambda} \tag{4-58}$$

其中，管截面上的平均流速为

$$v = \frac{q_V}{\pi R^2} = \frac{1}{\pi R^2}\int_0^R v_x \times 2\pi r \mathrm{d}r$$

对于水力光滑管，忽略层流黏性底层和过渡层对平均流速的影响，将速度分布式（4-54）代入上式，可得到平均流速的表达式

$$\frac{v}{v_*} = 2.5\ln\frac{v_* R}{\nu} + 1.75 \tag{4-59}$$

将式（4-59）代入式（4-58），整理得

$$1/\lambda^{1/2} = 2.03\lg(Re\lambda^{1/2}) - 0.91$$

根据实验修正后得到较准确的沿程损失系数为

$$1/\lambda^{1/2} = 2.0\lg(Re\lambda^{1/2}) - 0.8 \tag{4-60}$$

采用同样的方法，对于水力粗糙管，由其速度分布可以得到

$$1/\lambda^{1/2} = 2.03\lg\left(\frac{d}{2\varepsilon}\right) + 1.67$$

根据实验修正后得到较准确的沿程损失系数为

$$1/\lambda^{1/2} = 2.0\lg\left(\frac{d}{2\varepsilon}\right) + 1.74 \tag{4-61}$$

第七节 管流沿程损失系数

采用伯努利方程对管道内的流动问题进行计算时，沿程能量损失采用达西公式（4-13）计算，即

$$h_f = \lambda\frac{l}{d}\frac{v^2}{2g}$$

这样，计算沿程能量损失，关键就是确定沿程损失系数 λ。对于圆管层流，在第四节中已采用解析方法得到沿程损失系数 $\lambda = 64/Re$，即在层流情况下，λ 只与雷诺数 Re 相关。

而对于湍流，大量的实验研究和理论研究表明，圆管湍流的沿程损失系数 λ 是与雷诺数 Re 及管壁相对粗糙度 $\frac{\varepsilon}{d}$ 相关的，即

$$\lambda = f\left(Re, \frac{\varepsilon}{d}\right) \tag{4-62}$$

常用管道管壁绝对粗糙度 ε 的值见表 4-2。

表 4 - 2　　常用管道管壁绝对粗糙度 ε 的值

管壁情况	ε（mm）	管壁情况	ε（mm）
表面很光滑的干净铜管	0.001 5～0.01	涂柏油的钢管	0.12～0.21
新无缝钢管	0.014	玻璃管	0.001 5～0.01
旧无缝钢管	0.20	橡皮软管	0.01～0.03
均匀镀锌钢管	0.25	水泥管	0.5
一般新铸铁管	0.25～0.42		

由于湍流流动的复杂性，目前对湍流流动情况下沿程损失系数 λ，只能在实验的基础上得到一些半经验表达式，详细揭示 λ 与 Re 及 $\frac{\varepsilon}{d}$ 的关系必须借助实验研究。

一、尼古拉兹实验

尼古拉兹采用不同粒度的均匀沙粒黏附到管道内壁上，制成人工粗糙管道，进行了沿程能量损失的实验研究。实验中管壁相对粗糙度 $\frac{\varepsilon}{d}$ 的变化范围为 $\frac{1}{1014}\sim\frac{1}{30}$，管流雷诺数的实验范围为 500～$10^6$。图 4 - 16 所示为尼古拉兹实验曲线，以 Re 为横坐标，λ 为纵坐标，相对粗糙度 $\frac{\varepsilon}{d}$ 为参数，清楚地表明了三者之间的关系。根据其变化规律，可按以下五种情况分别讨论：

（1）层流区。$Re\leqslant 2320$，此区域不同粗糙度管道的实验点全都集中在一条直线上，如图4 - 16 中曲线 ab 所示。结果表明，沿程损失系数 λ 只与 Re 有关，理论分析得到的结果 $\lambda=64/Re$ 与实验结果一致。

（2）层流到湍流的过渡区。$2320<Re\leqslant 4000$，如图 4 - 16 中曲线 bc 段所示。在此区域内，不同粗糙度管道 λ 随 Re 的增大而迅速增高，实验点分布无明显规律，流动处于层流和湍流的过渡区。

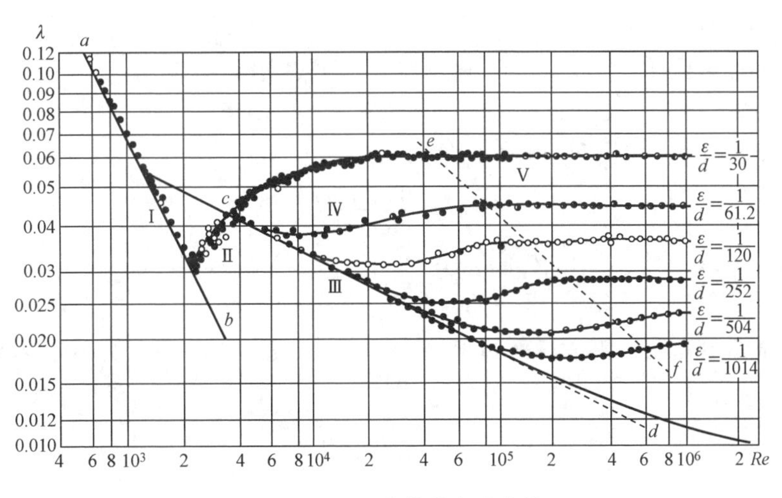

图 4 - 16　尼古拉兹实验曲线

（3）水力光滑管区。$4000<Re\leqslant 26.98(d/\varepsilon)^{8/7}$，如图 4 - 16 中曲线 cd 所示。在此区域内，层流黏性底层的厚度大于绝对粗糙度，$\delta>\varepsilon$，管壁粗糙度为黏性底层所覆盖，对湍流核心区无影响，不同粗糙度管道的 λ 与 Re 的关系相同，但是，管道的相对粗糙度越大，管流维持为水力光滑管的范围就越狭窄。定量研究表明，在水力光滑区，沿程能量损失引起的压头损失与平均流速 v 的 1.75 次方成正比，即 $h_f \propto v^{1.75}$。

（4）水力光滑管至阻力平方区的过渡区。$26.98(d/\varepsilon)^{8/7}<Re\leqslant 4160\left(\frac{d}{2\varepsilon}\right)^{0.85}$，在此区域内，层流黏性底层的厚度逐渐小于管壁粗糙度，即 $\delta<\varepsilon$，层流黏性底层已不能覆盖壁面粗糙度，壁面粗糙度对湍流核心区产生影响，管流开始进入水力粗糙管情况。在图 4 - 16 中，不同粗糙管的实验曲线，自水力光滑管的线段上脱离散开，粗糙度值越大，脱离越早，随着 Re 的增大，λ 逐渐增大而趋于一定值，且管壁越粗糙，λ 越大，λ 与 Re 及 $\frac{\varepsilon}{d}$ 相关。且在此区域内，沿程能量损失与平均流速 v 的 1.75～2 次方成正比，即 $h_f \propto v^{1.75\sim 2}$。

（5）阻力平方区或完全粗糙区。雷诺数范围为 $Re>4160\left(\frac{d}{2\varepsilon}\right)^{0.85}$，在此区域内，不同管壁粗糙度的管流 λ 维持为定值，与 Re 无关，可以认为层流黏性底层已趋于消失，所有能量损失是由壁面粗糙度引起的流动分离与旋涡产生的。即完全粗糙的情况下，λ 只与 $\frac{\varepsilon}{d}$ 有关，由于 λ 与 Re 无关，黏性力对流动的影响很小，达到黏性自模化状态，常称此区为自动模化区。在此区域中，沿程能量损失与平均流速的平方成正比，即 $h_f \propto v^2$，故也称此流动区为阻力平方区。

尼古拉兹实验曲线揭示了管流沿程损失系数 λ 的规律，但由于实验数据是在人工制造的粗糙管道上取得的，而工业管道则是自然粗糙的。因此，在计算工业管道的沿程损失时，一般不直接应用尼古拉兹实验曲线。在工程计算中常采用工业经验公式或查莫迪图。

二、常用工业经验公式及莫迪图

实际计算时确定沿程损失系数的经验公式较多，此处只做简单介绍。

（1）对于 $Re\leqslant 2300$ 的层流区，$\lambda=\frac{64}{Re}$。

（2）层流到湍流的过渡区，目前尚无统一的经验表达式。

（3）水力光滑管区 $4000<Re\leqslant 26.98(d/\varepsilon)^{8/7}$，可采用

$$1/\lambda^{1/2}=2.0\lg(Re\,\lambda^{1/2})-0.8$$

若 $4000<Re\leqslant 10^5$，常用布拉修斯的实验公式

$$\lambda=\frac{0.3164}{(Re)^{0.25}} \tag{4-63}$$

若 $10^5<Re\leqslant 3\times 10^6$，常用的经验式为

$$\lambda=0.0032+0.221Re^{-0.237} \tag{4-64}$$

（4）水力光滑管至阻力平方区的过渡区，$26.98(d/\varepsilon)^{8/7}<Re\leqslant 4160(d/2\varepsilon)^{0.85}$，常用计算公式为

$$\lambda=1.42\left[\lg\left(Re\frac{d}{\varepsilon}\right)\right]^{-2} \tag{4-65}$$

和

$$1/\lambda^{1/2}=-2\lg\left(\frac{\varepsilon/d}{3.7}+\frac{2.51}{Re\sqrt{\lambda}}\right) \tag{4-66}$$

（5）完全粗糙管区 $Re>4160(d/2\varepsilon)^{0.85}$，常用计算公式有

$$1/\lambda^{1/2}=2.0\lg(d/2\varepsilon)+1.74$$

以及

$$1/\lambda^{1/2} = 2\lg\frac{3.7d}{\varepsilon} \tag{4-67}$$

工程计算中应用广泛的莫迪图是在式（4 - 66）的基础上绘制的，如图 4 - 17 所示。由此图可根据 Re 及$\frac{\varepsilon}{d}$的数值较准确地查出沿程损失系数λ 的数值。

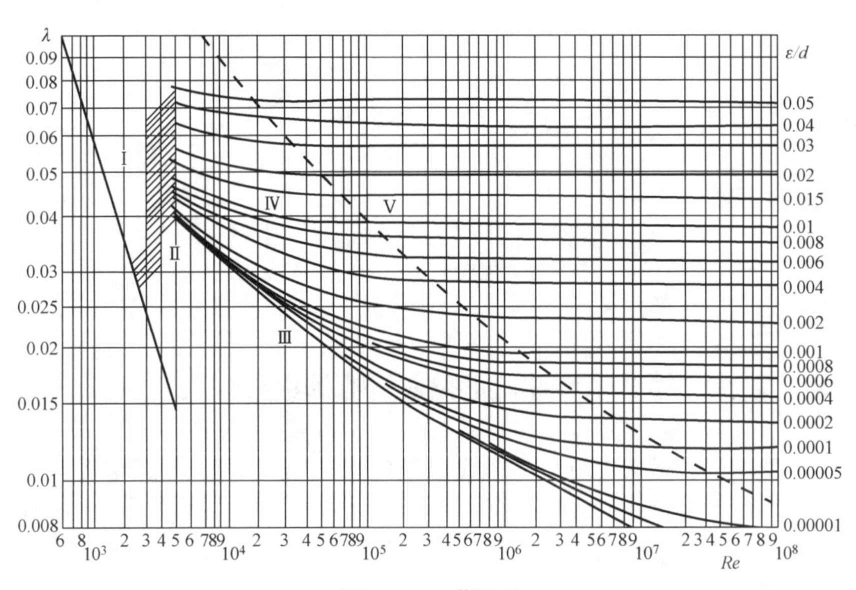

图 4 - 17　莫迪图

在工程实际中，管道的使用时间一般较长，管壁经长时间的腐蚀、沉积与结垢，管壁粗糙度加大，管内径缩小，都会使能量损失加大。因此，对于一般管道设计的计算，初始阶段就应考虑到这种情况。一般在开始设计计算时，按中等新旧程度的管道考虑。

【例 4 - 7】　沿直径 $d=200\text{mm}$，长 $l=3000\text{m}$ 的钢管（$\varepsilon=0.19\text{mm}$），输送密度 $\rho=900\text{kg/m}^3$ 的石油，若流量为 25kg/s，石油的平均运动黏度为冬季 $\nu=1.092\text{cm}^2/\text{s}$，夏季 $\nu=0.355\text{cm}^2/\text{s}$，求沿程能量损失。

解　管内流量为　$q_V=\frac{q_m}{\rho}=\frac{25}{900}=0.0278(\text{m}^3/\text{s})$

流速为　$v=\frac{q_V}{A}=\frac{4\times0.0278}{\pi\times0.2^2}=0.885(\text{m/s})$

冬季管内流动雷诺数为　$Re=\frac{vd}{\nu}=\frac{0.885\times0.2}{1.092\times10^{-4}}=1621<2000$

相应地，沿程能量损失为

$$h_f=\frac{64}{Re}\frac{l}{d}\frac{v^2}{2g}=\frac{64}{1621}\times\frac{3000}{0.2}\times\frac{0.885^2}{2\times9.8}$$
$$=23.7(\text{m 石油柱})$$

夏季管内流动雷诺数为　$Re=\frac{vd}{\nu}=\frac{0.885\times0.2}{0.355\times10^{-4}}=4986>2000$

由 $\frac{\varepsilon}{d}=\frac{0.19}{200}=0.00095$，查莫迪图得 $\lambda=0.038$，因此沿程损失为

$$h_f = \lambda \frac{l}{d}\frac{v^2}{2g} = 0.038 \times \frac{3000}{0.2} \times \frac{0.885^2}{2 \times 9.8}$$
$$= 22.7(\text{m 石油柱})$$

【例 4 - 8】 温度 $t=5℃$（$\nu=0.0151\text{cm}^2/\text{s}$）的水，在直径 $d=100\text{mm}$，管壁粗糙度 $\varepsilon=0.3\text{mm}$ 的管内流动，问当流速自 $v_1=0.5\text{m/s}$ 增至 $v_2=2\text{m/s}$ 时，沿程损失系数 λ 的变化如何？

解 $v_1=0.5\text{m/s}$ 时，雷诺数为

$$Re = \frac{vd}{\nu} = \frac{0.5 \times 0.1}{0.0151 \times 10^{-4}} = 33\,100$$

相对粗糙 $\frac{\varepsilon}{d}=0.003$，查莫迪图得 $\lambda_1=0.0295$。

$v_2=2\text{m/s}$ 时，雷诺数为

$$Re = \frac{vd}{\nu} = \frac{2 \times 0.1}{0.0151 \times 10^{-4}} = 132\,400$$

查莫迪图得 $\lambda_2=0.0270$。

第八节 非圆形截面管流的沿程损失

工程实际中所用的管道大部分都是圆管，但有时根据施工及其他的需要，也采用非圆形截面的管道（如工业炉的烟道），其截面往往为矩形或带拱的矩形。对于非圆形截面管流的计算问题，为了与圆形截面管流相比较，并引用圆形截面管流已有的计算方法，需引入水力半径、当量直径等概念。

流通截面上流体与固体边界接触的周长称为湿周，以 χ 表示。图 4 - 18 所示为湿周的几个例子。

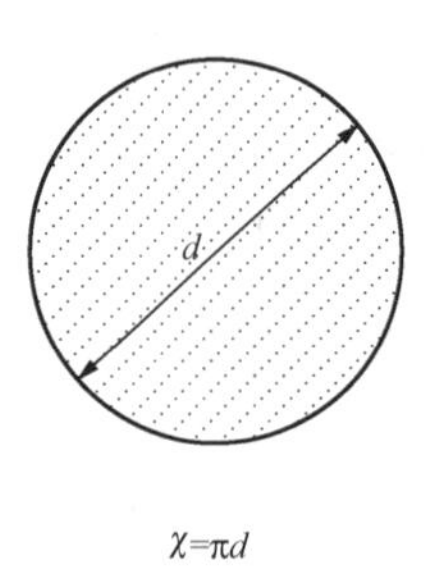

h
b
χ=2(b+h)

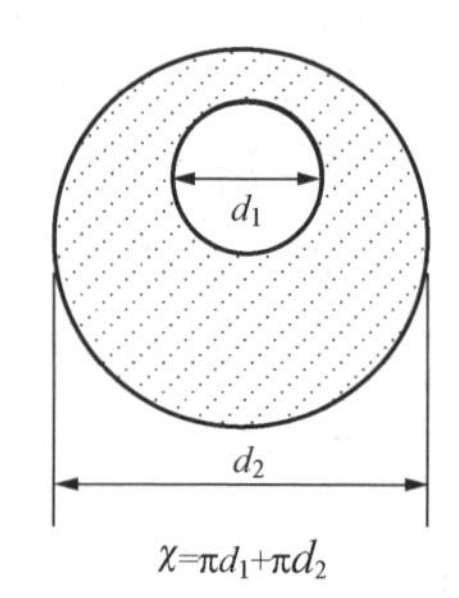

图 4 - 18 湿周 χ

流通截面有效截面积 A 与湿周 χ 之比称为水力半径 R_h，即

$$R_h = \frac{A}{\chi} \tag{4-68}$$

这样，对于圆管内的流动，截面的水力半径为

$$R_h = \frac{A}{\chi} = \frac{\pi d^2/4}{\pi d} = \frac{d}{4}$$

即只为几何半径的二分之一。

由此可见，水力半径与几何半径是两个不同的概念。

自圆管的水力半径引申，可得到非圆形管截面的当量直径 d_e，有

$$d_e = 4R_h = 4A/\chi \tag{4-69}$$

应用当量直径 d_e，可以得出非圆形截面管流的雷诺数为

$$Re = \frac{vd_e}{\nu} \tag{4-70}$$

对于非圆形截面管流，一般以式（4-70）计算雷诺数 Re。在工程计算中，若 $Re<2000$，判定管流为层流；若 $Re\geqslant 2000$，判定为湍流。按 Re 及相对粗糙度 $\frac{\varepsilon}{d_e}$，直接应用前面圆管湍流介绍的公式及图表，确定沿程损失系数 λ，并根据公式 $h_f=\lambda\frac{l}{d_e}\frac{v^2}{2g}$，计算非圆形截面管流的沿程能量损失。

应当指出，应用当量直径对非圆形管道进行计算时，截面形状越接近圆形，误差越小。例如，对于截面为矩形的管道，一般高宽比为 1/3～3 时比较准确；若在此范围外，由于二次流等现象的影响，误差较大。

【例 4-9】　某排烟系统排烟流量为 $9.73\text{m}^3/\text{s}$，烟道入口处温度为 600℃，烟道截面为矩形截面，截面积为 $1.0\times1.5\text{m}^2$，烟道长 10m，表面粗糙度 $\varepsilon=5\text{mm}$，烟气的运动黏度 $\nu=9\times10^{-5}\text{m}^2/\text{s}$，烟气在同样压强 0℃时的密度 $\rho_0=1.29\text{kg/m}^3$，求流经烟道的压降。

解　烟道内烟气流速为

$$v = \frac{q_V}{A} = \frac{9.73}{1.5} = 6.49(\text{m/s})$$

烟气密度为

$$\rho = \rho_0\frac{T_0}{T} = 1.29\times\frac{273}{873} = 0.4025\ (\text{kg/m}^3)$$

烟道截面的水力半径为

$$R_h = \frac{A}{\chi} = \frac{1\times1.5}{2\times(1+1.5)} = 0.3(\text{m})$$

故当量直径为

$$d_e = 4R_h = 1.2\text{m}$$

因此

$$Re = \frac{vd_e}{\nu} = \frac{6.49\times1.2}{9\times10^{-5}} = 86\,500$$

流动为湍流。

又由 $\frac{\varepsilon}{d_e}=\frac{0.005}{1.2}=0.00417$，查莫迪图得流动处于完全粗糙管区，$\lambda=0.030$。

烟道内压降为

$$\Delta p = \rho g\lambda\frac{l}{d_e}\times\frac{v^2}{2g} = 0.4025\times0.03\times\frac{10}{1.2}\times\frac{6.49^2}{2} = 2.14(\text{Pa})$$

第九节　局部能量损失

流体在管道中流过，由于局部几何形状的变化，如管道配件或各种局部障碍，流体的压

强分布、速度的方向和大小发生改变，由此引起的能量损失称为局部能量损失。如图 4-19 所示，管道截面突然扩大或缩小、弯管、阀门、分支等流动部位都会产生局部能量损失。

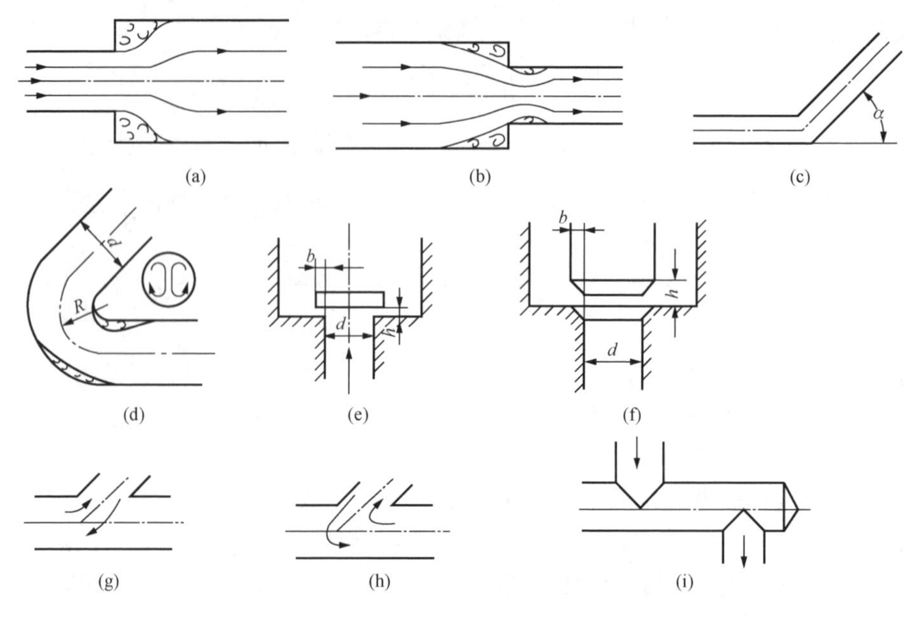

图 4-19 管配件内的流动与局部能量损失

由图 4-19 可见，局部能量损失是发生在流动的急变流段的能量损失，急变流段流线急剧弯曲，流体质点相互作用强烈，局部出现与主流相反的回流和旋涡区。对于弯管和非圆形截面管道，由于复杂的几何形状，经常在与主流方向垂直的方向上出现流动，这种流动称为二次流。总的来说，产生局部能量损失的原因是局部流动参数发生变化，使得流速重新分配、流体质点相互碰撞与摩擦、局部流动分离形成旋涡、在压差作用下形成的二次流等造成的。

在第二节中给出了局部能量损失的计算公式为

$$h_{\mathrm{j}} = K \frac{v^2}{2g}$$

与沿程能量损失的计算一样，局部损失的计算也归结到如何确定局部损失系数 K 上。实验研究表明，对于不同的管道配件，局部损失系数 K 是不同的。一般当管壁粗糙度增大及雷诺数减小时，K 增大。但在湍流情况下，粗糙度及雷诺数的影响一般很小，而对于大部分工程问题，流动都是湍流的，局部损失系数取决于局部的几何形状，对于同一管件可认为 K 为常数值。此时，由式（4-14）可知，局部能量损失与平均流速的平方成正比。

由于流体在急变流段产生局部能量损失时，流动是十分复杂的，所以局部能量损失主要由实验确定。下面对几种简单的情况进行详细介绍。

一、管道截面突然扩大与逐渐扩大

图 4-20 所示为管道突然扩大的流线图，当截面突然扩大时，由于运动惯性的作用，流体质点的运动轨迹并不是随管壁突然变化，而是逐渐变化，主流速度逐渐减小，压强逐渐增大。另外，在黏性作用下，在管壁突变的区域有部分流体流速很小，动能很小，在压强梯度的作用下，该部分流体出现逆流。如图 4-20 所示，在突变的壁面附近出现旋涡区，旋涡区

内流体质点的强烈碰撞和摩擦，以及旋涡区与主流区流体的碰撞和摩擦，对此部分流体的流动产生阻力，从而造成能量损失。

采用动量方程可以计算出管道截面突然扩大时的局部能量损失。如图4-20所示，取1—1和2—2两个有效截面，1—1截面为流动突变处，2—2截面为流线扩大结束处，两截面均可认为是缓变流截面。设流体是不可压缩的，则由连续性方程得到

$$q_V = v_1 A_1 = v_2 A_2 \tag{a}$$

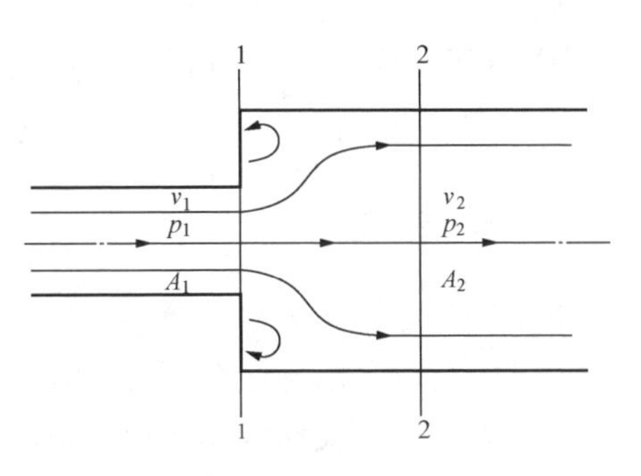

图4-20　管道突然扩大

实验研究表明，1—1截面的管内壁上压强是均匀分布的，对管截面1—1至2—2间的流体写出动量方程，得到

$$\rho q_V (v_2 - v_1) = (p_1 - p_2) A_2 \tag{b}$$

将连续性方程（a）代入式（b）中，整理得

$$\frac{p_1 - p_2}{\rho g} = \frac{v_2 (v_2 - v_1)}{g} \tag{c}$$

设流动是湍流流动，取动能修正系数为1，由于1—1截面和2—2截面间的距离很短，其间的能量损失可认为全部是局部损失，写出1—1截面和2—2截面间的伯努利方程，有

$$\frac{p_1}{\rho g} + \frac{v_1^2}{2g} = \frac{p_2}{\rho g} + \frac{v_2^2}{2g} + h_j$$

因此

$$h_j = \frac{p_1 - p_2}{\rho g} + \frac{v_1^2 - v_2^2}{2g} \tag{d}$$

将式（c）代入式（d）中，得到

$$h_j = \frac{v_2 (v_2 - v_1)}{g} + \frac{v_1^2 - v_2^2}{2g} = \frac{(v_1 - v_2)^2}{2g} \tag{4-71}$$

式（4-71）即为计算管径突然扩大局部能量损失的公式。由式（4-71）可见，$v_2 - v_1$是流体由小截面流到大截面速度的减小量，$h_j = \frac{(v_1 - v_2)^2}{2g}$则是这部分速度损失量对应的动能。应用连续性方程（a），可将式（4-71）改写为

$$h_j = \left(1 - \frac{A_1}{A_2}\right)^2 \frac{v_1^2}{2g} = K_1 \frac{v_1^2}{2g}$$

$$K_1 = \left(1 - \frac{A_1}{A_2}\right)^2$$

若$A_2 \gg A_1$，则$K_1 \approx 1$。

若用流速v_2计算局部损失，则

$$h_j = \left(\frac{A_2}{A_1} - 1\right)^2 \frac{v_2^2}{2g} = K_2 \frac{v_2^2}{2g}$$

$$K_2 = \left(\frac{A_2}{A_1} - 1\right)^2$$

如图4-21所示，管道截面逐渐扩大的情况与突然扩大相类似，流体也会由于与壁面分离而产生旋涡区，造成能量损失，但大小随着截面逐渐扩大的扩张角而变化，一般可按式

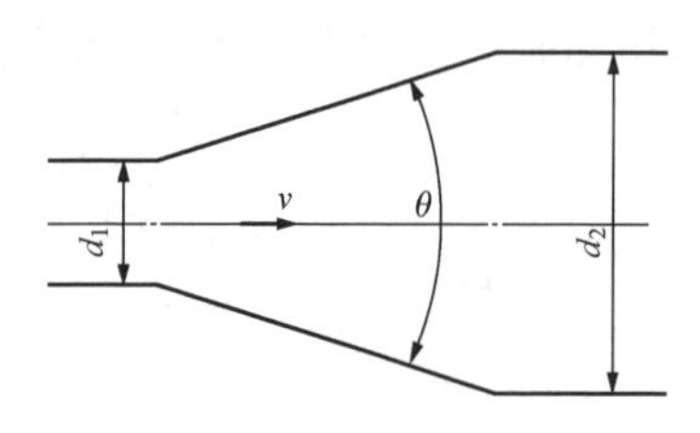

图 4-21 管道截面逐渐扩大

（4-72）计算：

$$h_j = \varphi \frac{(v_1 - v_2)^2}{2g} \tag{4-72}$$

系数 φ 主要与扩张角 θ 有关，但也是管截面比的函数。在 θ 角较小的情况下，φ 值主要取决于壁面的摩擦。随着 θ 角的增加，流体自壁面分离形成旋涡，φ 值主要取决于旋涡产生的能量损失。实验测得，当 $\theta=7.5°$时，$\varphi=0.14$，相当于相同面积突然扩大情况时的 0.14 倍；当 $\theta=30°$时，$\varphi=0.81$，相当于面积突然扩大情况时的 0.81 倍。因此，随着扩张角的增大，局部损失也迅速增大。

二、管道截面突然缩小与逐渐缩小

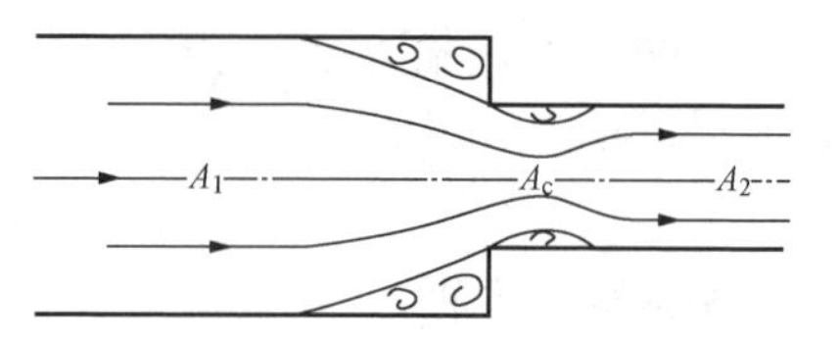

图 4-22 管道截面突然缩小

如图 4-22 所示，管道截面由 A_1 突然缩小到 A_2，此时的流线变化较为复杂，由于截面缩小，流线逐渐收缩，但经过突变截面后，由于流动惯性的影响，流线继续收缩，到某处流体截面收缩到最小，流束截面为 A_c，然后又逐渐扩张，最后充满管道，即流体先收缩，后扩张。因此，管道截面突然缩小的局部损失其实由两部分组成，较突然扩大的情况复杂，实验结果表明，一般管道截面突然缩小的局部损失可按式（4-73）计算：

$$h_j = \left[\frac{K_c}{C_c^2} + \left(\frac{1}{C_c} - 1\right)^2\right] \times \frac{v_2^2}{2g} \tag{4-73}$$

其中，$C_c = A_c/A_2$，称为流束的收缩系数；K_c 为流体收缩到 A_c 的局部能量损失系数。C_c 和 K_c 由实验测量得到。

对于管道截面逐渐缩小时的能量损失主要取决于收缩角 θ，当收缩角小于 30°时，实验表明，局部能量损失可按式（4-74）计算：

$$h_j = \frac{\lambda}{8\sin(\theta/2)} \times \left[1 - \left(\frac{A_2}{A_1}\right)^2\right] \times \frac{v_2^2}{2g} \tag{4-74}$$

其中，λ 为变管径后的沿程损失系数。

常用管件的局部损失系数见表 4-3。

表 4-3　常用管件的局部损失系数

类型	示意图	局部损失系数 K											
截面突然缩小	v_1 A_1 v_2 A_2	A_2/A_1	0.01	0.1	0.2	0.3	0.4	0.5	0.6	0.7	0.8	0.9	1.0
		K_2	0.5	0.469	0.431	0.387	0.343	0.298	0.257	0.212	0.161	0.079	0
截面突然扩大	v_1 A_1 v_2 A_2	A_1/A_2	1	0.9	0.8	0.7	0.6	0.5	0.4	0.3	0.2	0.1	0
		K_1	0	0.01	0.04	0.09	0.16	0.25	0.36	0.49	0.64	0.81	1.0
		K_2	0	0.012 3	0.062 5	0.184	0.444	1	2.25	5.44	16	81	∞
渐缩管	v_1 A_1 θ v_2 A_2	$K_2=\frac{\lambda}{8\sin(\theta/2)}\left[1-\left(\frac{A_2}{A_1}\right)^2\right]$											

续表

类型	示意图	局部损失系数 K

渐扩管

$$K_2=\frac{\lambda}{8\sin(\theta/2)}\left[1-\left(\frac{A_1}{A_2}\right)^2\right]+\eta\left(1-\frac{A_1}{A_2}\right)$$

当 $A_1/A_2=\frac{1}{4}$ 时

θ (°)	2	4	6	8	10	12	14	16	20	25
η	0.022	0.048	0.072	0.103	0.138	0.177	0.221	0.270	0.386	0.645

折管

$$K=0.946\sin^2(\theta/2)+2.047\sin^4(\theta/2)$$

θ (°)	20	40	60	80	90	100	120	140
K	0.064	0.139	0.364	0.740	0.985	1.260	1.861	2.431

90°弯管

$$K_{90^\circ}=0.131+0.163\ (d/R)^{3.5}$$

d/R	0.1	0.2	0.3	0.4	0.5	0.6	0.7	0.8	0.9	1.0	1.1	1.2
K	0.131	0.132	0.133	0.137	0.145	0.157	0.177	0.204	0.241	0.291	0.355	0.434

当 $\theta<90^\circ$ 时，$K=K_{90^\circ}\frac{\theta}{90^\circ}$

闸阀

开度(%)	10	20	30	40	50	60	70	80	90	100
K	60	16	6.5	3.2	1.8	1.1	0.60	0.30	0.18	0.1

球阀

开度(%)	10	20	30	40	50	60	70	80	90	100
K	85	24	12	7.5	5.7	4.8	4.4	4.1	4.0	3.9

蝶阀

开度(%)	10	20	30	40	50	60	70	80	90	100
K	200	65	26	16	8.3	4	1.8	0.85	0.48	0.3

分支管道

$q=q_{V1}/q_{V3},m=A_1/A_3,n=d_1/d_3$

$$K_{13}=-0.92(1-q)^2-q^2[(1.2-n^{1/2})(\cos\theta/m-1)+0.8(1-1/m)^2-(1-m)\cos\theta/m]+(2-m)q(1-q)$$

$$K_{23}=0.03(1-q)^2-q^2[1+(1.62-n^{1/2})(\cos\theta/m-1)-0.38(1-m)]+(2-m)q(1-q)$$

$$K_{31}=-0.95(1-q)^2-q^2[1.3\cot(180^\circ-\theta)/2-0.3+(0.4-0.1m)/m^2]\times[1-0.9(n/m)^{1/2}]-0.4q\times(1-q)\times(1+1/m)/\cot[(180^\circ-\theta)/2]$$

$$K_{32}=-0.03(1-q)^2-0.35q^2+0.2q(1-q)$$

【例 4-10】　图 4-23 所示为两级突然扩大管道，初级入口速度为 v_1，末级出口速度为 v_2，问中间管道流速 v 为多少时管道内局部能量损失最小，并与单级突扩管道相比较。

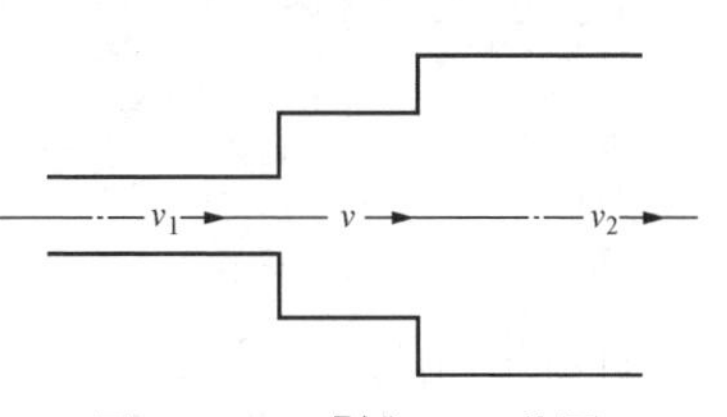

图 4-23　[例 4-10] 图

解　由式 (4-71)，管道内总的局部能量损失为

$$h_j = h_{j1} + h_{j2} = \frac{(v_1 - v)^2}{2g} + \frac{(v - v_2)^2}{2g}$$

若通过改变中间管道流速 v 使管道内局部能量损失最小，则

$$\frac{dh_j}{dv} = 0$$

即
$$\frac{dh_j}{dv} = -\frac{2(v_1 - v)}{2g} + \frac{2(v - v_2)}{2g} = 0$$

因此
$$v = \frac{v_1 + v_2}{2}$$

此时局部能量损失为

$$h_j = \frac{\left(v_1 - \frac{v_1 + v_2}{2}\right)^2}{2g} + \frac{\left(\frac{v_1 + v_2}{2} - v_2\right)^2}{2g} = \frac{(v_1 - v_2)^2}{4g}$$

若采用单级突扩管道，则
$$h'_j = \frac{(v_1 - v_2)^2}{2g}$$

因此
$$h_j = h'_j/2$$

【例 4-11】 如图 4-24 所示，水由液面上表压强 $p_1 = 0.2\text{atm}$ 的水箱，流往敞口的容器中。若 $H_1 = 10\text{m}$，$H_2 = 2\text{m}$，$H_3 = 1\text{m}$，管径 $d = 100\text{mm}$，沉淀器的直径 $D = 200\text{mm}$，阀门的局部损失系数 $K_B = 4$，弯头的圆弧半径 $R = 100\text{mm}$，由于管路长度不大，不计沿程损失，求水的流量。

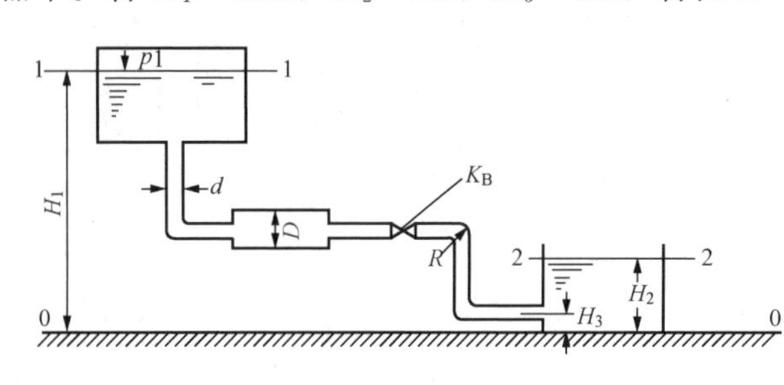

图 4-24 ［例 4-11］图

解 以 0—0 为基准面，选取截面 1—1 及 2—2 为研究面，1—1 及 2—2 截面均为无限大截面，流速近似为零，2—2 截面表压强为零，写出伯努利方程

$$H_1 + \frac{p_1}{\rho g} = H_2 + h_{w1-2}$$

则
$$h_{w1-2} = \sum K \frac{v^2}{2g} = H_1 - H_2 + \frac{p_1}{\rho g}$$

各个局部损失系数值如下：

管进口 $K_1 = 0.5$；90°弯头 $\frac{d}{R} = 1$，$K_2 = 0.291$

突然扩大 $K_3 = \left(1 - \frac{A_1}{A_2}\right)^2 = 0.56$

突然缩小 $\frac{A_1}{A_2} = \frac{1}{4}$，$K_4 = 0.409$

阀门 $K_B = 4$

管道出口 $K_5 = 1$

全部局部损失系数之和为

$$\sum K=K_1+3K_2+K_3+K_4+K_B+K_5=7.051$$

因此，管内流速为

$$v=\sqrt{\frac{2g\left(H_1-H_2+\frac{p_1}{\rho g}\right)}{\sum K}}=\sqrt{\frac{2\times9.81\times\left(10-2+\frac{0.2\times101\,325}{9810}\right)}{7.051}}=5.29(\mathrm{m/s})$$

水的流量为

$$q_V=vA=5.29\times\frac{\pi\times(0.1)^2}{4}=0.041\,5(\mathrm{m^3/s})$$

第十节　节流式流量计

在工程实际中，经常要测量流量。测量流量的装置很多，较为常用的是节流式流量计，其测量原理是流体流过节流件（如孔板、喷嘴）时，由于流线收缩，在节流件前后产生压差，根据压差和流速的对应关系来测量流量。常见的孔板流量计、喷嘴流量计和文丘里流量计都属于节流式流量计，本节简单介绍孔板流量计和集流器。

一、孔板流量计

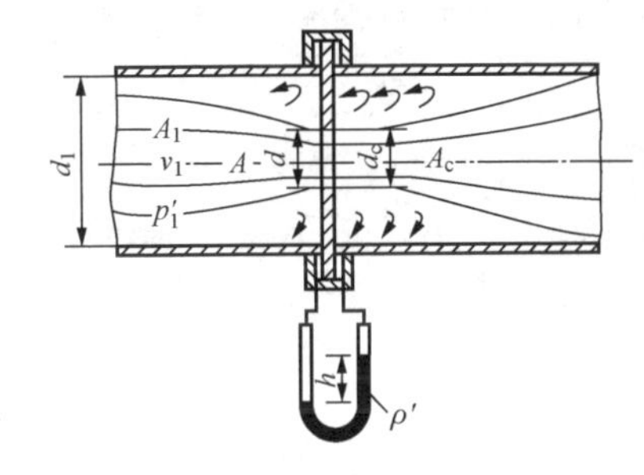

图 4-25　孔板流量计

孔板流量计的主要部件是一个中心有圆孔的钢板，如图 4-25 所示。孔板插入待测流量的管道中，圆孔与管道同心，流体流经孔板后流线骤然收缩，然后又扩大，在孔板后某处 A_c 截面收缩到最小。A_c 与孔板开口面积 A 之比称为收缩系数 C_c，$C_c=A_c/A$，A_c 截面处流速最大，压强最小。如图 4-25 所示，由于孔板前的 1—1 截面和 C—C 截面都是缓变流截面，写出 1—1 截面和 C—C 截面的伯努利方程，有

$$\frac{p_1}{\rho g}+\alpha_1\frac{v_1^2}{2g}=\frac{p_c}{\rho g}+\alpha_c\frac{v_c^2}{2g}+K\frac{v_c^2}{2g}$$

又由连续性方程，有

$$q_V=v_1A_1=v_cA_c=C_cv_cA$$

联立上述两式，得

$$\frac{p_1-p_c}{\rho g}=\frac{q_V^2}{2g}\left(\frac{\alpha_c+K}{C_c^2A^2}-\frac{\alpha_1}{A_1^2}\right)$$

因此

$$q_V=\frac{1}{\sqrt{\left(\frac{\alpha_c+K}{C_c^2A^2}-\frac{\alpha_1}{A_1^2}\right)}}\sqrt{2g\left(\frac{p_1-p_c}{\rho g}\right)}\tag{4-75}$$

在实际测量中所取压截面通常并不是图中的 1—1 和 C—C 截面，所得压差 Δp 还需进行修正，令

$$\sqrt{(p_1-p_c)}=\xi\sqrt{\Delta p}$$

代入式（4-75）并整理，得

$$q_V=\frac{C_cA\xi}{\sqrt{(\alpha_c+K)-C_c^2\alpha_1\left(\frac{A}{A_1}\right)^2}}\sqrt{2g\left(\frac{\Delta p}{\rho g}\right)}=\beta A\sqrt{2g\left(\frac{\Delta p}{\rho g}\right)}$$

其中，β 为孔板的流量系数，其大小与流动的雷诺数、孔板、管道尺度等有关，由实验确定，可参考相关手册得到。

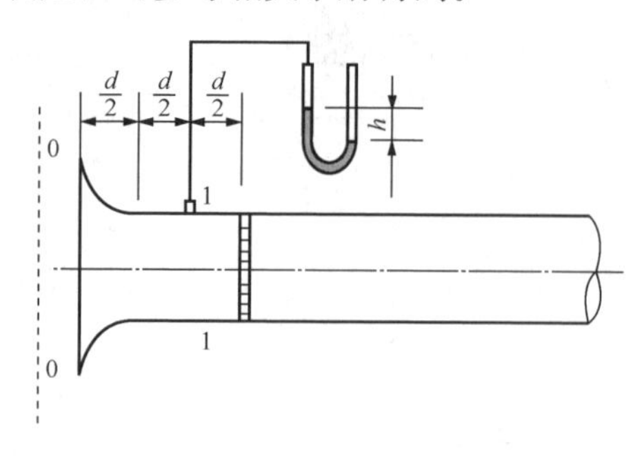

图 4 - 26　集流器

二、集流器

集流器是风机实验中常用的测流量装置，一般安置在管道入口段。如图 4 - 26 所示，集流器是一圆弧形或圆锥形入口管段，直径与待测流量的管道直径相同，长度一般为 $d/2$，集流器后 $d/2$ 处为压强测点，为使入口速度均匀，后面一般还设有网状整流装置。

如图 4 - 26 所示，取 0—0 截面和 1—1 截面为研究面，0—0 截面在管道外，压强为大气压，流通截面为无限大截面，流速近似为零，1—1 截面的压强必然为负压，这样，0—0 截面和 1—1 截面的伯努利方程有

$$0=\frac{p_{\mathrm{g}}}{\rho g}+\frac{v^2}{2g}+K\frac{v^2}{2g}$$

其中，$K\frac{v_2}{2g}$包含了从 0—0 截面到 1—1 截面所有的能量损失。

因此
$$v=\frac{1}{\sqrt{1+K}}\sqrt{\frac{2(-p_{\mathrm{g}})}{\rho}}=\varphi\sqrt{\frac{2(-p_{\mathrm{g}})}{\rho}}$$

流量为
$$q_V=\varphi A\sqrt{\frac{2\ (-p_{\mathrm{g}})}{\rho}}$$

其中，φ 为集流器的流速系数，其大小与流动的雷诺数、集流器几何尺寸等有关，需由实验确定。

第十一节　管　路　计　算

前面着重介绍了管流沿程能量损失与局部能量损失的计算方法，并以简单管路为例进行了说明。在工程实际中，管路的布置与管道之间的连接方式是十分复杂的，管路计算也复杂得多。本节首先介绍串联管路计算，再进一步介绍并联及分支管路等复杂管路的计算方法。

有分支的管路称为复杂管路。工程设备上常见的管路都是复杂管路，复杂管路计算的原则有两点：其一为流量平衡，即质量守恒；其二是在管路的每一个分支节点上，由此分支的管流，单位质量的流体在此具有的机械能是一样的，因此可将复杂管路简化为简单管路计算。下面以并联及分支管路为例，说明复杂管路的计算方法。

一、串联管路计算

串联管路就是将多根管径或粗糙度不同的管道相串连接的管路。

如图 4 - 27 所示，管 1、管 2 和管 3 就组成了一个串联管路，串联管路的特点如下：

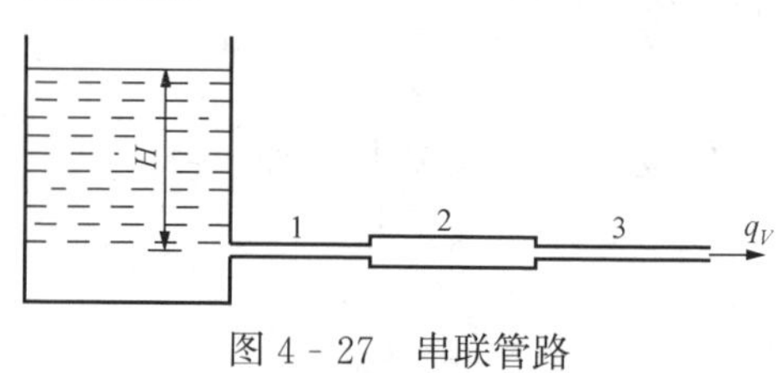

图 4 - 27　串联管路

（1）各管段流量相同，即

$$q_{V1}=q_{V2}=q_{V3}=\cdots=q_{Vn}$$

（2）串联管路的总能量损失等于各个管道的能量损失之和，即

$$h_w=h_{w1}+h_{w2}+h_{w3}+\cdots+h_{wn}$$

【例 4-12】　如图 4-27 所示的串联管路，已知 $l_1=6$ m，$l_2=4$m，$l_3=10$m，$d_1=50$mm，$d_2=70$mm，$d_3=50$mm，$H=20$m，$\lambda=0.03$，阀门局部能量损失系数 $K=4$，求出流流量 q_V。

解　从水箱进入管道 1 突然缩小的局部损失系数　$K_1=0.5$

从管道 1 到管道 2 突然扩大的局部损失系数　$K_2=\left(\frac{A_2}{A_1}-1\right)^2=\left[\left(\frac{d_2}{d_1}\right)^2-1\right]^2=0.921\,6$

从管道 2 到管道 3 突然缩小，有　$A_3/A_2=(d_3/d_2)^2=0.51$

查表 4-3，局部损失系数　$K_3=0.29$

以出口为基准面，列出水箱液面和出口处的伯努利方程，由于水箱液面和出口处的压强都是大气压，水箱液面速度近似为零，因此伯努利方程为

$$H=\left(K_1+\lambda_1\frac{l_1}{d_1}\right)\frac{v_1^2}{2g}+\left(K_2+\lambda_2\frac{l_2}{d_2}\right)\frac{v_2^2}{2g}+\left(K_3+K+\lambda_3\frac{l_3}{d_3}+1\right)\frac{v_3^2}{2g}$$

又由连续性方程　$q_V=A_1v_1=A_2v_2=A_3v_3$

因此

$$v_1=\frac{A_3}{A_1}v_3=\left(\frac{d_3}{d_1}\right)^2v_3,\ v_2=\frac{A_3}{A_2}v_3=\left(\frac{d_3}{d_2}\right)^2v_3$$

代入伯努利方程，整理得

$$H=\left(K_1+\lambda_1\frac{l_1}{d_1}\right)\left(\frac{d_3}{d_1}\right)^4\frac{v_3^2}{2g}+\left(K_2+\lambda_2\frac{l_2}{d_2}\right)\left(\frac{d_3}{d_2}\right)^4\frac{v_3^2}{2g}+\left(K_3+K+\lambda_3\frac{l_3}{d_3}+1\right)\frac{v_3^2}{2g}$$

$$20=\left[\left(0.5+0.03\frac{6}{0.05}\right)\times1^4+\left(0.921\,6+0.03\frac{4}{0.07}\right)\times\left(\frac{5}{7}\right)^4+\left(0.29+4+0.03\frac{10}{0.05}+1\right)\right]\frac{v_3^2}{2g}$$

$$=16.076\frac{v_3^2}{2g}$$

$$v_3=\sqrt{\frac{20\times2\times9.8}{16.076}}=4.938(\text{m/s})$$

管内流量为

$$q_V=A_3v_3=\frac{\pi}{4}d_3^2v_3=\frac{\pi}{4}\times0.05^2\times4.938=9.70\times10^{-3}\ (\text{m}^3/\text{s})$$

二、并联管路的计算

图 4-28 所示为一并联管路，管 1 和管 2 并联在管路中，并联管路的特点是：

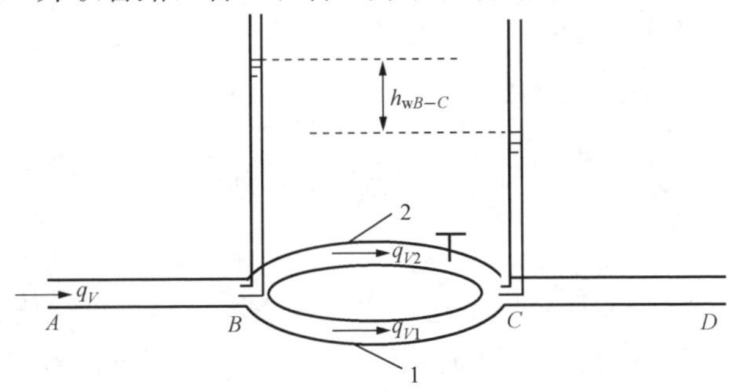

图 4-28　并联管路

（1）流量守恒，即 $q_V = q_{V1} + q_{V2}$。

（2）各个分管道中单位重力作用下的流体能量损失相等，即 $h_{w1} = h_{w2}$。

如图 4-28 所示，管路分支的节点 B 处，是主管及两个分支管的共同截面。因此，对于两个分支管流，单位质量流体在 B 处具有的能量是一样的。同理，节点 C 是两个分支管汇集于主管的同一截面，对于这里的两个管流，单位质量流体具有的能量也是一样的。因此，在节点 B、C 间，对于并联管路中的任一支管，能量损失是一样的，即

$$h_{w1} = h_{w2} = h_{wB-C}$$

因此，可将并联管路转化为简单管路计算，例如，在 A—D 截面间写出伯努利方程：

$$z_1 + \frac{p_1}{\rho g} + \frac{v_1^2}{2g} = z_2 + \frac{p_2}{\rho g} + \frac{v_2^2}{2g} + h_{wA-D}$$

其中
$$h_{wA-D} = h_{wA-B} + h_{wB-C} + h_{wC-D}$$

计算时只需选取并联管段中的任一根管段即可。

由 $h_{w1} = h_{w2} = h_{wB-C}$，可确定并联管段内的流量分配为

$$\left[\lambda_1 \frac{l_1}{d_1} + (\sum K)_1\right]\frac{v_1^2}{2g} = \left[\lambda_2 \frac{l_2}{d_2} + (\sum K)_2\right]\frac{v_2^2}{2g}$$

因此
$$\frac{q_{V1}}{q_{V2}} = \frac{v_1 A_1}{v_2 A_2} = \sqrt{\frac{\lambda_2 \frac{l_2}{d_2} + (\sum K)_2}{\lambda_1 \frac{l_1}{d_1} + (\sum K)_1}}\frac{A_1}{A_2}$$

【例 4-13】 如图 4-28 所示的并联管路中，已知 $l_1 = 30\text{m}$，$l_2 = 50\text{m}$，$d_1 = 50\text{mm}$，$d_2 = 100\text{mm}$，$\lambda_1 = 0.04$，$\lambda_2 = 0.03$，管道 2 中阀门能量损失系数 $K = 3$，主管道内流量 $q_V = 0.025\text{m}^3/\text{s}$，求管道 1、2 中的流量 q_{V1} 和 q_{V2}。

解 由 $h_{w1} = h_{w2}$，则

$$\lambda_1 \frac{l_1}{d_1}\frac{v_1^2}{2g} = \left(\lambda_2 \frac{l_2}{d_2} + K\right)\frac{v_2^2}{2g}$$

将局部能量损失折算成同一管径直管的沿程能量损失，得

$$l_e = \frac{K}{\lambda_2} d_2 = \frac{3}{0.03} \times 0.1 = 10(\text{m})$$

因为
$$v_1 = \frac{4q_{V1}}{\pi d_1^2}, \quad v_2 = \frac{4q_{V2}}{\pi d_2^2}$$

则
$$\lambda_1 \frac{l_1}{d_1}\frac{1}{2g}\left(\frac{4q_{V1}}{\pi d_1^2}\right)^2 = \lambda_2 \frac{l_2 + l_e}{d_2}\frac{1}{2g}\left(\frac{4q_{V2}}{\pi d_2^2}\right)^2$$

所以
$$\frac{q_{V1}}{q_{V2}} = \sqrt{\frac{\lambda_2 (l_2 + l_e) d_1^5}{\lambda_1 l_1 d_2^5}} = \sqrt{\frac{0.03 \times (50 + 10) \times 0.05^5}{0.04 \times 30 \times 0.1^5}} = 0.216$$

由质量守恒有
$$q_V = q_{V1} + q_{V2} = 1.216 q_{V2}$$

所以
$$q_{V2} = \frac{q_V}{1.216} = \frac{0.025}{1.216} = 0.0206(\text{m}^3/\text{s})$$

$$q_{V1} = q_V - q_{V2} = 0.0044(\text{m}^3/\text{s})$$

【例 4-14】 如图 4-29 所示，水箱内水位高 $H = 15\text{m}$，水经长 $L = 150\text{m}$，管径 $d = 50\text{mm}$ 的管子出流入大气中，管路沿程损失系数 $\lambda = 0.025$，局部能量损失不计，若拟将流量增大 20%，问需并联同管径管子的管长 x 是多少？

解　以出口为基准面，列出水箱液面和出口处的伯努利方程，水箱液面和出口处的压强都是大气压，水箱液面速度近似为零，因此伯努利方程为

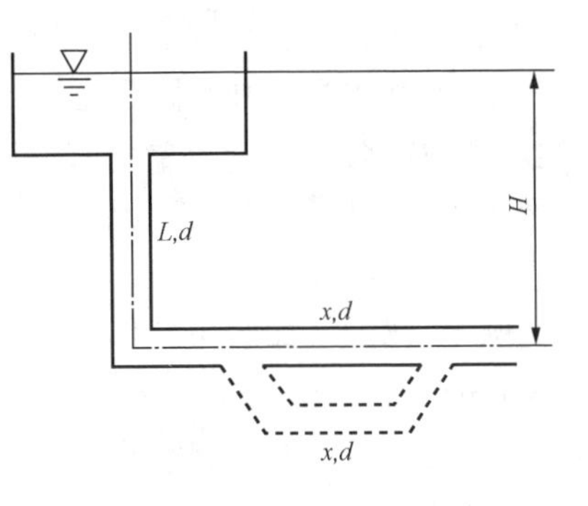

图 4 - 29　［例 4 - 14］图

$$H=\lambda\frac{L}{d}\frac{v^2}{2g}+\frac{v^2}{2g}$$

所以
$$v=\sqrt{\frac{2gH}{(1+\lambda L/d)}}$$

并联 x 长管段后，设主管道流量变为 q_{V1}，流速为 v_1，各并联分管道内的流量变为 $0.5q_{V1}$，流速为 $0.5v_1$，水箱液面和出口处的伯努利方程变为

$$H=\lambda\frac{L-x}{d}\frac{v_1^2}{2g}+\lambda\frac{x}{d}\frac{(0.5v_1)^2}{2g}+\frac{v_1^2}{2g}=\left(1+\lambda\frac{L}{d}-\frac{3}{4}\lambda\frac{x}{d}\right)\frac{v_1^2}{2g}$$

所以
$$x=\left(1+\lambda\frac{L}{d}\right)\frac{4d}{3\lambda}-\frac{8gdH}{3\lambda v_1^2} \tag{a}$$

依题意，并联 x 长管段后流量增大 20%，$q_{V1}=1.2q_V$，得

$$v_1=1.2v=1.2\times\sqrt{\frac{2gH}{1+\lambda L/d}} \tag{b}$$

将式（b）代入式（a），得

$$x=\left(1+\lambda\frac{L}{d}\right)\frac{4d}{3\lambda}-\frac{8gdH}{3\lambda}\frac{1+\lambda L/d}{1.44\times 2gH}$$

$$=\left(1+0.025\times\frac{150}{0.05}\right)\times\frac{4\times 0.05}{3\times 0.025}-\frac{8\times 0.05\times 15}{3\times 0.025}\times\frac{(1+0.025\times 150/0.05)}{1.44\times 2\times 15}=62(\mathrm{m})$$

由［例 4 - 14］可以看出，在管道内并联一段管段，可使主管道内流量增加，并联管段使得管路能量损失减小。

三、分支管路的计算

图 4 - 30 所示为一分支管路。取管路 $AO1$ 计算，写出 A—1 截面间的伯努利方程，有

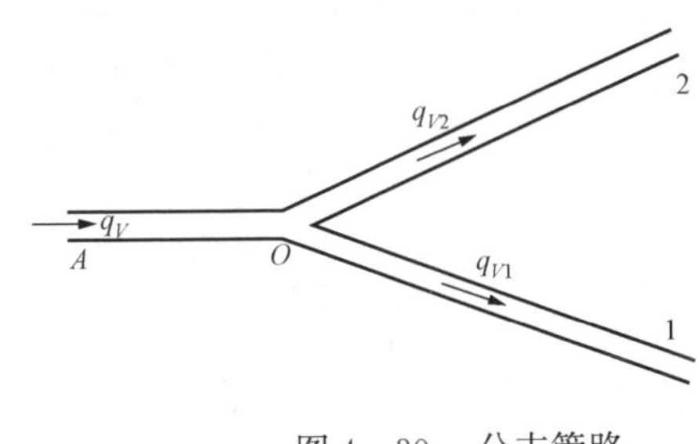

图 4 - 30　分支管路

$$z_A+\frac{p_A}{\rho g}+\frac{v_A^2}{2g}=z_1+\frac{p_1}{\rho g}+\frac{v_1^2}{2g}+h_{wAO}+h_{wO1}$$

取管路 $AO2$ 计算，写出 A—2 截面间的伯努利方程，有

$$z_A+\frac{p_A}{\rho g}+\frac{v_A^2}{2g}=z_2+\frac{p_2}{\rho g}+\frac{v_2^2}{2g}+h_{wAO}+h_{wO2}$$

如果是设计新管路，需要确定在 A 处所需修建水塔水位的高度，则根据以上方程分别选管路 $AO1$ 与 $AO2$ 计算，将分别得到水位高为

$$H_1=z_1+\frac{p_1}{\rho g}+\frac{v_1^2}{2g}+h_{wAO}+h_{wO1}$$

$$H_2=z_2+\frac{p_2}{\rho g}+\frac{v_2^2}{2g}+h_{wAO}+h_{wO2}$$

一般 $H_1\neq H_2$，如果 $H_1>H_2$，应根据 H_1 修建水塔高度，这样管路 2 中的流量将大于原来的要求，可以将管路 2 改用小直径的管子，以增大阻力、减小流量。在已有管路的情况

下，可通过安装闸阀来调节，水塔的供水量则按 $q_V=q_{V1}+q_{V2}$ 计算。

上述各例题对各种管路问题进行了具体计算，题中沿程损失系数都是已知常数。在实际工程计算中，对于流速流量未知时，沿程损失系数也是未知的，实际的管道计算要复杂得多，经常要经过多次迭代逼近法计算。下面以一个简单的串联管路计算来说明迭代逼近法用于管路计算的过程。

【例 4-15】 如图 4-31 所示，两大容器液面高度差 $H=6\text{m}$，由两串联管道相连，已知 $l_1=300\text{m}$，$l_2=240\text{m}$，$d_1=0.6\text{m}$，$d_2=0.9\text{m}$，$\varepsilon_1=0.0015\text{m}$，$\varepsilon_2=0.0003\text{m}$，流体的运动黏度 $\nu=1\times10^{-6}\text{m}^2/\text{s}$，求管道中的流量 q_V。

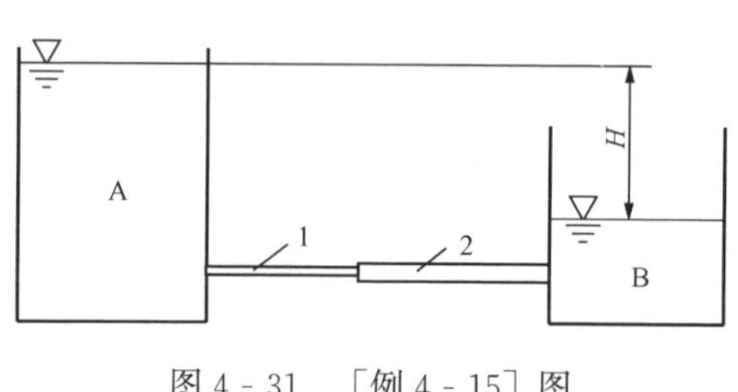

图 4-31 [例 4-15] 图

解 从大容器 A 进入管道 1 突然缩小的局部损失系数为 $K_1=0.5$

从管道 1 到管道 2 突然扩大的局部损失系数为 $K_2=\left(\dfrac{A_2}{A_1}-1\right)^2=\left[\left(\dfrac{d_2}{d_1}\right)^2-1\right]^2$

从管道 2 出流到大容器 B 的局部损失系数为 $K_3=1$

以容器 B 的液面为基准面，写出两容器自由面的伯努利方程，有

$$H=\left(K_1+\lambda_1\frac{l_1}{d_1}\right)\frac{v_1^2}{2g}+\left(K_2+\lambda_2\frac{l_2}{d_2}\right)\frac{v_2^2}{2g}+\frac{v_2^2}{2g}$$

又

$$v_2=\frac{A_1}{A_2}v_1=\left(\frac{d_1}{d_2}\right)^2v_1$$

所以

$$H=\left(0.5+\lambda_1\frac{l_1}{d_1}\right)\frac{v_1^2}{2g}+\left(K_2+\lambda_2\frac{l_2}{d_2}+1\right)\left(\frac{d_1}{d_2}\right)^4\frac{v_1^2}{2g}$$

代入数据，得

$$6=\frac{v_1^2}{2g}\times(1.01+500\lambda_1+52.6\lambda_2)$$

由于 $\dfrac{\varepsilon_1}{d_1}=0.0025$，$\dfrac{\varepsilon_2}{d_2}=0.00033$，假设管内 $Re=1.0\times10^6$，查莫迪图取 $\lambda_1=0.025$，$\lambda_2=0.015$，代入上式求得

$$v_1=2.87\text{m/s}$$

由连续性方程，得

$$v_2=\left(\frac{d_1}{d_2}\right)^2,\ v_1=1.28\text{m/s}$$

因此，两管内流动雷诺数为 $Re_1=1.72\times10^6$，$Re_1=1.15\times10^6$

再查莫迪图得 $\lambda_1=0.025$，$\lambda_2=0.016$

重新计算，得 $v_1=2.86\text{m/s}$，$v_2=1.27\text{m/s}$。对比两次迭代计算速度误差小于 0.01m/s，可以认为满足计算精度要求。因此，管内流量为

$$q_V=\frac{\pi d_1^2}{4}v_1=0.808\text{m}^3/\text{s}$$

四、管网

如图 4-32 所示，由若干管道组成的闭合环路称为管网。显然，管网的计算比上述各种管路计算要复杂得多，通常只能采用迭代逼近法求近似解。

稳定管网内流动的计算原则如下：

（1）流量守恒。流入任一节点的流量等于流出此节点的流量，即任一节点流入流出的流量代数和为零，$\sum q_{Vi}=0$。

（2）环路上各管的能量损失的代数和为零。在任一封闭的环路内，两端节点间的管路可看作并联管路，因而其能量损失相等。因为是环路，令流动方向与环路方向一致时 h_w 为正，流动方向与环路方向相反时 h_w 为负，所以两者的总和应为零，即$\sum h_{wi}=0$。

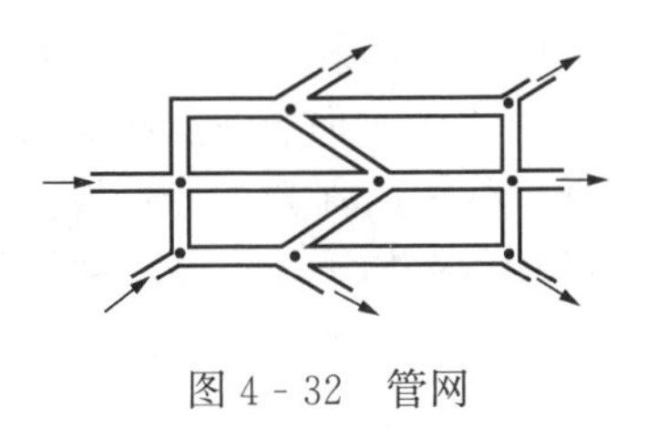

图 4-32　管网

在具体计算中就是根据上述两个原则反复迭代修正，逐次逼近，直到得到满意的结果为止。实际工程中的管网涉及的管段多，布置复杂，计算也是十分复杂的，通常要借助计算机编程计算来完成。

复习与思考

4-1　动能修正系数的定义式是怎样的？其物理意义是什么？

4-2　黏性流体管流的伯努利方程和理想流体的有何区别？并说明其适用条件。

4-3　雷诺数表征的是哪两个力的比值？输送相同流量，雷诺数随管径如何变化？

4-4　什么是沿程能量损失？什么是局部能量损失？产生局部能量损失的原因有哪些？

4-5　试比较圆管内充分发展段层流与湍流的截面速度分布、动能修正系数和沿程能量损失系数的不同。

4-6　什么是湍流附加切应力？产生的原因是什么？

4-7　普朗特混合长度模型是如何计算湍流附加切应力的，有哪些假设条件？混合长度有何物理意义？

4-8　什么是水力光滑流动？什么是水力粗糙流动？

4-9　试说明尼古拉兹实验所揭示的沿程能量损失系数变化的五个区间及特性，每个区间内沿程能量损失与平均流速的关系。

4-10　什么是水力半径和当量直径？采用当量直径对非圆形管道内流动进行计算，适用范围是怎样的？

4-11　相同一段管道，分别以串联或并联方式联入某管道流动系统，总管道内的流量会如何变化？为什么？

习　题

4-1　管内水的流量 $q_V=0.015\text{m}^3/\text{s}$，管径 $d=100\text{mm}$，水温 $t=50℃$，试确定管内水流状态是层流还是湍流。

4-2　柴油经直径 $d=8\text{mm}$ 的管道送往燃烧室，若燃烧器耗油量为 35kg/h，油的密度 $\rho=900\text{kg/m}^3$，动力黏度 $\eta=0.14\text{Pa}\cdot\text{s}$，试确定管内柴油的流态。

4-3　绝对压强为 2atm、温度为 32℃的空气在管径 $d=100\text{mm}$ 的管内流动，问空气尚能维持层流状态的最大流量是多少？

4-4　流体自管径 $d_1=75\text{mm}$ 的管段流入直径 $d_2=150\text{mm}$ 的管内，若流体在管径 75mm

的管段内雷诺数为 20 000，问在 150mm 的管内雷诺数是多少？

4-5　一垂直向上放置的喷管，长 $l=0.5\text{m}$，直径 $d_1=40\text{mm}$，出口 $d_2=20\text{mm}$，若喷管进口处表压强为 1atm，喷管的压头损失 $h_w=1.6\text{mH}_2\text{O}$，不计阻力损失，试求喷管内水的流量与喷出的水柱上升所能达到的高度。

4-6　若喷射器喷嘴前截面上的速度分布如图 4-33 所示，试计算动能修正系数 α 与动量修正系数 β。

4-7　如图 4-34 所示的二维槽道，壁面附近速度为抛物线分布，试计算动能修正系数 α。

4-8　一输油管道，管长 $l=2.2\text{m}$，管内径 $d=10\text{mm}$，油的运动黏度 $\nu=1.98\text{cm}^2/\text{s}$，若油的流量为 $q_V=1.0\times10^{-4}\text{m}^3/\text{s}$，求沿程能量损失是多少？

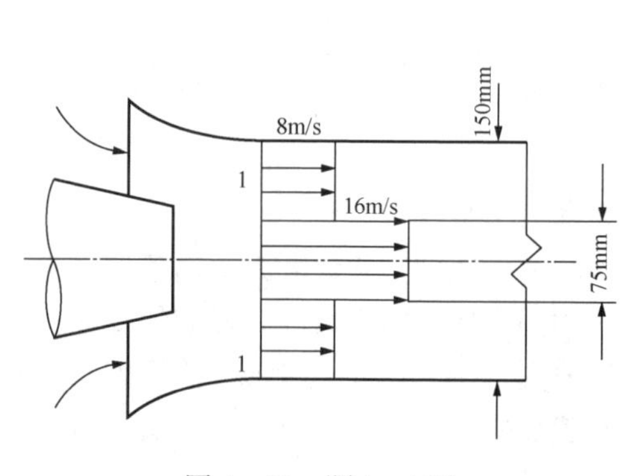

图 4-33　题 4-6 图

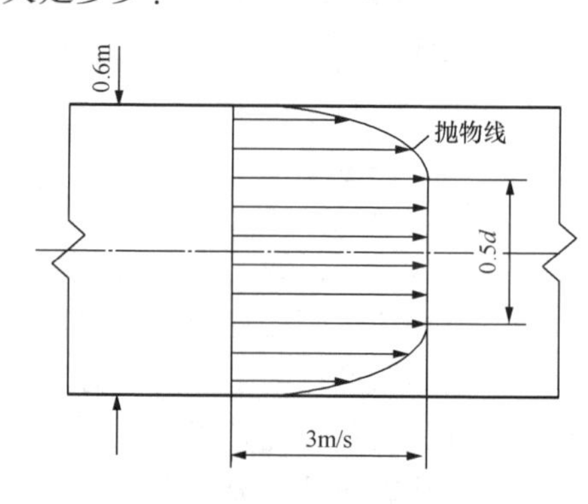

图 4-34　题 4-7 图

4-9　如图 4-35 所示，石油（$\rho=900\text{kg/m}^3$，$\nu=1.3\text{cm}^2/\text{s}$）经长 $L=3600\text{m}$，直径 $D=100\text{mm}$ 的输油管由 A 处输往 B 处。试求：

（1）若 B 点位于 A 点之下 $b=22\text{m}$ 处，输油量 $q_V=56.25\text{m}^3/\text{h}$，则在油管起始端 A 处，油泵需达到的压强应为多少？

（2）若 C 点位于 A 之上 $a=90\text{m}$ 处，试求 C 处的压强，管长 $L_{AC}=L_{CB}=L/2=1800\text{m}$。

4-10　如图 4-36 所示，沿虹吸管输送石油，$q_V=0.001\text{m}^3/\text{s}$。试求：

（1）若 $H=2\text{m}$，油管长 $l=44\text{m}$，石油运动黏度系数 $\nu=1\text{cm}^2/\text{s}$，密度 $\rho=900\text{kg/m}^3$，所需采用的管径 d 是多少？

（2）若在断面 A 处最大允许的真空度为 $5.4\text{mH}_2\text{O}$，则油管可放置的最大高度 z_{max} 是多少？

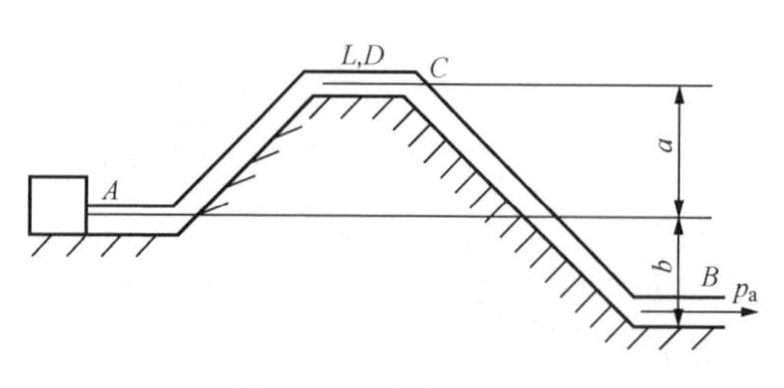

图 4-35　题 4-9 图

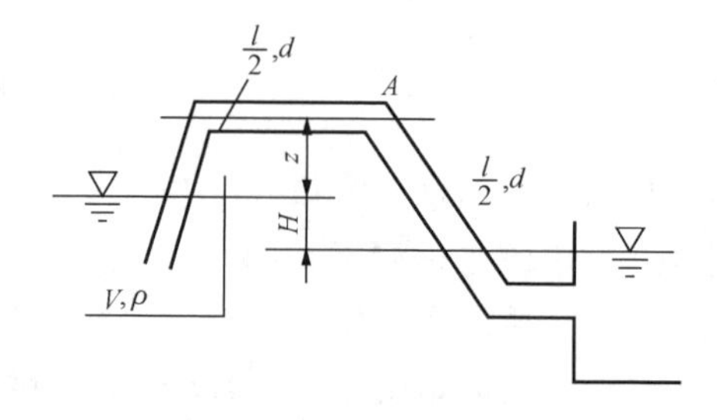

图 4-36　题 4-10 图

4-11　流体在圆管内做湍流运动。设速度分布为 $\dfrac{v_x}{v_{max}}=\left(\dfrac{y}{R}\right)^n$，试证明：

（1）平均流速与最大速度之比为$\frac{v}{v_{\max}}=\frac{2}{(n+1)(n+2)}$。

（2）动能修正系数$\alpha=\frac{[(n+1)(n+2)]^3}{4\times(3n+1)(3n+2)}$。

4-12　一输水管直径$d=1.0$cm。管内水流的平均流速为0.25m/s，水温为10℃，试判别水流的流动形态。若直径改为2.5cm，水温不变，管中流态又如何？当由湍流变为层流时，流量应为多少？若直径仍为2.5cm，温度也不变，但改为输送石油（$\nu=0.4\text{cm}^2/\text{s}$），要求管中仍保持为层流流动，则截面上平均流速最大值为多少？

4-13　如图4-37所示，连接两个油池的油管长$L=4$m，直径$d=50$mm，若油的动力黏度$\eta=0.1$Pa·s，密度$\rho=920\text{kg/m}^3$，油池液面高$h_1=0.8$m，$h_2=0.3$m，试确定管内油的流量。

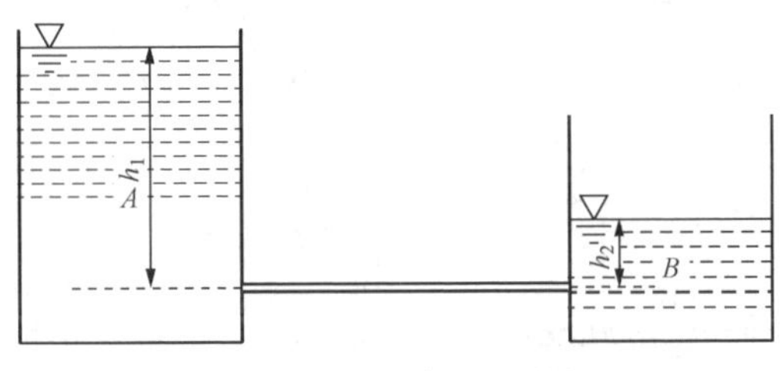

图4-37　题4-13图

4-14　某供水管道$d=2$m，水温$t=10$℃，管壁相对粗糙度为0.014，若水均匀流过长度$l=1000$m的水头损失为$h_w=2.1$m，求管内流速和流量。

4-15　管径$d=200$mm，管壁绝对粗糙度$\varepsilon=0.5$mm，水温$t=10$℃，问管内水流的流量q_V最大是多少时层流黏性底层能将管壁粗糙度盖住。

4-16　温度为10℃的水，以$q_V=100\text{m}^3/\text{h}$的流量，在管径$d=200$mm，绝对粗糙度$\varepsilon=0.1$mm的管内流动，试确定管流的沿程损失系数$\lambda$。

4-17　温度为5℃的水在管径$d=100$mm，绝对粗糙度$\varepsilon=0.3$mm的管内流动，问当水的流速自$v_1=0.5$m/s增为$v_2=1.5$m/s时，管流沿程损失系数有何变化。

4-18　如图4-38所示，水箱水面高$H=0.5$m，阀门直径$d=12$mm，其局部损失系数$K=4$，不计沿程损失，试求水出流的流量。

4-19　如图4-39所示，管径$d=75$mm的管子上装置有一局部阻力系数$K=4$的阀门，若连接阀门前后的水银差压计读数$h=58$mm，试求管内水流流量。

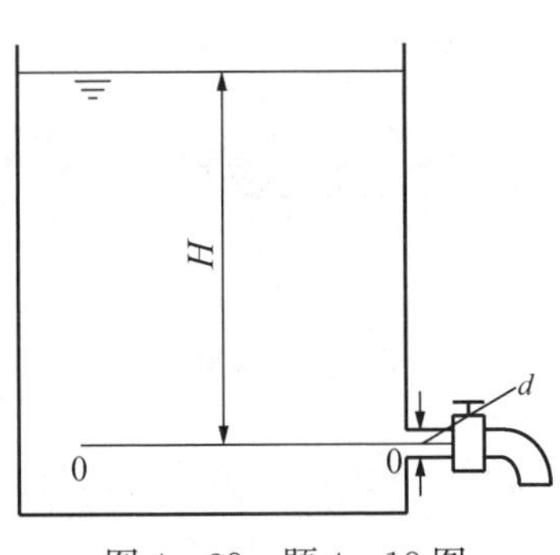

图4-38　题4-18图

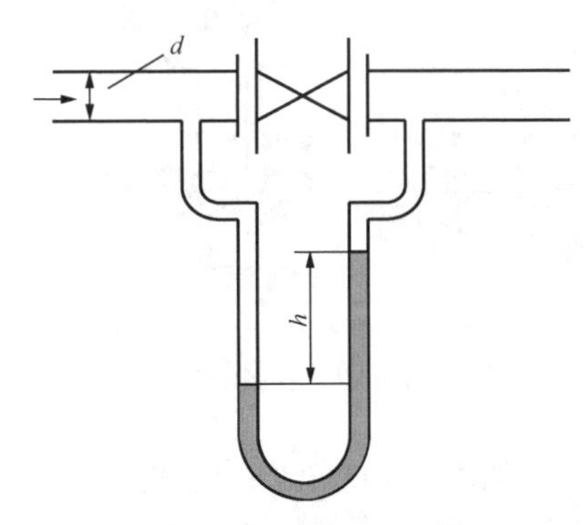

图4-39　题4-19图

4 - 20　如图 4 - 40 所示，一突然扩大管 $d_1=50\text{mm}$，$d_2=100\text{mm}$，水流流量 $q_V=15\text{m}^3/\text{h}$。测压计内所装工作液体为四氯化碳，$\rho=1600\text{kg/m}^3$，$h=173\text{mm}$，试确定此突然扩大管段的局部损失系数，并与其理论值相比较。

4 - 21　如图 4 - 41 所示，两大水箱以管径 $d=100\text{mm}$，长 $L=80\text{m}$ 的管子相连接，管壁绝对粗糙度 $\varepsilon=0.2\text{mm}$。若水的运动黏度 $\nu=0.0131\text{cm}^2/\text{s}$，90°管弯头圆弧半径 $R=100\text{mm}$，阀门局部损失系数 $K=4$。问当管中水的流量为 $q_V=30\text{m}^3/\text{h}$ 时，两水箱水面高差 H 是多少？

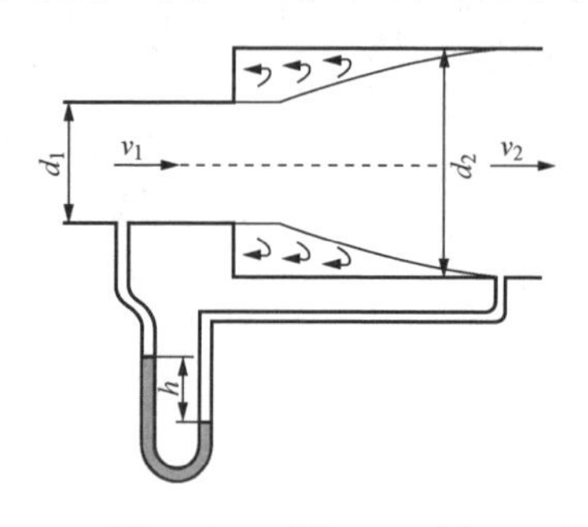

图 4 - 40　题 4 - 20 图

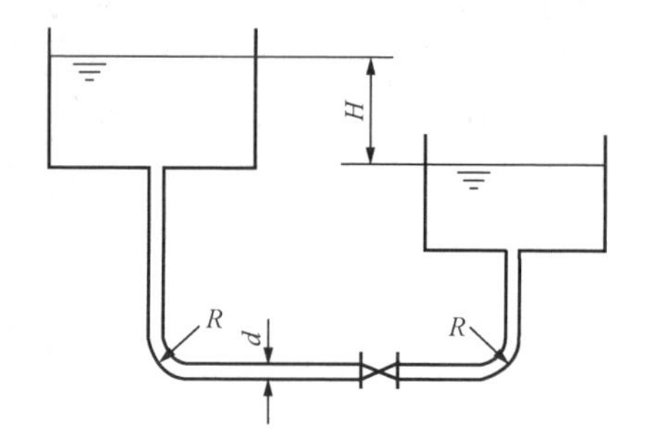

图 4 - 41　题 4 - 21 图

4 - 22　某供风管道管径 $d=300\text{mm}$，长 $L=24\text{m}$，管壁绝对粗糙度 $\varepsilon=0.2\text{mm}$，风量 $q_V=1200\text{m}^3/\text{h}$，风管上装有三个 90°圆弧半径 $R=300\text{mm}$ 的弯头，若空气的密度 $\rho=1.2\text{kg/m}^3$，$\nu=0.157\text{cm}^2/\text{s}$，问这段风管上的压降是多少？

4 - 23　利用于圆管中层流 $\lambda=\dfrac{64}{Re}$，湍流水力光滑区 $\lambda=\dfrac{0.3164}{Re^{0.25}}$，湍流阻力平方区 $\lambda=0.11\left(\dfrac{\varepsilon}{d}\right)^{0.25}$ 这三个公式，证明在层流中 $h_f\propto v$，水力光滑区 $h_f\propto v^{1.75}$，阻力平方区 $h_f\propto v^{2.0}$。

4 - 24　如图 4 - 42 所示，水由水池经水管流入水泵的吸水井内，水泵安装在高于水井水面 $h=2\text{m}$ 上。水管长 $L=20\text{m}$，管径 $D=150\text{mm}$，水泵吸水管长 $l_1=12\text{m}$，管径 $d_1=150\text{mm}$，管流沿程损失系数 $\lambda=0.03$，管配件局部损失系数 $K_1=2$，$K_2=6$，$K_3=0.2$。若水泵进口处最大允许的真空为 $6\text{mH}_2\text{O}$，求水泵的最大输水量，以及此情况下的 H。

4 - 25　如图 4 - 43 所示，直径 $d=600\text{mm}$ 的管路上装有一平盘蝶阀，开度与轴线呈角 $\alpha=60°$，此开度下蝶阀的局部损失系数 $K_s=118$，若水流流量 $q_V=0.140\text{m}^3/\text{s}$，求阀作用于管路的轴向力及水流作用于阀的力。

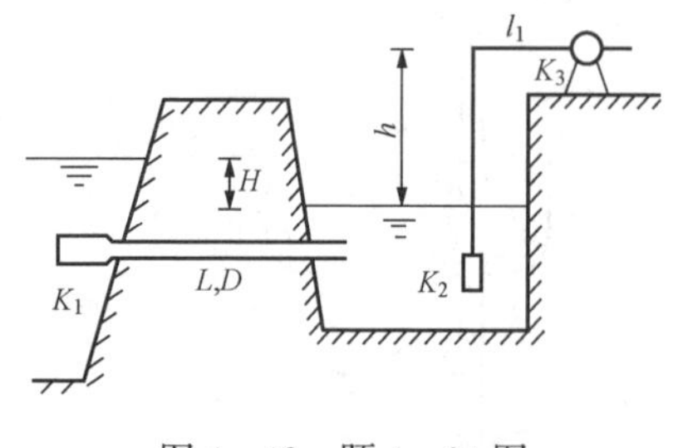

图 4 - 42　题 4 - 24 图

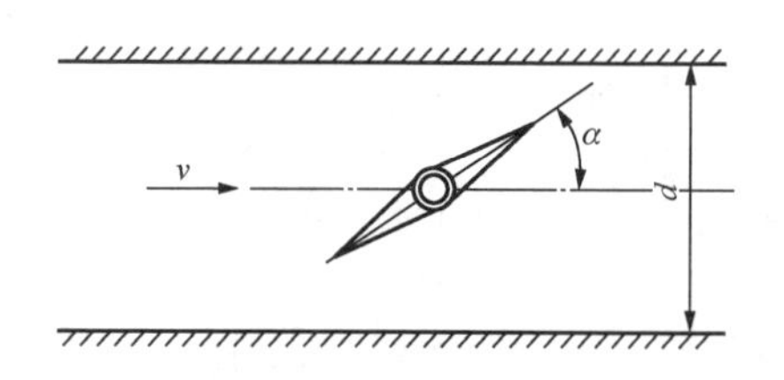

图 4 - 43　题 4 - 25 图

4 - 26　如图 4 - 44 所示，一离心式泵自水温为 60℃的热水井内抽吸的水量为 $50\text{m}^3/\text{h}$。泵吸水管全长 $L=6\text{m}$，管径 $d=100\text{mm}$，其上有圆弧半径 $R=100\text{mm}$ 的 90°弯头，底阀的局部

损失系数 $K_v=2.5$，沿程损失系数 $\lambda=0.028$。60℃下水的汽化压强 $p_t=0.2\text{atm}$（绝对），若要求水在进泵时，其压强比汽化压强高 0.2atm，求泵可能安装在水井面上的最大高度 H_s。

4-27　如图 4-45 所示，两大水池水位保持不变，管径 $d=100$ mm，管长 $l=20$ m，管流沿程损失系数 $\lambda=0.042$，弯头处的局部损失系数均为 $K_w=0.8$，阀门局部损失系数为 $K_v=0.26$，管内水流流量 $Q=0.065\ \text{m}^3/\text{s}$，$\rho=1000\ \text{kg/m}^3$。(1) 若水流从水池 A 流向水池 B，求两水池的高度差；(2) 若水流从水池 B 流向水池 A，需安装的增压泵对单位重量流体输入的能量是多少？增压泵对管流提供的功率为多少？

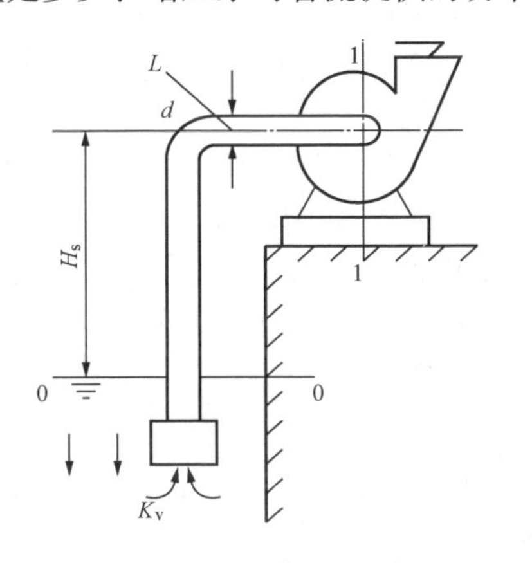

图 4-44　题 4-26 图

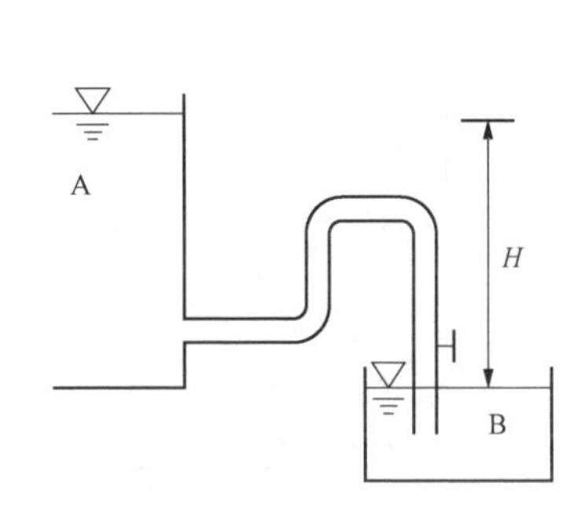

图 4-45　题 4-27 图

4-28　如图 4-46 所示，水由水池经长 $L_1=25\text{m}$，管径 $d_1=75\text{mm}$ 的管子流入水箱 B 内，再经 $L_2=150\text{m}$，$d_2=50\text{mm}$ 的管子流入大气中，若 $H=10\text{m}$，沿程损失系数 $\lambda_1=0.035$，$\lambda_2=0.04$，局部损失系数总和 $K_1=3.5$，$K_2=4$，求管内水的流量及水面间高差 H_1。若再并联上一根 L_1、d_1 的管子，则管路内的流量有何变化。

4-29　如图 4-47 所示，水由两水位相同的水箱向另一水箱供水，已知 $H=40\text{m}$，$L_1=200\text{m}$，$L_2=100\text{m}$，$L_3=500\text{m}$，$d_1=0.2\text{m}$，$d_2=0.1\text{m}$，$d_3=0.25\text{m}$，$\lambda_1=\lambda_2=0.02$，$\lambda_3=0.025$，不计阀门阻力，求管内总流量。

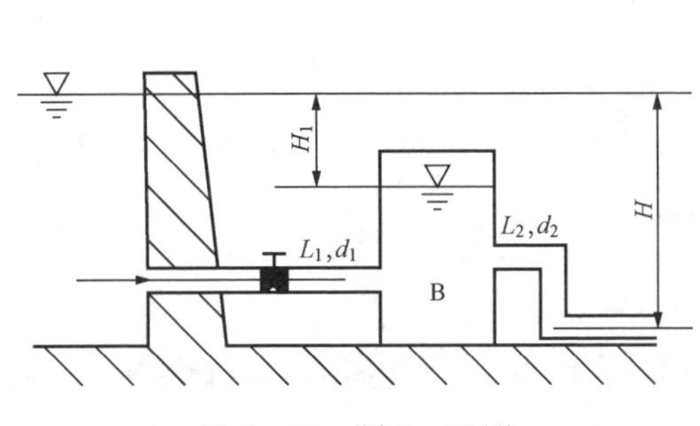

图 4-46　题 4-28 图

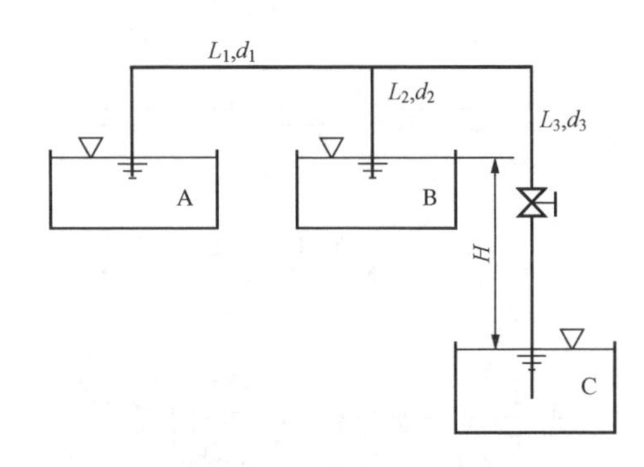

图 4-47　题 4-29 图

4-30　如图 4-48 所示，两水池液面相差 $H=6\text{m}$，$L_1=3000\text{m}$，$d_1=0.6\text{m}$，$L_2=L_3=3000\text{m}$，$d_2=d_3=0.3\text{m}$，$\lambda_1=\lambda_2=\lambda_3=0.04$，求管内总流量。

4-31　如图 4-49 所示，三管相并连接两水池，液面相差为 H，管长 $L_1=L_2=L_3=l$，管径 $d_2=2d_1$，$d_3=3d_1$，若各管沿程损失系数相同，求三管流量比。

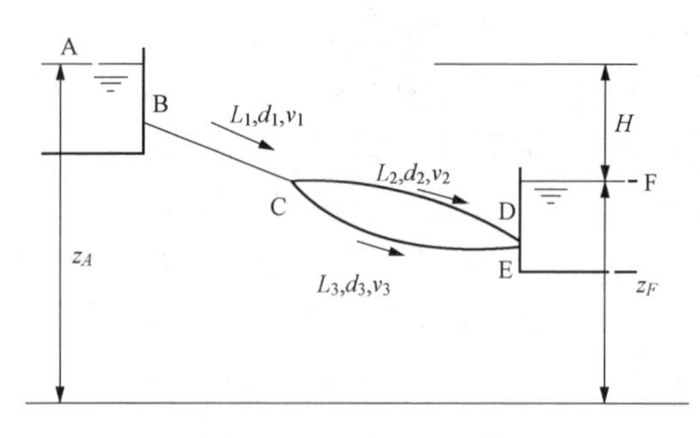

图 4 - 48　题 4 - 30 图

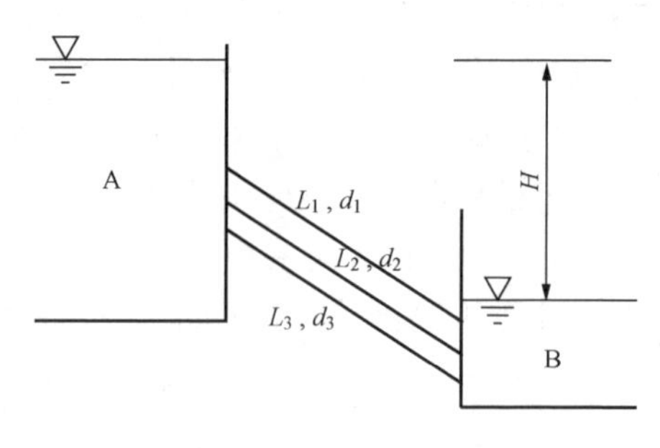

图 4 - 49　题 4 - 31 图

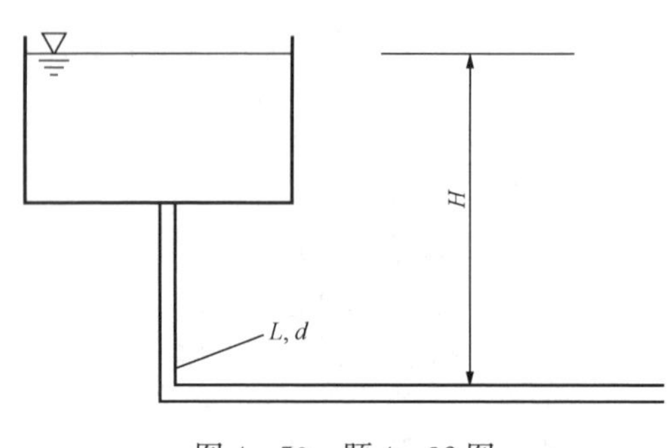

图 4 - 50　题 4 - 32 图

4 - 32　如图 4 - 50 所示，某水箱高 $H=15\text{m}$，水经管长 $L=150\text{m}$、管径 $d=50\text{mm}$ 的水管出流，$\lambda=0.025$，求出流流量。又若有一段长 $l=100\text{m}$ 的同直径管段，沿程损失系数相同，问串联或并联在管道时，出流量各为多少？

4 - 33　如图 4 - 51 所示，管长 $L_1=40\text{m}$，管径 $d_1=75\text{mm}$，$H_1=4\text{m}$，$H_2=3\text{m}$，沿程损失系数 $\lambda=0.03$，在阀门打开的情况下，各支管局部阻力系数之和都为 5。若管长 $L_2=25.5\text{m}$，$L_3=71.5\text{m}$，P 处表压强为 $p=1.5\text{atm}$，要求 L_2、L_3 两支管的流量均匀，都为 $q_V=0.005\text{m}^3/\text{s}$，问管径 d_2 与 d_3 各应为多少？

4 - 34　如图 4 - 52 所示，$H_1=5\text{m}$，$H_2=10\text{m}$，$L=400\text{m}$，$L_1=100\text{m}$，$L_2=100\text{m}$，$L_3=200\text{m}$，$d=d_1=100\text{mm}$，$d_2=150\text{mm}$，$d_3=150\text{mm}$，阀门完全打开时局部损失系数为零，沿程损失系数 $\lambda=\lambda_1=0.025$，$\lambda_2=\lambda_3=0.023$，试求各管路内的流量。若 $H_3=5\text{m}$，试求 A 点的压强。

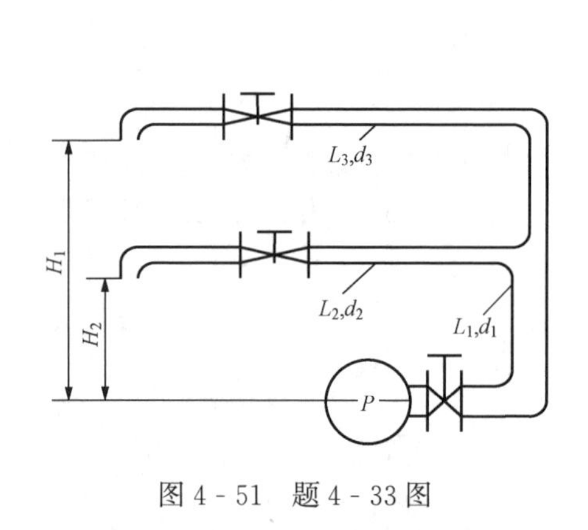

图 4 - 51　题 4 - 33 图

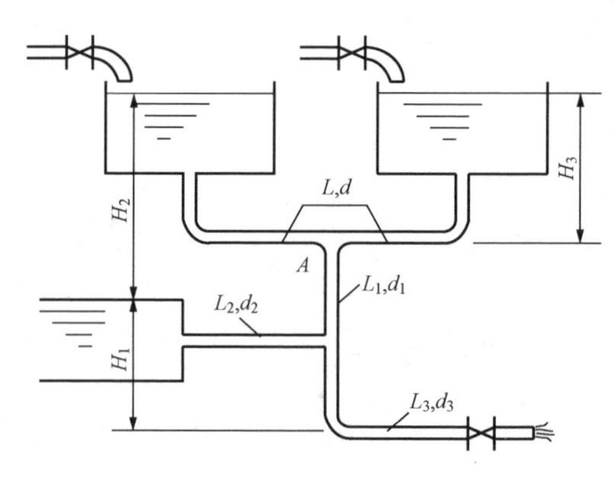

图 4 - 52　题 4 - 34 图

4 - 35　A、B、C 三水箱的位置如图 4 - 53 所示，B 和 C 为敞口水箱，A 水箱上部密闭，连接管路的情况为 $l_1=75\text{m}$，$l_2=l_3=100\text{m}$，$d_1=75\text{mm}$，$d_2=d_3=50\text{mm}$，$H=10\text{m}$，$K=15$，$\lambda_1=\lambda_2=\lambda_3=0.03$。

(1) 当 $q_{V2}=5\times10^{-3}\mathrm{m^3/s}$ 时，求 q_{V3} 和测压计 M 的读数。

(2) 当 $q_{V2}=0$ 时，求 q'_{V3} 和测压计 M 的读数。

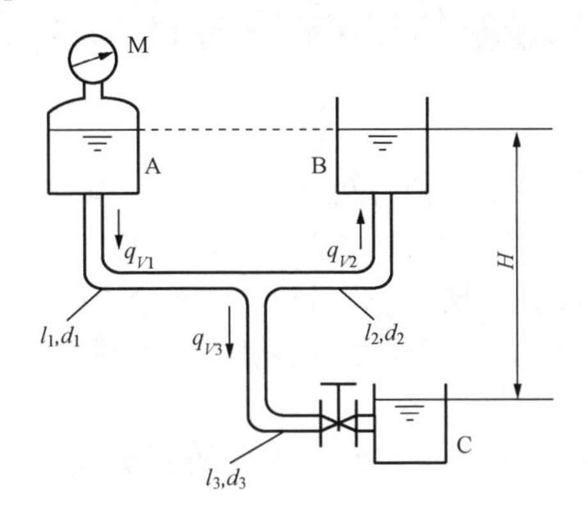

图 4-53　题 4-35 图

第五章　理想流体的有势流动和旋涡流动基础

第三章和第四章分别研究了理想流体和黏性流体的一维流动，特别是管流的规律，得出的方程，如连续性方程、伯努利方程及动量方程，对于解决工程实际中的大量问题是非常有用的。但是实际过程中的流动是三维的，部分可以简化为二维流动。本章介绍三维流动和二维流动的基本概念，并以理想流体为例，介绍理想流体多维流动的基本规律。

第一节　多维流动的连续性方程

在第三章第五节中介绍了一维管流的连续性方程，下面应用质量守恒定律，给出直角坐标系中的三维流动的连续性方程。

如图 5-1 所示，在流场中取一微小六面体控制体，并置于直角坐标系中，其边长分别为 dx、dy、dz，中心点 A 的坐标为 (x,y,z)，中心点的密度为 $\rho(x,y,z,t)$，速度为 $\vec{v}(x,y,z,t)$，在 x、y、z 三个方向上的分速度分别为 v_x、v_y、v_z。

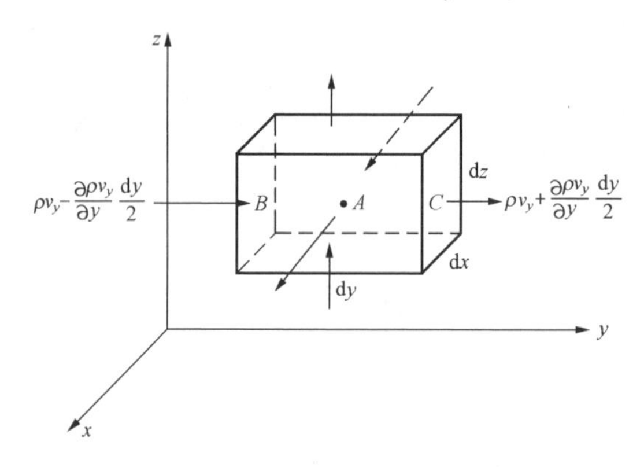

图 5-1　微小控制体

单位时间内流过单位面积的流体质量称为质量密流。这样，由已知条件，中心点 A 处 x、y、z 三个方向上质量密流分别为 ρv_x、ρv_y、ρv_z。

以 y 方向为例，B、C 为微小控制体左右两侧面的中点，B 点的坐标为 $\left(x,\ y-\frac{1}{2}\mathrm{d}y,\ z\right)$，$C$ 点的坐标为 $\left(x,\ y+\frac{1}{2}\mathrm{d}y,\ z\right)$。因此，$B$ 点处 y 方向流体的质量密流可近似表示为 $\rho v_y-\frac{\partial \rho v_y}{\partial y}\frac{\mathrm{d}y}{2}$，$C$ 点处 y 方向流体的质量密流为 $\rho v_y+\frac{\partial \rho v_y}{\partial y}\frac{\mathrm{d}y}{2}$。

这样，在 y 方向上：

单位时间内流入微小控制体的流体质量为 $\left(\rho v_y-\frac{\partial \rho v_y}{\partial y}\frac{\mathrm{d}y}{2}\right)\mathrm{d}x\mathrm{d}z$；

单位时间内流出微小控制体的流体质量为 $\left(\rho v_y+\frac{\partial \rho v_y}{\partial y}\frac{\mathrm{d}y}{2}\right)\mathrm{d}x\mathrm{d}z$。

同理，在 x 方向上：

单位时间内流入微小控制体的流体质量为 $\left(\rho v_x - \frac{\partial \rho v_x}{\partial x}\frac{dx}{2}\right)dydz$；

单位时间内流出微小控制体的流体质量为 $\left(\rho v_x + \frac{\partial \rho v_x}{\partial x}\frac{dx}{2}\right)dydz$。

在 z 方向上：

单位时间内流入微小控制体的流体质量为 $\left(\rho v_z - \frac{\partial \rho v_z}{\partial z}\frac{dz}{2}\right)dxdy$；

单位时间内流出微小控制体的流体质量为 $\left(\rho v_z + \frac{\partial \rho v_z}{\partial z}\frac{dz}{2}\right)dxdy$。

根据质量守恒定律可知，单位时间内：

微小控制体内流体质量的增加	=	流入微小控制体的流体质量	−	流出微小控制体的流体质量

而单位时间内微小控制体内流体质量的增加量为 $\frac{\partial \rho}{\partial t}dxdydz$，则

$$\frac{\partial \rho}{\partial t}dxdydz = \left(\rho v_x - \frac{\partial \rho v_x}{\partial x}\frac{dx}{2}\right)dydz + \left(\rho v_y - \frac{\partial \rho v_y}{\partial y}\frac{dy}{2}\right)dxdz + \left(\rho v_z - \frac{\partial \rho v_z}{\partial z}\frac{dz}{2}\right)dxdy$$
$$-\left(\rho v_x + \frac{\partial \rho v_x}{\partial x}\frac{dx}{2}\right)dydz - \left(\rho v_y + \frac{\partial \rho v_y}{\partial y}\frac{dy}{2}\right)dxdz - \left(\rho v_z + \frac{\partial \rho v_z}{\partial z}\frac{dz}{2}\right)dxdy$$

化简并整理后得到

$$\frac{\partial \rho}{\partial t} + \frac{\partial \rho v_x}{\partial x} + \frac{\partial \rho v_y}{\partial y} + \frac{\partial \rho v_z}{\partial z} = 0 \tag{5-1a}$$

写成矢量形式为

$$\frac{\partial \rho}{\partial t} + \nabla \cdot (\rho \vec{v}) = 0 \tag{5-1b}$$

式（5-1）就是直角坐标系下三维流动的连续性方程，它建立了流体的密度与速度间的关系。

对于稳定流动而言，由于 $\frac{\partial \rho}{\partial t}=0$，因此有

$$\frac{\partial \rho v_x}{\partial x} + \frac{\partial \rho v_y}{\partial y} + \frac{\partial \rho v_z}{\partial z} = 0 \quad 或 \quad \nabla \cdot (\rho \vec{v}) = 0 \tag{5-2}$$

对于不可压缩流体而言，由于 $\rho=C$，因此可将连续性方程（5-1）改写为

$$\frac{\partial v_x}{\partial x} + \frac{\partial v_y}{\partial y} + \frac{\partial v_z}{\partial z} = 0 \quad 或 \quad \nabla \cdot (\vec{v}) = 0 \tag{5-3}$$

采用相同的方法与步骤，可以得到圆柱坐标下流体的连续性方程为

$$\frac{\partial \rho}{\partial t} + \frac{\rho v_r}{r} + \frac{\partial \rho v_r}{\partial r} + \frac{1}{r}\frac{\partial \rho v_\theta}{\partial \theta} + \frac{\partial \rho v_z}{\partial z} = 0 \tag{5-4a}$$

或

$$\frac{\partial \rho}{\partial t} + \frac{1}{r}\frac{\partial r\rho v_r}{\partial r} + \frac{1}{r}\frac{\partial \rho v_\theta}{\partial \theta} + \frac{\partial \rho v_z}{\partial z} = 0 \tag{5-4b}$$

圆柱坐标下哈密顿算子表示为 $\nabla = \frac{\partial}{\partial r}\vec{i}_r + \frac{1}{r}\frac{\partial}{\partial \theta}\vec{i}_\theta + \frac{\partial}{\partial z}\vec{i}_z$

写成矢量形式也为 $\frac{\partial \rho}{\partial t} + \nabla \cdot (\rho \vec{v}) = 0$

对于稳定流动而言，由于 $\frac{\partial \rho}{\partial t}=0$，因此有

$$\frac{1}{r}\frac{\partial r\rho v_r}{\partial r}+\frac{1}{r}\frac{\partial \rho v_\theta}{\partial \theta}+\frac{\partial \rho v_z}{\partial z}=0 \quad 或 \quad \nabla\cdot(\rho\vec{v})=0 \tag{5-5}$$

若流动是不可压缩流体流动，连续性方程写为

$$\frac{1}{r}\frac{\partial r v_r}{\partial r}+\frac{1}{r}\frac{\partial v_\theta}{\partial \theta}+\frac{\partial v_z}{\partial z}=0 \tag{5-6}$$

对于 $r-\theta$ 平面上的二维流动，连续性方程写为

$$\frac{\partial r\rho v_r}{\partial r}+\frac{\partial \rho v_\theta}{\partial \theta}=0 \quad 和 \quad \frac{\partial r v_r}{\partial r}+\frac{\partial v_\theta}{\partial \theta}=0 \tag{5-7}$$

总结上述连续性方程的推导过程，可以看出，在推导过程中不涉及流体的受力问题，因此，不论是理想流体还是黏性流体，上述方程都适用。

【例 5-1】 已知两稳定流场速度分布如下：（1）$v_x=-2y$，$v_y=3x$；（2）$v_x=0$，$v_y=3xy$。判断流体是否是不可压缩流体。

解 （1）$\frac{\partial v_x}{\partial x}+\frac{\partial v_y}{\partial y}=\frac{\partial(-2y)}{\partial x}+\frac{\partial(3x)}{\partial y}=0+0=0$，此流体是不可压缩的。

（2）$\frac{\partial v_x}{\partial x}+\frac{\partial v_y}{\partial y}=\frac{\partial(0)}{\partial x}+\frac{\partial(3xy)}{\partial y}=0+3x\neq 0$，此流体不满足不可压缩流体的条件。

【例 5-2】 已知一可压缩流体流场可以描述为 $\rho\vec{v}=(ax\vec{i}-bxy\vec{j})e^{-kt}$，试求 $t=0$ 时刻，(3，2，3) 点处密度随时间的变化率。

解 由连续性方程，在 $x-y$ 平面上

$$\frac{\partial \rho}{\partial t}+\frac{\partial \rho v_x}{\partial x}+\frac{\partial \rho v_y}{\partial y}=0$$

由已知条件 $\rho v_x=ax e^{-kt}$，$\rho v_y=-bxy e^{-kt}$

所以 $\frac{\partial \rho}{\partial t}=-\frac{\partial \rho v_x}{\partial x}-\frac{\partial \rho v_y}{\partial y}=bx e^{-kt}-a e^{-kt}$

$t=0$ 时刻，(3，2，3) 点处密度随时间的变化率为

$$\frac{\partial \rho}{\partial t}=(3b-a)e^{-kt}=3b-a$$

第二节 理想流体的欧拉运动微分方程

流体的连续性方程揭示了流体的密度和速度间的相互关系，体现了流体的质量守恒规律。本节研究理想流体的多维运动与受力之间的关系，从牛顿第二定律出发，研究理想流体的运动方程，揭示理想流体的密度、速度、压强与外力间的关系。

如图 5-2 所示，自理想流体流场内取一块微小六面体控制体，以某瞬时控制体内的流体微团为研究对象，其边长分别为 dx、dy、dz，流体的密度为 ρ。控制体中心点 A 的坐标为 (x, y, z)，中心点的流体静压强为 p，单位质量流体微团所受质量力为 $\vec{f}$，在 x、y、z 三个方向上的分量分别为 f_x、f_y、f_z，速度为 $\vec{v}$，在 x、y、z 三个方向上的分速度分别为 v_x、v_y、v_z。

下面对所取的流体微团进行受力分析。由于是理想流体，表面力中只有压力的作用，已知 A 点的压强为 p，则在 y 方向上作用于左、右两侧面中心处的压强 p_B 与 p_C，按泰勒级数

展开并略去高阶无限小量可表示为

$$p_B = p - \frac{\partial p}{\partial y}\frac{\mathrm{d}y}{2},\ p_C = p + \frac{\partial p}{\partial y}\frac{\mathrm{d}y}{2}$$

因此，这块流体微团的表面上，y 方向上所受总压力为

$$\left(p - \frac{\partial p}{\partial y}\frac{\mathrm{d}y}{2}\right)\mathrm{d}x\mathrm{d}z - \left(p + \frac{\partial p}{\partial y}\frac{\mathrm{d}y}{2}\right)\mathrm{d}x\mathrm{d}z = -\frac{\partial p}{\partial y}\mathrm{d}x\mathrm{d}y\mathrm{d}z$$

而流体微团 y 方向上所受质量力为 $\rho f_y\,\mathrm{d}x\mathrm{d}y\mathrm{d}z$。

由牛顿第二定律，在 y 方向上有

$$ma_y = \sum F_y$$

根据以上分析，所取的流体微团 y 方向上的运动方程为

$$\rho\frac{\mathrm{d}v_y}{\mathrm{d}t}\mathrm{d}x\mathrm{d}y\mathrm{d}z = -\frac{\partial p}{\partial y}\mathrm{d}x\mathrm{d}y\mathrm{d}z + \rho f_y\,\mathrm{d}x\mathrm{d}y\mathrm{d}z$$

上式两端除以 $\rho\mathrm{d}x\mathrm{d}y\mathrm{d}z$，即对单位质量的流体而言，有

$$\frac{\mathrm{d}v_y}{\mathrm{d}t} = -\frac{1}{\rho}\frac{\partial p}{\partial y} + f_y$$

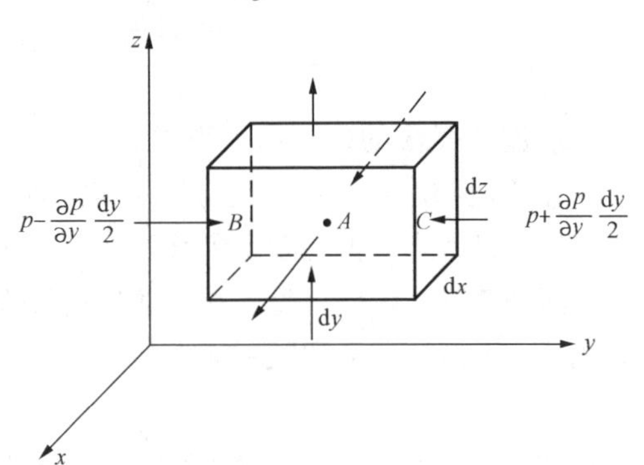

图 5-2　微小六面体的理想流体微团

同理可得 x 方向与 z 方向上的运动方程，代入质点加速度的表达式（3-1），对于单位质量的流体而言，理想流体的运动方程可写为

$$\left.\begin{aligned}
\frac{\mathrm{d}v_x}{\mathrm{d}t} &= \frac{\partial v_x}{\partial t} + v_x\frac{\partial v_x}{\partial x} + v_y\frac{\partial v_x}{\partial y} + v_z\frac{\partial v_x}{\partial z} = -\frac{1}{\rho}\frac{\partial p}{\partial x} + f_x \\
\frac{\mathrm{d}v_y}{\mathrm{d}t} &= \frac{\partial v_y}{\partial t} + v_x\frac{\partial v_y}{\partial x} + v_y\frac{\partial v_y}{\partial y} + v_z\frac{\partial v_y}{\partial z} = -\frac{1}{\rho}\frac{\partial p}{\partial y} + f_y \\
\frac{\mathrm{d}v_z}{\mathrm{d}t} &= \frac{\partial v_z}{\partial t} + v_x\frac{\partial v_z}{\partial x} + v_y\frac{\partial v_z}{\partial y} + v_z\frac{\partial v_z}{\partial z} = -\frac{1}{\rho}\frac{\partial p}{\partial z} + f_z
\end{aligned}\right\} \tag{5-8a}$$

其矢量形式为

$$\frac{\mathrm{d}\vec{v}}{\mathrm{d}t} = \vec{f} - \frac{1}{\rho}\mathrm{grad}p \tag{5-8b}$$

式（5-8）是欧拉首先推导得出的，因此，也常将式（5-8）称为理想流体运动的欧拉微分方程。对于一般的流动问题，质量力 $\vec{f}$ 已知，在运动方程中有速度分量 v_x、v_y、v_z 及密度 ρ、压强 p 五个未知数。因此，为求解理想流体流场内的密度、压强与速度分布，需要将以上理想流体的运动微分方程与连续性方程以及流体的状态方程一起构成完备的方程组，并结合问题的初始条件与边界条件来求解。

【例 5-3】　已知平面流场的速度分布为 $v_x=2y$，$v_y=2x$，质量力不计，流体是不可压缩的，求流场的压强分布规律。

解　由式（5-8），得到二维平面流动的运动微分方程为

$$\frac{\mathrm{d}v_x}{\mathrm{d}t} = \frac{\partial v_x}{\partial t} + v_x\frac{\partial v_x}{\partial x} + v_y\frac{\partial v_x}{\partial y} = -\frac{1}{\rho}\frac{\partial p}{\partial x}$$

$$\frac{\mathrm{d}v_y}{\mathrm{d}t} = \frac{\partial v_y}{\partial t} + v_x\frac{\partial v_y}{\partial x} + v_y\frac{\partial v_y}{\partial y} = -\frac{1}{\rho}\frac{\partial p}{\partial y}$$

代入速度分量，得到

$$4\rho x = -\frac{\partial p}{\partial x},\ 4\rho y = -\frac{\partial p}{\partial y}$$

因此 $$\mathrm{d}p = \frac{\partial p}{\partial x}\mathrm{d}x + \frac{\partial p}{\partial y}\mathrm{d}y = -4\rho x\,\mathrm{d}x - 4\rho y\,\mathrm{d}y$$

积分得到压强分布为 $$p = -2\rho(x^2 + y^2) + C$$

第三节　流体微团的运动分析

一、流体微团的四种运动形式

固体的运动形式一般表现为移动和转动两种。而流体具有流动性，极易变形，因此，流体微团在运动过程中不但会发生平移和转动，还可能发生变形运动，变形运动又可分为线变形和角变形两种情况。由此可见，流体的运动形式包括平移、转动、线变形和角变形四种。为使问题简化，下面以流体微团某一面上的平面运动为例，分析流体微团的运动形式。

1. 平移

如图 5-3 所示，流体微团某一面矩形面 $OACB$，O 点的速度为$\vec{v}$，如果微团内各点的速度都是$\vec{v}$，流体微团保持形状和方位不变，平行地移到新的位置，流体微团的运动形式就只有平移。

2. 旋转

旋转是指流体微团在运动中绕自身轴旋转，如图 5-4 所示，流体矩形面初始时刻的各边分别与 x、y 轴平行，当流体绕垂直于 xy 面的轴旋转时，经过一段时间，流体矩形面的形状和方位如图 5-4 中的虚线所示，其运动形式即为旋转，具体分析如下：

为便于研究，将坐标原点固定在 O 点，设 O 点在 x 方向和 y 方向上的速度分量分别为 v_x 和 v_y。当 A 点的 y 方向速度分量不同于 O 点的 y 方向速度分量时，OA 发生旋转。采用泰勒级数展开，A 点的 y 方向速度分量可表示为 $v_{A_y} = v_y + \frac{\partial v_y}{\partial x}\mathrm{d}x$，将坐标原点固定在 O 点，经时间 $\mathrm{d}t$ 后，OA 沿逆时针方向旋转到 OA'，相对的垂直位移 $\overrightarrow{AA'} = \frac{\partial v_y}{\partial x}\mathrm{d}x\mathrm{d}t$，则

$$\angle AOA' \approx \frac{\partial v_y}{\partial x}\mathrm{d}x\mathrm{d}t/\mathrm{d}x = \frac{\partial v_y}{\partial x}\mathrm{d}t$$

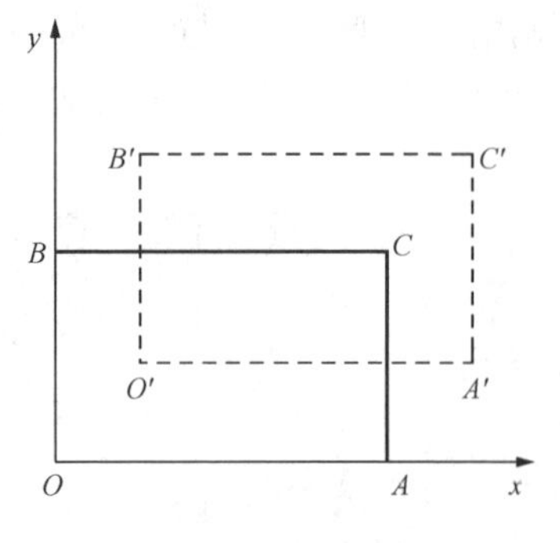

图 5-3　流体微团的平移

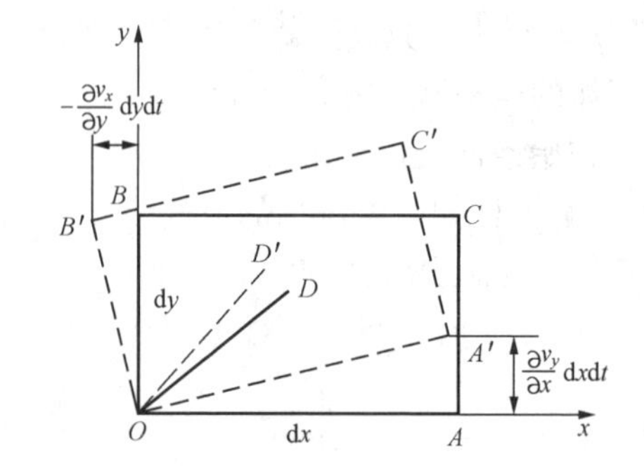

图 5-4　流体微团的旋转

同样，若 B 点与 O 点的 x 方向上的速度不同，$\mathrm{d}t$ 时间后，OB 沿逆时针方向旋转到

OB'。对于如图5 - 4所示的情况，B 点在 x 方向上的速度比 O 点小，即 $\frac{\partial v_x}{\partial y}<0$，因此，$\overrightarrow{BB'}=-\frac{\partial v_x}{\partial y}\mathrm{d}y\mathrm{d}t$，则

$$\angle BOB' \approx -\frac{\partial v_x}{\partial y}\mathrm{d}y\mathrm{d}t/\mathrm{d}y = -\frac{\partial v_x}{\partial y}\mathrm{d}t$$

变形后的角度平分线 OD' 与原角度平分线 OD 的夹角为

$$\begin{aligned}\angle DOD' &= \angle A'OD' - \angle A'OD = \frac{90^\circ - \angle AOA' + \angle BOB'}{2} - (45^\circ - \angle AOA') \\ &= \frac{\angle AOA' + \angle BOB'}{2} = \frac{1}{2}\left(\frac{\partial v_y}{\partial x}\mathrm{d}t - \frac{\partial v_x}{\partial y}\mathrm{d}t\right)\end{aligned}$$

定义角度 $\angle DOD'$ 的变化率为流体微团在 xy 平面内绕 z 轴的旋转角速度，即

$$\omega_z = \frac{\angle DOD'}{\mathrm{d}t} = \frac{1}{2}\left(\frac{\partial v_y}{\partial x} - \frac{\partial v_x}{\partial y}\right) \tag{5 - 9a}$$

同样，对流体微团在 xz 和 yz 面上的运动进行分析，可得到流体微团绕 x 轴和 y 轴的角速度为

$$\omega_x = \frac{1}{2}\left(\frac{\partial v_z}{\partial y} - \frac{\partial v_y}{\partial z}\right) \tag{5 - 9b}$$

$$\omega_y = \frac{1}{2}\left(\frac{\partial v_x}{\partial z} - \frac{\partial v_z}{\partial x}\right) \tag{5 - 9c}$$

因此，旋转角速度矢量可表示为

$$\vec{\omega} = \omega_x\vec{i} + \omega_y\vec{j} + \omega_z\vec{k} = \frac{1}{2}\left[\left(\frac{\partial v_z}{\partial y} - \frac{\partial v_y}{\partial z}\right)\vec{i} + \left(\frac{\partial v_x}{\partial z} - \frac{\partial v_z}{\partial x}\right)\vec{j} + \left(\frac{\partial v_y}{\partial x} - \frac{\partial v_x}{\partial y}\right)\vec{k}\right] \tag{5 - 9d}$$

旋转角速度矢量与微团的瞬时转动轴方向一致，其正方向由右手螺旋法则确定。

3. 线变形

线变形是指流体微团的在某方向上拉伸或压缩的运动。如图 5 - 5 所示，点 O 的速度分量分别为 v_x 和 v_y，若点 A 与点 O 在 x 方向上的速度不同，表示为 $v_{Ax}=v_x+\frac{\partial v_x}{\partial x}\mathrm{d}x$，经时间 $\mathrm{d}t$ 后，线段 OA 运动到 $O'A'$，其长度变化量为 $\frac{\partial v_x}{\partial x}\mathrm{d}x\mathrm{d}t$，定义单位时间内单位长度的伸长或缩短率为线变形速度，则流体微团在 x 轴方向上的线变形速度为

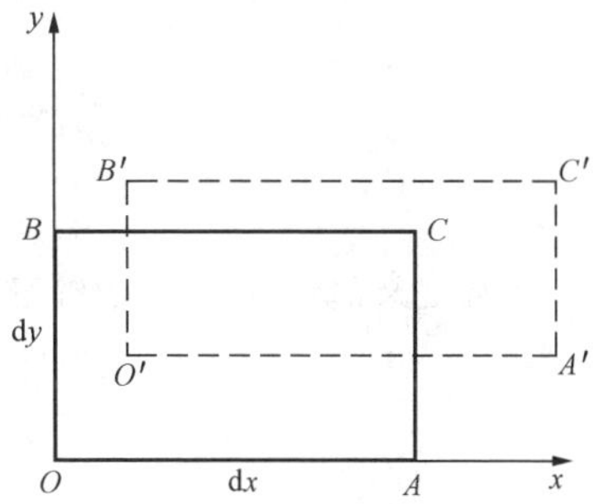

图 5 - 5　流体微团的线变形

$$\varepsilon_{xx} = \frac{\partial v_x}{\partial x} \tag{5 - 10a}$$

类似地，有

$$\varepsilon_{yy} = \frac{\partial v_y}{\partial y} \tag{5 - 10b}$$

$$\varepsilon_{zz}=\frac{\partial v_z}{\partial z} \tag{5-10c}$$

显然，对于不可压缩流体，有

$$\varepsilon_{xx}+\varepsilon_{yy}+\varepsilon_{zz}=\frac{\partial v_x}{\partial x}+\frac{\partial v_y}{\partial y}+\frac{\partial v_z}{\partial z}=\nabla\cdot\vec{v}=0$$

4．角变形

如图5-6（a）所示，O点在x轴方向和y轴方向的分速度为v_x和v_y，将坐标原点固定在O点。相对于O点而言，A点在y方向的速度为$\frac{\partial v_y}{\partial x}\mathrm{d}x$，$B$点在$x$方向的速度为$\frac{\partial v_x}{\partial y}\mathrm{d}y$。经$\mathrm{d}t$时间后，$\angle AOB$变为角$\angle A'OB'$，比原来减少的角度为$\frac{\partial v_x}{\partial y}\mathrm{d}y\mathrm{d}t/\mathrm{d}y+\frac{\partial v_y}{\partial x}\mathrm{d}x\mathrm{d}t/\mathrm{d}x$。

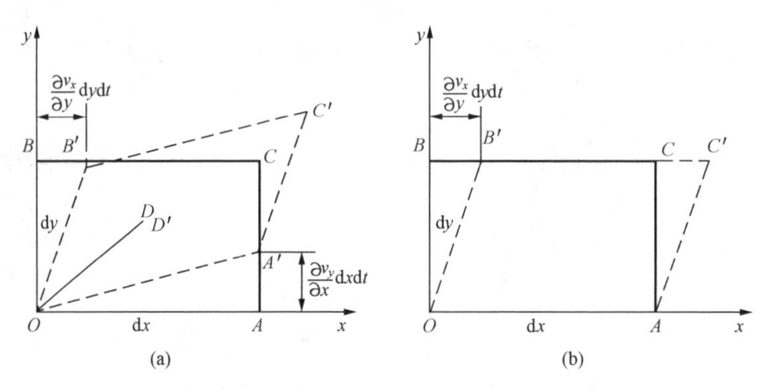

图5-6　角变形

因此，流体在xy平面上单位时间内角度的改变量为

$$\varepsilon_{xy}=\frac{\partial v_x}{\partial y}+\frac{\partial v_y}{\partial x} \tag{5-11a}$$

同理，可得到xz平面和yz平面上的单位时间内角度的改变量为

$$\varepsilon_{xz}=\frac{\partial v_x}{\partial z}+\frac{\partial v_z}{\partial x} \tag{5-11b}$$

$$\varepsilon_{yz}=\frac{\partial v_y}{\partial z}+\frac{\partial v_z}{\partial y} \tag{5-11c}$$

通常定义流体在单位时间内某平面角度改变量的一半为角变形速度，即

$$\left.\begin{aligned}\gamma_{xy}&=\frac{1}{2}\varepsilon_{xy}=\frac{1}{2}\left(\frac{\partial v_x}{\partial y}+\frac{\partial v_y}{\partial x}\right)\\\gamma_{xz}&=\frac{1}{2}\varepsilon_{xz}=\frac{1}{2}\left(\frac{\partial v_x}{\partial z}+\frac{\partial v_y}{\partial x}\right)\\\gamma_{yz}&=\frac{1}{2}\varepsilon_{yz}=\frac{1}{2}\left(\frac{\partial v_y}{\partial z}+\frac{\partial v_z}{\partial y}\right)\end{aligned}\right\} \tag{5-12}$$

对比角变形运动和旋转运动，可看出：

（1）若$\frac{\partial v_y}{\partial x}=-\frac{\partial v_x}{\partial y}$，如图5-4所示，即$OACB$各边相同时间逆时针方向旋转了同一微小角度，这种情况下，流体微团只有旋转没有变形，这是因为

$$\gamma=\frac{1}{2}\left(\frac{\partial v_y}{\partial x}+\frac{\partial v_x}{\partial y}\right)=\frac{1}{2}\left(-\frac{\partial v_x}{\partial y}+\frac{\partial v_x}{\partial y}\right)=0\quad（没有变形）$$

（2）若 $\frac{\partial v_y}{\partial x}=\frac{\partial v_x}{\partial y}$，如图 5-6 所示，则流体微团只有角变形，没有旋转。

二、流体的有旋流动与无旋流动

式（5-9d）也可写成如下形式：

$$\vec{\omega}=\frac{1}{2}\nabla\times\vec{v}=\frac{1}{2}\mathrm{rot}\,\vec{V}\tag{5-13}$$

rot $\vec{V}$称作速度$\vec{V}$的旋度或流场的涡量。按向量运算方法，可写成如下形式：

$$\mathrm{rot}\,\vec{V}=\begin{vmatrix}\vec{i} & \vec{j} & \vec{k}\\ \frac{\partial}{\partial x} & \frac{\partial}{\partial y} & \frac{\partial}{\partial z}\\ v_x & v_y & v_z\end{vmatrix}=\left(\frac{\partial v_z}{\partial y}-\frac{\partial v_y}{\partial z}\right)\vec{i}+\left(\frac{\partial v_x}{\partial z}-\frac{\partial v_z}{\partial x}\right)\vec{j}+\left(\frac{\partial v_y}{\partial x}-\frac{\partial v_x}{\partial y}\right)\vec{k}$$

rot $\vec{v}=0$ 的流动，称为无旋流动。因此，如果流动是无旋的，则各个旋转角速度均为零，即

$$\left.\begin{aligned}\omega_x=0,\quad\omega_y=0,\quad\omega_z=0\\ \frac{\partial v_z}{\partial y}-\frac{\partial v_y}{\partial z}=\frac{\partial v_x}{\partial z}-\frac{\partial v_z}{\partial x}=\frac{\partial v_y}{\partial x}-\frac{\partial v_x}{\partial y}=0\end{aligned}\right\}\tag{5-14}$$

应当强调，判断流体微团是有旋流动还是无旋流动，取决于流体微团是否绕自身轴旋转，而与流体微团本身的运动轨迹无关。在图 5-7（a）中，流体微团的运动轨迹为直线，但流体微团是边绕本身轴旋转边向前运动，因此流体是有旋流动；在图 5-7（b）中，流体微团的运动轨迹为圆周线，但流体做圆周运动的基本运动形式是平移，因此流体是无旋流动。

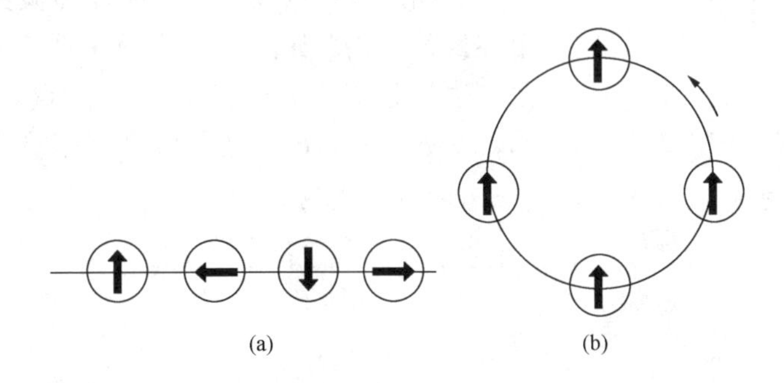

图 5-7　有旋流和无旋流的区别

（a）有旋流；（b）无旋流

在圆柱坐标下，速度的表达式为

$$\vec{v}=v_r\vec{i}_r+v_\theta\vec{i}_\theta+v_z\vec{i}_z$$

因此，圆柱坐标下的涡量为

$$\nabla\times\vec{v}=\left(\frac{1}{r}\frac{\partial v_z}{\partial\theta}-\frac{\partial v_\theta}{\partial z}\right)\vec{i}_r+\left(\frac{\partial v_r}{\partial z}-\frac{\partial v_z}{\partial r}\right)\vec{i}_\theta+\left(\frac{1}{r}\frac{\partial rv_\theta}{\partial r}-\frac{1}{r}\frac{\partial v_r}{\partial\theta}\right)\vec{i}_z$$

圆柱坐标下的无旋流条件是

$$\frac{1}{r}\frac{\partial v_z}{\partial \theta}-\frac{\partial v_\theta}{\partial z}=\frac{\partial v_r}{\partial z}-\frac{\partial v_z}{\partial r}=\frac{1}{r}\frac{\partial r v_\theta}{\partial r}-\frac{1}{r}\frac{\partial v_r}{\partial \theta}=0 \tag{5-15}$$

三、广义的牛顿内摩擦定律

如果流体只在 x 方向流动，则角变形如图 5 - 6（b）所示，$\frac{\partial v_y}{\partial x}=0$，$xy$ 平面上的角变形速度为 $\frac{1}{2}\frac{\partial v_x}{\partial y}$。在第一章讨论流体黏性的时候，牛顿内摩擦定律表示为

$$\tau=\eta\frac{\mathrm{d}v_x}{\mathrm{d}y}$$

对于一维流动，切应力与角变形速度成正比，将此结论推广，写成更一般的形式，得到广义的牛顿内摩擦定律：

$$\tau_{xy}=\eta\varepsilon_{xy}=\eta\left(\frac{\partial v_x}{\partial y}+\frac{\partial v_y}{\partial x}\right) \tag{5-16a}$$

同样，推广得到 xz 平面和 yz 平面上摩擦切应力为

$$\tau_{xz}=\eta\left(\frac{\partial v_z}{\partial x}+\frac{\partial v_x}{\partial z}\right) \tag{5-16b}$$

$$\tau_{yz}=\eta\left(\frac{\partial v_y}{\partial z}+\frac{\partial v_z}{\partial y}\right) \tag{5-16c}$$

广义的牛顿内摩擦定律表明流体的黏性切应力与角变形速度成正比。由式（5 - 16）可见，对于纯粹的平移或旋转，流体微团不发生变形，仍保持原来的形状，因此它们不承受切应力。

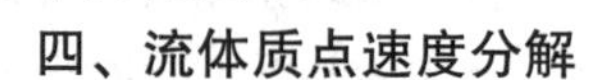

四、流体质点速度分解

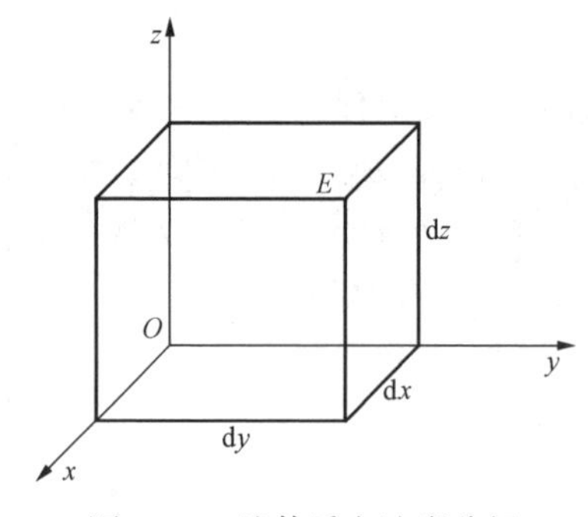

图 5 - 8 流体质点速度分解

下面进一步从理论上证明流体微团的运动形式包括上述四种形式。如图 5 - 8 所示，取一微小六面体流体微团，边长分别为 dx、dy、dz，原点 O 处质点速度分量为 v_x、v_y、v_z，E 点坐标与 O 点相差 dx、dy、dz，则 E 点的速度可用泰勒级数近似表示，如 x 方向的速度为

$$v_{Ex}=v_x+\frac{\partial v_x}{\partial x}\mathrm{d}x+\frac{\partial v_x}{\partial y}\mathrm{d}y+\frac{\partial v_x}{\partial z}\mathrm{d}z$$

上式可改写为

$$v_{Ex}=v_x+\frac{\partial v_x}{\partial x}\mathrm{d}x+\frac{1}{2}\left(\frac{\partial v_x}{\partial y}+\frac{\partial v_y}{\partial x}\right)\mathrm{d}y+\frac{1}{2}\left(\frac{\partial v_x}{\partial z}+\frac{\partial v_z}{\partial x}\right)\mathrm{d}z+\frac{1}{2}\left(\frac{\partial v_x}{\partial z}-\frac{\partial v_z}{\partial x}\right)\mathrm{d}z-\frac{1}{2}\left(\frac{\partial v_y}{\partial x}-\frac{\partial v_x}{\partial y}\right)\mathrm{d}y$$

即

$$v_{Ex}=v_x+\varepsilon_{xx}\mathrm{d}x+\gamma_{xy}\mathrm{d}y+\gamma_{xz}\mathrm{d}z+\omega_y\mathrm{d}z-\omega_z\mathrm{d}y \tag{5-17a}$$

同理可得

$$v_{Ey}=v_y+\varepsilon_{yy}\mathrm{d}y+\gamma_{xy}\mathrm{d}x+\gamma_{yz}\mathrm{d}z+\omega_z\mathrm{d}x-\omega_x\mathrm{d}z \tag{5-17b}$$

$$v_{Ez}=v_z+\varepsilon_{zz}\mathrm{d}z+\gamma_{yz}\mathrm{d}y+\gamma_{xz}\mathrm{d}x+\omega_x\mathrm{d}y-\omega_y\mathrm{d}x \tag{5-17c}$$

这说明，流场中任一质点相对于相邻质点的运动包括平移、线变形、角变形和旋转四种运动形式。

【例 5 - 4】 如图 5 - 9 所示，流体绕圆柱体流动，其流线为同心圆，沿流线的切向速度

为 $v=C/r$，其中，r 为半径，C 为常数。圆柱体表面的切向速度与其相邻流体的切向速度相同，问圆柱体外的流动是有旋流动还是无旋流动。

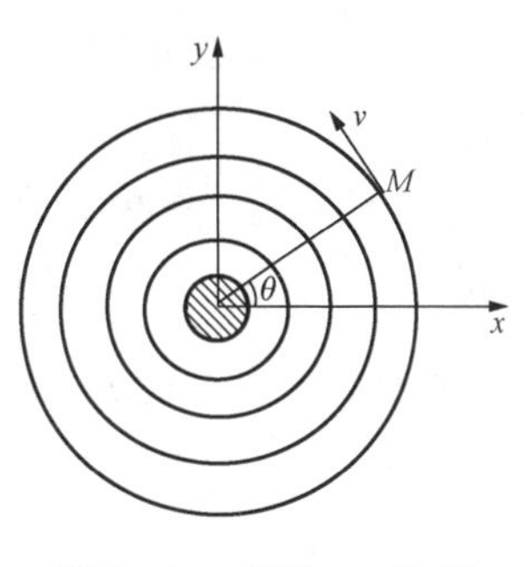

图 5-9　[例 5-4] 图

解　依题意，该流动是在 xy 平面内的二维流动。因为 $v=C/r$，所以 $vr=C$，即 $r\to\infty$时，$v\to 0$；当 $r=r_0$（圆柱半径）时，圆柱体表面上速度 $v_0=C/r_0$。流场中任一点 M 的速度分量为

$$v_x=-v\sin\theta=-\frac{C}{r}\sin\theta=-\frac{C}{r}\frac{y}{r}=-C\frac{y}{x^2+y^2}$$

$$v_y=v\cos\theta=C\frac{x}{x^2+y^2}$$

其中，θ 为 M 点的矢径与 x 轴的夹角。

因为是在 xy 平面内流动，所以只需要判断 ω_z 是否等于零，就可判断流动是有旋流动还是无旋流动。

$$\frac{\partial v_y}{\partial x}=\frac{\partial}{\partial x}\left(C\frac{x}{x^2+y^2}\right)=C\frac{\partial[x/(x^2+y^2)]}{\partial x}=-\frac{2Cx^2}{(x^2+y^2)^2}+\frac{C}{x^2+y^2}$$

同理

$$\frac{\partial v_x}{\partial y}=\frac{2Cy^2}{(x^2+y^2)^2}-\frac{C}{x^2+y^2}$$

所以

$$\begin{aligned}\omega_z&=\frac{1}{2}\times\left(\frac{\partial v_y}{\partial x}-\frac{\partial v_x}{\partial y}\right)=\frac{1}{2}\times\left[\frac{-2Cx^2}{(x^2+y^2)^2}+\frac{C}{x^2+y^2}-\frac{2Cy^2}{(x^2+y^2)^2}+\frac{C}{x^2+y^2}\right]\\&=\frac{1}{2}\times\left[\frac{-2C}{(x^2+y^2)^2}(x^2+y^2)+\frac{2C}{(x^2+y^2)}\right]\\&=0\end{aligned}$$

$$\vec{\omega}=\omega_z\vec{k}=0$$

因此，圆柱体外的流动是无旋流动。

第四节　稳定无旋流场的伯努利方程

第二节介绍了理想流体的运动微分方程，对于有旋流动和无旋流动都满足该方程。本节进一步研究无旋流动条件下该方程的形式。对于无旋流动，有

$$\left.\begin{aligned}&\omega_x=0,\quad\omega_y=0,\quad\omega_z=0\\&\frac{\partial v_z}{\partial y}-\frac{\partial v_y}{\partial z}=\frac{\partial v_x}{\partial z}-\frac{\partial v_z}{\partial x}=\frac{\partial v_y}{\partial x}-\frac{\partial v_x}{\partial y}=0\end{aligned}\right\}$$

将式（5-14）代入欧拉运动微分方程（5-8），对于稳定流动，方程变为

$$\left.\begin{aligned}v_x\frac{\partial v_x}{\partial x}+v_y\frac{\partial v_y}{\partial x}+v_z\frac{\partial v_z}{\partial x}&=-\frac{1}{\rho}\frac{\partial p}{\partial x}+f_x\\v_x\frac{\partial v_x}{\partial y}+v_y\frac{\partial v_y}{\partial y}+v_z\frac{\partial v_z}{\partial y}&=-\frac{1}{\rho}\frac{\partial p}{\partial y}+f_y\\v_x\frac{\partial v_x}{\partial z}+v_y\frac{\partial v_y}{\partial z}+v_z\frac{\partial v_z}{\partial z}&=-\frac{1}{\rho}\frac{\partial p}{\partial z}+f_z\end{aligned}\right\}$$

上述各式分别乘以 $\mathrm{d}x$、$\mathrm{d}y$、$\mathrm{d}z$，再将三式相加，并注意到

$$\frac{\partial}{\partial x}\left(\frac{v_x^2+v_y^2+v_z^2}{2}\right)=\frac{\partial}{\partial x}\left(\frac{v^2}{2}\right)$$

$$\frac{\partial}{\partial x}\left(\frac{v^2}{2}\right)\mathrm{d}x+\frac{\partial}{\partial y}\left(\frac{v^2}{2}\right)\mathrm{d}y+\frac{\partial}{\partial z}\left(\frac{v^2}{2}\right)\mathrm{d}z=\mathrm{d}\left(\frac{v^2}{2}\right)$$

若质量力只有重力，则 $f_x=f_y=0$，$f_z=-g$，于是三式相加后得到

$$\mathrm{d}\left(\frac{v^2}{2}\right)=-\frac{1}{\rho}\mathrm{d}p-g\mathrm{d}z$$

对上式积分得到

$$gz+\int\frac{\mathrm{d}p}{\rho}+\frac{v^2}{2}=C \tag{5-18}$$

因此，对于稳定的无旋流动来说，全流场内的伯努利常数都相同，即式（5-18）适用于整个无旋流场，如果是不可压缩流体，则

$$gz+\frac{p}{\rho}+\frac{v^2}{2}=C$$

或

$$z+\frac{p}{\rho g}+\frac{v^2}{2g}=C_1 \tag{5-19}$$

式（5-19）就是理想不可压缩稳定无旋流场的伯努利方程。该方程与第三章得到的沿流线的伯努利方程在形式上完全相同，但在第三章中方程的使用条件是沿着一根流线，即沿一根流线机械能守恒，而对于无旋流场，由于流场内任何一点的伯努利常数都是相同的，因此其物理意义是：理想、稳定无旋流场只受重力作用时，在全流场内位势能、压强势能和动能总和不变，并且三者可以相互转换。

【例 5-5】 距离台风中心 8km 处风速为 $v_1=48\mathrm{km/h}$，当地表压强为 73.65cmHg，假设台风中心外速度分布规律为 $vr=C$，r 为离台风中心的距离，求距离台风中心 0.8km 处的风速和风压。

解 由已知条件，有

$$v_1=48\mathrm{km/h}=13.33\mathrm{m/s}$$

$$p_1=13\,600\times9.81\times0.736\,5=98\,260(\mathrm{Pa})$$

速度分布为

$$vr=C$$

则

$$v_1r_1=v_2r_2$$

$$v_2=\frac{v_1r_1}{r_2}=\frac{13.33\times8}{0.8}=133.3(\mathrm{m/s})$$

由［例 5-4］分析的结果，该流场为无旋流场，在全流场内满足伯努利方程，则

$$z_1+\frac{p_1}{\rho g}+\frac{v_1^2}{2g}=z_2+\frac{p_2}{\rho g}+\frac{v_2^2}{2g}$$

由于流动在一个水平面上，因此

$$p_2=p_1+\frac{\rho}{2}(v_1^2-v_2^2)$$

代入数据计算，得

$$p_2=98\,260+\frac{1.2}{2}\times(13.33^2-133.3^2)=87\,705(\mathrm{Pa})=65.73(\mathrm{cmHg})$$

第五节　速度势和流函数

一、速度势

无旋流动其涡量为零，必须满足式（5-14），即

$$\frac{\partial v_z}{\partial y}-\frac{\partial v_y}{\partial z}=\frac{\partial v_x}{\partial z}-\frac{\partial v_z}{\partial x}=\frac{\partial v_y}{\partial x}-\frac{\partial v_x}{\partial y}=0$$

由高等数学知识可知，在这种情况下，速度 v_x、v_y、v_z 可以看作某一函数 φ 对坐标的导数，即

$$v_x=\frac{\partial \varphi}{\partial x},\ v_y=\frac{\partial \varphi}{\partial y},\ v_z=\frac{\partial \varphi}{\partial z} \tag{5-20}$$

因此

$$\vec{v}=v_x\vec{i}+v_y\vec{j}+v_z\vec{k}=\frac{\partial \varphi}{\partial x}\vec{i}+\frac{\partial \varphi}{\partial y}\vec{j}+\frac{\partial \varphi}{\partial z}\vec{k}=\mathrm{grad}\varphi \tag{5-21}$$

函数 φ 称为速度势函数。在稳定流中，速度势函数 φ 与时间无关，纯粹是坐标的函数。从上面的讨论可以清楚地看出，如果流动是无旋的，则速度势 φ 存在，这样的流动称为势流。因此无旋流动也称为有势流动。

将式（5-20）代入不可压缩流体的连续性方程，得

$$\frac{\partial^2 \varphi}{\partial x^2}+\frac{\partial^2 \varphi}{\partial y^2}+\frac{\partial^2 \varphi}{\partial z^2}=0 \tag{5-22}$$

或

$$\nabla^2\varphi=0$$

式（5-22）称为拉普拉斯方程，$\nabla^2=\frac{\partial^2}{\partial x^2}+\frac{\partial^2}{\partial y^2}+\frac{\partial^2}{\partial z^2}$ 称为拉普拉斯算子。

可见在不可压缩流体的无旋流动中，速度势函数满足拉普拉斯方程。满足拉普拉斯方程的函数在数学上称为调和函数，速度势函数就是一个调和函数，这样的流场称为调和场。显然，满足调和场的条件是

$$\mathrm{div}\,\vec{v}=0,\mathrm{rot}\,\vec{v}=0$$

由圆柱坐标下的无旋流条件式（5-15），圆柱坐标下的速度势与速度的关系可表示如下：

$$v_r=\frac{\partial \varphi}{\partial r},v_\theta=\frac{1}{r}\frac{\partial \varphi}{\partial \theta},v_z=\frac{\partial \varphi}{\partial z} \tag{5-23}$$

代入圆柱坐标下的连续性方程可得

$$\nabla^2\varphi=\frac{\partial^2 \varphi}{\partial r^2}+\frac{1}{r}\frac{\partial \varphi}{\partial r}+\frac{1}{r^2}\frac{\partial^2 \varphi}{\partial \theta^2}+\frac{\partial^2 \varphi}{\partial z^2}=0$$

因此，可根据边界条件和初始条件求解拉普拉斯方程来解不可压缩流体的无旋流动问题。将解得的速度势 φ 代入式（5-20）或式（5-23）便可得到速度场，再根据理想流体欧拉运动微分方程求出压强分布。

二、流函数

在分析流体力学问题时，另一个重要的函数就是流函数 ψ。

不可压缩流体的二维平面流的连续性方程为

$$\frac{\partial v_x}{\partial x}+\frac{\partial v_y}{\partial y}=0$$

如果定义

$$v_x=\frac{\partial \psi}{\partial y},\ v_y=-\frac{\partial \psi}{\partial x} \tag{5-24}$$

代入二维平面流连续性方程，得到

$$\frac{\partial v_x}{\partial x}+\frac{\partial v_y}{\partial y}=\frac{\partial^2 \psi}{\partial x \partial y}-\frac{\partial^2 \psi}{\partial y \partial x}=0$$

显然，函数 ψ 永远满足连续性方程，即连续性方程是函数 ψ 存在的充分和必要条件。

已经知道，二维平面流的流线方程为

$$v_x \mathrm{d}y-v_y \mathrm{d}x=0$$

将函数 ψ 代入二维流的流线方程

$$v_x \mathrm{d}y-v_y \mathrm{d}x=\frac{\partial \psi}{\partial x}\mathrm{d}x+\frac{\partial \psi}{\partial y}\mathrm{d}y=0 \tag{a}$$

函数 ψ（x，y）的全微分是

$$\mathrm{d}\psi=\frac{\partial \psi}{\partial x}\mathrm{d}x+\frac{\partial \psi}{\partial y}\mathrm{d}y \tag{b}$$

比较式（a）和式（b）可知，沿同一条线 $\mathrm{d}\psi=0$，即 ψ 为常数，在同一条流线上，ψ 值是相等的。在每条流线上，函数 ψ 都有它自己的常数值，所以函数 ψ 称为流函数。

下面进一步说明流函数的物理意义。

如图 5-10 所示，在某一瞬间，有两条流线 ψ_1 和 ψ_2，根据流线的定义，不可能有流体穿过流线流动。如果所考虑的是二维不可压缩流场，在两条流线间通过的体积流量应相等，即通过 AB、BC、DE、DF 的体积流量应当相等。若 AB 与 y 轴平行，通过 AB 的体积流量为（z 方向为单位厚度）

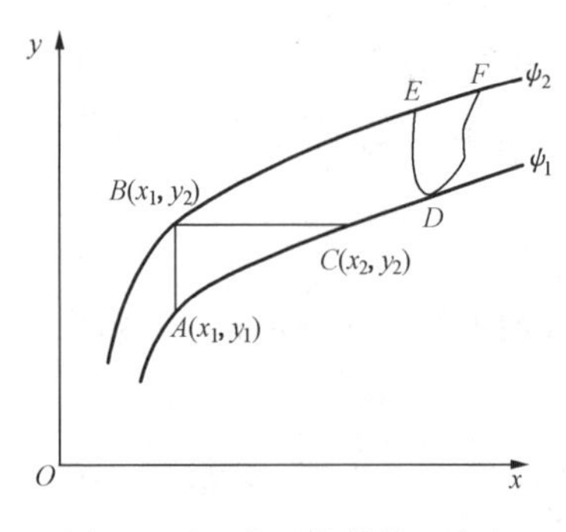

图 5-10 流函数的物理意义

$$q_V=\int_{y_1}^{y_2} v_x \mathrm{d}y=\int_{y_1}^{y_2}\frac{\partial \psi}{\partial y}\mathrm{d}y$$

由于 AB 方向上 x 等于常数，则

$$\mathrm{d}\psi=\frac{\partial \psi}{\partial x}\mathrm{d}x+\frac{\partial \psi}{\partial y}\mathrm{d}y=\frac{\partial \psi}{\partial y}\mathrm{d}y$$

所以

$$q_V=\int_{y_1}^{y_2}\frac{\partial \psi}{\partial y}\mathrm{d}y=\int_{\psi_1}^{\psi_2}\mathrm{d}\psi=\psi_2-\psi_1$$

同理可以证明通过 BC 的体积流量为

$$q_V=\int_{x_1}^{x_2} v_y \mathrm{d}x=-\int_{x_1}^{x_2}\frac{\partial \psi}{\partial x}\mathrm{d}x=-\int_{\psi_2}^{\psi_1}\mathrm{d}\psi=\psi_2-\psi_1$$

因此可以得出结论：通过两条流线间任一曲线（单位厚度）的体积流量为常数，恒等于曲线两端点上流函数之差，与曲线的形状无关。

在提出流函数这个概念时，并未涉及流体是黏性流体还是理想流体，也未涉及流动是有旋流动还是无旋流动，只要是不可压缩流体的平面运动，就存在着流函数。

如果是不可压缩流体的平面无旋运动，必然同时存在速度势和流函数。对于 xy 平面上的无旋流动，$\omega_z=0$，即

$$\frac{\partial v_y}{\partial x}-\frac{\partial v_x}{\partial y}=0$$

将式（5-24）代入上式，得

$$\nabla^2\psi=\frac{\partial^2\psi}{\partial x^2}+\frac{\partial^2\psi}{\partial y^2}=0 \tag{5-25}$$

可见，不可压缩流体平面无旋流动的流函数也满足拉普拉斯方程，也是调和函数。

拉普拉斯方程是线性微分方程。线性微分方程的一个重要特征就是其解可以叠加，如果ψ_1、ψ_2分别是线性微分方程的解，则$\psi=\psi_1+\psi_2$也是微分方程的解。这一特征对于处理实际问题非常有利，因为只要知道某些简单流动的速度势或流函数，将所得的解叠加后，便可得到一种新的流动。这部分内容将在后面章节举例说明。

由圆柱坐标下的连续性方程，在$r\theta$平面内　$\dfrac{\partial r v_r}{\partial r}+\dfrac{\partial v_\theta}{\partial \theta}=0$

圆柱坐标的流函数可表示如下：

$$v_r=\frac{1}{r}\frac{\partial\psi}{\partial\theta},v_\theta=-\frac{\partial\psi}{\partial r}\quad（r\theta\text{ 平面内}） \tag{5-26}$$

三、流网

因为流线就是等流函数线，所以由流线方程可以得出流线的斜率为

$$\left.\frac{\mathrm{d}y}{\mathrm{d}x}\right|_\psi=\frac{v_y}{v_x} \tag{a}$$

沿等势函数线有

$$\mathrm{d}\varphi=\frac{\partial\varphi}{\partial x}\mathrm{d}x+\frac{\partial\varphi}{\partial y}\mathrm{d}y=0$$

或

$$v_x\mathrm{d}x+v_y\mathrm{d}y=0$$

故等势线的斜率为

$$\left.\frac{\mathrm{d}y}{\mathrm{d}x}\right|_\varphi=-\frac{v_x}{v_y} \tag{b}$$

式（a）和式（b）是两曲线互相垂直的条件，即正交性条件，因此流线和等势线处处正交，在平面上二者构成正交网络，称为流网，如图5-11所示。

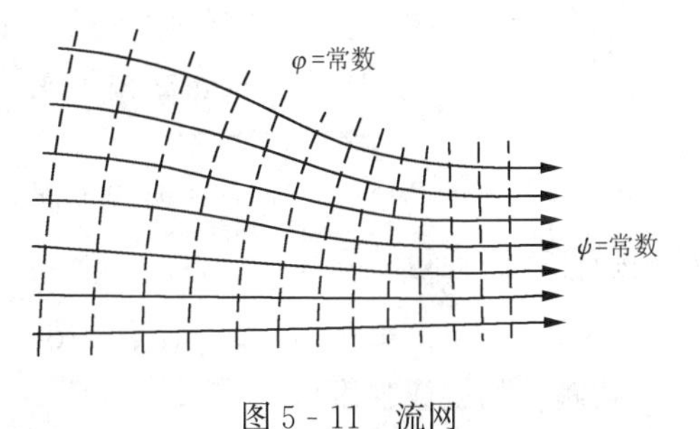

图5-11　流网

【例5-6】　已知不可压缩流体平面流场的流函数$\psi=2xy+y$（m^2/s）。

（1）求其速度分布。

（2）流场势函数是否存在，若存在，求其势函数。

（3）求点（1，1）和（2，3）间的体积流量（单位厚度）。

（4）若点（1，1）处的绝对压强为1.2×10^5 Pa，流体的密度$\rho=1000\text{kg/m}^3$，求点（2，3）处的压强。

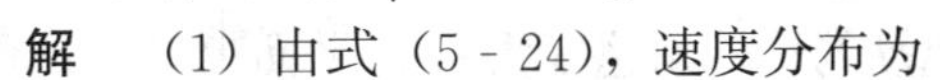

解　（1）由式（5-24），速度分布为

$$v_x=\frac{\partial\psi}{\partial y}=2x+1,\quad v_y=-\frac{\partial\psi}{\partial x}=-2y$$

(2) 由于 $\frac{\partial v_y}{\partial x}-\frac{\partial v_x}{\partial y}=0-0=0$，流场无旋，所以势函数存在。

由式（5 - 20），有

$$d\varphi=\frac{\partial\varphi}{\partial x}dx+\frac{\partial\varphi}{\partial y}dy=v_x dx+v_y dy=(2x+1)dx+(-2y)dy$$

积分得到 $$\varphi=x^2+x-y^2+C$$

(3) 点（1，1）和（2，3）间的体积流量为

$$q_V=1\times[\psi(2,3)-\psi(1,1)]=(2\times2\times3+3)-(2+1)=12(\mathrm{m^3/s})$$

(4) 点（1，1）和（2，3）的合速度分别为

$$v_1=\sqrt{v_{1x}^2+v_{2y}^2}=\sqrt{3^2+2^2}=\sqrt{13}(\mathrm{m/s})$$

$$v_2=\sqrt{v_{2x}^2+v_{2y}^2}=\sqrt{5^2+6^2}=\sqrt{61}(\mathrm{m/s})$$

由伯努利方程得

$$p_2=p_1+\frac{\rho}{2}(v_1^2-v_2^2)=1.2\times10^5+\frac{1000}{2}\times(13-61)=96\,000\ (\mathrm{Pa})$$

第六节　旋涡运动的基本概念与斯托克斯定理

一、旋涡运动的基本概念

流体的有旋流动又称为旋涡运动。对于一个有旋流场，任一时刻，在流场中每一点都有一个确定的矢量 $\mathrm{rot}\,\vec{v}$，从而组成的一个矢量场称为旋涡场或涡量场。与描述流场的流线、流管、流速与流量等概念相对应，描述流体的旋涡场常用涡线、涡管、涡束、旋涡强度等概念。

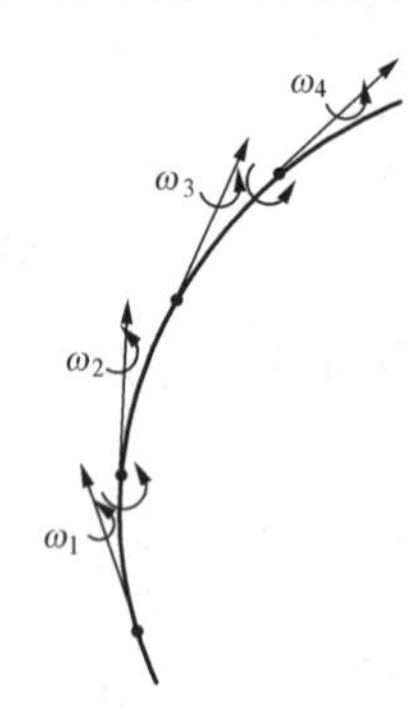

图 5 - 12　涡线

涡线是这样一条曲线，在给定瞬时 t，曲线上每一点的切线与该点流体微团的角速度方向（即转轴）重合，所以涡线也就是各流体微团的瞬时转动轴线，如图 5 - 12 所示。根据涡线的定义，不难得出其微分方程为

$$\frac{dx}{\omega_x(x,y,z,t)}=\frac{dy}{\omega_y(x,y,z,t)}=\frac{dz}{\omega_z(x,y,z,t)} \tag{5 - 27}$$

在空间取一条不是涡线的封闭曲线，通过封闭曲线的全部涡线所构成的管状表面称为涡管（见图 5 - 13）。涡管中充满做旋转运动的流体，称为涡束。

涡量与垂直于涡线的微元涡管横截面 dA 的乘积，称为微元涡管的旋涡强度或涡通量 dJ，即

$$dJ=\mathrm{rot}\,\vec{v}\cdot d\vec{A}=2\vec{\omega}\cdot d\vec{A} \tag{5 - 28}$$

则涡管的旋涡强度可为

$$J=\int_A \mathrm{rot}\,\vec{v}\cdot d\vec{A}=2\int_A\vec{\omega}\cdot d\vec{A}$$

对于平面流动，如 xy 平面上的有旋流动，流动的旋转角速度为 ω_z，平面上的任意面积 A，其旋涡强度为

$$J=2\int_A\omega_z dA \tag{5 - 29}$$

在有旋流动中，旋涡强度与流体环绕某一核心旋转的速度分布有关，为此，引进速度环量的概念。

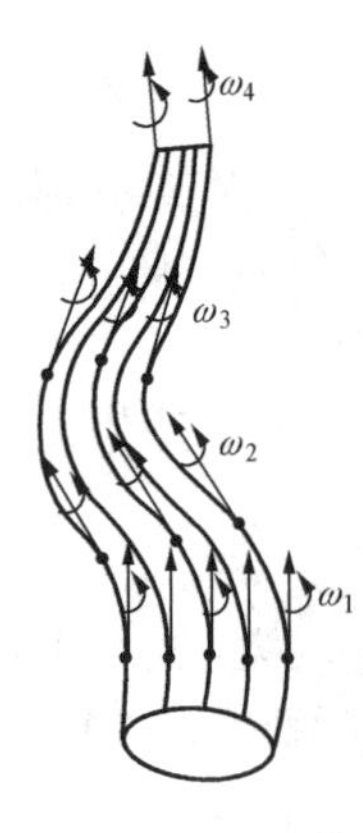

图 5 - 13　涡管

二、速度环量

如图 5 - 14 所示，假定某一瞬时流场中每一点的速度已知，流场中两点 M 和 N 由任意曲线连接，MN 曲线上某点的速度为$\vec{v}=v_x\vec{i}+v_y\vec{j}+v_z\vec{k}$，自该点取一微元线段 $d\vec{s}=dx\vec{i}+dy\vec{j}+dz\vec{k}$，$\vec{v}$与 $d\vec{s}$之间的夹角为 α。对微元线段 $d\vec{s}$取点积$\vec{v}\cdot d\vec{s}$，再沿曲线 MN 积分，即

$$\int_M^N(v_x\vec{i}+v_y\vec{j}+v_z\vec{k})\cdot(dx\vec{i}+dy\vec{j}+dz\vec{k})=\int_M^N(v_x dx+v_y dy+v_z dz)$$

若点 M 与点 N 重合，则构成一封闭曲线，沿封闭曲线的速度积分称为速度环量，即

$$\Gamma=\oint\vec{v}\cdot d\vec{s}=\oint(v_x dx+v_y dy+v_z dz) \tag{5 - 30}$$

规定逆时针方向的速度环量为正。

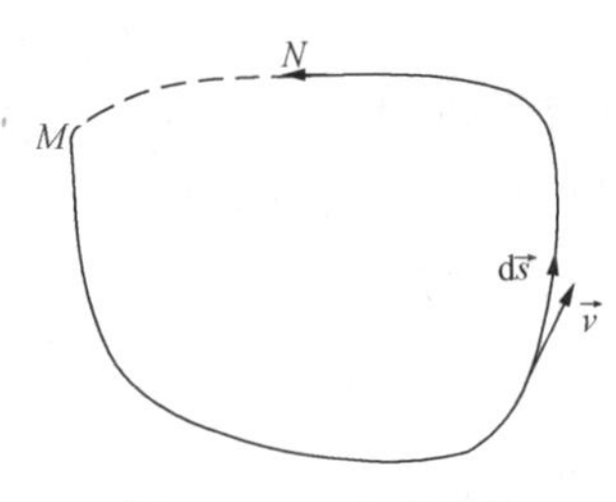

图 5 - 14　速度环量

三、斯托克斯定理

由高等数学知识可知，若 A 是封闭曲线 L 所包围的单连通区域，$\vec{R}$是区域中任意空间矢量，斯托克斯定理给出矢量$\vec{R}$的线积分和面积分的关系式如下：

$$\oint_L\vec{R}\cdot d\vec{s}=\int_A(\nabla\times\vec{R})\cdot d\vec{A}$$

因此，对于速度矢量$\vec{v}$，有

$$\Gamma=\oint_L\vec{v}\cdot d\vec{s}=\int_A(\nabla\times\vec{v})\cdot d\vec{A}=\int_A \mathrm{rot}\,\vec{v}\cdot d\vec{A}=J \tag{5 - 31a}$$

即沿封闭曲线的速度环量等于该封闭曲线内涡束的旋涡强度，这就是斯托克斯（Stokes）定理。斯托克斯定理说明，通过计算速度环量，可以衡量封闭曲线所包围的区域内的旋涡强度。

对于无旋流场，无旋运动的速度势函数必然存在，速度分量 v_x、v_y、v_z 可以用速度势函数表示，沿任意曲线 MN 的线积分为

$$\Gamma=\int_M^N(v_x dx+v_y dy+v_z dz)=\int_M^N\left(\frac{\partial\varphi}{\partial x}dx+\frac{\partial\varphi}{\partial y}dy+\frac{\partial\varphi}{\partial z}dz\right)=\varphi_N-\varphi_M$$

若 M、N 两点重合，则构成一条封闭曲线，如果这条封闭曲线所包围的流体区域是一个单连通域（即封闭曲线仅包围着流体），曲线收缩到区域中的任何一点，都不离开这一区域。这时 $\Gamma=\varphi_M-\varphi_N=0$。因此，在无旋流动中，沿任意封闭曲线的速度环量等于零；反之，如果一个区域内的流动沿任何封闭曲线的速度环量都等于零，那就一定是无旋流动（或势流）。

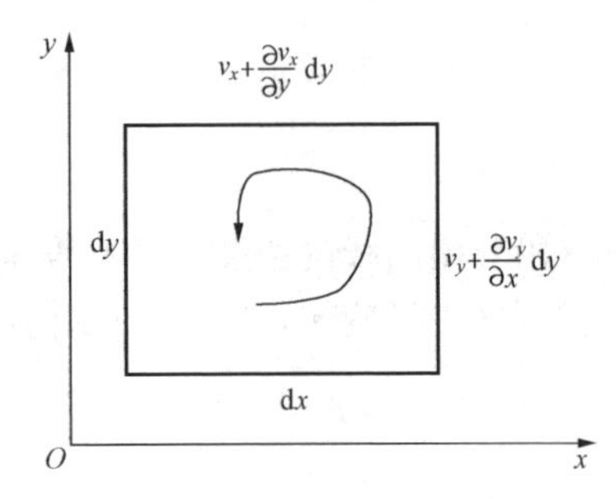

图 5 - 15　微元封闭曲线的速度环量

对于有旋流动，即当封闭曲线内有涡束时，以图 5 - 15 为例，沿逆时针方向进行计算，得到

$$\mathrm{d}\Gamma = v_x \mathrm{d}x + \left(v_y + \frac{\partial v_y}{\partial x}\mathrm{d}x\right)\mathrm{d}y - \left(v_x + \frac{\partial v_x}{\partial y}\mathrm{d}y\right)\mathrm{d}x - v_y \mathrm{d}y$$

化简并整理后，得出

$$\mathrm{d}\Gamma = \left(\frac{\partial v_y}{\partial x} - \frac{\partial v_x}{\partial y}\right)\mathrm{d}x\mathrm{d}y = \left(\frac{\partial v_y}{\partial x} - \frac{\partial v_x}{\partial y}\right)\mathrm{d}A = 2\omega_z \mathrm{d}A = \mathrm{d}J$$

对上式积分，得到

$$\Gamma = 2\int_A \omega_z \mathrm{d}A \tag{5 - 31b}$$

以上实际上对斯托克斯定理进行了简单的证明。

【例 5 - 7】 已知不可压缩平面流动的速度分布为 $v_x=-6y$，$v_y=8x$，求绕圆周 $x^2+y^2=1$ 的速度环量。

解 旋转角速度为 $\omega_z = \frac{1}{2}\left(\frac{\partial v_y}{\partial x} - \frac{\partial v_x}{\partial y}\right) = \frac{1}{2}\times(8+6) = 7$

由斯托克斯定理，沿封闭曲线的速度环量等于该封闭曲线内涡束的旋涡强度，因此

$$\Gamma = J = 2\int_A \omega_z \mathrm{d}A = 7\times 2\pi = 14\pi$$

【例 5 - 8】 如图 5 - 16 所示，有两个流场，流动（a）各点具有相同的角速度 ω，其流线为同心圆，沿流线的速度为 $v=\omega r$；流动（b）流线也是绕 O 点的同心圆周线，但沿流线的速度为 $vr=C$。试用斯托克斯定理分析两流动是有旋流动还是无旋流动。

解 对于流动（a），沿任一半径为 r 的圆形流线的环量为

$$\Gamma = \int_0^{2\pi} v\mathrm{d}s = \int_0^{2\pi} vr\mathrm{d}\theta = \int_0^{2\pi} \omega r^2\ \mathrm{d}\theta = 2\pi\omega r^2$$

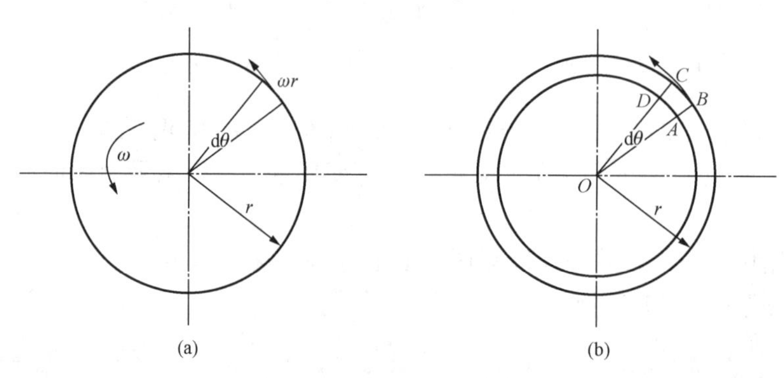

图 5 - 16 ［例 5 - 8］图

单位面积的环量为

$$\frac{\Gamma}{A} = \frac{\Gamma}{\pi r^2} = 2\omega$$

沿封闭曲线的速度环量不等于零，这就证明了（a）所示的流动情况是有旋运动。由于它像固体一样旋转，常称为固体涡或强制涡。

对于流动（b），沿流线的切线速度为

$$vr = C$$

现在计算图（b）中微元封闭曲线 $ABCD$ 的速度环量。因为沿 AB 和 CD 的线积分为零，所以

$$d\Gamma_{ABCD}=(v+dv)(r+dr)d\theta-vrd\theta=(vdr+rdv)d\theta=d(vr)d\theta$$

因为 $vr=C$，所以 $d(vr)=0$，即 $d\Gamma_{ABCD}=0$。如果取半径为 r 的封闭圆周线计算速度环量，则有

$$\Gamma=\int_0^{2\pi}vrd\theta=C\int_0^{2\pi}d\theta=2\pi C$$

包围原点的封闭曲线的速度环量不等于零，所以 O 点必然有旋涡存在。应当注意，在 O 点处 $r=0$，所以 $v=C/r\to\infty$，即点 O 是一个奇点。因此对于流动（b），除了涡心处的奇点外，该流场是无旋的。这种流动常称为自由涡，其流线为同心圆。

第七节　旋涡运动特性

一、涡管旋涡强度守恒定理

由高等数学的知识不难证明：涡量场的散度为零，即 $\nabla\cdot\mathrm{rot}\,\vec{v}=0$。这样，对于任意封闭曲面可以得到

$$\oint_A \mathrm{rot}\,\vec{v}\cdot d\vec{A}=\int_V \nabla\cdot\mathrm{rot}\,\vec{v}dV=0$$

即沿封闭曲面上的涡通量为零。

如图 5-17 所示，在旋涡场中取一涡管，在涡管上任取两个截面 A_1 和 A_2，A_1、A_2 和涡管面 A_3 组成封闭曲面。根据涡管的定义，涡管面上不可能有涡通量流进流出，既然沿封闭曲面上的涡通量为零，因此，必然有从 A_1 面流入的涡通量等于 A_2 面流出的涡通量，即

$$\int_{A_1}\mathrm{rot}\,\vec{v}_1\cdot d\vec{A}_1=\int_{A_2}\mathrm{rot}\,\vec{v}_2\cdot d\vec{A}_2 \tag{5-32}$$

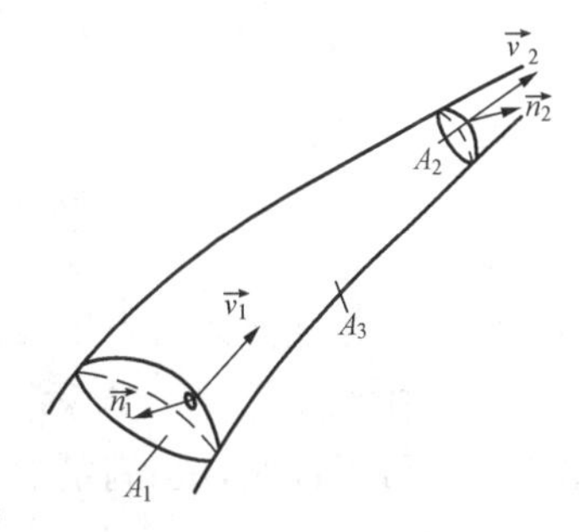

图 5-17　涡管旋涡强度守恒

由于曲面 A_1、A_2 是涡管上任意两个截面，因此同一涡管各个截面上的涡通量相同，即涡管旋涡强度守恒。旋涡场的涡通量守恒定理与流场流管流量守恒规律相对应。

由涡管旋涡强度守恒可以得出以下结论：①对于同一涡管，涡管截面积大处涡量小，反之，涡管截面积小处涡量大；②涡管在流场中不能产生也不能消失；③绕涡管壁面一周的任一封闭曲线的速度环量为常数。

二、开尔文定理

旋涡强度守恒定理揭示了旋涡场中的涡通量的空间守恒规律。开尔文定理表明，当流体流动满足以下三个条件时，沿任意由质点组成的封闭曲线的速度环量在运动过程中不随时间变化：①流体为理想流体；②所受质量力有势；③流体密度只是当地压强的单值函数，即流体为正压流体。

开尔文定理可以证明如下：

在流场中取一封闭曲线，该曲线是由相同流体质点组成的流体线，当流体质点运动时，流体线的位置、形状和长度都会随时间而变化，由式（5-30），其速度环量对时间的变化率为

$$\frac{d\Gamma}{dt}=\frac{d}{dt}\oint\vec{v}\cdot d\vec{s}=\oint\frac{d\vec{v}}{dt}\cdot d\vec{s}+\oint\vec{v}\cdot\frac{d}{dt}d\vec{s}$$
$$=\oint\left(\frac{dv_x}{dt}dx+\frac{dv_y}{dt}dy+\frac{dv_z}{dt}dz\right)+\oint\left(v_x\frac{d}{dt}dx+v_y\frac{d}{dt}dy+v_z\frac{d}{dt}dz\right) \tag{a}$$

由质点速度的定义，有 $dv_x=\frac{d}{dt}dx, dv_y=\frac{d}{dt}dy, dv_z=\frac{d}{dt}dz$

再将理想流体的运动欧拉方程（5-8）代入，式（a）可写成

$$\frac{d\Gamma}{dt}=\oint\left[\left(-\frac{1}{\rho}\frac{\partial p}{\partial x}+f_x\right)dx+\left(-\frac{1}{\rho}\frac{\partial p}{\partial y}+f_y\right)dy+\left(-\frac{1}{\rho}\frac{\partial p}{\partial z}+f_z\right)dz\right]+\oint(v_xdv_x+v_ydv_y+v_zdv_z)$$
$$=\oint\left[\left(-\frac{1}{\rho}\frac{\partial p}{\partial x}dx-\frac{1}{\rho}\frac{\partial p}{\partial y}dy-\frac{1}{\rho}\frac{\partial p}{\partial z}dz\right)+(f_xdx+f_ydy+f_zdz)\right]+\oint d\left(\frac{v^2}{2}\right) \tag{b}$$
$$=\oint\left[\left(-\frac{1}{\rho}dp\right)+(f_xdx+f_ydy+f_zdz)\right]+\oint d\left(\frac{v^2}{2}\right)$$

若流体为正压流体，流体密度只是当地压强的单值函数，定义压强函数 $p_F=\int dp/\rho$，则

$$\oint\left(-\frac{1}{\rho}dp\right)=\oint d(-p_F) \tag{c}$$

若质量力有势，则

$$\oint(f_xdx+f_ydy+f_zdz)=\oint\left(-\frac{\partial\pi}{\partial x}dx-\frac{\partial\pi}{\partial y}dy-\frac{\partial\pi}{\partial z}dz\right)=\oint d(-\pi) \tag{d}$$

将式（c）、式（d）代入式（b），由于函数 p、ρ、π、v 都是单值连续函数，可以得到

$$\frac{d\Gamma}{dt}=\oint d(-p_F)+\oint d(-\pi)+\oint d\left(\frac{v^2}{2}\right)=0 \tag{5-33}$$

即沿任意由相同流体质点组成的封闭曲线 $\Gamma=C$。

由斯托克斯定理，沿任意封闭曲线的速度环量等于曲线所围面积上的旋涡强度，结合开尔文定理可以证明，当满足上述三个条件时，通过旋涡场中任一涡管的旋涡强度在运动过程中保持不变。

由开尔文定理可直接推论：正压的理想流体在有势的质量力作用下流动时，若某时刻在某一部分流体内没有旋涡，则在以前和以后的时间里，这部分流体内也不会有旋涡；反之，某时刻在该部分流体内有旋涡，则在以前和以后的时间里，这部分流体内都有旋涡。即旋涡不生不灭。

开尔文定理揭示了涡通量在时间上的守恒特性。

第八节　几种简单的平面势流

简单的平面势流是对实际流动的理想化，但这些流动，尤其是它们的叠加与组合通常对实际问题的研究具有重要意义，下面介绍平行流、点源、点汇、涡流等几种流动。

一、平行流

如图 5-18 所示，流体做等速直线运动，流场中各点速度的大小和方向都相同，即 $v_x=a$，$v_y=b$，a、b 都是常数。因此，由速度势函数和流函数的定义，有

$$d\varphi=v_xdx+v_ydy=adx+bdy$$
$$d\psi=v_xdy-v_ydx=ady-bdx$$

对上式积分，得到

$$\left.\begin{aligned}\varphi = v_x x + v_y y = ax + by \\ \psi = v_x y - v_y x = ay - bx\end{aligned}\right\} \quad (5-34)$$

显然，式（5-34）中流函数和速度势满足拉普拉斯方程。由式（5-34）可知流线是一簇平行直线，与 x 轴的夹角为 θ，$\tan\theta = b/a$。等势线与流线正交，如图 5-18 中虚线所示。

图 5-18　平行流

由于平行流是理想流体的无旋流动，因此，在全流场内满足伯努利方程，即

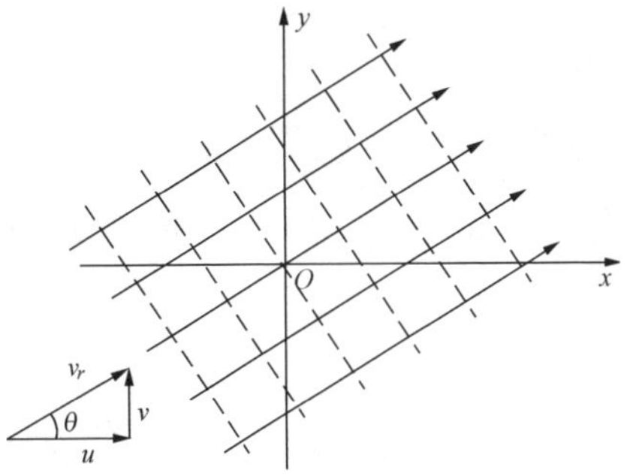

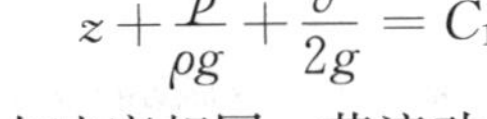

$$z + \frac{p}{\rho g} + \frac{v^2}{2g} = C_1$$

又由于各点速度相同，若流动是一个平面上的，则在平面平行流中

$$p = C_2$$

即各点压强相同。

二、点源和点汇

如图 5-19（a）所示，设平面上有一点 O，流体从 O 点不断流出；设单位时间流出的体积流量为 q_V，流体自点 O 流出后，在 xy 平面上均匀地向各个方向流去，这种流动称为点源流，简称点源，O 点称为源点。

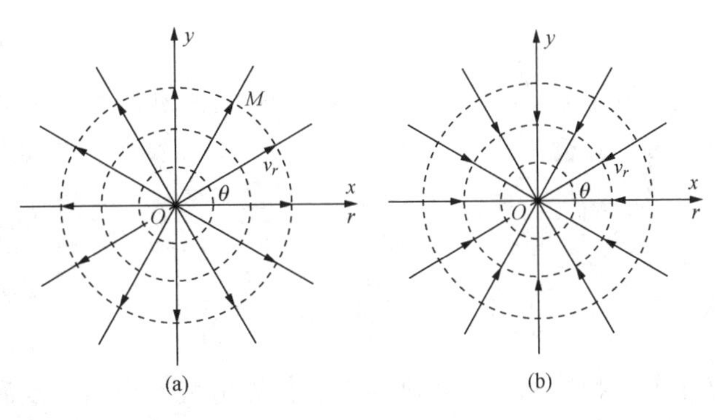

图 5-19　点源与点汇

（a）点源；（b）点汇

以 O 点为原点取极坐标，任意点 M 距原点半径为 r，与轴夹角为 θ，则 M 点的径向速度为

$$v_r = \frac{q_V}{2\pi r}$$

根据速度势和流函数的定义，在圆柱坐标下，有

$$d\varphi = \frac{\partial\varphi}{\partial r}dr + \frac{\partial\varphi}{\partial\theta}d\theta = v_r dr + r v_\theta d\theta = \frac{q_V}{2\pi r}dr$$

$$d\psi = \frac{\partial\psi}{\partial r}dr + \frac{\partial\psi}{\partial\theta}d\theta = -v_\theta dr + r v_r d\theta = \frac{q_V}{2\pi}d\theta$$

积分可得

$$\left.\begin{aligned}\varphi &= \frac{q_V}{2\pi}\ln r \\ \psi &= \frac{q_V}{2\pi}\theta\end{aligned}\right\} \tag{5-35}$$

则等势线和等流函数线（即流线）的方程为

$$\frac{q_V}{2\pi}\ln r = C_3$$

$$\frac{q_V}{2\pi}\theta = C_4$$

对于稳定流动，q_V 为常数，如图 5-19 所示，等势线是以源点为圆心的同心圆，流线是以源点为起点的半辐射线，等势线与流线正交。

若流动方向相反，即流体均匀地从各个方向向 O 点汇集，这种流动称为点汇流或点汇，O 点称为汇点。点汇是点源流动的逆过程，速度势函数与流函数的表达形式与点源相同，只是符号相反，即

$$\left.\begin{aligned}\varphi &= -\frac{q_V}{2\pi}\ln r \\ \psi &= -\frac{q_V}{2\pi}\theta\end{aligned}\right\} \tag{5-36}$$

由于 $v_r=\frac{q_V}{2\pi r}$，当 $r\rightarrow 0$ 时，$v_r\rightarrow\infty$，源点（或汇点）是奇点，所以式（5-35）和式（5-36）只有在源点（或汇点）以外才适用。

现在检验一下源点（或汇点）以外的流动是否满足无旋流条件，将式（5-35）或式（5-36）代入拉普拉斯方程，得

$$\frac{\partial^2\varphi}{\partial r^2}+\frac{1}{r}\frac{\partial\varphi}{\partial r}+\frac{1}{r^2}\frac{\partial^2\varphi}{\partial\theta^2}=-\frac{q_V}{2\pi r^2}+\frac{q_V}{2\pi r^2}=0$$

$$\frac{\partial^2\psi}{\partial r^2}+\frac{1}{r}\frac{\partial\psi}{\partial r}+\frac{1}{r^2}\frac{\partial^2\psi}{\partial\theta^2}=-0+0+0=0$$

点源和点汇的速度势 φ 和流函数 ψ 都满足拉普拉斯方程，可见，点源和点汇的确是无旋流动。

无旋流动在全流场内流动满足伯努利方程，即

$$z+\frac{p}{\rho g}+\frac{v^2}{2g}=C$$

则对于流场中的任意点与无穷远处点，有

$$z+\frac{p}{\rho g}+\frac{v^2}{2g}=z_\infty+\frac{p_\infty}{\rho g}+\frac{{v_\infty}^2}{2g}$$

由于无穷远处，$r\rightarrow\infty$时，$v_r\rightarrow 0$，因此在流场中的任意点的压强为

$$p=p_\infty-\rho\frac{v^2}{2}=p_\infty-\frac{\rho q_V^2}{8\pi^2 r^2}$$

即离源点或汇点越近，压强越小。

三、涡流

如图 5-20 所示，设有一半径为 r_0 的直线涡束，旋涡强度为 J，该涡束像刚体一样以

等角速度 ω 绕自身轴旋转，涡束周围的流体也将绕涡束中心轴产生环流。若直线涡束是无限长的，则可认为与涡束轴垂直的所有平面上的流动情况都一样，那么，绕涡束的流动可以作为平面运动来研究。这种以涡束诱导出的平面流动称为涡流，[例 5 - 4] 就是这种流动情况。

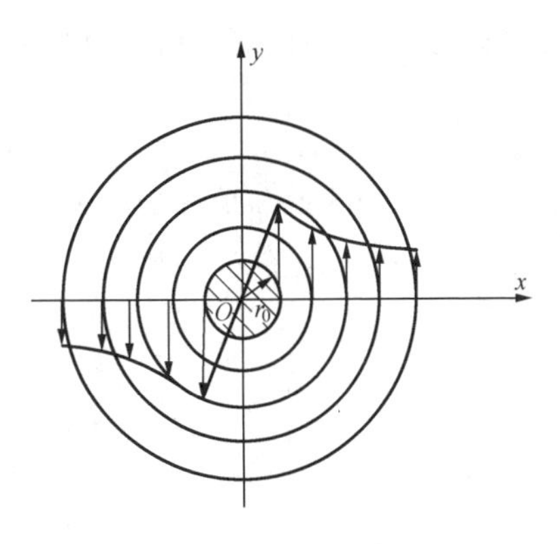

图 5 - 20　涡流

因此，若 $r \leqslant r_0$，$v_\theta = \omega r$；若 $r > r_0$，[例 5 - 4] 和 [例 5 - 8] 都已证明，涡流外的流动是无旋流。取任一封闭圆周线，由斯托克斯定理，有

$$\Gamma = 2\pi v_\theta r = 2\pi C = J$$

因此

$$v_\theta = \frac{\Gamma}{2\pi r} \tag{5 - 37}$$

当涡束的半径 $r_0 \to 0$ 时，成为一条涡线，由式 (5 - 37)，涡线诱导出来的涡流除原点外，速度在 x、y 方向上的分量为

$$v_x = -v_\theta \sin\theta = -\frac{\Gamma}{2\pi r}\frac{y}{r} = -\frac{\Gamma}{2\pi}\frac{y}{x^2+y^2}$$

$$v_y = v_\theta \cos\theta = \frac{\Gamma}{2\pi r}\frac{x}{r} = \frac{\Gamma}{2\pi}\frac{x}{x^2+y^2}$$

由流函数和速度势函数的定义，有

$$\mathrm{d}\psi = v_x \mathrm{d}y - v_y \mathrm{d}x = -\frac{\Gamma}{2\pi}\frac{y\mathrm{d}y + x\mathrm{d}x}{x^2+y^2}$$

$$\mathrm{d}\varphi = v_x \mathrm{d}x + v_y \mathrm{d}y = \frac{\Gamma}{2\pi}\frac{-y\mathrm{d}x + x\mathrm{d}y}{x^2+y^2} = \frac{\Gamma}{2\pi}\frac{\mathrm{d}\left(\frac{y}{x}\right)}{1+\left(\frac{y}{x}\right)^2}$$

对上式积分，得到涡流流函数和速度势函数为

$$\left.\begin{aligned} \psi &= -\frac{\Gamma}{4\pi}\ln(x^2+y^2) = -\frac{\Gamma}{2\pi}\ln r \\ \varphi &= \frac{\Gamma}{2\pi}\arctan\frac{y}{x} = \frac{\Gamma}{2\pi}\theta \end{aligned}\right\} \tag{5 - 38}$$

同样，由伯努利方程可求得流场中任意点的压强为

$$p = p_\infty - \rho\frac{v^2}{2} = p_\infty - \frac{\rho\Gamma^2}{8\pi^2 r^2}$$

即离涡点越近，压强越小。

以上讨论了几种简单的流动情况，其速度势和流函数都满足拉普拉斯方程，将它们叠加后可以组成一种新的流动。这些新的流动情况，在工程技术上很有实际意义。

第九节　平面无旋流的叠加

上节介绍了平行流、点源、点汇、涡流等几种简单的平面无旋流，其速度势和流函数都满足拉普拉斯方程，拉普拉斯算子是线性算子，不难证明，多个满足拉普拉斯方程的函数的代数和仍满足拉普拉斯方程。例如，若$\nabla^2\varphi_1=0$，$\nabla^2\varphi_2=0$，…，$\nabla^2\varphi_n=0$，则必有

$$\nabla^2(c_1\varphi_1+c_2\varphi_3+\cdots+c_n\varphi_n)=0$$

其中，c_1、c_2、…、c_n 为常数。

因此，多个平面无旋流的叠加仍然是平面无旋流，并且叠加后新流动的速度等于原有多个平面无旋流场速度的矢量和。

一、偶极流

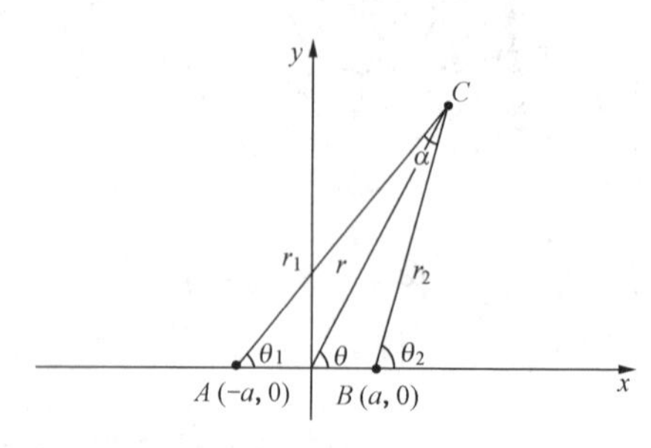

图 5 - 21　相距很近的点源与点汇

如图 5 - 21 所示，A（$-a$，0）处有一源点，B（a,0）处有一汇点，对于流场中任意点 C，点 C 和点A、B 的距离分别为 r_1、r_2，由式（5 - 35）和式（5 - 36），点源和点汇的流函数和速度势函数分别为

$$\left.\begin{aligned}\varphi_1&=\frac{q_{V1}}{2\pi}\ln r_1\\ \psi_1&=\frac{q_{V1}}{2\pi}\theta_1\end{aligned}\right\},\quad \left.\begin{aligned}\varphi_2&=-\frac{q_{V2}}{2\pi}\ln r_2\\ \psi_2&=-\frac{q_{V2}}{2\pi}\theta_2\end{aligned}\right\}$$

若 $q_{V1}=q_{V2}=q_V$，则叠加后，任意点 C 的流函数和速度势为

$$\varphi=\varphi_1+\varphi_2=\frac{q_V}{2\pi}(\ln r_1-\ln r_2)=\frac{q_V}{2\pi}\ln\frac{r_1}{r_2}$$

$$\psi=\psi_1+\psi_2=\frac{q_V}{2\pi}(\theta_1-\theta_2)$$

若源点与汇点无限靠近，即 $a\to0$，$r_1\to r_2\to r$，$\theta_1\to\theta_2\to\theta$，则

$$r_1\approx r_2+2a\cos\theta$$

$$\frac{r_1}{r_2}\approx1+\frac{2a}{r_2}\cos\theta$$

按级数 $\ln(1+z)=z-\frac{z^2}{2}+\frac{z^3}{3}-\frac{z^4}{4}+\cdots$（$-1\leqslant z\leqslant1$）的形式展开，并近似取第一项可得

$$\ln\frac{r_1}{r_2}\approx\ln\left(1+\frac{2a}{r_2}\cos\theta\right)\approx\frac{2a\cos\theta}{r_2}\approx\frac{2a\cos\theta}{r}$$

所以

$$\varphi=\frac{q_V}{2\pi r}2a\cos\theta$$

当 $2a$ 无限缩小时，若流量 q_V 无限增大，即当 $2a\to0$ 时，$q_V\to\infty$，$M=2aq_V$ 保持为一常数，常数 M 称为偶极矩或偶极流强度。

偶极流的速度势为

$$\varphi=\frac{M\cos\theta}{2\pi r}=\frac{M}{2\pi r}\frac{x}{r}=\frac{M}{2\pi}\frac{x}{r^2}$$

即

$$\varphi=\frac{M}{2\pi}\frac{x}{x^2+y^2}\tag{5 - 39}$$

下面分析偶极流的流函数。

点源与点汇的流函数叠加得到偶极流的流函数，即

$$\psi=\psi_1+\psi_2=\frac{q_V}{2\pi}(\theta_1-\theta_2)=-\frac{q_V}{2\pi}\alpha$$

当 $2a \to 0$ 时，有
$$\alpha \approx \frac{2a\sin\theta}{r}$$
$$\psi = -\frac{q_V}{2\pi}\frac{2a\sin\theta}{r} = -\frac{2aq_V}{2\pi}\frac{\sin\theta}{r} = -\frac{M}{2\pi}\frac{y}{r^2}$$
即
$$\psi = -\frac{M}{2\pi}\frac{y}{x^2+y^2} \tag{5-40}$$

由式（5－39）和式（5－40），可得偶极流的等势函数线和等流函数线（即流线）的方程为

等势函数线　$\frac{x}{x^2+y^2} = C_1$　或　$y^2 + \left(x - \frac{1}{2C_1}\right)^2 = \frac{1}{4C_1^{\,2}}$

流线　$\frac{y}{x^2+y^2} = C_2$　或　$x^2 + \left(y - \frac{1}{2C_2}\right)^2 = \frac{1}{4C_2^{\,2}}$

可见流线是圆心在 y 轴上的圆周簇，并在坐标原点与 x 轴相切（见图 5－22）。流体沿着圆周线由坐标原点流出，然后又流入原点。显然，经过任意包围偶极点的封闭曲线的流量等于零，这是因为该曲线的端点总是在偶极流的同一流线上的。

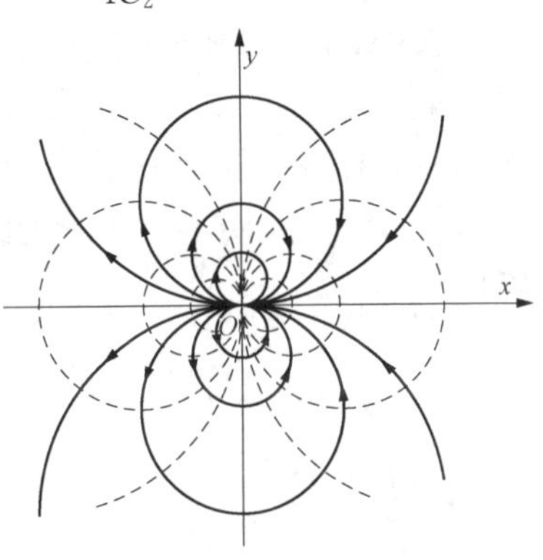

图 5－22　偶极流

偶极流的等势线与流线正交，如图 5－22 中的虚线所示。

由偶极流的速度势和流函数，可得速度分布为
$$\left.\begin{aligned} v_x &= \frac{\partial\varphi}{\partial x} = \frac{M}{2\pi}\frac{y^2-x^2}{(x^2+y^2)^2} \\ v_y &= \frac{\partial\varphi}{\partial y} = \frac{M}{2\pi}\frac{-2xy}{(x^2+y^2)^2} \end{aligned}\right\} \tag{5-41}$$

二、点汇和涡流

离心分离器、旋风燃烧室等流场中的流动都是流体从圆周切向流进、从中央不断流出，这种流动可近似认为是点汇和涡流的叠加。

设同一坐标原点有一汇点和涡点，叠加后新的组合流动的速度势和流函数为
$$\varphi = \varphi_1 + \varphi_2 = -\frac{q_V}{2\pi}\ln r + \frac{\Gamma}{2\pi}\theta = -\frac{1}{2\pi}(q_V\ln r - \Gamma\theta) \tag{5-42}$$
$$\psi = \psi_1 + \psi_2 = -\frac{1}{2\pi}(q_V\theta + \Gamma\ln r) \tag{5-43}$$

若令式（5－42）和式（5－43）等于常数，则可得到等势线和流线的方程。

等势线方程为
$$r = C_3 e^{\frac{\Gamma\theta}{q_V}} \tag{5-44}$$

流线方程为
$$r = C_4 e^{-\frac{q_V\theta}{\Gamma}} \tag{5-45}$$

速度分布为
$$\left.\begin{aligned} v_r &= \frac{\partial\varphi}{\partial r} = -\frac{q_V}{2\pi r} \\ v_\theta &= \frac{1}{r}\frac{\partial\varphi}{\partial\theta} = \frac{1}{r}\frac{\Gamma}{2\pi} = \frac{\Gamma}{2\pi r} \end{aligned}\right\} \tag{5-46}$$

因此，任意点的合速度为 $v=\sqrt{v_r^2+v_\theta^2}=\dfrac{\sqrt{\Gamma^2+q_V^2}}{2\pi r}$

代入伯努利方程，可得平面上任意两点间的压强关系为

$$p_1=p_2-\frac{\rho}{8\pi^2}(\Gamma^2+q_V^2)\left(\frac{1}{r_1^2}-\frac{1}{r_2^2}\right)$$

式（5 - 44）和式（5 - 45）是两簇对数螺旋线，互相正交，如图 5 - 23 所示。

点汇和涡流叠加后形成新的组合流动，这在自然界和工程技术是常见的，如离心式燃油喷嘴、离心除尘器、离心分离器、旋风燃烧室等。以离心式燃油喷嘴为例，如图 5 - 24 所示，油从切线方向引入，在喷嘴内，边旋转边前进，然后由喷口流出。中心压强比外部区压强低，因而中心部位产生负压，形成抽吸作用。当流体流出喷口后，喷嘴壁对流体的向心力消失，流体一方面沿切线方向运动，同时由于流体还具有轴向速度，在喷口形成锥顶角 2α，如图 5 - 24 所示，该锥顶角也称雾化角。显然，雾化角的大小与 v_θ/v_z 的比值有关。雾化角大，则火焰短，铺展面大；反之，雾化角小，则火焰细长。成圆锥状的液流，与外界介质具有较大的相对速度和接触面积，会产生较大的摩擦力，克服液体的表面张力，把液流雾化成雾滴，雾滴与助燃空气具有较大的接触表面，从而有利于完全燃烧。

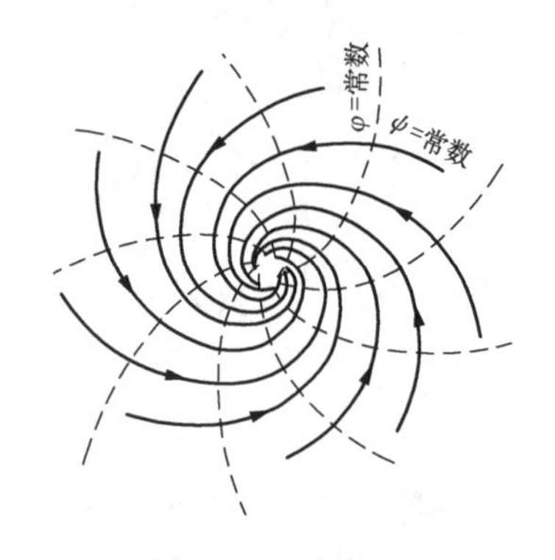

图 5 - 23 螺旋流

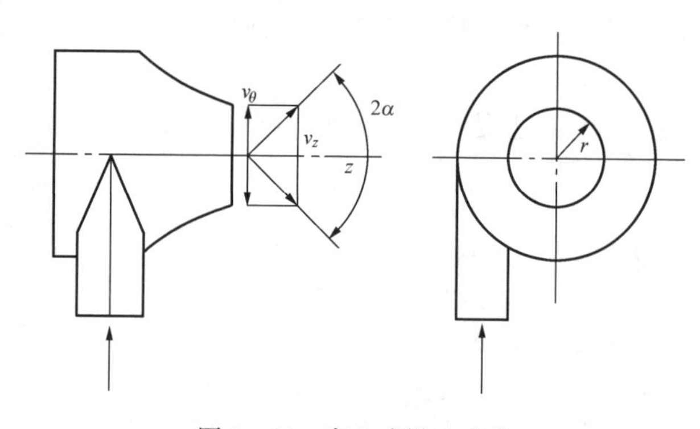

图 5 - 24 离心式燃油喷嘴

三、平行流与偶极流的叠加——平行流绕流圆柱体的流动

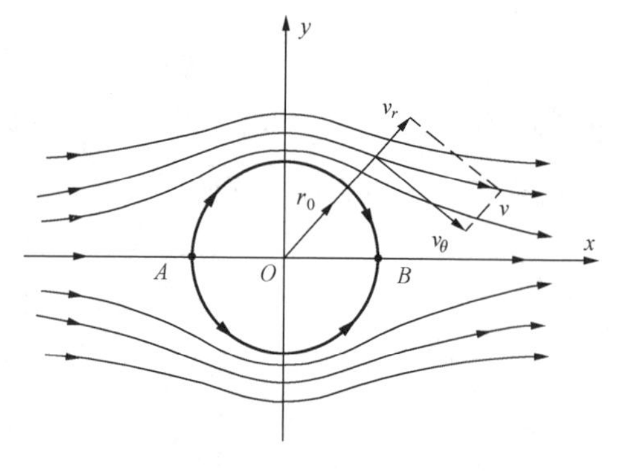

图 5 - 25 平行流与偶极流的叠加

如图 5 - 25 所示，设有一自左前方无穷远处的平行流来流，来流速度为 v_∞，坐标原点处有一偶极流。

由式（5 - 34），平行流的速度势与流函数为

$$\varphi_1=v_x x+v_y y=v_\infty x$$

$$\psi_1=v_x y-v_y x=v_\infty y$$

由式（5 - 39）和式（5 - 40），偶极流的速度势和流函数为

$$\varphi_2=\frac{M}{2\pi}\frac{x}{x^2+y^2}$$

$$\psi_2 = -\frac{M}{2\pi}\frac{y}{x^2+y^2}$$

则平行流与偶极流的叠加后，组合流动的流函数和势函数为

$$\left.\begin{aligned}\varphi &= v_\infty x + \frac{M}{2\pi}\frac{x}{x^2+y^2}\\ \psi &= v_\infty y - \frac{M}{2\pi}\frac{y}{x^2+y^2}\end{aligned}\right\} \tag{5-47}$$

故流线方程为

$$\psi = v_\infty y - \frac{M}{2\pi}\frac{y}{x^2+y^2} = C_5$$

对应一个常数值 C_5 可得出一条流线，当 $C_5=0$ 时，$\psi=0$，该流线称为零值流线，零值流线方程为

$$v_\infty y = \frac{M}{2\pi}\frac{y}{x^2+y^2}$$

$y=0$ 或 $x^2+y^2=\frac{M}{2\pi v_\infty}$ $\left(\text{半径为}\sqrt{\frac{M}{2\pi v_\infty}}\text{的圆}\right)$满足该方程，由此可知，$y=0$ 及半径为 $\sqrt{\frac{M}{2\pi v_\infty}}$ 的圆周上，流函数 $\psi=0$，是平行流与偶极流叠加后组合流动的一条零值流线。因此，平行流与偶极流的叠加相当于平行流绕流半径为 $\sqrt{\frac{M}{2\pi v_\infty}}$ 的圆柱的流动。

令 $r_0=\sqrt{\frac{M}{2\pi v_\infty}}$，则平行流绕流半径为 r_0 的圆柱体，流动的流函数可写成

$$\psi = v_\infty y\left(1-\frac{r_0^2}{x^2+y^2}\right) = v_\infty\left(1-\frac{r_0^2}{r^2}\right)r\sin\theta \tag{5-48}$$

速度势函数为

$$\varphi = \varphi_1+\varphi_2 = v_\infty x\left(1+\frac{r_0^2}{x^2+y^2}\right) = v_\infty\left(1+\frac{r_0^2}{r^2}\right)r\cos\theta \tag{5-49}$$

当 $r<r_0$ 时，为圆柱体内的流动情况，无实际意义。

当 $r\geqslant r_0$ 时，为圆柱体外的流动情况，流场中任一点的速度分量为

$$\left.\begin{aligned}v_r &= \frac{\partial\varphi}{\partial r} = v_\infty\left(1-\frac{r_0^2}{r^2}\right)\cos\theta\\ v_\theta &= \frac{1}{r}\frac{\partial\varphi}{\partial\theta} = -v_\infty\left(1+\frac{r_0^2}{r^2}\right)\sin\theta\end{aligned}\right\} \tag{5-50}$$

当 $r=r_0$ 时，在圆柱面上，速度分量为

$$\left.\begin{aligned}v_r &= 0\\ v_\theta &= -2v_\infty\sin\theta\end{aligned}\right\} \tag{5-51}$$

由式（5-51）可知，图5-25中的 A 点 $\theta=\pi$，$v_\theta=0$，称为前驻点；B 点 $\theta=0$，$v_\theta=0$，称为后驻点。在圆柱体表面上的流动速度的大小为

$$v_\theta = 2v_\infty|\sin\theta| \tag{5-52}$$

即圆柱面上流速按正弦曲线规律分布，如图5-26所示。

沿包围圆柱体的圆周线的速度环量为

$$\Gamma=\oint v_{\theta}\mathrm{d}s=-v_{\infty}\left(1+\frac{r_0^2}{r^2}\right)\oint\sin\theta\mathrm{d}\theta=0$$

即平行流绕流圆柱体的平面流动速度环量为零，流动是无旋的。

采用伯努利方程，可求得圆柱体外流场中压强分布为

$$\frac{p}{\rho g}+\frac{v_{\theta}^2}{2g}=\frac{p_{\infty}}{\rho g}+\frac{v_{\infty}^2}{2g}$$

将式（5－52）代入上式，得到圆柱体表面上压强分布为

$$p=p_{\infty}+\frac{1}{2}\rho v_{\infty}^2(1-4\sin^2\theta) \tag{5－53}$$

工程上常用无因次压强系数来表示圆柱体上任一点处的压强，即

$$C_p=\frac{p-p_{\infty}}{\frac{1}{2}\rho v_{\infty}^2}$$

将式（5－53）代入上式，得到

$$C_p=1-4\sin^2\theta \tag{5－54}$$

圆柱面上的无因次压强系数 C_p 与 v_{∞}、p_{∞} 及 r_0 无关。理论的无因次压强系数曲线如图5－27所示，圆柱面上压强周向对称分布。

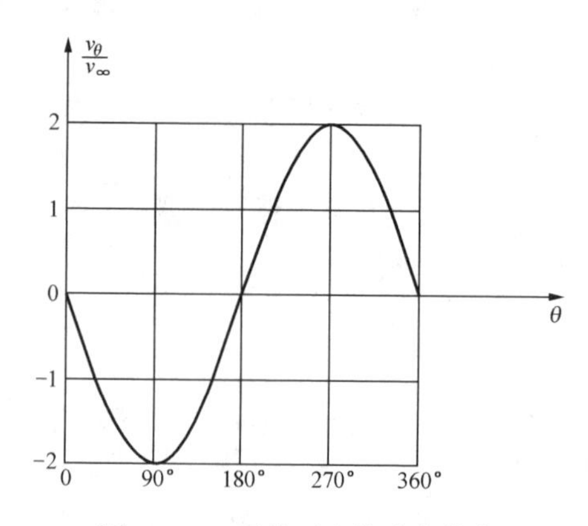

图5－26　圆柱面上的速度分布

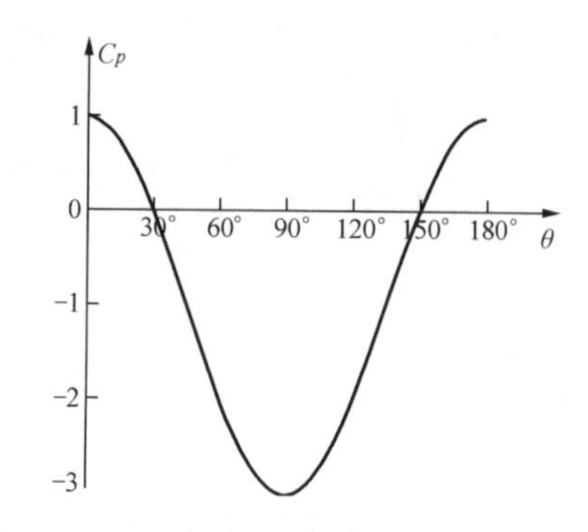

图5－27　圆柱面上的压强分布

由于圆柱面上的压强周向完全对称，压强在圆柱面上的合力为零，即圆柱体的存在对平行流动不造成任何阻力。另外，圆柱体前后、左右的速度分布也完全对称。因此，平行流绕流圆柱体后也没有任何能量损失。上述两个结论显然与实际现象不相符，实际流动中由于黏性的作用，必然存在压差阻力和能量损失，理想流体的流动是对实际过程的一种近似与假设。

第十节　平行流绕圆柱体有环流的流动

第九节中分析了平行流绕流圆柱体的流动，圆柱体是静止的，流场中没有环流，如图5－28所示。若圆柱体绕自身轴做等角速度旋转，带动周围流体流动，相当于流场中又增加了一平面涡流，这就是平行流绕流圆柱体有环流的流动。

设涡流的强度为 Γ，由式（5－38）、式（5－48）和式（5－49），叠加后的流场速度势和

流函数为

$$
\left.\begin{aligned}
\varphi &= v_\infty\left(1+\frac{r_0^2}{r^2}\right)r\cos\theta+\frac{\Gamma}{2\pi}\theta \\
\psi &= v_\infty\left(1-\frac{r_0^2}{r^2}\right)r\sin\theta-\frac{\Gamma}{2\pi}\ln r
\end{aligned}\right\} \tag{5-55}
$$

速度分量为

$$
\left.\begin{aligned}
v_r &= \frac{\partial\varphi}{\partial r}=v_\infty\left(1-\frac{r_0^2}{r^2}\right)\cos\theta \\
v_\theta &= \frac{1}{r}\frac{\partial\varphi}{\partial\theta}=-v_\infty\left(1+\frac{r_0^2}{r^2}\right)\sin\theta+\frac{\Gamma}{2\pi r}
\end{aligned}\right\} \tag{5-56}
$$

令 $r=r_0$，得到圆柱面上的速度分布为

$$
\left.\begin{aligned}
v_r &= 0 \\
v_\theta &= -2v_\infty\sin\theta+\frac{\Gamma}{2\pi r_0}
\end{aligned}\right\} \tag{5-57}
$$

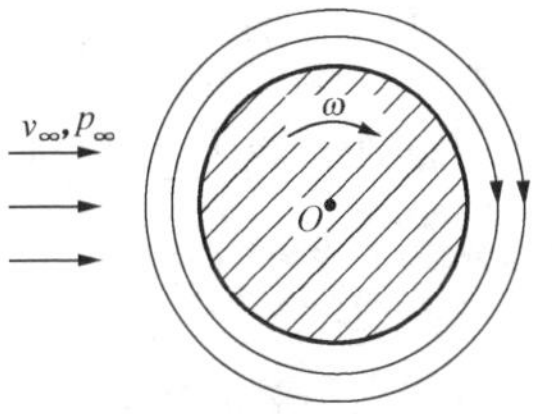

由于环流的影响，流场速度分布、压强分布及驻点的位置都发生了改变。

图 5 - 28　平行流绕圆柱体有环流的流动

对于如图 5 - 28 和图 5 - 29 所示的流动情况，$\Gamma<0$，速度环量沿顺时针方向。圆柱体以上，环流速度方向与均匀来流一致，速度增加；圆柱体以下，环流速度方向与均匀来流相反，速度减小。由此，圆柱体上下便形成不对称的流动。

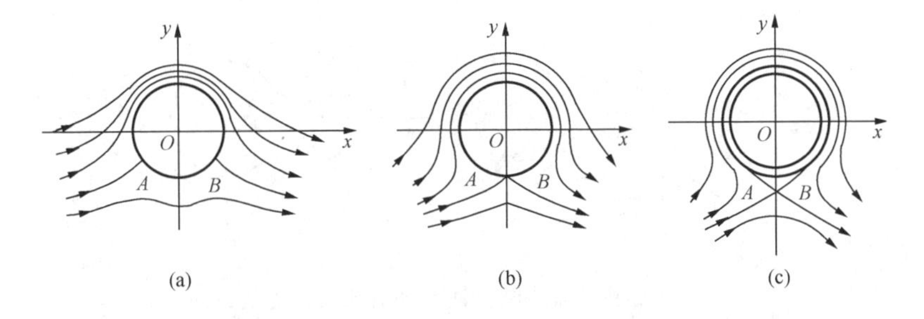

图 5 - 29　平行流绕圆柱体有环流流动的驻点

由式（5 - 57），圆柱体表面上速度为零的点所在位置为

$$
\sin\theta=\frac{\Gamma}{4\pi r_0 v_\infty} \tag{5-58}
$$

当 $0<\left|\frac{\Gamma}{4\pi r_0 v_\infty}\right|<1$，如图 5 - 29（a）所示，两驻点 A 和 B 离开 x 轴，对称地落到坐标平面的第三象限和第四象限。随着涡流强度的增大，由于速度环量沿顺时针方向，圆柱体以上流体速度叠加后越来越大，圆柱体以下速度则越来越小，两驻点向下移动。当 $\left|\frac{\Gamma}{4\pi r_0 v_\infty}\right|=1$ 时，此时 $\sin\theta=1$，如图 5 - 29（b）所示，两驻点 A 和 B 在圆柱体的正下方表面重合。若涡流强度进一步增大，$\left|\frac{\Gamma}{4\pi r_0 v_\infty}\right|>1$，则 $\sin\theta>1$，式（5 - 58）无解，说明此时驻点已不在圆柱体表面上，如图 5 - 29（c）所示，驻点位于流场中圆柱体的下方。

将式（5 - 57）圆柱面上的速度分布代入伯努利方程，得到圆柱体表面的压强分布为

$$p = p_\infty + \frac{1}{2}\rho v_\infty^2 - \frac{1}{2}\rho(v_r^2 + v_\theta^2) = p_\infty + \frac{1}{2}\rho\left[v_\infty^2 - \left(-2v_\infty\sin\theta + \frac{\Gamma}{2\pi r_0}\right)^2\right] \tag{5 - 59}$$

将压强沿圆柱体表面进行积分，就可得到流体作用于圆柱体上的总压力，总压力在平行于来流方向上的分力为阻力；在垂直于来流方向上的分力则为升力。由式（5 - 59），流体作用在单位长度圆柱体上的阻力为

$$\begin{aligned} F_D = F_x &= -\int_0^{2\pi} p r_0 \cos\theta \mathrm{d}\theta \\ &= -\int_0^{2\pi}\left\{p_\infty + \frac{1}{2}\rho\left[v_\infty^2 - \left(-2v_\infty\sin\theta + \frac{\Gamma}{2\pi r_0}\right)^2\right]\right\} r_0\cos\theta \mathrm{d}\theta = 0 \end{aligned} \tag{5 - 60}$$

流体作用在单位长度圆柱体上的升力为

$$\begin{aligned} F_L = F_y &= -\int_0^{2\pi} p r_0 \sin\theta \mathrm{d}\theta \\ &= -\int_0^{2\pi}\left\{p_\infty + \frac{1}{2}\rho\left[v_\infty^2 - \left(-2v_\infty\sin\theta + \frac{\Gamma}{2\pi r_0}\right)^2\right]\right\} r_0\sin\theta \mathrm{d}\theta = -\rho v_\infty \Gamma \end{aligned} \tag{5 - 61}$$

此时，流动对称于 y 轴，阻力为零，但升力却不为零，升力的大小等于流体密度、来流速度和速度环量的乘积，式（5 - 61）常称为库塔 - 儒可夫斯基升力公式。如图 5 - 30 所示，升力的方向由来流速度方向沿逆速度环量的方向旋转 90°来确定。库塔 - 儒可夫斯基升力公式不仅适用于圆柱体绕流，对于理想流体绕流有环量的其他形状固体（如机翼等），也可推广应用。

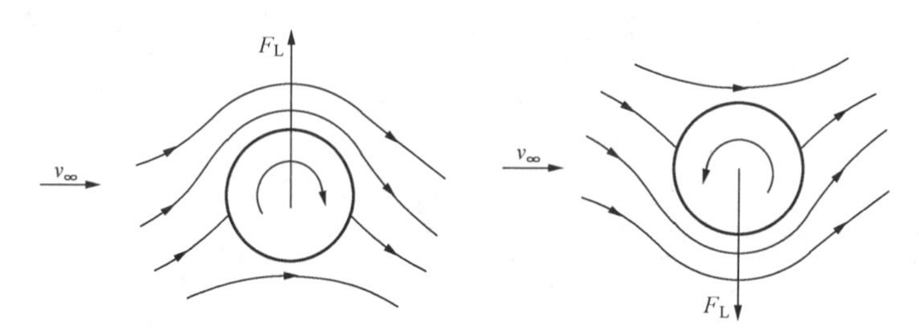

图 5 - 30　平行流绕圆柱体有环流流动升力的方向

流体绕流做旋转运动的圆柱体，或圆柱体边旋转边横向运动时，将受到与运动方向相垂直的力，这种现象常称为马格努斯效应。在三维情况下，旋转运动的球体也会产生马格努斯效应。

第十一节　叶栅与机翼的工作原理

机翼一般泛指相对于流体运动的各种升力装置，其形状为圆头尖尾的流线型。叶栅是由一组形状相同的机翼按一定规律排列的组合，组成叶栅的机翼常称为叶片。叶栅与机翼在流体机械中广泛应用，本节简单介绍其工作原理。

一、叶栅的受力分析

实际工程应用中的叶栅多种多样，若能将绕流叶栅的流体分成若干等厚度的流层，这些流层本身为平面，或流层虽为曲面但沿流线切开流层后仍能展开为平面，在任一横截面上

看，流动状态相同，称这类叶栅为平面叶栅。本节主要以平面叶栅为例进行分析。

图 5 - 31 所示为平面叶栅的一部分，叶片之间的间距称为栅距，用 L 表示。叶栅前远方为均匀来流，忽略流体的黏性，叶栅绕流流线与叶片型线完全吻合，且绕每个叶片的流动都相同。为分析叶片受力，取单位厚度的控制体 $ABCD$，如图 5 - 31 所示，控制体的外表面由某叶片上、下两条流线 AB、CD，以及叶栅前后足够远处连接两条流线，且与 y 轴平行的 AC、BD 组成，控制体的内表面由紧贴叶片的壁面轮廓线围成。

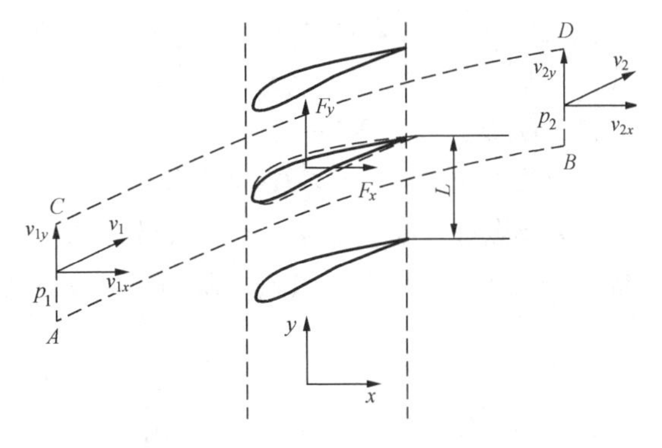

图 5 - 31　叶栅的受力分析

在离叶栅前方足够远的 AC 处，流动均匀，其流动参数用 $\vec{v}_1$、p_1 表示，速度 $\vec{v}_1$ 在 x、y 方向上的分量为 v_{1x}、v_{1y}，BD 离叶栅后方足够远，流动也是均匀的，流动参数用 $\vec{v}_2$、p_2 表示，速度 $\vec{v}_2$ 在 x、y 方向上的分量为 v_{2x}、v_{2y}。由于流线 AB、CD 位置相同，压强分布完全相同，故两条流线以外的流体对控制体内流体的压力大小相等，方向相反，作用力抵消，但控制体内表面流体与叶片存在相互作用力，如图 5 - 31 所示，流体对叶片的作用力为 $\vec{F}$，在 x、y 方向上的分量为 F_x、F_y，则叶片对流体的作用力的分量为 $-F_x$、$-F_y$。

对于不可压缩流体，由连续性方程，有

$$v_{1x}L = v_{2x}L\text{，即}\quad v_{1x} = v_{2x} = v_x \tag{a}$$

由伯努利方程

$$p_1 - p_2 = \frac{1}{2}\rho(v_2^2 - v_1^2) = \frac{1}{2}\rho(v_{2y}^2 - v_{1y}^2) \tag{b}$$

由动量方程

x 方向上：

$$\rho v_x L(v_{2x} - v_{1x}) = (p_1 - p_2)L - F_x = 0$$

即

$$F_x = (p_1 - p_2)L \tag{c}$$

y 方向上：

$$\rho v_x L(v_{2y} - v_{1y}) = -F_y \tag{d}$$

将式（a）、（b）代入动量方程（c）、（d），进一步整理得

$$F_x = (p_1 - p_2)L = \frac{1}{2}\rho(v_{2y}^2 - v_{1y}^2)L \tag{e}$$

$$F_y = \rho v_x L(v_{1y} - v_{2y}) \tag{f}$$

由于流线 AB、CD 上的速度线积分正好大小相等，方向相反，因此，沿封闭曲线 $ABDCA$ 上的速度环量为

$$\Gamma = \Gamma_{CA} + \Gamma_{BD} = L(v_{2y} - v_{1y}) \tag{g}$$

将式（g）代入式（e）和式（f），并令 $v_y = (v_{1y} + v_{2y})/2$，得到

$$\left.\begin{aligned} F_x &= \rho v_y \Gamma \\ F_y &= -\rho v_x \Gamma \end{aligned}\right\} \tag{5 - 62}$$

因此，合力的大小为

$$F = \sqrt{F_x^2 + F_x^2} = \rho v \Gamma \tag{5 - 63}$$

其中，平均速度$\vec{v}=v_x\vec{i}+v_y\vec{j}$，合力$\vec{F}$的方向与$\vec{v}$垂直，$\vec{F}$的方向沿$\vec{v}$方向逆环流旋转了90°。

式（5-62）和式（5-63）就是不可压缩理想流体绕流叶栅的库塔-儒可夫斯基升力公式。

二、机翼的升力原理

单个机翼位于均匀来流中（见图5-32），可以认为$L\to\infty$，但速度环量$\Gamma=L(v_{2y}-v_{1y})$仍保存为有限值，则$v_{2y}\to v_{1y}\to v_y$，这样，平均速度$\vec{v}\to\vec{v}_\infty$，$\vec{v}_\infty$为无穷远处的来流速度，速度分量为$v_{x\infty}$、$v_{y\infty}$。因此，由式（5-62），单个机翼在均匀来流中所受流体的作用力为

$$\left.\begin{aligned}F_x &= \rho v_{y\infty}\Gamma\\ F_y &= -\rho v_{x\infty}\Gamma\end{aligned}\right\}$$

若来流是水平均匀来流，$v_{y\infty}=0$，令$v_\infty=v_{x\infty}$，则

$$\left.\begin{aligned}F_D &= F_x = 0\\ F_L &= F_y = -\rho v_\infty\Gamma\end{aligned}\right\} \tag{5-64}$$

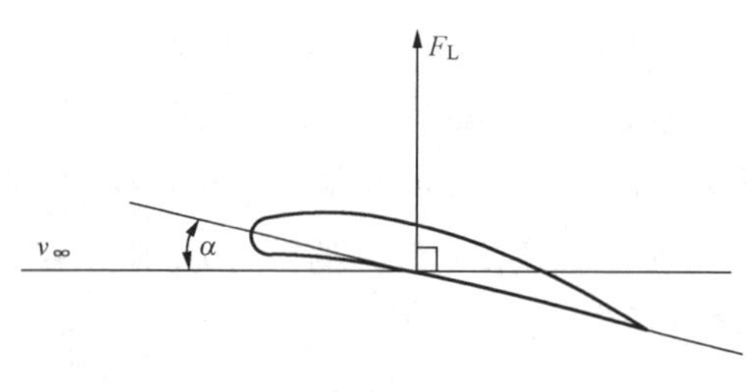

图5-32 单个机翼的升力

可见机翼的升力公式与平行流绕圆柱体有环流流动的升力公式完全一样。

由式（5-64）可看出，机翼产生升力必须在机翼的周围产生速度环量，速度环量为零，升力为零。研究表明，机翼在以一定向上的冲角向前运动时，能产生环量，进而产生升力。机翼环量的产生机理可分析如下。

机翼静止时，周围无环量。若机翼突然起动，速度迅速增加到v_∞，从机翼上看，相当于突然有无穷远来流以v_∞绕过机翼，如图5-33（a）所示，此时是无环量绕流，在机翼的后缘点A处流动速度很大，压强很低。由于机翼有一定冲角，对于来流不是上下对称，后驻点B位于上表面后缘点的前方，这样当机翼下面的流体绕过A点流向后驻点B时，流动是由低压区流向高压区，流体将与物面分离，产生如图5-33（b）所示的逆时针方向旋转的涡。该涡是不稳定的，旋涡将在尾部脱落，随流体一起向下游运动。这一流向下游的涡称为起动涡。

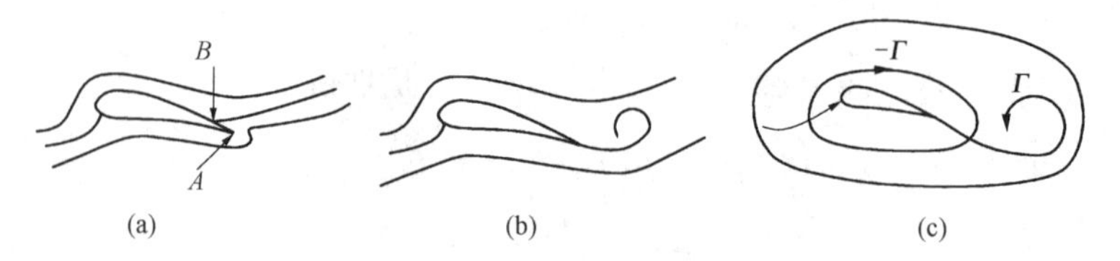

图5-33 机翼环量的产生机理

如图5-33（c）所示，在流场中作足够大的封闭流体线，包围机翼和脱落的旋涡。由于在起动前，此流体线上环量为零，由开尔文定理，则此流体线上的环量将始终保持为零。当有逆时针方向旋转的涡剥落时，在机翼上必然同时产生一个强度相等、方向相反的顺时针涡，这一与启动涡方向相反，附着在机翼上的涡称为附着涡，在附着涡的作用下，后驻点B将向后缘点移动，同时不断有逆时针旋涡流向下游，绕机翼的顺时针附着涡强度不断增大，直至B点与A重合，这时上、下两股流体在机翼后缘汇合。如图5-33（c）所示，这时起动涡被冲到机翼下游，附着在机翼上的附着涡则保留下来，在机翼周围产生环量。

复习与思考

5-1　黏性流体和理想流体的连续性方程是否相同？可压缩流和不可压缩流的连续性方程是否相同？稳定流动和非稳定流动的连续性方程是否相同？分别写出。

5-2　流体微团的运动形式有哪些？分别写出其数学表达式。

5-3　什么是有旋流动？什么是无旋流动？如何判断？黏性流体在圆管内的层流流动是有旋流还是无旋流？

5-4　稳定无旋流场的伯努利方程与理想流体沿流线的伯努利方程的形式和物理意义有何异同？各自的适用条件是怎样的？

5-5　速度势和流函数存在的条件是什么？流函数有哪些物理意义？

5-6　等势函数线和等流函数线有何关系？什么是流网？

5-7　什么是涡线？什么是涡管？什么是涡通量？涡通量与速度环量有何关系？

5-8　理想流体绕流静止的圆柱，圆柱面上速度、压强如何变化？绕流前后流动有无能量损失？为什么？

5-9　旋转圆柱绕流后会产生升力的现象称为马格努斯效应，试分析马格努斯效应，并举例说明。

习　题

5-1　检查下列平面流动是否满足连续性条件：

(1) $v_x=Cx$，$v_y=-Cy$；(2) $v_x=C(x^2+xy-y^2)$，$v_y=C(x^2+y^2)$；(3) $v_x=C\sin(xy)$，$v_y=-C\sin(xy)$；(4) $v_x=C\ln(xy)$，$v_y=C(y/x)$。

5-2　判断下列流场是否连续，是否无旋。

(1) $v_x=4$，$v_y=3x$；(2) $v_x=4y$，$v_y=-3x$；(3) $v_x=4xy$，$v_y=0$；(4) $v_r=\dfrac{c}{r}$，$v_\theta=0$；(5) $v_r=0$，$v_\theta=\dfrac{c}{r}$。

5-3　已知平面流动的速度为 $v_x=x^2+2x-4y$，$v_y=-2xy-2y$。问：(1) 是否连续；(2) 是否无旋；(3) 求驻点位置；(4) 求流函数。

5-4　判断下列流场是否连续，是否无旋。

(1) $v_x=\dfrac{Cx}{x^2+y^2}$，$v_y=\dfrac{Cy}{x^2+y^2}$；(2) $v_x=x^2+2xy$，$v_y=y^2+2xy$；(3) $v_x=y+z$，$v_y=z+x$，$v_z=x+y$。

5-5　判断下列流函数所描述的流场是否无旋：(1) $\psi=Cxy$；(2) $\psi=x^2-y^2$；(3) $\psi=C\ln xy^2$；(4) $\psi=C\left(1-\dfrac{1}{r^2}\right)r\sin\theta$。

5-6　已知平面势流的流函数 $\psi=xy+2x-3y+10$，求速度势与流速分量。

5-7　已知速度势 $\varphi=xy$，求流函数 ψ、流速分量和通过点 (0，0) 与 (2，3) 连线的流量。

5-8　试证明流速分量为 $v_x=2xy+x$，$v_y=x^2-y^2-y$ 的平面流动为势流，并求速度势和流函数。

5-9　已知有旋流动的速度分量为 $v_x=2y+3z$，$v_y=2z+3x$，$v_z=2x+3y$，求旋转角速度分量、角变形速率分量和涡线的方程。

5-10　已知有旋流动的速度场为 $v_x=x+y$，$v_y=y+z$，$v_z=x^2+y^2+z^2$，求点（2，2，2）的旋转角速度。

5-11　已知平面流动的流函数 $\psi=3x^2y-y^3$，求速度势并证明流速与距坐标原点的距离的平方成正比。

5-12　已知平面势流的流函数 $\psi=9+6x-4y+7xy$，求速度势。

5-13　已知平面势流的流函数 $\psi=5xy$（m^2/s）。(1) 求速度势；(2) 求（1，1）点的速度；(3) 若（1，1）点的压强为 $p=10^5$Pa，密度 $\rho=1000kg/m^3$，求流场驻点处的压强。

5-14　已知流体运动的速度分量为 $v_x=y+2z$，$v_y=z+2x$，$v_z=x+2y$，求涡线的方程。若涡管截面 $dA=10^{-4}m^2$，求旋涡强度。

5-15　在点（1，0）和（−1，0）两点各有一强度为 4π 的点源，求在点（0，0）、（0，1）、（0，−1）、（1，1）处的速度。

5-16　若 $v_x=yxt$，$v_y=zxt$，$v_z=xyt$，证明所代表的速度场是一个不可压缩的有势流动，并求其速度势。

5-17　已知平面流动的速度分布为

$$v_x=\frac{-Cy}{(x-a)^2+y^2}+\frac{Cy}{(x+a)^2+y^2},\quad v_y=\frac{C(x-a)}{(x-a)^2+y^2}-\frac{C(x+a)}{(x+a)^2+y^2}$$

求：(1) 判断流动是否有旋；(2) 计算沿三个圆周 $(x-a)^2+y^2=a^2/4$，$x^2+y^2=a^2$ 和 $(x+a)^2+y^2=a^2/4$ 的速度环量。

5-18　已知三维不可压缩流场，$v_x=x^2+y^2+x+y+z$，$v_y=y^2+2yz$，在 $z=0$ 处，速度分量 $v_z=0$，求速度分量 v_z 的表达式。

5-19　直径为 5cm 的无限长圆柱体，在静止的流体中以 2m/s 的速度做直线运动，求流场中离圆柱中心 $r=6cm$，$\theta=30°$处的速度，以及沿 y 轴的压强分布。

5-20　一半径为 0.6m 的圆柱体在水下以 4.0m/s 的速度向前移动，移动方向与圆柱体轴线垂直，同时绕圆柱体的速度环量为 $2.4m^2/s$，求驻点的位置及 10m 长圆柱体受到的升力。

第六章　黏性流体的多维流动

严格地讲，工程实际中的流动问题几乎都是黏性流体的多维流动问题。本章在前面所介绍的一维理想流体流动、一维黏性流体流动和多维理想流体流动的基础上，进一步学习黏性流体多维流动的基本概念与基本规律。

本章首先介绍黏性流体的运动微分方程，即纳维-斯托克斯方程，并应用此方程分析几种典型的层流流动问题。随后讨论黏性流体最基本的问题——边界层问题，介绍边界层的基本概念、基本特征、基本方程、定量求解分析及实际应用。

第一节　黏性流体的运动微分方程（纳维-斯托克斯方程）

在第五章第一节对多维流动的连续性方程推导中已分析，无论是理想流体还是黏性流体，连续性方程是一样的。因此，本章首先研究黏性流体的运动方程，研究方法和思路与理想流体的是相同的。

一、黏性切应力及应力形式的运动微分方程

如图6-1所示，自黏性流体流场内取一微小六面体控制体，其边长分别为dx、dy、dz，以某瞬时控制体内的流体微团为研究对象，流体的密度为ρ。其中心点A的坐标为(x, y, z)，单位质量流体所受质量力为$\vec{f}$，在x、y、z三个方向上的分量分别为f_x、f_y、f_z。

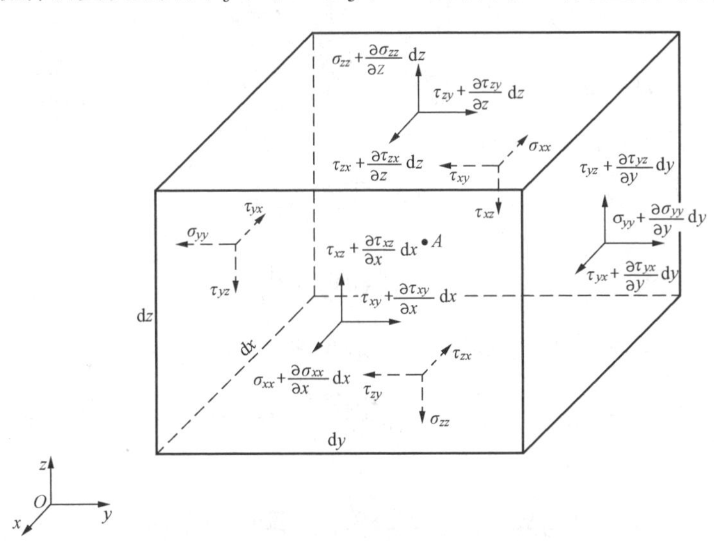

图6-1　黏性流体微团表面上的应力

与理想流体不同，由于黏性的作用，黏性流体在运动时，其内部产生了黏性应力。以左侧面为例，左侧面是与y轴相垂直的面，它受到y方向的法向应力σ_{yy}及x、z方向上的切应力τ_{yx}和τ_{yz}。各应力的下标表示的意义，以τ_{yx}为例，第一个下标y表示力作用在与y轴垂直的面上，第二个下标x表示力的方向。又假设流场沿坐标方向流速增加，则左侧面以左

的流体对流体微团的作用力为阻力，因此各切应力方向为负，并取法向应力正向向外，这样左侧面所受到的三个方向上的应力为$-\tau_{yx}$、$-\sigma_{yy}$和$-\tau_{yz}$。

采用泰勒级数，右侧面所受到的应力大小可表示为$\tau_{yx}+\frac{\partial \tau_{yx}}{\partial y}\mathrm{d}y$，$\sigma_{yy}+\frac{\partial \sigma_{yy}}{\partial y}\mathrm{d}y$和$\tau_{yz}+\frac{\partial \tau_{yz}}{\partial y}\mathrm{d}y$。显然，其方向均为正。

图 6 - 1 所示为边长为 dx、dy、dz 的黏性流体微团表面上的应力状况，各个应力可列表如下：

	x 方向	y 方向	z 方向
左侧面	$-\tau_{yx}$	$-\sigma_{yy}$	$-\tau_{yz}$
右侧面	$\tau_{yx}+\frac{\partial \tau_{yx}}{\partial y}\mathrm{d}y$	$\sigma_{yy}+\frac{\partial \sigma_{yy}}{\partial y}\mathrm{d}y$	$\tau_{yz}+\frac{\partial \tau_{yz}}{\partial y}\mathrm{d}y$
后侧面	$-\sigma_{xx}$	$-\tau_{xy}$	$-\tau_{xz}$
前侧面	$\sigma_{xx}+\frac{\partial \sigma_{xx}}{\partial x}\mathrm{d}x$	$\tau_{xy}+\frac{\partial \tau_{xy}}{\partial x}\mathrm{d}x$	$\tau_{xz}+\frac{\partial \tau_{xz}}{\partial x}\mathrm{d}x$
下侧面	$-\tau_{zx}$	$-\tau_{zy}$	$-\sigma_{zz}$
上侧面	$\tau_{zx}+\frac{\partial \tau_{zx}}{\partial z}\mathrm{d}z$	$\tau_{zy}+\frac{\partial \tau_{zy}}{\partial z}\mathrm{d}z$	$\sigma_{zz}+\frac{\partial \sigma_{zz}}{\partial z}\mathrm{d}z$

以 x 方向为例，x 方向流体微团所受到的合力为

$$\begin{aligned}\sum F_x = & -\tau_{yx}\mathrm{d}x\mathrm{d}z+\left(\tau_{yx}+\frac{\partial \tau_{yx}}{\partial y}\mathrm{d}y\right)\mathrm{d}x\mathrm{d}z-\sigma_{xx}\mathrm{d}y\mathrm{d}z+\left(\sigma_{xx}+\frac{\partial \sigma_{xx}}{\partial x}\mathrm{d}x\right)\mathrm{d}y\mathrm{d}z \\ & -\tau_{zx}\mathrm{d}x\mathrm{d}y+\left(\tau_{zx}+\frac{\partial \tau_{zx}}{\partial z}\mathrm{d}z\right)\mathrm{d}x\mathrm{d}y+f_x\rho\mathrm{d}x\mathrm{d}y\mathrm{d}z\end{aligned} \tag{6 - 1}$$

根据牛顿第二定理，在 x 方向有

$$\sum F_x = ma_x \tag{6 - 2}$$

而

$$ma_x=\rho\mathrm{d}x\mathrm{d}y\mathrm{d}z\frac{\mathrm{d}v_x}{\mathrm{d}t} \tag{6 - 3}$$

将式（6 - 1）、式（6 - 3）代入式（6 - 2），可得

$$\rho\mathrm{d}x\mathrm{d}y\mathrm{d}z\frac{\mathrm{d}v_x}{\mathrm{d}t}=\left(\frac{\partial \sigma_{xx}}{\partial x}+\frac{\partial \tau_{yx}}{\partial y}+\frac{\partial \tau_{zx}}{\partial z}\right)\mathrm{d}x\mathrm{d}y\mathrm{d}z+f_x\rho\mathrm{d}x\mathrm{d}y\mathrm{d}z$$

整理后得到

$$\rho\frac{\mathrm{d}v_x}{\mathrm{d}t}=\rho f_x+\frac{\partial \sigma_{xx}}{\partial x}+\frac{\partial \tau_{yx}}{\partial y}+\frac{\partial \tau_{zx}}{\partial z} \tag{6 - 4a}$$

同样，可得到 y 方向和 z 方向的微分方程为

$$\rho\frac{\mathrm{d}v_y}{\mathrm{d}t}=\rho f_y+\frac{\partial \tau_{xy}}{\partial x}+\frac{\partial \sigma_{yy}}{\partial y}+\frac{\partial \tau_{zy}}{\partial z} \tag{6 - 4b}$$

$$\rho\frac{\mathrm{d}v_z}{\mathrm{d}t}=\rho f_z+\frac{\partial \tau_{xz}}{\partial x}+\frac{\partial \tau_{yz}}{\partial y}+\frac{\partial \sigma_{zz}}{\partial z} \tag{6 - 4c}$$

二、应力与流体变形速度间的关系（牛顿流体的本构方程）

为了建立比较完善的黏性流体的运动方程，需进一步得到各应力分量的表达式，即建立各应力分量与流体速度间的关系。根据斯托克斯的假设，可将牛顿流体各应力分量与流体的变形速度，即流体的速度场间的关系表示如下：

法向应力分量

$$\left.\begin{aligned}\sigma_{xx} &= -p + 2\eta\frac{\partial v_x}{\partial x} - \frac{2}{3}\eta\nabla\cdot\vec{v}\\ \sigma_{yy} &= -p + 2\eta\frac{\partial v_y}{\partial y} - \frac{2}{3}\eta\nabla\cdot\vec{v}\\ \sigma_{zz} &= -p + 2\eta\frac{\partial v_z}{\partial z} - \frac{2}{3}\eta\nabla\cdot\vec{v}\end{aligned}\right\}\tag{6-5}$$

其中，$\nabla\cdot\vec{v} = \frac{\partial v_x}{\partial x} + \frac{\partial v_y}{\partial y} + \frac{\partial v_z}{\partial z}$，$p$ 为流体的压强，其数值为 $p = -\frac{1}{3}(\sigma_{xx} + \sigma_{yy} + \sigma_{zz})$。

切向应力分量由第五章第三节所介绍的广义的牛顿内摩擦定律，并根据合力矩平衡原理，有

$$\left.\begin{aligned}\tau_{xy} &= \tau_{yx} = \eta\left(\frac{\partial v_x}{\partial y} + \frac{\partial v_y}{\partial x}\right)\\ \tau_{yz} &= \tau_{zy} = \eta\left(\frac{\partial v_y}{\partial z} + \frac{\partial v_z}{\partial y}\right)\\ \tau_{zx} &= \tau_{xz} = \eta\left(\frac{\partial v_z}{\partial x} + \frac{\partial v_x}{\partial z}\right)\end{aligned}\right\}\tag{6-6}$$

式（6-5）和式（6-6）称为牛顿流体的本构方程。

三、纳维-斯托克斯方程

将式（6-5）与式（6-6）代入式（6-4），整理得

$$\left.\begin{aligned}\frac{\mathrm{d}v_x}{\mathrm{d}t} &= f_x - \frac{1}{\rho}\frac{\partial p}{\partial x} + \frac{1}{\rho}\frac{\partial}{\partial x}\left[\eta\left(2\frac{\partial v_x}{\partial x} - \frac{2}{3}\nabla\cdot\vec{v}\right)\right]\\ &\quad + \frac{1}{\rho}\frac{\partial}{\partial y}\left[\eta\left(\frac{\partial v_x}{\partial y} + \frac{\partial v_y}{\partial x}\right)\right] + \frac{1}{\rho}\frac{\partial}{\partial z}\left[\eta\left(\frac{\partial v_z}{\partial x} + \frac{\partial v_x}{\partial z}\right)\right]\\ \frac{\mathrm{d}v_y}{\mathrm{d}t} &= f_y - \frac{1}{\rho}\frac{\partial p}{\partial y} + \frac{1}{\rho}\frac{\partial}{\partial y}\left[\eta\left(2\frac{\partial v_y}{\partial y} - \frac{2}{3}\nabla\cdot\vec{v}\right)\right]\\ &\quad + \frac{1}{\rho}\frac{\partial}{\partial z}\left[\eta\left(\frac{\partial v_y}{\partial z} + \frac{\partial v_z}{\partial y}\right)\right] + \frac{1}{\rho}\frac{\partial}{\partial x}\left[\eta\left(\frac{\partial v_x}{\partial y} + \frac{\partial v_y}{\partial x}\right)\right]\\ \frac{\mathrm{d}v_z}{\mathrm{d}t} &= f_z - \frac{1}{\rho}\frac{\partial p}{\partial z} + \frac{1}{\rho}\frac{\partial}{\partial z}\left[\eta\left(2\frac{\partial v_z}{\partial z} - \frac{2}{3}\nabla\cdot\vec{v}\right)\right]\\ &\quad + \frac{1}{\rho}\frac{\partial}{\partial x}\left[\eta\left(\frac{\partial v_z}{\partial x} + \frac{\partial v_x}{\partial z}\right)\right] + \frac{1}{\rho}\frac{\partial}{\partial y}\left[\eta\left(\frac{\partial v_y}{\partial z} + \frac{\partial v_z}{\partial y}\right)\right]\end{aligned}\right\}\tag{6-7}$$

式（6-7）就是黏性流体的运动微分方程，该方程由法国科学家纳维和英国科学家斯托克斯分别建立，因此也称为纳维-斯托克斯方程（简称N-S方程）。在求解具体问题时，为组成封闭的流体动力学方程组，除运动方程这一基本方程组外，还需包括连续性方程。此外，对于可压缩流体，还需包括状态方程；对于非定温过程，还需引入能量方程，以及流体黏度随温度变化的经验关系式等。

对于不可压缩流体，$\rho=\text{const}$，$\nabla\cdot\vec{v}=0$，则上述方程可大为简化，若温度的变化也较小，可将黏度看作是常数。由此，运动微分方程简化为

$$\left.\begin{aligned}\frac{\mathrm{d}v_x}{\mathrm{d}t}&=f_x-\frac{1}{\rho}\frac{\partial p}{\partial x}+\nu\left(\frac{\partial^2 v_x}{\partial x^2}+\frac{\partial^2 v_x}{\partial y^2}+\frac{\partial^2 v_x}{\partial z^2}\right)\\\frac{\mathrm{d}v_y}{\mathrm{d}t}&=f_y-\frac{1}{\rho}\frac{\partial p}{\partial y}+\nu\left(\frac{\partial^2 v_y}{\partial x^2}+\frac{\partial^2 v_y}{\partial y^2}+\frac{\partial^2 v_y}{\partial z^2}\right)\\\frac{\mathrm{d}v_z}{\mathrm{d}t}&=f_z-\frac{1}{\rho}\frac{\partial p}{\partial z}+\nu\left(\frac{\partial^2 v_z}{\partial x^2}+\frac{\partial^2 v_z}{\partial y^2}+\frac{\partial^2 v_z}{\partial z^2}\right)\end{aligned}\right\}\tag{6 - 8}$$

或

$$\left.\begin{aligned}\frac{\partial v_x}{\partial t}+v_x\frac{\partial v_x}{\partial x}+v_y\frac{\partial v_x}{\partial y}+v_z\frac{\partial v_x}{\partial z}&=f_x-\frac{1}{\rho}\frac{\partial p}{\partial x}+\nu\left(\frac{\partial^2 v_x}{\partial x^2}+\frac{\partial^2 v_x}{\partial y^2}+\frac{\partial^2 v_x}{\partial z^2}\right)\\\frac{\partial v_y}{\partial t}+v_x\frac{\partial v_y}{\partial x}+v_y\frac{\partial v_y}{\partial y}+v_z\frac{\partial v_y}{\partial z}&=f_y-\frac{1}{\rho}\frac{\partial p}{\partial y}+\nu\left(\frac{\partial^2 v_y}{\partial x^2}+\frac{\partial^2 v_y}{\partial y^2}+\frac{\partial^2 v_y}{\partial z^2}\right)\\\frac{\partial v_z}{\partial t}+v_x\frac{\partial v_z}{\partial x}+v_y\frac{\partial v_z}{\partial y}+v_z\frac{\partial v_z}{\partial z}&=f_z-\frac{1}{\rho}\frac{\partial p}{\partial z}+\nu\left(\frac{\partial^2 v_z}{\partial x^2}+\frac{\partial^2 v_z}{\partial y^2}+\frac{\partial^2 v_z}{\partial z^2}\right)\end{aligned}\right\}$$

其矢量形式的方程为

$$\frac{\partial\vec{v}}{\partial t}+(\vec{v}\cdot\nabla)\vec{v}=\vec{f}-\frac{1}{\rho}\mathrm{grad}p+\nu\nabla^2\vec{v}$$

又不可压缩流体的连续性方程为

$$\frac{\partial v_x}{\partial x}+\frac{\partial v_y}{\partial y}+\frac{\partial v_z}{\partial z}=0$$

在质量力为已知的情况下，未知数有 v_x、v_y、v_z 与 p 四个，将式（6 - 8）与上式联立，四个方程就构成了封闭的方程组。

由上述黏性流体的运动方程可看出，如果流体是理想流体，$\eta=0$，则纳维 - 斯托克斯方程简化为理想流体的欧拉运动微分方程。如果没有速度，各个包含速度的项为零，方程又简化为欧拉平衡微分方程，可见式（6 - 8）是不可压缩流体最普遍的运动微分方程。

在就具体问题求解以上方程组时，还需给定初始条件与边界条件。对黏性流体而言，必须满足的边界条件，就是在固体壁上，速度的法向与切向分量都必须为零，即

$$v_\tau=v_n=0\tag{6 - 9}$$

在求解圆管内的流动时，一般直接采用圆柱坐标系的纳维 - 斯托克方程更为方便。若 r、θ、z 分别表示径向、圆周向及轴向坐标，v_r、v_θ、v_z 表示相应方向上的流速分量，则对于不可压缩流体而言，圆柱坐标系下的纳维 - 斯托克斯方程与连续性方程形式如下：

$$\left.\begin{aligned}&\frac{\partial v_r}{\partial t}+v_r\frac{\partial v_r}{\partial r}+\frac{v_\theta}{r}\frac{\partial v_r}{\partial\theta}-\frac{{v_\theta}^2}{r}+v_z\frac{\partial v_r}{\partial z}=f_r-\frac{1}{\rho}\frac{\partial p}{\partial r}\\&\qquad+\frac{\eta}{\rho}\left(\frac{\partial^2 v_r}{\partial r^2}+\frac{1}{r}\frac{\partial v_r}{\partial r}-\frac{v_r}{r^2}+\frac{1}{r^2}\frac{\partial^2 v_r}{\partial\theta^2}-\frac{2}{r^2}\frac{\partial v_\theta}{\partial\theta}+\frac{\partial^2 v_r}{\partial z^2}\right)\\&\frac{\partial v_\theta}{\partial t}+v_r\frac{\partial v_\theta}{\partial r}+\frac{v_\theta}{r}\frac{\partial v_\theta}{\partial\theta}+\frac{v_rv_\theta}{r}+v_z\frac{\partial v_\theta}{\partial z}=f_\theta-\frac{1}{\rho r}\frac{\partial p}{\partial\theta}\\&\qquad+\frac{\eta}{\rho}\left(\frac{\partial^2 v_\theta}{\partial r^2}+\frac{1}{r}\frac{\partial v_\theta}{\partial r}-\frac{v_\theta}{r^2}+\frac{1}{r^2}\frac{\partial^2 v_\theta}{\partial\theta^2}+\frac{2}{r^2}\frac{\partial v_r}{\partial\theta}+\frac{\partial^2 v_\theta}{\partial z^2}\right)\\&\frac{\partial v_z}{\partial t}+v_r\frac{\partial v_z}{\partial r}+\frac{v_\theta}{r}\frac{\partial v_z}{\partial\theta}+v_z\frac{\partial v_z}{\partial z}=f_z-\frac{1}{\rho}\frac{\partial p}{\partial z}\\&\qquad+\frac{\eta}{\rho}\left(\frac{\partial^2 v_z}{\partial r^2}+\frac{1}{r}\frac{\partial v_z}{\partial r}+\frac{1}{r^2}\frac{\partial^2 v_z}{\partial\theta^2}+\frac{\partial^2 v_z}{\partial z^2}\right)\\&\frac{\partial v_r}{\partial r}+\frac{v_r}{r}+\frac{1}{r}\frac{\partial v_\theta}{\partial\theta}+\frac{\partial v_z}{\partial z}=0\end{aligned}\right\}\tag{6 - 10a}$$

对于稳定的轴对称流动，在 r-z 方向上，纳维 - 斯托克斯方程与连续性方程写为

$$\left.\begin{aligned}
&v_r\frac{\partial v_r}{\partial r}+v_z\frac{\partial v_r}{\partial z}=f_r-\frac{1}{\rho}\frac{\partial p}{\partial r}+\frac{\eta}{\rho}\left(\frac{\partial^2 v_r}{\partial r^2}+\frac{1}{r}\frac{\partial v_r}{\partial r}-\frac{v_r}{r^2}+\frac{\partial^2 v_r}{\partial z^2}\right)\\
&v_z\frac{\partial v_z}{\partial z}+v_r\frac{\partial v_z}{\partial r}=f_z-\frac{1}{\rho}\frac{\partial p}{\partial z}+\frac{\eta}{\rho}\left(\frac{\partial^2 v_z}{\partial r^2}+\frac{1}{r}\frac{\partial v_z}{\partial r}+\frac{\partial^2 v_z}{\partial z^2}\right)\\
&\frac{\partial v_z}{\partial z}+\frac{\partial v_r}{\partial r}+\frac{v_r}{r}=0
\end{aligned}\right\}\tag{6 - 10b}$$

前面的分析中已介绍，纳维 - 斯托克斯方程是在一些假设条件下，如切应力是与角形变速度呈线性关系等假设下建立的。由于纳维 - 斯托克斯方程是高阶非线性方程，无法得到其通解，因而也难以验证，但到目前为止，对于一些特定流动问题求解 N - S 方程所得到的结果，都是与实验结果相符合的。

第二节　几种简单的层流运动

如第一节所述，对于黏性不可压缩流体的流动，原则上由运动方程和连续性方程组成的方程组是封闭的，但由于方程的高阶非线性，数学上求解遇到很大的困难，无法得到其通解，只有少数特殊情况或将实际问题进行简化后，可以得到解析解或近似解。本节将介绍几个具体的实例。

一、无限大平行平板间的层流流动（库特流）

如图 6 - 2 所示，两无限大平板相距为 h，其中一板固定，另一板以匀速 U 水平运动，不可压缩黏性流体在两平板间做稳定层流流动，这种流动也称为库特流。采用 N - S 方程，可对流动分析如下。

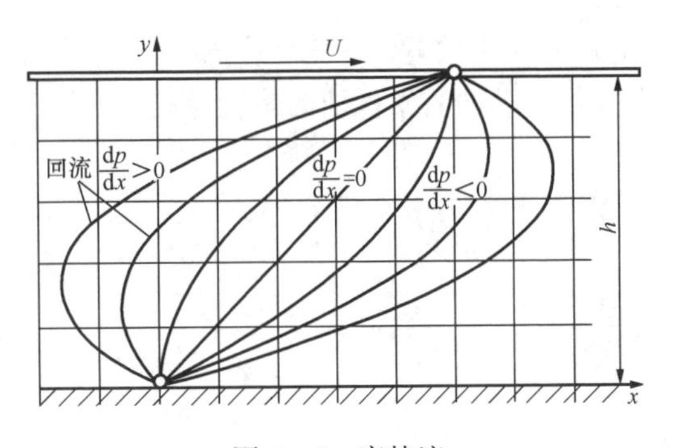

图 6 - 2　库特流

如图 6 - 2 所示，建立直角坐标系，平板无限大，显然流动可简化为二维的，忽略质量力的影响，写出 xy 平面上的 N - S 方程，则有

$$\begin{cases}
\dfrac{\partial v_x}{\partial x}+\dfrac{\partial v_y}{\partial y}=0\\
v_x\dfrac{\partial v_x}{\partial x}+v_y\dfrac{\partial v_x}{\partial y}=-\dfrac{1}{\rho}\dfrac{\partial p}{\partial x}+\dfrac{\eta}{\rho}\left(\dfrac{\partial^2 v_x}{\partial x^2}+\dfrac{\partial^2 v_x}{\partial y^2}\right)\\
v_x\dfrac{\partial v_y}{\partial x}+v_y\dfrac{\partial v_y}{\partial y}=-\dfrac{1}{\rho}\dfrac{\partial p}{\partial y}+\dfrac{\eta}{\rho}\left(\dfrac{\partial^2 v_y}{\partial x^2}+\dfrac{\partial^2 v_y}{\partial y^2}\right)
\end{cases}$$

由已知条件 $v_y=0$，则有 $\frac{\partial v_y}{\partial x}=0, \frac{\partial v_y}{\partial y}=0, \frac{\partial^2 v_y}{\partial x^2}=0, \frac{\partial^2 v_y}{\partial y^2}=0$，则 y 方向的运动方程简化为 $\frac{\partial p}{\partial y}=0$，这样，压强 p 仅是坐标 x 的函数。

因为 $\frac{\partial v_y}{\partial y}=0$，由连续性方程 $\frac{\partial v_x}{\partial x}=0$，则 $\frac{\partial^2 v_x}{\partial x^2}=0$。

因而，最后原方程组简化为

$$\eta \frac{\partial^2 v_x}{\partial y^2}=\frac{\mathrm{d}p}{\mathrm{d}x}$$

积分得到

$$v_x=\frac{1}{2\eta}\frac{\mathrm{d}p}{\mathrm{d}x}y^2+C_1 y+C_2$$

由边界条件 $y=0$ 时，$v_x=0$；$y=h$ 时，$v_x=U$

得

$$C_2=0, \quad C_1=\frac{U}{h}-\frac{h}{2\eta}\frac{\mathrm{d}p}{\mathrm{d}x}$$

因此，平板间速度分布为 $v_x=\frac{U}{h}y-\frac{h^2}{2\eta}\frac{\mathrm{d}p}{\mathrm{d}x}\frac{y}{h}\left(1-\frac{y}{h}\right)$

如图 6 - 2 所示，若 $\frac{\mathrm{d}p}{\mathrm{d}x}=0$，$v_x=\frac{U}{h}y$，速度为线性分布。

若 $\frac{\mathrm{d}p}{\mathrm{d}x}<0$，即压强沿流动方向降低，$\frac{h^2}{2\eta}\frac{\mathrm{d}p}{\mathrm{d}x}\frac{y}{h}\left(1-\frac{y}{h}\right)<0$，速度为正。

若 $\frac{\mathrm{d}p}{\mathrm{d}x}>0$，即压强沿流动方向增加，$\frac{h^2}{2\eta}\frac{\mathrm{d}p}{\mathrm{d}x}\frac{y}{h}\left(1-\frac{y}{h}\right)>0$，速度可能出现负值，流动出现回流。

二、同心圆管间的层流流动

如图 6 - 3 所示，两同心圆管水平放置，内管外径为 R_1，外管内径为 R_2，流体在两管间做稳定层流流动，速度已充分发展，若两管不做切向旋转运动，可用 r - z 方向的 N-S 方程描述，不计质量力，即

$$\left.\begin{aligned}
v_r\frac{\partial v_r}{\partial r}+v_z\frac{\partial v_r}{\partial z}&=-\frac{1}{\rho}\frac{\partial p}{\partial r}+\frac{\eta}{\rho}\left(\frac{\partial^2 v_r}{\partial r^2}+\frac{1}{r}\frac{\partial v_r}{\partial r}-\frac{v_r}{r^2}+\frac{\partial^2 v_r}{\partial z^2}\right)\\
v_z\frac{\partial v_z}{\partial z}+v_r\frac{\partial v_z}{\partial r}&=-\frac{1}{\rho}\frac{\partial p}{\partial z}+\frac{\eta}{\rho}\left(\frac{\partial^2 v_z}{\partial r^2}+\frac{1}{r}\frac{\partial v_z}{\partial r}+\frac{\partial^2 v_z}{\partial z^2}\right)\\
\frac{\partial v_z}{\partial z}+\frac{\partial v_r}{\partial r}+\frac{v_r}{r}&=0
\end{aligned}\right\}$$

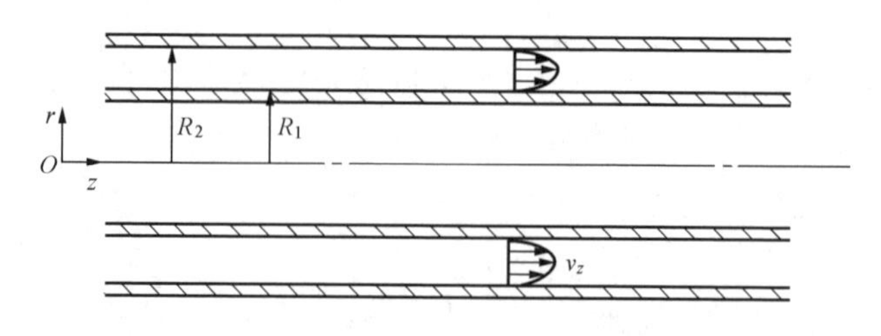

图 6 - 3　同心圆管间的层流流动

由已知条件 $v_r=0$，则有 $\frac{\partial v_r}{\partial z}=0,\frac{\partial v_r}{\partial r}=0,\frac{\partial^2 v_r}{\partial r^2}=0,\frac{\partial v_z}{\partial z}=0,\frac{\partial^2 v_z}{\partial z^2}=0$ 。r 方向的运动方程简化为

$$\frac{\partial p}{\partial r}=0$$

这样，压强 p 仅是坐标 z 的函数。

化简后，z 方向的运动方程变为

$$0=-\frac{1}{\rho}\frac{\mathrm{d}p}{\mathrm{d}z}+\frac{\eta}{\rho}\left(\frac{1}{r}\frac{\mathrm{d}v_z}{\mathrm{d}r}+\frac{\mathrm{d}^2 v_z}{\mathrm{d}r^2}\right)$$

进一步变换为

$$\frac{1}{r}\frac{\mathrm{d}}{\mathrm{d}r}\left(r\frac{\mathrm{d}v_z}{\mathrm{d}r}\right)=\frac{1}{\eta}\frac{\mathrm{d}p}{\mathrm{d}z}$$

解得

$$v_z=\frac{1}{4\eta}\frac{\mathrm{d}p}{\mathrm{d}z}r^2+C_3\ln r+C_4$$

若两管静止，代入边界条件

$$r=R_1\text{ 时},v_z=0;\ r=R_2\text{ 时},v_z=0$$

得

$$v_z=\frac{1}{4\eta}\frac{\mathrm{d}p}{\mathrm{d}z}\left[R_2{}^2-r^2+(R_2{}^2-R_1{}^2)\frac{\ln(r/R_2)}{\ln(R_2/R_1)}\right]$$

速度分布为抛物线分布。

三、圆筒壁上附壁流体的层流运动

图 6 - 4 所示为附壁流体的层流运动，液体自垂直于地面的圆管顶端溢出，顺管外壁缓慢流下。这类问题在分析冷却塔、液体的蒸发、气体的吸收等问题时都会遇到。液层厚度为 δ，由于一般液层的厚度很薄，可以认为流体内压强处处相等，没有压强梯度。我们只分析离管出口足够远、端部效应可不计处，附壁液体层流运动的情况。设流动为稳定流，液层表面无波纹，流体的密度和黏度为常数。

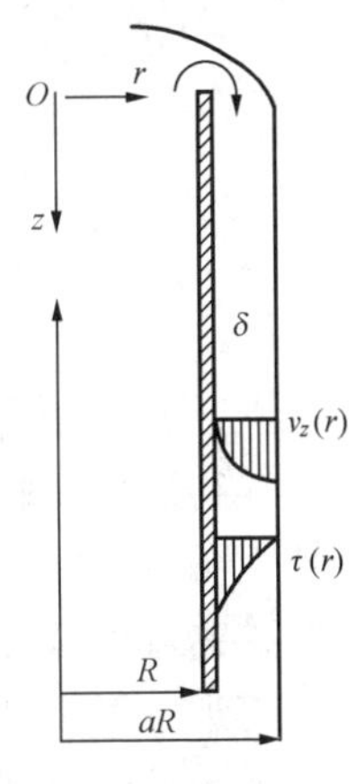

图 6 - 4　圆管外壁上附壁流体的层流运动

采用 N-S 方程进行分析，由于流动为轴对称，采用圆柱坐标系。直接应用式（6 - 10a）中的第三个方程，即 z 方向的运动方程，根据上述库特流和圆管间流动分析的经验，注意到 $f_z=g$ ，方程为

$$\eta\left(\frac{1}{r}\frac{\mathrm{d}v_z}{\mathrm{d}r}+\frac{\mathrm{d}^2 v_z}{\mathrm{d}r^2}\right)+\rho g=0$$

进一步可写为

$$\frac{1}{r}\frac{\mathrm{d}}{\mathrm{d}r}\left(r\frac{\mathrm{d}v_z}{\mathrm{d}r}\right)+\frac{1}{\eta}\rho g=0$$

积分得到

$$r\frac{\mathrm{d}v_z}{\mathrm{d}r}+\frac{\rho g}{2\eta}r^2=C_5 \tag{a}$$

其中，积分常数 C_5 可根据液层外表面上的边界条件得到，即当 $r=aR$，$\frac{\mathrm{d}v_z}{\mathrm{d}r}=0$ 。因此，

$C_5 = \frac{\rho g}{2\eta} a^2 R^2$，代入式（a），得到

$$\frac{\mathrm{d}v_z}{\mathrm{d}r} + \frac{\rho g}{2\eta} r = \frac{\rho g a^2 R^2}{2\eta} \frac{1}{r} \tag{b}$$

式（b）就是液层截面上流速分布的微分方程，将式（b）积分并整理后得到

$$v_z = \frac{\rho g R^2}{2\eta}\left(a^2 \ln r - \frac{1}{2}\frac{r^2}{R^2}\right) + C_6 \tag{c}$$

积分常数 C_6 由边界条件确定，当 $r=R$ 时，$v_z=0$，因此

$$C_6 = -\frac{\rho g R^2}{2\eta}\left(a^2 \ln R - \frac{1}{2}\right)$$

将所得 C_6 代入式（c）中，经整理后得到

$$v_z = \frac{\rho g R^2}{4\eta}\left(1 - \frac{r^2}{R^2} + 2a^2 \ln \frac{r}{R}\right) \tag{d}$$

式（d）就是液层内截面上的流速分布。

根据流速分布，还可求得以下各量：

（1）管外壁上流体层内的内摩擦切应力分布 $\tau(r)$。将式（b）整理后得到

$$\frac{\mathrm{d}v_z}{\mathrm{d}r} = -\frac{\rho g}{2\eta}\left(r - \frac{a^2 R^2}{r}\right)$$

因此，切应力的分布为

$$\tau(r) = \eta \frac{\mathrm{d}v_z}{\mathrm{d}r} = -\frac{\rho g}{2}\left(r - \frac{a^2 R^2}{r}\right)$$

（2）最大流速。最大流速是在液体的外表面上，即当 $r=aR$，则

$$v_{z,\max} = \frac{\rho g R^2}{4\eta}(1 - a^2 + 2a^2 \ln a)$$

（3）流量。液流的体积流量 q_V 为

$$q_V = 2\pi \int_R^{aR} v_z r \,\mathrm{d}r = \frac{\pi \rho g R^4}{2\eta}\left(a^2 - \frac{3}{4}a^4 + 2a^4 \ln a - \frac{1}{4}\right)$$

（4）平均流速。

$$v = \frac{\rho g R^2}{2\eta}\left(a^2 - \frac{3}{4}a^4 + 2a^4 \ln a - \frac{1}{4}\right) \Big/ (a^2 - 1)$$

从上述分析中可以看出，虽然 N-S 方程是高阶微分方程，在工程实际中，大部分流动问题无法得到解析解，但由于流动的特殊性，在上述几种情况下，纳维 - 斯托克斯方程式左端的惯性项等于零，偏微分方程可简化为常微分方程，从而得出解析解。另外有一些问题，经过某种物理的或数学的近似，方程也可化简，例如雷诺数很小的流动（有时称为蠕动），其黏性力远大于惯性力，相比之下，式（6 - 8）中的惯性项可以忽略不计，这类问题通常称为小雷诺数下的近似解。对于雷诺数很大的流动，惯性力比黏性力要大得多，但此时即使流体的黏性很小，黏性项也不能去掉，否则不能满足黏性流体流动的边界条件，这类问题是实际过程中最常见的问题，边界层问题就属于这种情况。

第三节 边界层的基本概念

在第四章第四节已介绍，当黏性流体绕流固体壁面时，在黏性的作用下，固体壁面上流

体的流速为零，在固体壁面附近，总存在一速度较低，但速度梯度很大的薄层区域，这一薄层流体就称为边界层或附面层。边界层问题是黏性流体力学最基本的问题，边界层理论不仅在分析计算物体绕流的阻力、解释其现象等方面有着重要作用，而且对解释有关传热与传质问题也有重要意义。

一、边界层的定义与特征

无论雷诺数多大，黏性流体壁面附近的流动与理想流体流动有着本质的区别，从数学的观点来看，边界层内的方程的黏性项是不能忽略的，否则不能满足黏性流体在壁面上无滑移的边界条件。另一方面，由于边界层内的速度梯度很大，如图 6-5（a）所示，$\omega_z=\frac{1}{2}\left(\frac{\partial v_y}{\partial x}-\frac{\partial v_x}{\partial y}\right)$，$\frac{\partial v_y}{\partial x}$ 很小，而 $\frac{\partial v_x}{\partial y}$ 很大，$\omega_z\neq 0$，因而通过边界层的流体有相当大的涡量，且为有旋流动。正是由于 $\frac{\partial v_x}{\partial y}$ 很大，边界层内黏性项较大，与惯性力相当，不可忽略。

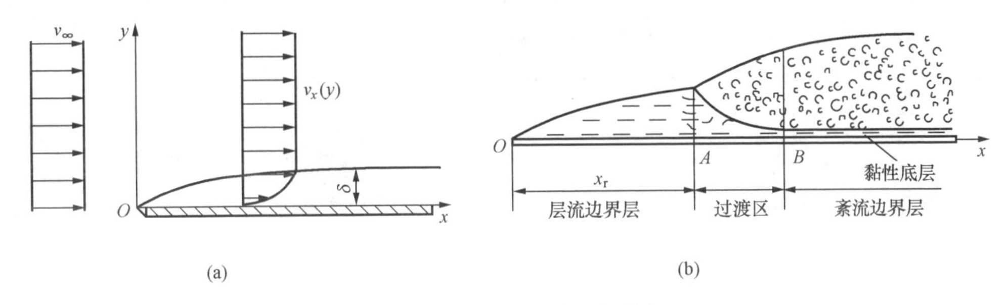

图 6-5　边界层的定义与特征

（a）边界层的形成；（b）边界层的结构

边界层内的流动也有层流与湍流的两种情况。如果前方来流速度较小，平板长度也不大，则在平板全长上，可以只形成层流边界层。在来流速度较高，板的长度较大的情况下，如图 6-5（b）所示，在平板的前部形成层流边界层，随后经过过渡段发展成为湍流边界层。边界层在长度方向上的结构由层流边界层、过渡段和湍流边界层三部分组成；在厚度方向上，在湍流边界层紧贴壁面附近，总存在一层很薄的低速流体层，其流动性质为层流，这一薄层称为层流黏性底层，层流黏性底层再经过一薄层过渡层就是湍流边界层的湍流区域，因此湍流边界层在厚度方向上的结构也包括层流黏性底层、过渡层和湍流区三个区域。

在层流边界层过渡到湍流边界层时，表现为边界层的厚度骤然增大，且平板面上的内摩擦切应力也骤然增加。过渡点的位置通过一专门定义的临界雷诺数 Re_r 来确定，即

$$Re_r=\frac{v_\infty x_r}{\nu} \tag{6-11}$$

式中：v_∞ 为前方来流速度；x_r 为过渡点距板前缘的距离；ν 为流体的运动黏度。

过渡点的位置 x_r 或雷诺数 Re_r 与前方来流的湍流度紧密相关，在前方来流湍流度较小的情况下，Re_r 可以高达 10^6；来流湍流度增加或壁面粗糙度增加，致使临界雷诺数降低，层流提前转变为湍流。在一般工程应用上，常取 $Re_r=5.0\times10^5$。

当边界层内的旋流离开物体而流入下游时，在物体后面形成尾涡。在尾涡中，开始速度梯度仍很大，随着与物体距离的增大，原有的旋涡将逐渐扩散和衰减，速度分布逐渐趋向均

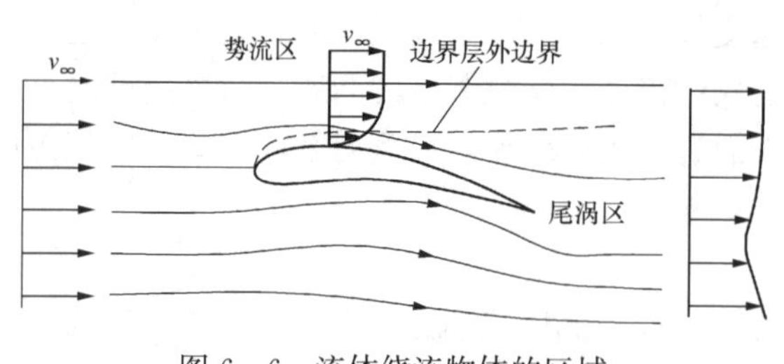

图 6-6　流体绕流物体的区域

匀，直至尾涡完全消失（见图 6-6）。因此，当流体绕流物体时，整个流场可划分为边界层、尾涡和外部势流三个区域。在边界层和尾涡区内是黏性流体的有旋流，在边界层和尾涡区外则可视为无旋流，即势流。整个流场划分为有旋流和无旋流的两种流动情况，可分别求解，再将所得的解合并起来，就可得到整个流场的解。

二、边界层的厚度、位移厚度与动量厚度

1. 边界层的厚度

边界层内的速度以壁面上的速度为零开始，逐渐趋近于自由来流速度，因此，边界层的外边界，也就是边界层的厚度 δ 通常是这样定义的：边界层外边界定义在该处流速 $v_x|_{y=\delta}=0.99v_\infty$。边界层的厚度远小于固体壁面的长度。

根据以上定义，布拉修斯求解得到平板层流边界层的厚度为

$$\frac{\delta}{x}\approx\frac{5.0}{\sqrt{v_\infty x/\nu}}\tag{6-12}$$

对于平板上的湍流边界层而言，假设 $x=0$ 时 $\delta=0$，则湍流边界层的厚度可按下面的公式确定：

$$\frac{\delta}{x}=0.37\left(\frac{v_\infty x}{\nu}\right)^{-\frac{1}{5}}\tag{6-13}$$

可见，对于湍流边界层，δ 与 $x^{4/5}$ 成正比；对于层流边界层，δ 与 $x^{1/2}$ 成正比。

边界层内的速度分布光滑地逐渐趋近于自由来流的速度，因此，根据边界层厚度 δ 的定义，这一厚度是很难测量的，于是引进另外一些更确切，并具有一定物理意义的边界层积分厚度的概念，如位移厚度、能量厚度、动量厚度等。下面简单介绍位移厚度和动量厚度。

2. 边界层的位移厚度

图 6-7 所示，在边界层内，取宽度 z 方向为单位长度，不可压缩流体边界层内的体积流量为

$$q_{Va}=\int_0^\delta v_x\mathrm{d}y$$

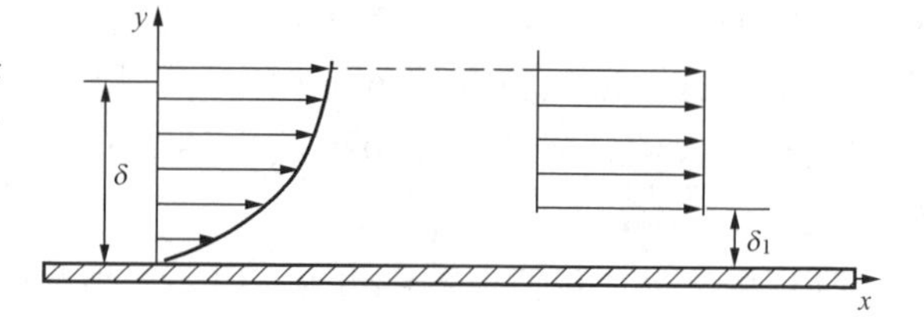

图 6-7　边界层的位移厚度

若流体是理想流体，则在壁面附近不会形成边界层，速度都保持来流速度 v_∞。因此，在厚度 δ 内，理想流体的体积流量为

$$q_{Vb}=\int_0^\delta v_\infty\mathrm{d}y$$

显然 $q_{Va}<q_{Vb}$，这是因为当实际流体流过平板时，由于黏性作用使边界层内的速度降低，流量降低，与理想流体流动相比，相当于把流量为 $q_{Vb}-q_{Va}$ 的流体移出了边界层。把这部分流量的流体折算成流速为 v_∞ 的一定流体厚度，就称为位移厚度：

$$q_{Vb}-q_{Va}=v_\infty\delta_1$$

即
$$\int_0^\delta v_\infty \mathrm{d}y - \int_0^\delta v_x \mathrm{d}y = v_\infty \delta_1$$

因此
$$\delta_1 = \int_0^\delta \left(1 - \frac{v_x}{v_\infty}\right)\mathrm{d}y \tag{6-14}$$

由于边界层的存在，厚度为 δ_1 的流体外移，使流线外移 δ_1 距离，这样必将引起外部势流速度的改变。因此，严格说来，边界层外部势流区的速度与理想流体绕流同一物体时相应点的速度是不相等的，只是因为 δ_1 很小，由于排移所引起的边界层外部势流区速度的改变，往往小到可以忽略不计。

3. *边界层的动量厚度*

边界层内由于黏性的作用，速度降低，流量降低，相应地，与理想流体相比，动量也必然是减小的。

已经知道，在边界层内流体的体积流量为 $q_{Va} = \int_0^\delta v_x \mathrm{d}y$

若这部分流体的流速为来流 v_∞，则对应流体的动量流率为 $\dot{M}_a = \rho v_\infty \int_0^\delta v_x \mathrm{d}y$

而实际上，边界层内流体的动量流率为 $\dot{M}_b = \int_0^\delta \rho v_x^2 \mathrm{d}y$

这两部分动量之差对应流体的厚度称为边界层的动量厚度 δ_2，则

$$\rho v_\infty \int_0^\delta v_x \mathrm{d}y - \rho \int_0^\delta v_x^2 \mathrm{d}y = \rho v_\infty^2 \delta_2$$

因此
$$\delta_2 = \int_0^\delta \frac{v_x}{v_\infty}\left(1 - \frac{v_x}{v_\infty}\right)\mathrm{d}y \tag{6-15}$$

第四节　层流边界层的微分方程

为简单起见，下面讨论黏性流体沿平板做稳定的平面层流流动。对于如图 6-5（a）所示的平板平行绕流，设平板在垂直于纸面上的宽度为无限长，该方向上速度分量为零，因此可将所分析的问题简化为二维流动问题处理。则对于稳定流下的不可压缩流体而言，忽略质量力，运动方程与连续性方程写为

$$v_x \frac{\partial v_x}{\partial x} + v_y \frac{\partial v_x}{\partial y} = -\frac{1}{\rho}\frac{\partial p}{\partial x} + \nu\left[\frac{\partial^2 v_x}{\partial x^2} + \frac{\partial^2 v_x}{\partial y^2}\right] \tag{6-16a}$$

$$(1)(1)\quad(\delta)\left(\frac{1}{\delta}\right)\qquad\qquad(\delta^2)\left[(1)\quad\left(\frac{1}{\delta^2}\right)\right]$$

$$v_x \frac{\partial v_y}{\partial x} + v_y \frac{\partial v_y}{\partial y} = -\frac{1}{\rho}\frac{\partial p}{\partial y} + \nu\left[\frac{\partial^2 v_y}{\partial x^2} + \frac{\partial^2 v_y}{\partial y^2}\right] \tag{6-16b}$$

$$(1)(\delta)\quad(\delta)(1)\qquad\qquad(\delta^2)\left[(\delta)\quad\left(\frac{1}{\delta}\right)\right]$$

$$\frac{\partial v_x}{\partial x} + \frac{\partial v_y}{\partial y} = 0 \tag{6-16c}$$

$$(1)\qquad(1)$$

由边界层的特征，$\delta \ll x$，因此 $\mathrm{d}y \ll \mathrm{d}x$，在边界层内部，$y$ 与 δ 的数量级相同。取 x 为长度尺寸的度量标准，v_x 为速度的度量标准，令 x 和 v_x 的数量级为 1，则 v_x 及其导数的数

量级可表示如下：$v_x=0(1)$（表示 v_x 的数量级为 1），$\frac{\partial v_x}{\partial y}=0\left(\frac{1}{\delta}\right)$

$$\frac{\partial^2 v_x}{\partial y^2}=\frac{\partial}{\partial y}\left(\frac{\partial v_x}{\partial y}\right)=0\left(\frac{1}{\delta^2}\right),\frac{\partial v_x}{\partial x}=0(1),\quad \frac{\partial^2 v_x}{\partial x^2}=0(1)$$

由于 $\frac{\partial v_x}{\partial x}$ 数量级为 1，连续性方程中 $\frac{\partial v_y}{\partial y}$ 也应是 1 的数量级，即 $\frac{\partial v_y}{\partial y}=0(1)$，因此，$v_y$ 与 y 的数量级相当。相应地，有

$$v_y=0(\delta),\quad \frac{\partial^2 v_y}{\partial y^2}=\frac{\partial}{\partial y}\left(\frac{\partial v_y}{\partial y}\right)=0\left(\frac{1}{\delta}\right)$$

$$\frac{\partial v_y}{\partial x}=0(\delta),\quad \frac{\partial^2 v_y}{\partial x^2}=\frac{\partial}{\partial x}\left(\frac{\partial v_y}{\partial x}\right)=0(\delta)$$

可见式（6 - 16a）中，$\frac{\partial^2 v_x}{\partial x^2}\ll\frac{\partial^2 v_x}{\partial y^2}$，可将 $\frac{\partial^2 v_x}{\partial x^2}$ 忽略不计。式（6 - 16b）中，$\frac{\partial^2 v_y}{\partial x^2}\ll\frac{\partial^2 v_y}{\partial y^2}$，可将 $\frac{\partial^2 v_y}{\partial x^2}$ 忽略不计，而 $\frac{\partial^2 v_y}{\partial y^2}\ll\frac{\partial^2 v_x}{\partial y^2}$，因此式（6 - 16a）和式（6 - 16b）的黏性项中只剩余 $\nu\frac{\partial^2 v_x}{\partial y^2}$ 一项。

边界层的特征之一是在边界层内惯性项与黏性项具有同样的数量级。由于式（6 - 16a）中左端惯性项的数量级为 1，即 $v_x\frac{\partial v_x}{\partial x}=0(1)$，$v_y\frac{\partial v_x}{\partial y}=0(1)$，因此，式（6 - 16a）右端黏性项的数量级也是 1，即 $\nu\frac{\partial^2 v_x}{\partial y^2}=0(1)$，所以运动黏度 ν 的数量级应为 $0(\delta^2)$。由此可见，在式（6 - 16b）中，除 $\frac{1}{\rho}\frac{\partial p}{\partial y}$ 一项外，其余项的数量级均为 $0(\delta)$ 或更小。因此，$\frac{\partial p}{\partial y}$ 的数量级最多也不过是 $0(\delta)$。而根据式（6 - 16a），$\frac{\partial p}{\partial x}$ 为有限值，其数量级为 0（1）。可见，$\frac{\partial p}{\partial y}$ 与 $\frac{\partial p}{\partial x}$ 相比为高阶小量，在近似范围内可以认为 $\frac{\partial p}{\partial y}=0$，压强只是 x 的函数，即边界层内压强与厚度无关，边界层横截面上各点压强相同，都等于外边界上的压强，这是边界层的一个重要性质。

根据以上分析，对于稳定流动下不可压缩流体的二维层流边界层而言，其基本方程为

$$v_x\frac{\partial v_x}{\partial x}+v_y\frac{\partial v_x}{\partial y}=-\frac{1}{\rho}\frac{\partial p}{\partial x}+\nu\frac{\partial^2 v_x}{\partial y^2} \tag{6 - 17a}$$

$$\frac{\partial p}{\partial y}=0 \tag{6 - 17b}$$

$$\frac{\partial v_x}{\partial x}+\frac{\partial v_y}{\partial y}=0 \tag{6 - 17c}$$

这就是稳定不可压缩流体的二维层流边界层微分方程，通常称为普朗特边界层方程。该方程可用于求解壁面曲率不大的二维边界层问题，但只限于边界层从壁面分离前的情况。

普朗特边界层方程与纳维 - 斯托克斯方程相比简化了很多。但该方程仍然是二阶非线性偏微分方程组，数学上求解还是非常复杂的。布拉修斯应用普朗特边界层方程求解了平行绕

流平板的边界层问题，后来有科学家又提出一些求解边界层方程的方法，这些求解方法可参考有关文献。与微分方程相比，边界层动量积分方程的求解要简单得多，本书将详细介绍边界层的动量积分方程及其近似解。

第五节　边界层的动量积分方程

如图6-8所示，在物体边界层中任取一段，边界层内的流动是稳定流动。沿边界层划出垂直于纸面的一个单位宽度的微小控制体$ABCD$。控制体长为$\mathrm{d}x$，左侧面厚度为δ，压强为p，右侧面厚度为$\delta+\mathrm{d}\delta$，压强为$p+\frac{\partial p}{\partial x}\mathrm{d}x$，以某瞬时流过控制体内的流体为研究对象，对此部分流体应用动量方程。

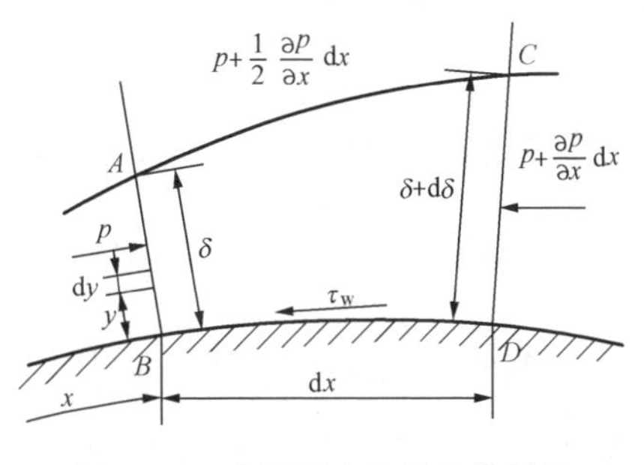

图6-8　边界层内的微小控制体

首先分析控制体内流体在$\mathrm{d}t$时间内动量的变化量。

$\mathrm{d}t$时间内在x方向上经过AB面流入的质量为

$$m_{AB}=\left(\int_0^\delta \rho v_x \mathrm{d}y\right)\mathrm{d}t$$

这部分流体带入的动量为　$k_{AB}=\left(\int_0^\delta v_x\rho v_x \mathrm{d}y\right)\mathrm{d}t$

由于AB和CD两截面仅相差$\mathrm{d}x$的距离，则$\mathrm{d}t$时间内在x方向上经过CD面流出的质量和带出的动量可近似表达为

$$m_{CD}=\left(\int_0^\delta \rho v_x \mathrm{d}y+\frac{\partial}{\partial x}\left(\int_0^\delta \rho v_x \mathrm{d}y\right)\mathrm{d}x\right)\mathrm{d}t$$

$$k_{CD}=\left[\int_0^\delta \rho {v_x}^2 \mathrm{d}y+\frac{\partial}{\partial x}\left(\int_0^\delta \rho {v_x}^2 \mathrm{d}y\right)\mathrm{d}x\right]\mathrm{d}t$$

为了满足质量守恒，对于不可压缩流体而言，必然有部分流体从AC面流入，且

$$m_{AC}=m_{CD}-m_{AB}=\left[\frac{\partial}{\partial x}\left(\int_0^\delta \rho v_x \mathrm{d}y\right)\mathrm{d}x\right]\mathrm{d}t$$

$$k_{AC}=v_\infty\left[\frac{\partial}{\partial x}\left(\int_0^\delta \rho v_x \mathrm{d}y\right)\mathrm{d}x\right]\mathrm{d}t$$

式中：v_∞为边界层外边界上的速度。

对于稳定流动，$\mathrm{d}t$时间内沿x方向的控制体$ABCD$内流体动量的变化量为经过CD面流出的动量减去经过AB面和AC面流入的动量：

$$\begin{aligned}\mathrm{d}k&=k_{CD}-k_{AB}-k_{AC}\\&=\left[\frac{\partial}{\partial x}\left(\int_0^\delta \rho v_x^2 \mathrm{d}y\right)\mathrm{d}x\right]\mathrm{d}t-v_\infty\left[\frac{\partial}{\partial x}\left(\int_0^\delta \rho v_x \mathrm{d}y\right)\mathrm{d}x\right]\mathrm{d}t\end{aligned}\tag{6-18}$$

再计算作用在控制体内流体上沿x方向的外力之和。AC面是边界层的外边界，速度梯度趋近于零，沿AC面没有切应力。外力只包括作用在AB、AC、CD面上的总压力和作用在BD面上的摩擦力，可分别表示为

$$F_{AB}=p\delta$$
$$F_{CD}=-\left(p+\frac{\partial p}{\partial x}\mathrm{d}x\right)(\delta+\mathrm{d}\delta)$$
$$F_{AC}=\left(p+\frac{1}{2}\frac{\partial p}{\partial x}\mathrm{d}x\right)\mathrm{d}\delta$$
$$F_{BD}=-\tau_{\mathrm{w}}\mathrm{d}x$$

所以 $$\sum F_x=p\delta+\left(p+\frac{1}{2}\frac{\partial p}{\partial x}\mathrm{d}x\right)\mathrm{d}\delta-\left(p+\frac{\partial p}{\partial x}\mathrm{d}x\right)(\delta+\mathrm{d}\delta)-\tau_{\mathrm{w}}\mathrm{d}x$$

由于 $\mathrm{d}x\mathrm{d}\delta\ll\delta\mathrm{d}x$，忽略二阶小量，将上式化简后，得到

$$\sum F_x=-\delta\frac{\partial p}{\partial x}\mathrm{d}x-\tau_{\mathrm{w}}\mathrm{d}x \tag{6-19}$$

根据动量定理，$\sum F_x=\frac{\mathrm{d}k}{\mathrm{d}t}$，将式（6-18）和式（6-19）代入，得

$$-\delta\frac{\partial p}{\partial x}-\tau_{\mathrm{w}}=\frac{\partial}{\partial x}\int_0^\delta\rho u_x^2\mathrm{d}y-v_\infty\frac{\partial}{\partial x}\int_0^\delta\rho v_x\mathrm{d}y \tag{6-20}$$

又由于边界层内 $\frac{\partial p}{\partial y}=0$，压强只是 x 坐标的函数，且边界层的厚度 δ 只随 x 而变化，在具体每一个截面上速度 v_x 只与 y 坐标有关，因此式（6-20）中各个偏微分可写为全微分

$$-\delta\frac{\mathrm{d}p}{\mathrm{d}x}-\tau_{\mathrm{w}}=\frac{\mathrm{d}}{\mathrm{d}x}\int_0^\delta\rho v_x^2\mathrm{d}y-v_\infty\frac{\mathrm{d}}{\mathrm{d}x}\int_0^\delta\rho v_x\mathrm{d}y \tag{6-21}$$

式（6-21）就是边界层的动量积分方程。在推导过程中，对壁面上的切应力 τ_{w} 未做任何假设，因此该方程对层流边界层和湍流边界层都适用。另外，所取控制体中长度 $\mathrm{d}x$ 也不一定是直线，即边界层动量积分方程对平板边界层和曲面边界层也都适用。式（6-21）是冯·卡门于 1912 年根据动量定律首先导出的，因此常称为卡门动量积分关系。

采用边界层动量积分方程研究具体问题，压强分布通常可由伯努利方程确定，式中还包含 $v_x(y)$、τ_{w} 和 $\delta(x)$ 三个未知数，因此对方程进行求解还需再补充两个关系式才能求解。通常把沿边界层厚度的速度分布 $v_x(y)$ 以及切应力与边界层厚度的关系式 $\tau=\tau(\delta)$ 作为两个补充关系式，由于补充的关系式都是建立在假设和经验值的基础上，所以动量积分方程所得的解是近似解，解的精度取决于补充关系式的合理程度。下面的内容中将以平板边界层为例，具体地说明动量积分方程求解的基本思想和主要步骤。

第六节　平板层流边界层的近似计算

自由来流以速度 v_∞ 绕流一无限薄平板，平板和边界层的厚度对外部势流区的影响很小，可认为边界层外速度保持为 v_∞ 不变，即 $v_\infty=C$。由于边界层以外是势流区，由伯努利方程，有

$$z+\frac{p}{\rho g}+\frac{v_\infty^2}{2g}=C_1$$

因此，对于平面流动，势流区压强为常数，根据第三节及第五节分析的边界层的特性，边界层内的压强分布规律与外部势流区相同，因此，在边界层内压强也为常数，即

$$\frac{\partial p}{\partial x}=0$$

这样，边界层动量积分方程（6 - 21）可简化为

$$\tau_w = v_\infty \frac{d}{dx}\int_0^\delta \rho v_x dy - \frac{d}{dx}\int_0^\delta \rho v_x^2 dy$$

可进一步写为

$$\tau_w = v_\infty^2 \frac{d}{dx}\int_0^\delta \rho \frac{v_x}{v_\infty}\left(1-\frac{v_x}{v_\infty}\right)dy \quad (6-22a)$$

对于不可压缩流体

$$\tau_w = \rho v_\infty^2 \frac{d}{dx}\int_0^\delta \frac{v_x}{v_\infty}\left(1-\frac{v_x}{v_\infty}\right)dy \quad (6-22b)$$

式（6 - 22a）对 τ_w 未加任何限制，因此对平板层流边界层和湍流边界层都适用。式（6 - 22b）中包含三个未知数 $v_x(y)$、τ_w 和 $\delta(x)$，需补充两个关系式。

补充 1　设层流边界层内的速度分布为 y 的幂级数，即

$$v_x = a_0 + a_1 y + a_2 y^2 + a_3 y^3 + a_4 y^4 \quad (a)$$

待定系数 a_0、a_1、a_2、a_3 和 a_4 可根据以下 5 个边界条件来确定：

（1）$y=0$ 时，$v_x=0$。

（2）$y=0$ 时，因为 $v_x=v_y=0$，由边界层微分方程（6 - 17a）可得

$$\left(\frac{\partial^2 v_x}{\partial y^2}\right)_{y=0} = \frac{1}{\eta}\frac{dp}{dx} = 0$$

（3）$y=\delta$ 时，$v_x=v_\infty$。

（4）$y=\delta$ 时，$\left(\frac{\partial v_x}{\partial y}\right)_{y=\delta}=0$。

（5）$y=\delta$ 时，由边界层微分方程（6 - 17a）可得

$$\left(\frac{\partial^2 v_x}{\partial y^2}\right)_{y=\delta} = \frac{1}{\eta}\frac{dp}{dx} = 0$$

由上面五个边界条件，可求得

$$a_0 = 0, a_1 = 2\frac{v_\infty}{\delta}, a_2 = 0, a_3 = -2\frac{v_\infty}{\delta^3}, a_4 = \frac{v_\infty}{\delta^4}$$

因此，补充的速度分布为

$$v_x = v_\infty\left[2\left(\frac{y}{\delta}\right) - 2\left(\frac{y}{\delta}\right)^3 + \left(\frac{y}{\delta}\right)^4\right] \quad (b)$$

补充 2　由上述速度分布，对于层流，根据牛顿内摩擦定律，有

$$\tau_w = \eta\left(\frac{\partial v_x}{\partial y}\right)_{y=0} = \eta\frac{v_\infty}{\delta}\left[2-6\left(\frac{y}{\delta}\right)^2+4\left(\frac{y}{\delta}\right)^3\right]_{y=0} = 2\eta\frac{v_\infty}{\delta} \quad (c)$$

这样，将补充的关系式（b）和式（c）代入式（6 - 22b），化简可得

$$\frac{37}{630}v_\infty \delta d\delta = \nu dx$$

对上式积分，得

$$\frac{37}{1260}v_\infty \delta^2 = \nu x + C_2$$

平板边界层起始点处边界层厚度为零，即 $x=0$，$\delta=0$，因此，$C_2=0$，于是有

$$\delta = 5.84\sqrt{\frac{\nu x}{v_\infty}} = \frac{5.84x}{\sqrt{Re_x}}$$

或

$$\frac{\delta}{x}=\frac{5.84}{\sqrt{Re_x}} \tag{6-23}$$

由动量积分方程求得的平板层流边界层的厚度［式（6-23）］，与布拉修斯根据边界层微分方程所求解得到的平板层流边界层厚度［式（6-12）］相比，形式上完全相同，只是系数略有差别。原因在于一方面所假设的边界层内速度分布（a）并不完全符合实际情况，另一方面在推导式（6-12）时假定 $v_x=0.99v_\infty$ 处，动力黏度 η 对流动已没有显著影响，也就是说式（6-12）本身就有一定的近似性。

将式（6-23）代入式（c），得到壁面切应力

$$\tau_w=2\eta\frac{v_\infty}{\delta}=0.343\rho v_\infty^2 Re_x^{-\frac{1}{2}} \tag{6-24}$$

板宽为 b 的平板一侧由于黏性力而引起的摩擦阻力为

$$F_D=b\int_0^l \tau_w \mathrm{d}x=0.686bl\rho v_\infty^2 Re_l^{-\frac{1}{2}} \tag{6-25}$$

定义摩擦阻力系数为

$$C_f=\frac{F_D}{\frac{1}{2}\rho v_\infty^2 bl} \tag{6-26}$$

则平板层流边界层的摩擦阻力系数为

$$C_f=\frac{0.686bl\rho v_\infty^2 Re_l^{\frac{1}{2}}}{\frac{1}{2}\rho v_\infty^2 bl}=1.372Re_l^{-\frac{1}{2}} \tag{6-27}$$

布拉修斯所得到的平板层流边界层的摩擦系数较为准确的解为

$$C_f=1.328Re_l^{-\frac{1}{2}} \tag{6-28}$$

根据式（6-23）可近似计算层流边界层厚度。例如，标准状态下的空气流过某平板，在 x=100mm 处 $Re_x=3\times10^5$，则边界层厚度为

$$\delta=\frac{5.84x}{\sqrt{Re_x}}=\frac{5.84\times0.1}{\sqrt{3\times10^5}}=0.00107(\mathrm{m})$$

【例 6-1】 设沿平板层流边界层的速度分布如下：

$$\frac{v_x}{v_\infty}=\sin\left(\frac{\pi y}{2\delta}\right)$$

试求：

（1）边界层厚度 $\delta(x)$；

（2）位移厚度 $\delta_1(x)$；

（3）若平板长为 L，宽为 b，求平板一侧的总摩擦阻力。

解 （1）对于平板上的边界层 $\frac{\partial p}{\partial x}=0$，由式（6-22b），有

$$\begin{aligned}\tau_w&=\rho v_\infty^2\frac{\mathrm{d}}{\mathrm{d}x}\int_0^\delta\frac{v_x}{v_\infty}\left(1-\frac{v_x}{v_\infty}\right)\mathrm{d}y=\rho v_\infty^2\frac{\mathrm{d}}{\mathrm{d}x}\left[\int_0^\delta\sin\left(\frac{\pi y}{2\delta}\right)\mathrm{d}y-\int_0^\delta\left[\sin\left(\frac{\pi y}{2\delta}\right)\right]^2\mathrm{d}y\right]\\&=\rho v_\infty^2\frac{\mathrm{d}}{\mathrm{d}x}\left\{\int_0^\delta\left(-\frac{2\delta}{\pi}\right)d\left[\cos\left(\frac{\pi y}{2\delta}\right)\right]-\int_0^\delta\left[\frac{1}{2}-\frac{1}{2}\cos\left(\frac{\pi y}{\delta}\right)\right]\mathrm{d}y\right\}\\&=\rho v_\infty^2\frac{\mathrm{d}}{\mathrm{d}x}\left[\frac{2\delta}{\pi}-\frac{\delta}{2}\right]=0.137\rho v_\infty^2\frac{\mathrm{d}\delta}{\mathrm{d}x}\end{aligned} \tag{a}$$

对于层流

$$\tau_w = \eta\left(\frac{\partial v_x}{\partial y}\right)_{y=0} = \eta\frac{v_\infty}{\delta}\frac{\pi}{2}\left(\cos\frac{\pi}{2}\frac{y}{\delta}\right)_{y=0} = \frac{\pi\eta v_\infty}{2\delta} \tag{b}$$

由式（a）和式（b）可得到

$$\tau_w = \frac{\pi\eta v_\infty}{2\delta} = 0.137\rho v_\infty^2\frac{d\delta}{dx}$$

分离变量并整理得

$$0.087\,2\frac{\rho v_\infty}{\eta}\delta d\delta = dx$$

对上式积分，得到

$$0.087\,2\frac{\rho v_\infty}{\eta}\frac{\delta^2}{2} = x + C$$

因为 $x=0$ 处 $\delta=0$，故 $C=0$，于是

$$\delta = \sqrt{\frac{2}{0.087\,2}}\sqrt{\frac{x\eta}{\rho v_\infty}}$$

因此
$$\frac{\delta}{x} = 4.79\sqrt{\frac{\eta}{\rho v_\infty x}} = \frac{4.79}{\sqrt{Re_x}}$$

（2）位移厚度为

$$\delta_1 = \int_0^\delta\left(1-\frac{v_x}{v_\infty}\right)dy = \int_0^\delta\left[1-\sin\left(\frac{\pi y}{2\delta}\right)\right]dy$$

$$= \left[y+\frac{2\delta}{\pi}\cos\left(\frac{\pi y}{2\delta}\right)\right]_0^\delta = \delta\times\left(1-0+0-\frac{2}{\pi}\right) = \delta\times\left(1-\frac{2}{\pi}\right)$$

所以
$$\frac{\delta_1}{x} = \left(1-\frac{2}{\pi}\right)\frac{4.79}{\sqrt{Re_x}} = \frac{1.74}{\sqrt{Re_x}}$$

（3）由式（6 - 25），平板一侧的总摩擦阻力为

$$F_D = \int_0^L \tau_w b dx = \int_0^L 0.137\rho v_\infty^2\frac{d\delta}{dx}b dx = 0.137\rho v_\infty^2 b\int_0^L\frac{d\delta}{dx}dx$$

$$= 0.137\rho v_\infty^2 b\delta_L = 0.137\rho v_\infty^2 b\frac{4.79L}{\sqrt{Re_L}}$$

整理得
$$F_D = \frac{0.656\rho v_\infty^2 bL}{\sqrt{Re_L}}$$

第七节　平板湍流边界层的近似计算

对于平板湍流流动，动量积分方程与层流相同，也是式（6 - 22）。求解此方程也需补充湍流情况下的速度分布和切应力分布，湍流边界层比层流边界层要复杂得多，为定量研究，普朗特提出以下假设：

（1）将平板边界层内的稳定湍流流动与管内充分发展的湍流流动相类比，认为管内湍流也是一种边界层流动，速度分布和切应力分布规律与平板边界层内一致。管中心的最大速度相当于平板的自由来流速度，圆管的半径 r 相当于边界层的厚度 δ。

（2）为简化计算，假设边界层从平板前缘开始（$x=0$）就是湍流，即 $x=0$ 时，$\delta=0$。

为补充湍流边界层内的速度分布和切应力分布，首先分析圆管内充分发展段湍流的速度分布和切应力分布。

第四章第六节中已介绍，圆管内充分发展湍流的速度分布近似遵循指数规律，管中心的最大速度为 $v_{x\max}$，在雷诺数 Re 为 10^5 附近，可采用：

$$\frac{v_x}{v_{x\max}}=\left(\frac{y}{R}\right)^{\frac{1}{7}} \tag{a}$$

由式（4 - 57），圆管壁面处切应力可表示为

$$\tau_w=\frac{\lambda}{8}\rho v^2 \tag{b}$$

其中，v 为管截面上的流量平均速度。

关于湍流情况下的沿程损失系数 λ，已在第四章中就不同区域给出经验公式，例如在 $4000<Re\leqslant 10^5$ 的范围内，可用布拉修斯公式（4 - 63）计算 λ，即

$$\lambda=\frac{0.3164}{Re^{0.25}}=\frac{0.3164}{(vd/\nu)^{0.25}}=\frac{0.2660}{(vR/\nu)^{0.25}} \tag{c}$$

将式（c）代入式（b），同时考虑到在上述雷诺数范围内，平均流速 v 约等于 $0.8v_{x\max}$。因此可得到圆管内湍流充分发展段内壁面切应力分布为

$$\tau_w=0.0225\rho v_{x\max}^2\left(\frac{\nu}{v_{x\max}R}\right)^{0.25} \tag{d}$$

由式（a）和式（d），采用普朗特假设（1），管中心的最大速度 $v_{x\max}$ 相当于平板的自由来流速度 v_∞，圆管的半径 R 相当于边界层的厚度 δ。可得到湍流边界层内速度分布和切应力分布补充关系式：

$$\frac{v_x}{v_\infty}=\left(\frac{y}{\delta}\right)^{\frac{1}{7}} \tag{e}$$

$$\tau_w=0.0225\rho v_\infty^2\left(\frac{\nu}{v_\infty\delta}\right)^{0.25} \tag{f}$$

将式（e）和式（f）代入平板边界层的动量积分方程（6 - 22b），整理得

$$0.0225\rho v_\infty^2\left(\frac{\nu}{v_\infty\delta}\right)^{\frac{1}{4}}=\rho v_\infty^2\frac{7}{72}\frac{d\delta}{dx}$$

进一步整理，得到

$$\delta^{\frac{1}{4}}d\delta=0.231\left(\frac{\nu}{v_\infty}\right)^{\frac{1}{4}}dx$$

积分上式，得

$$\frac{4}{5}\delta^{\frac{5}{4}}=0.231\left(\frac{\nu}{v_\infty}\right)^{\frac{1}{4}}x+C$$

采用普朗特假设（2），平板前缘处边界层厚度等于零，即 $x=0$，$\delta=0$，所以 $C=0$，于是

$$\delta=0.370\left(\frac{\nu}{v_\infty}\right)^{\frac{1}{5}}x^{\frac{4}{5}}$$

或

$$\frac{\delta}{x}=0.370\left(\frac{\nu}{v_{\infty}x}\right)^{\frac{1}{5}}=\frac{0.370}{Re_x^{\frac{1}{5}}} \tag{6-29}$$

将式（6-29）代入式（f），得到

$$\tau_{\mathrm{w}}=0.0289\rho v_{\infty}^{2}\left(\frac{\nu}{v_{\infty}x}\right)^{\frac{1}{5}}=0.0289\rho v_{\infty}^{2}Re_x^{-\frac{1}{5}} \tag{6-30}$$

平板一侧的总摩擦阻力为

$$F_{\mathrm{D}}=b\int_0^l\tau_{\mathrm{w}}\mathrm{d}x=0.0289\rho v_{\infty}^{2}\left(\frac{\nu}{v_{\infty}}\right)^{\frac{1}{5}}b\int_0^l x^{-\frac{1}{5}}\mathrm{d}x=0.036bl\rho v_{\infty}^{2}Re_l^{-\frac{1}{5}} \tag{6-31}$$

摩擦阻力系数 C_{f} 为

$$C_{\mathrm{f}}=\frac{F_{\mathrm{D}}}{\frac{1}{2}\rho v_{\infty}^{2}bl}=0.072Re_l^{-\frac{1}{5}} \tag{6-32}$$

实验表明，在上述研究的雷诺数范围内，较精确的摩擦阻力系数 C_{f} 的表达式为

$$C_{\mathrm{f}}=0.074Re_l^{-\frac{1}{5}} \tag{6-33}$$

在上述研究过程中采用了多个假设与经验公式，显然上述结论是有一定适用范围的。实验证明，在 $5\times10^5<Re\leqslant10^7$ 的范围内，上述所得有关湍流边界层的规律是足够准确的。当 $Re>10^7$ 时，速度分布应采用对数分布。

对比式（6-23）～式（6-25）、式（6-27）和式（6-29）～式（6-32），可得出以下结论：

（1）在边界层厚度方向上，湍流边界层内的速度随离壁面距离指数增长，速度增加比层流快。

（2）对于湍流边界层，边界层厚度 δ 与 $x^{4/5}$ 成正比；对于层流边界层，δ 与 $x^{1/2}$ 成正比。湍流边界层的厚度比层流增加快。

（3）层流和湍流边界层内，壁面的摩擦阻力都沿板长逐渐减小。对于湍流边界层，τ_{w} 与 $x^{-1/5}$ 成正比；对于层流边界层，τ_{w} 与 $x^{-1/2}$ 成正比。边界层内处于湍流状态时壁面的摩擦阻力比层流减小得慢。

（4）在同一 Re 下湍流边界层的摩擦阻力系数比层流边界层的大得多，这是因为在湍流中，除流体黏性引起的阻力外，还有流体微团的横向运动，互相掺混，因而产生更大的摩擦阻力。

【例 6-2】　速度为 4m/s 的油平行流过一块长 2m 的薄板，油的运动黏度为 $1.0\times10^{-5}\mathrm{m^2/s}$，密度为 $850\mathrm{kg/m^3}$，求 0.5、1、1.5m 处的边界层厚度和壁面切应力。

解　取临界雷诺数 $Re_{\mathrm{r}}=5\times10^5$，则层流边界层的长度为

$$x_{\mathrm{r}}=\frac{Re_{\mathrm{r}}\nu}{v_{\infty}}=\frac{5\times10^5\times10^{-5}}{4}=1.25(\mathrm{m})$$

因此，0.5、1m 处为层流边界层，采用式（6-23），两处的边界层厚度分别为

$$\delta_1=\frac{5.84x_1}{\sqrt{Re_{x1}}}=5.84\sqrt{\frac{\nu x_1}{v_{\infty}}}=5.84\times\sqrt{\frac{1\times10^{-5}\times0.5}{4}}=6.53(\mathrm{mm})$$

$$\delta_2=\frac{5.84x_2}{\sqrt{Re_{x2}}}=5.84\sqrt{\frac{\nu x_2}{v_{\infty}}}=5.84\times\sqrt{\frac{1\times10^{-5}\times1}{4}}=9.23(\mathrm{mm})$$

采用式（6-24），0.5、1m两处的壁面切应力为

$$\tau_{w1}=0.343\rho v_{\infty}{}^{2}Re_{x1}^{-\frac{1}{2}}=2\eta\frac{v_{\infty}}{\delta_1}=2\times850\times1.0\times10^{-5}\times\frac{4}{0.00653}=10.41(\text{N/m}^2)$$

$$\tau_{w2}=0.343\rho v_{\infty}{}^{2}Re_{x2}^{-\frac{1}{2}}=2\eta\frac{v_{\infty}}{\delta_2}=2\times850\times1.0\times10^{-5}\times\frac{4}{0.00923}=7.36(\text{N/m}^2)$$

在1.5m处为湍流边界层，采用式（6-29），此处的边界层厚度为

$$\delta_3=\frac{0.370}{(Re_{x3})^{\frac{1}{5}}}x_3=0.370\left(\frac{\nu}{v_{\infty}x_3}\right)^{\frac{1}{5}}x_3=0.37\times\left(\frac{1.0\times10^{-5}}{4\times1.5}\right)^{\frac{1}{5}}\times1.5=38.75(\text{mm})$$

采用式（6-30），1.5m处的壁面切应力为

$$\tau_{w}=0.0289\rho v_{\infty}^{2}\left(\frac{\nu}{v_{\infty}x_3}\right)^{\frac{1}{5}}=0.0289\times850\times4^2\times\left(\frac{1\times10^{-5}}{4\times1.5}\right)^{\frac{1}{5}}=27.44(\text{N/m}^2)$$

第八节　平板混合边界层的近似计算

前面两节分别对平板层流边界层和湍流边界层进行了理论分析，实际的平板边界层如第三节所述，一般在平板的起始段为层流边界层，经过一个过渡段发展为湍流边界层，即为混合边界层。若来流湍流度很大，壁面粗糙度大，层流边界层的长度相对于湍流边界层很小，可以近似地认为整个边界层都是湍流边界层，但对于层流边界层和湍流边界层的长度相当，二者均不可忽略的情况，必须按混合边界层计算。

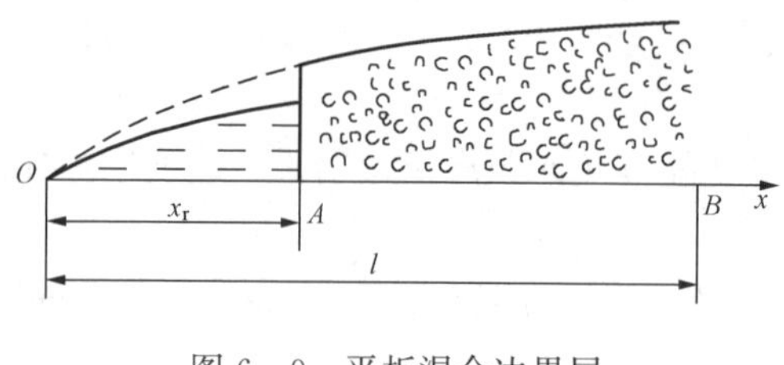

图6-9　平板混合边界层

为使问题简化，如图6-9所示，研究混合边界层通常采用如下简化与假设：

（1）忽略过渡段的长度，认为层流边界层突然转变为湍流边界层。

（2）计算湍流边界层段时，假设湍流边界层的起点是平板前缘点O。

这样，混合边界层的壁面摩擦阻力可表示为

$$F_{DM_{OB}}=F_{DL_{OA}}+F_{DT_{OB}}-F_{DT_{OA}}$$

式中：$F_{DM_{OB}}$为平板混合边界层的摩擦阻力；$F_{DL_{OA}}$为OA段层流边界层段的摩擦阻力；$F_{DT_{OB}}$为若OB段全部都为湍流边界层时产生的摩擦阻力；$F_{DT_{OA}}$为若OA段为湍流边界层时产生的摩擦阻力。

根据摩擦阻力系数的定义，有

$$F_{DM_{OB}}=C_{fLx_r}\times\frac{1}{2}\rho v_{\infty}{}^{2}\times bx_r+C_{fTl}\times\frac{1}{2}\rho v_{\infty}{}^{2}bl-C_{fTx_r}\times\frac{1}{2}\rho v_{\infty}{}^{2}bx_r$$

$$F_{DM_{OB}}=\left[C_{fTl}-(C_{fTx_r}-C_{fLx_r})\frac{x_r}{l}\right]\times\frac{1}{2}\rho v_{\infty}{}^{2}bl$$

则混合边界层的摩擦阻力系数为

$$C_f=C_{fTl}-(C_{fTx_r}-C_{fLx_r})\frac{x_r}{l}=C_{fTl}-\frac{(C_{fTx_r}-C_{fLx_r})\frac{v_{\infty}x_r}{\nu}}{v_{\infty}l/\nu}$$

进一步整理为

$$C_f = C_{fTl} - \frac{A}{Re_l}$$

其中，$A=(C_{fTx_r}-C_{fLx_r})\frac{v_\infty x_r}{\nu}=(C_{fTc}-C_{fLc})Re_r$，显然混合边界层的摩擦阻力系数不仅与板长雷诺数有关，还与临界雷诺数有关。

例如，当临界雷诺数 $Re_r=5\times10^5$，在 $5\times10^5<Re_l\leqslant10^7$ 的范围内可取

$$C_f = \frac{0.074}{Re_l^{0.2}} - \frac{1700}{Re_l} \tag{6-34}$$

【例 6-3】 一块 1.5m×4.5m 的矩形薄板，在空气中以 3m/s 的速度运动，空气的运动黏度为 $1.5\times10^{-5}\mathrm{m^2/s}$，密度为 $1.2\mathrm{kg/m^3}$，求沿长边和短边向前运动所需拖力的比值。(临界雷诺数 $Re_r=5\times10^5$)

解 取临界雷诺数 $Re_r=5\times10^5$，则层流边界层的长度为

$$x_r = \frac{Re_r\nu}{v_\infty} = \frac{5\times10^5\times1.5\times10^{-5}}{3} = 2.5(\mathrm{m})$$

(1) 若沿短边拖动平板，则 $l_1=1.5\mathrm{m}<2.5\mathrm{m}$，平板边界层全部为层流边界层，采用式(6-28)，平板层流边界层摩擦系数为

$$C_{f1} = 1.328Re_{l1}^{-\frac{1}{2}} = 1.328\times\left(\frac{3\times1.5}{1.5\times10^{-5}}\right)^{-\frac{1}{2}} = 2.42\times10^{-3}$$

因此，板两面总的摩擦阻力为

$$F_{D1} = 2C_{f1}\frac{1}{2}\rho v^2 b_1 l_1 = 2\times2.42\times10^{-3}\times\frac{1}{2}\times1.2\times3^2\times1.5\times4.5 = 0.177(\mathrm{N})$$

(2) 若沿长边拖动平板，则 $l_2=4.5\mathrm{m}>2.5\mathrm{m}$，平板边界层为混合边界层，有

$$Re_{l2} = \frac{v_\infty l_2}{\nu} = \frac{3\times4.5}{1.5\times10^{-5}} = 9\times10^5$$

采用式（6-34），边界层摩擦系数为

$$C_{f2} = \frac{0.074}{Re_{l2}^{0.2}} - \frac{1700}{Re_{l2}} = \frac{0.074}{(9\times10^5)^{0.2}} - \frac{1700}{9\times10^5} = 2.88\times10^{-3}$$

此时，板两面总的摩擦阻力为

$$F_{D2} = 2C_{f2}\frac{1}{2}\rho v_\infty^2 b_2 l_2 = 2\times2.88\times10^{-3}\times\frac{1}{2}\times1.2\times3^2\times1.5\times4.5 = 0.211(\mathrm{N})$$

两种情况下阻力之比为 $\qquad \dfrac{F_{D1}}{F_{D2}} = \dfrac{0.211}{0.177} = 1.19$

第九节　曲面边界层分离

黏性流体绕流固体曲面时，经常会发生从某一点开始，边界层从固体壁面脱落分离，分离点后形成回流的旋涡区或尾涡区的现象，这种现象称为边界层分离现象。由于边界层分离的尾涡区使局部流场发生复杂变化，流体流动阻力增大，能量损失加大，边界层分离的研究对很多工程实际问题的解决具有重要意义。

如图 6-10 所示，自由来流速度为 v_∞，取固体壁面的轮廓线为 x 轴，边界层以外的流

动仍然是有势流动，速度为 $v_{x\max}$，对于平面流动或重力忽略不计时，有伯努利方程

$$\frac{p}{\rho g}+\frac{v_{x\max}^2}{2g}=C$$

由于边界层厚度方向上各点压强相同，都等于外边界上的压强，边界层内沿流动方向压强的变化规律与外部势流区相同。因此，边界层内外压强梯度的变化规律为

$$\frac{\mathrm{d}p}{\mathrm{d}x}=-\rho v_{x\max}\frac{\mathrm{d}v_{x\max}}{\mathrm{d}x} \tag{6-35}$$

假设边界层的厚度比曲面的曲率半径小得多，且曲面边界层全部是层流，则可应用层流边界层微分方程（6－17a）。对于黏性流体，在 $y=0$ 处，$v_x=v_y=0$。于是，式（6－17a）简化为

$$\left(\frac{\partial^2 v_x}{\partial y^2}\right)_{y=0}=\frac{1}{\eta}\frac{\mathrm{d}p}{\mathrm{d}x} \tag{6-36}$$

利用式（6－35）和式（6－36），对不同曲面情况下边界层内的流动可分析如下。

1. 顺压强梯度区

在 O、M 点之间，外部势流区流动面积减小，速度增加，压强减小，属于顺压强梯度流动，由式（6－35）和式（6－36），有

$$\frac{\mathrm{d}v_{x\max}}{\mathrm{d}x}>0,\quad \frac{\mathrm{d}p}{\mathrm{d}x}<0,\quad \left(\frac{\partial^2 v_x}{\partial y^2}\right)_{y=0}<0$$

当 $y\to\delta$ 时，$\frac{\partial v_x}{\partial y}$ 不断减小并趋于零，因此边界层截面上 $\frac{\partial^2 v_x}{\partial y^2}$ 始终是负值，边界层内速度曲线是一条没有拐点的光滑曲线，所有流体质点均沿着流动方向前进，不会产生边界层分离现象，如图 6－10 所示。

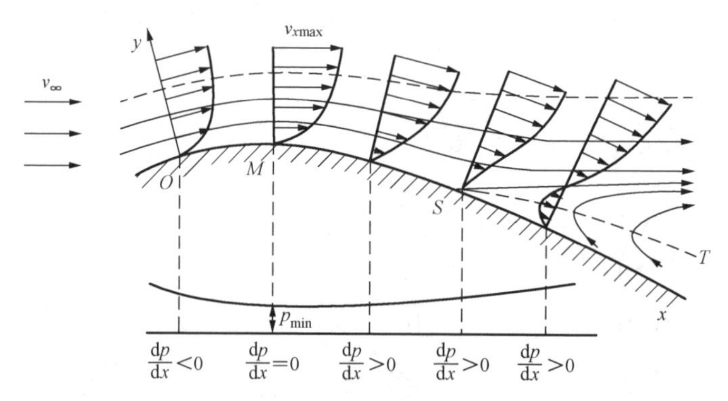

图 6－10　曲面边界层分离形成

2. 逆压强梯度区

在 M 点以后，外部势流减速，边界层内外压强都增加，属于逆压强梯度流动，由式（6－35）和式（6－36），此部分有

$$\frac{\mathrm{d}v_{x\max}}{\mathrm{d}x}<0,\quad \frac{\mathrm{d}p}{\mathrm{d}x}>0,\quad \left(\frac{\partial^2 v_x}{\partial y^2}\right)_{y=0}>0$$

当 $y\to\delta$ 时，$\frac{\partial v_x}{\partial y}$ 不断减小并趋于零，因此，在 $y\to\delta$ 附近，$\frac{\partial^2 v_x}{\partial y^2}<0$。而由上述分析可

知，此区域$\left(\dfrac{\partial^2 v_x}{\partial y^2}\right)_{y=0}>0$，于是在$0<y<\delta$的某点上必然有$\dfrac{\partial^2 v_x}{\partial y^2}=0$。这一点就是速度曲线的拐点，速度不再是向外凸的光滑曲线。流体沿x方向继续前进时，开始时壁面处的速度梯度$\left(\dfrac{\partial v_x}{\partial y}\right)_{y=0}>0$，由于黏性力的阻滞作用不断消耗动能，以致在物面的点S上达到$\left(\dfrac{\partial v_x}{\partial y}\right)_{y=0}=0$，从$S$点开始往后，$\left(\dfrac{\partial v_x}{\partial y}\right)_{y=0}<0$，这时产生回流，回流与主流相遇，将主流推离物面，这就是边界层分离现象，$\left(\dfrac{\partial v_x}{\partial y}\right)_{y=0}=0$的$S$点就称为边界层分离点。在分离点以后，由于存在着因逆流而形成旋涡区，脱体的边界层在外部势流携带下，与物体后面的流体混合，形成尾涡区，尾涡区内压强为负，因为旋涡消耗能量，所以产生了尾涡阻力。从图6-10可以看出，主流区与回流区间有一条分界线，这条分界线ST就是零值流线。分界线是不稳定的。

下面从边界层内流动的物理过程进一步说明边界层的分离现象。当黏性流体流经曲面物体时，边界层内的流体由于黏性力的阻滞作用而消耗动能，使流速减慢。越靠近物体壁面的流体微团，受黏性力的阻滞作用越大，动能的消耗越大，减速越快。在顺压强梯度流动区域内，由于部分压强能转变为动能，流体微团仍能克服黏性力而继续前行。但在逆压强梯度流动区域内，流体微团的动能一方面要因克服阻力而消耗，另一方面还要转化为压强能，动能消耗更大，流速迅速降低，到达曲面上某一点S时，流体微团停滞不前。后面接踵而来的流体微团也将同样停滞下来，以致越来越多的被停滞的流体微团在壁面和主流之间堆积起来。在逆压强梯度的作用下，流体微团被迫反方向逆流，这样，主流被挤得离开物面，形成边界层的分离现象。

边界层的分离是逆压强梯度和黏性力阻滞作用的综合结果。对于顺压强梯度流动，由于没有反推力，不会产生分离现象。前面讨论的平行流绕流平板时，$\dfrac{\mathrm{d}p}{\mathrm{d}x}=0$，没有逆压强梯度，也不会产生边界层分离。但是，具备了逆压强梯度和黏性力阻滞作用这两个因素，并不一定产生边界层分离，对于流线型物体绕流，逆压强梯度较小时，可能不产生分离。但对于边缘为尖角（相当于曲率无限大）的物体绕流，会产生边界层分离。

曲面边界层分离使流体动能消耗增大，流动阻力增大，一般情况下应尽量避免或推迟边界层分离。但有些工程问题中，为达到某种目的也希望出现边界层分离，甚至人为制造边界层分离，产生旋涡回流区。例如，为使煤粉火焰稳定，部分直流煤粉燃烧器的喷口外安装钝体（非流线型）稳焰器，钝体后面由于边界层分离形成回流区，高温气体、空气和煤粉被卷吸进回流区，在此处形成稳定高温燃烧区，从而使煤粉火焰稳定。

第十节　绕流阻力与卡门涡街

一、绕流阻力

流体流过固体壁面，由于黏性的作用，壁面对流动产生摩擦阻力，摩擦阻力对于任何固体壁面都存在，第六～第八节中已对平板边界层的摩擦阻力进行了定量分析。

当流体绕流曲面时，会出现边界层分离现象，分离点下游形成旋涡回流区，旋涡回流区内压强小于来流压强，而固体迎流面的压强则大于来流的压强，这样，在固体壁面上前、后压强不对称，前面压强大，后面压强小，前后的压强差使流体流动产生附加的阻力，这种阻力就称为压差阻力或形状阻力。要减小形状阻力，一般应尽量避免或推迟边界层分离现象的产生，减小尾涡区的范围，如现代船舶、汽车外形都设计成流线型。

形状阻力的大小取决于来流特性和物体的形状，其计算比较复杂，一般采用实验研究得到经验值。

这样，流体绕流固体，绕流阻力包括摩擦阻力和形状阻力两部分，可统一写成

$$F_{\mathrm{D}}=C_{\mathrm{D}}\frac{1}{2}\rho v_{\infty}^{2}A \tag{6-37}$$

阻力系数是摩擦阻力系数和形状阻力系数的综合，与流动的雷诺数、物体大小、形状、方位等有关。对于确定的物体，与来流方向一定时，阻力系数只是 Re 的函数。

流动减阻问题是工程实际中的一个重要问题。减阻必须从减小摩擦阻力和形状阻力两方面考虑。研究表明，在不同雷诺数下，摩擦阻力和形状阻力所起的作用不同，下面以圆柱体绕流为例分析物体的绕流现象与绕流阻力。

图 6 - 11 所示为不同雷诺数下圆柱体绕流图谱，图 6 - 12 所示为圆柱体的阻力系数随雷诺数的变化规律。

在 $Re\leqslant1$ 时，如图 6 - 11（a）所示，流体流速很低，整个流场为稳定层流，没有边界层分离，圆柱体上下、左右流动对称，流动阻力只有摩擦阻力。在图 6 - 12 中，此部分阻力系数近似地与雷诺数成反比。

$3\sim5<Re\leqslant30\sim40$ 时，由于雷诺数的增加，上下游流动与压强不对称，如图 6 - 11（b）所示，圆柱体后面开始出现边界层分离，上、下两侧边界层脱离后，在圆柱后面产生一对旋转方向相反的对称旋涡。此时摩擦阻力和形状阻力有同等重要的地位。在图 6 - 12 中，阻力系数随雷诺数的变化较复杂，雷诺数越大，阻力系数越小。

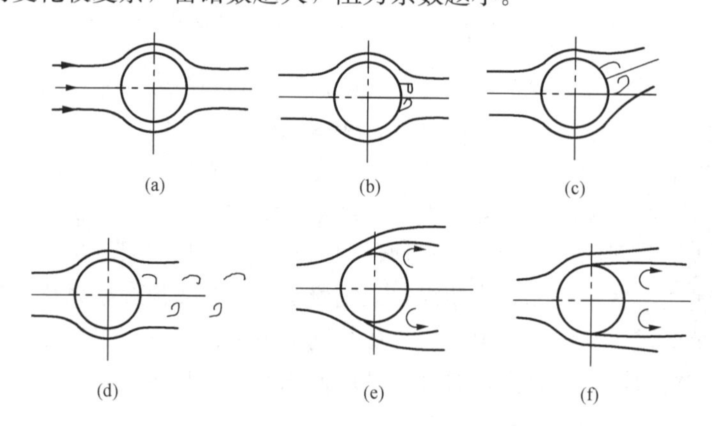

图 6 - 11 圆柱体绕流

（a）$Re\leqslant1$；（b）$3\sim5<Re\leqslant30\sim40$；（c）$30\sim40<Re\leqslant60\sim90$；
（d）$60\sim90<Re\leqslant150\sim300$；（e）$150\sim300<Re\leqslant1.5\times10^{5}$；（f）$Re>1.5\times10^{5}$

$30\sim40<Re\leqslant60\sim90$ 时，如图 6 - 11（c）所示，随着雷诺数的增加，上下游流动的不对称性加强，边界层分离区加大，对称旋涡开始摆动，此时绕流阻力由摩擦阻力和形状阻力组成，两者有同等重要的地位。在图 6 - 12 中，阻力系数随雷诺数的增大而减小，但减小速

率变慢。

$60\sim90<Re\leqslant1.5\times10^5$ 时，如图 6 - 11（d）所示，随着雷诺数的增加，旋涡不断增长，摆动加强，不稳定的对称旋涡破碎，最后形成周期性的交替旋涡，这些旋涡的排列是有规则的，称为卡门涡街。当雷诺数大到一定程度时，如图 6 - 11（e）所示，固体迎风面形成层流边界层，边界层分离点前移，最终在迎风区发生边界层分离，此时背风面的回流区区域较大，且回流区流动进入湍流，在此雷诺数范围内，绕流阻力由摩擦阻力和形状阻力组成，但以形状阻力为主。在图 6 - 12 中，阻力系数随雷诺数变化趋势减小，$1000<Re\leqslant1.5\times10^5$ 时，阻力系数基本保存为常数不变。

$Re>1.5\times10^5$ 时，如图 6 - 11（f）所示，迎风面内的层流边界层捩变为湍流，湍流的强烈混合作用使得边界层分离点后移，边界层分离又发生在背风面，回流区变窄，形状阻力减小，虽然迎风面内的湍流边界层摩擦阻力会增大，但此时绕流阻力主要由形状阻力造成，如图6 - 12 所示，总阻力急剧减小。

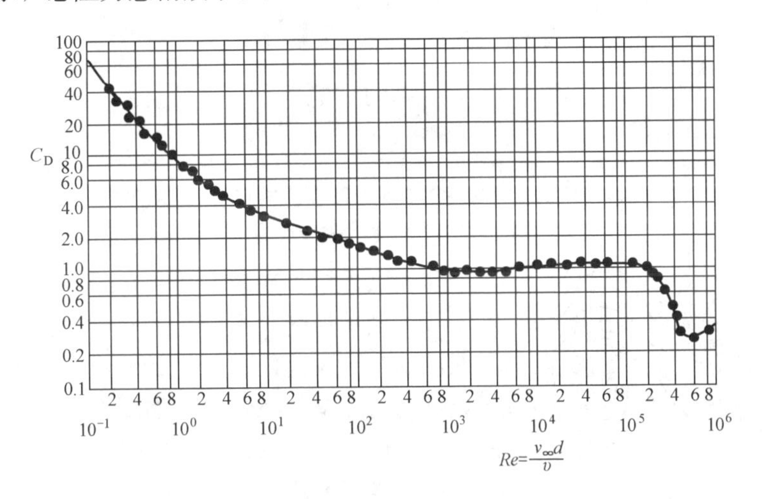

图 6 - 12　圆柱体的阻力系数

研究表明，在来流湍流度加大，且壁面粗糙度较大时，层流边界层可以提前转捩为湍流边界层，从而使得流动总阻力减小。

这样，流动减阻在不同的流动状态措施是不一样的。总的说来，流动减阻措施可归结如下：若没有发生边界层分离现象，应尽量使边界层内的流动保持为层流，若已发生边界层分离，则应设法使层流边界层尽早转捩为湍流边界层。这样的一些通过控制边界层减阻的措施通常称为边界层控制。工程实际中边界层控制的方法很多，此处不一一列举。

【例 6 - 4】　某管道直径为 $d=1.0\text{m}$，管道的长度远远大于其直径，若当地风速方向与管道垂直，风速 $v_\infty=10\text{m/s}$，当地空气的密度 $\rho=1.29\text{kg/m}^3$，运动黏度 $\nu=1.32\times10^{-5}\text{m}^2/\text{s}$，求作用在长度为 10m 的管段上的气动力。

解　由已知条件，雷诺数为

$$Re=\frac{v_\infty d}{\nu}=\frac{10\times1.0}{1.32\times10^{-5}}=7.58\times10^5$$

由图 6 - 12 可查得此时阻力系数为 $C_D=0.33$，则作用在 10m 管段上的气动力为

$$F_{D}=C_{D}\frac{1}{2}\rho v_{\infty}{}^{2}A=0.33\times\frac{1}{2}\times1.29\times(10)^{2}\times1\times10=212.85(\mathrm{N})$$

【例 6-5】 有两辆迎风面积 $A=2.0\mathrm{m}^2$ 的汽车，一辆为老式敞篷车，阻力系数 $C_{D1}=0.9$，另一辆为外形良好的新式汽车，阻力系数 $C_{D2}=0.4$。若两车都以 $v_{\infty}=100\mathrm{km/h}$ 的速度行驶，取空气的密度为 $\rho=1.25\mathrm{kg/m^3}$，求它们克服气动阻力所做的功率。

解 汽车的行驶速度，即气流的绕流速度为

$$v_{\infty}=100\times\frac{1000}{3600}=27.78(\mathrm{m/s})$$

对于老式汽车，气动阻力为

$$F_{D1}=C_{D1}\frac{1}{2}\rho v_{\infty}{}^{2}A=0.9\times\frac{1}{2}\times1.25\times(27.78)^{2}\times2=868.2(\mathrm{N})$$

功率为

$$P_{1}=F_{D1}v_{\infty}=868.2\times27.78=24\,418.6(\mathrm{W})$$

对于新式汽车，气动阻力为

$$F_{D2}=C_{D2}\frac{1}{2}\rho V_{\infty}{}^{2}A=0.4\times\frac{1}{2}\times1.25\times(27.78)^{2}\times2=385.9(\mathrm{N})$$

功率为

$$P_{2}=F_{D2}v_{\infty}=385.9\times27.78=10\,720.3(\mathrm{W})$$

二、卡门涡街

前面已介绍，在 $60\sim90<Re\leqslant1.5\times10^5$ 时，旋涡不断增长，摆动加强，不稳定的对称旋涡破碎，最后形成周期性的交替脱落的卡门涡街。研究表明，卡门涡街大多数排列情况是不稳定的，如图 6-13 所示，卡门涡街的稳定条件是 $h/l=0.281$，此时 $Re=150$。

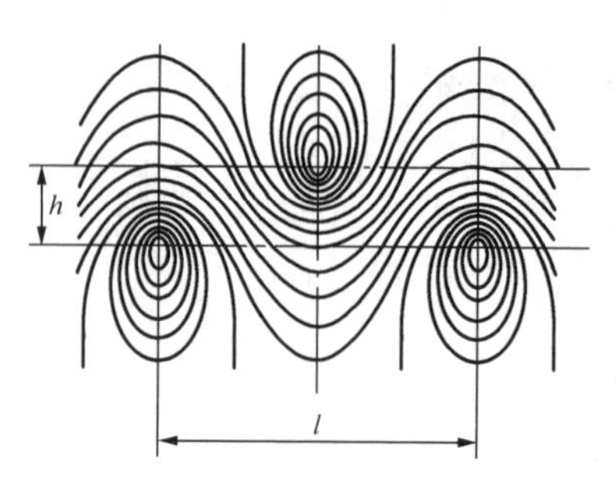

图 6-13 稳定的涡街图谱

进一步研究表明，当 $Re=200\sim1.5\times10^5$ 时，圆柱体后面的旋涡不断周期性均匀交替脱落，旋涡的脱落频率 f 与来流速度 v_{∞} 成正比，与圆柱体直径 d 成反比，可以表示为

$$f=Sr\frac{v_{\infty}}{d} \tag{6-38}$$

式（6-38）中的比例常数 Sr 称为斯特劳哈尔数。研究表明，当 $Re>1000$ 时，如图 6-14 所示，斯特劳哈尔数近似等于常数 0.21。此时脱落频率 f 与来流速度成正比，涡街流量计就是根据这一原理，通过测出流场中绕流圆柱体的旋涡的脱落频率 f，从而测量流速和流量。

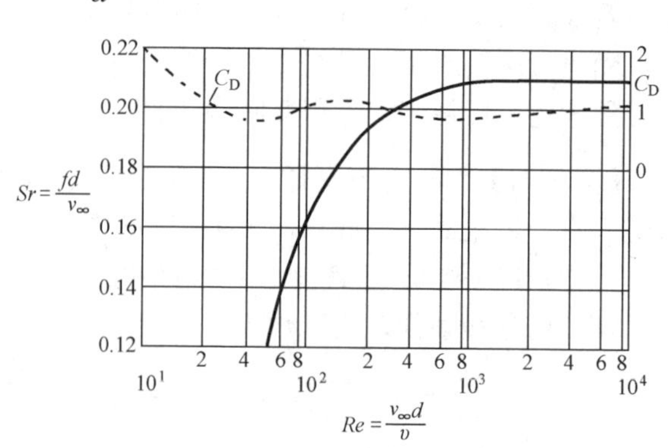

图 6-14 斯特劳哈尔数与雷诺数的关系

卡门涡街交替脱落时会产生振动，并发生声响效应，这种声响是由于卡门涡街

周期性脱落引起流体中的压强脉动所造成的声波，例如日常生活中所听到风吹电线的风鸣声就是涡街脱落引起的。另外，如果涡街交替脱落频率与物体的声学驻波振动频率相重合，还会出现共振。工业上使用的预热器、锅炉等多由圆管组成，流体绕流圆管时，卡门涡街的交替脱落会引起预热器管箱中气柱的振动，如果卡门涡街的脱落频率恰好与管箱的声学驻波振动频率相重合，就会发生声学共振，使管箱激烈振动，严重时，预热器管箱振鼓错开，甚至破裂。如果改变管箱和气柱的固有频率，使之与卡门涡街的脱落频率错开，避免发生共振，则可防止设备的破坏。

需要说明的是，不只是流体绕流圆柱时才产生卡门涡街，只要发生边界层脱离，都可能出现卡门涡街。因此，诸如水下建筑或航空设备等设施，都做成流线型，以避免卡门涡街的破坏作用。

复习与思考

6-1　试说明式（6-8）表达的黏性流体运动微分方程的适用条件，并说明各项的物理意义。

6-2　试从式（6-8）黏性流体运动微分方程出发，推导得到理想流体运动微分方程、流体的平衡微分方程及理想流体沿流线的伯努利方程。

6-3　什么是边界层？什么是边界层厚度与边界层位移厚度？边界层内流动有何特点？如何判断层流边界层和湍流边界层？

6-4　试说明边界层动量积分方程（6-21）的适用条件。

6-5　试比较平板层流边界层与平板湍流边界层内速度分布、边界层厚度、摩擦阻力和摩擦阻力系数的区别。

6-6　什么是边界层分离？发生边界层分离现象的必要条件是什么？分析发生机理。

6-7　流体绕流固体，绕流阻力由哪几部分组成？流动减阻有何措施？

6-8　什么是卡门涡街？试分析卡门涡街的形成机制，试举例说明日常生活或工程实际中的卡门涡街现象。

习题

6-1　如图6-15所示，一水平放置的转杯，其锥角之半是α，转杯出口直径为D，转杯旋转角速度为ω，油的运动黏度为ν，转杯出口处油膜厚度为δ，油的流量为q_V。设油膜在转杯上做稳定层流运动，重力不计，试证明转杯出口处油膜厚度为$\delta=\sqrt[3]{3q_V/\pi DM}$。其中，$M=\dfrac{\omega^2 R\sin\alpha}{\nu}$，$R=\dfrac{D}{2}$。

6-2　如图6-16所示的装置，电线在镀过后浸入一敞开的油槽内冷却，已知电线直径$d=12.5\text{mm}$，管子直径$D=15.6\text{mm}$，电线移动速度$v=1.5\text{m/s}$，油的运动黏度$\eta=2.394\times10^{-2}\text{Pa}\cdot\text{s}$，密度$\rho=880\text{kg/m}^3$。

（1）试求管内距两端开口足够远，可不计端部效应处管截面上的速度分布。

（2）说明在求解问题的过程中所需应用的假设条件。

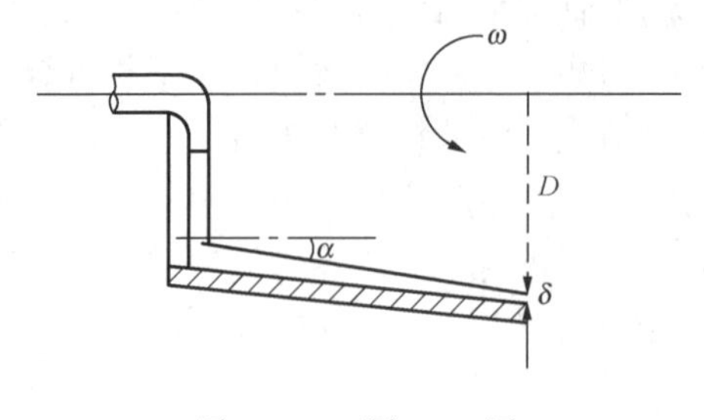

图 6 - 15　题 6 - 1 图

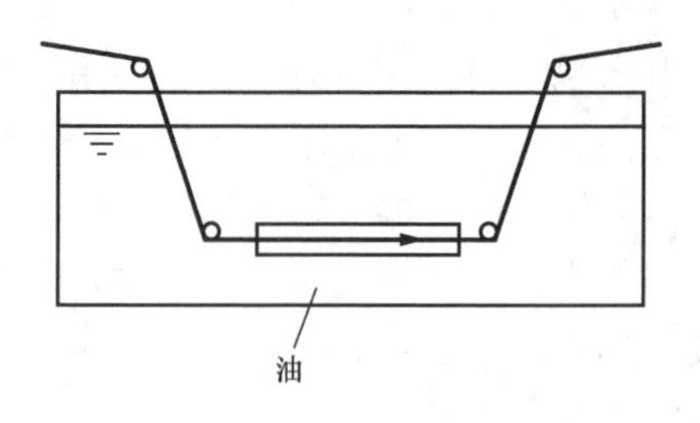

图 6 - 16　题 6 - 2 图

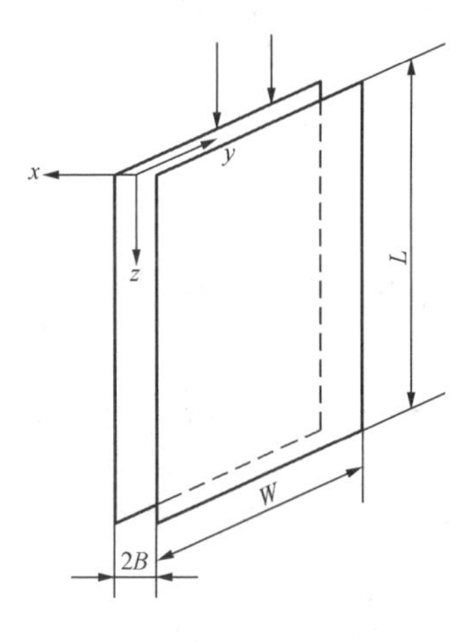

图 6 - 17　题 6 - 3 图

6 - 3　如图 6 - 17 所示，黏性流体在相距 $2B$ 的两平行壁夹缝间做稳定层流运动，试证明其内摩擦切应力与流速分布的方程为

$$\tau_{xz}=\frac{\Pi_0-\Pi_L}{L}x$$

$$v_z=\frac{(\Pi_0-\Pi_L)B^2}{2\eta L}\left[1-\left(\frac{x}{B}\right)^2\right]$$

其中，$\Pi=p+\rho gh=p-\rho gz$。

又问截面上平均流速与最大流速之比为多少？

6 - 4　如图 6 - 18 所示，不可压缩黏性流体在重力作用下沿斜板平行稳定流动，斜板为无限大平面，与水平面的倾角为 α，上部自由面与壁面的距离为 h，流体运动黏度为 ν，忽略空气对流体的摩擦，求截面上流体的速度分布和平均流速。

6 - 5　动力黏度为 $1\times10^{-3}\text{Pa}\cdot\text{s}$ 的油在两块水平放置的大平板间流动，下板静止，上板以 0.3m/s 的速度运动，两板间距 3mm，求通过截面的体积流量为零时的压强梯度。

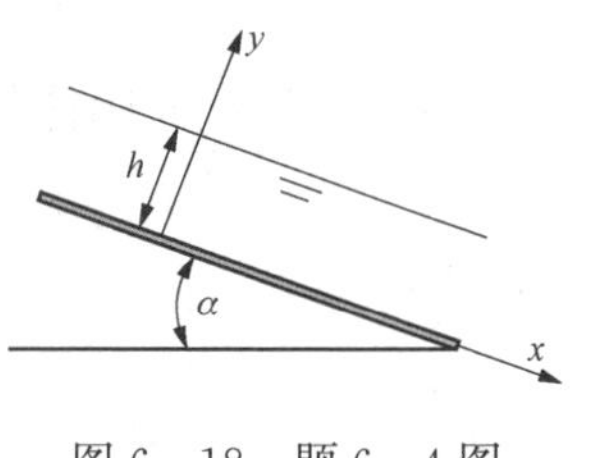

图 6 - 18　题 6 - 4 图

6 - 6　设平板层流边界层内的速度分布为 $\frac{v_x}{v_\infty}=1-\mathrm{e}^{-y/\delta}$，试用边界层的动量积分方程推导边界层的厚度和平板阻力系数的表达式。

6 - 7　宽 1m，长 0.5m 的平板以 0.5m/s 的速度在静止的水中拖动，若临界雷诺数 $Re_r=5\times10^5$，水温为 15℃，问：

（1）整个平板上的边界层是否为层流边界层？

（2）设层流边界层内的速度分布为 $\frac{v_x}{v_\infty}=2\frac{y}{\delta}-2\left(\frac{y}{\delta}\right)^3+\left(\frac{y}{\delta}\right)^4$，求 $x=0.2\text{m}$，$y=\frac{\delta}{2}$ 处的速度。

（3）求整个平板所受阻力。

6 - 8　光滑平板宽 1.2m，长 3m，潜没在静止水中以 1.2m/s 的速度水平拖动，水温为 10℃，临界雷诺数 $Re_r=5\times10^5$，求：（1）层流边界层的长度；（2）平板末端边界层的厚度；（3）所受水平拖力。

6 - 9　若平板湍流边界层内的速度分布为$\frac{v_x}{v_\infty}=\left(\frac{y}{\delta}\right)^{1/9}$，并有$\lambda=0.185(Re_\delta)^{-0.2}$，其中$Re_\delta=v_\infty\delta/\nu$，试推导边界层厚度的计算公式。

6 - 10　一平板宽为2m，长为6m，在10℃的空气中以3.2m/s的速度拖动，空气的运动黏度为$1.42\times10^{-5}m^2/s$，密度为$1.25kg/m^3$，求距离板前缘1m和4.5m处的边界层厚度和平板单侧的摩擦阻力。

6 - 11　某船体以速度1m/s在水中航行，已知水的运动黏度为$1.0\times10^{-6}m^2/s$，密度为$1000kg/m^3$，船体长30m，宽10m，求船体底部的摩擦阻力，以及为克服这部分阻力所需的功率。（临界雷诺数$Re_r=5\times10^5$）

6 - 12　宽1.5m，长12m的一块平板，以3m/s的速度在静水中拖动，水温15℃，若临界雷诺数为3×10^5，求边界层过渡为湍流边界层处距离板前缘的位置。

6 - 13　温度为15℃的空气以9.6m/s的速度平行绕流过平板，试求：（1）离板前缘100mm处的雷诺数及边界层的厚度；（2）此点边界层厚度的增长率。

6 - 14　汽车以80km/h的时速行驶，其迎风面积为$2m^2$，已知阻力系数为$C_D=0.4$，空气的密度为$1.25kg/m^3$，求汽车克服空气阻力所需的功率。

6 - 15　一圆柱形烟囱，高20m，直径为0.6m，当地水平风速为18m/s，空气密度$\rho=1.293kg/m^3$，运动黏度$\nu=1.3\times10^{-5}m^2/s$，求烟囱所受的水平推力。

6 - 16　流体以0.6m/s的速度水平绕流长度为2m的平板，若流体分别为水（运动黏度$\nu_1=1.0\times10^{-6}m^2/s$）和油（$\nu_2=8\times10^{-5}m^2/s$），试求平板末端边界层厚度。

第七章　相似原理与量纲分析

实验研究是发现流体流动问题、促进理论研究发展的基础，是计算机模拟正确性的检验依据。发展流体力学的实验研究既是流体力学自身发展的需要，也是解决工程实际问题的需要。进行实验研究时，在研究对象上直接进行实验研究通常受到研究对象尺度、实验环境、测试手段等限制。从经济性和实验可行性方面考虑，常常采用模型试验的方法。然而，如何安排设计实验台，如何布置实验，以及如何把模型实验的结果应用到实际中去，解决上述问题的理论依据就是相似原理。

另外，为解决所要研究的问题，需要测试哪些参数，处理众多参数的实验数据，建立物理量间的函数关系，进而揭示物理过程的规律，则需要用到量纲分析的方法。

相似原理和量纲分析是流体力学实验研究的理论基础。本章将对相似原理和量纲分析进行详细介绍。

第一节　流场力学相似的概念

进行实验研究时，研究对象（即实物）称为原型；而针对原型在实验室内所构建的实验台，称为模型。要想使得模型所揭示的流动规律对实物研究具有意义，模型和原型内的流动必须达到力学相似。所谓力学相似，就是指模型和原型所有对应点的所有物理参量成比例。对于一般的流体流动问题，如图 7-1 所示，力学相似必须包含几何相似、运动相似和动力相似三个方面。

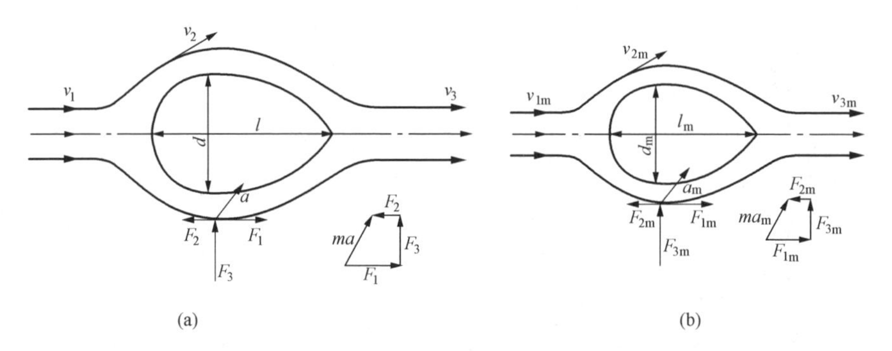

图 7-1　流动力学相似

（a）原型；（b）模型

一、几何相似

流场力学相似的第一个前提条件就是几何相似，即模型与原型具有相似的几何形状，所有对应尺寸成比例，所有对应角相等。

设原型流场有几何尺寸 l_1、l_2、d，模型流场对应的几何尺寸为 l_{1m}、l_{2m}、d_m，则两流动几何相似时，应满足：

$$\frac{l_1}{l_{1\mathrm{m}}}=\frac{l_2}{l_{2\mathrm{m}}}=\frac{d}{d_{\mathrm{m}}}=C_l \tag{7-1}$$

式中：C_l 为几何相似比例常数或长度比例尺。

相应地，两流场对应面积和对应体积间的关系为

$$C_A=\frac{A}{A_{\mathrm{m}}}=\frac{l^2}{l_{\mathrm{m}}^2}=C_l^2 \tag{7-2}$$

$$C_V=\frac{V}{V_{\mathrm{m}}}=\frac{l^3}{l_{\mathrm{m}}^3}=C_l^3 \tag{7-3}$$

式中：C_A 为面积相似比例常数；C_V 为体积相似比例常数；l 为特征尺度，表征流体流动特征的线尺度。

几何相似是流场力学相似的前提条件。严格地讲，几何相似应是模型和原型所有的几何尺寸都成等比例，甚至包括表面粗糙度，但是实现这种相似是非常困难的，所以一般不考虑粗糙度的相似，只有特殊情况时才考虑平均相对粗糙度相似。

二、运动相似

流场力学相似的第二个条件是运动相似，即模型与原型流场，在所有对应时刻，所有对应点的速度和加速度方向相同，大小成比例，如图 7 - 1 所示，有

$$\frac{v_1}{v_{1\mathrm{m}}}=\frac{v_2}{v_{2\mathrm{m}}}=\frac{v_3}{v_{3\mathrm{m}}}=C_v \tag{7-4a}$$

式中：C_v 为速度相似比例常数。

由于运动相似是以几何相似为前提的，而

$$C_v=\frac{v}{v_{\mathrm{m}}}=\frac{l/t}{l_{\mathrm{m}}/t_{\mathrm{m}}}=\frac{C_l}{C_t} \tag{7-4b}$$

运动相似的实质是几何相似前提下的时间相似，因此，部分教材中流场力学相似的第二条件是时间相似即流动的谐时性。

采用速度相似比例常数 C_v，则加速度间的关系是

$$C_a=\frac{a}{a_{\mathrm{m}}}=\frac{v/t}{v_{\mathrm{m}}/t_{\mathrm{m}}}=\frac{C_v}{C_t}=\frac{C_v^2}{C_l} \tag{7-5}$$

式中：C_a 为加速度相似比例常数。

相应地，还可得到模型和原型两流场体积流量、运动黏度和角速度之间的关系：

体积流量 $$C_{q_V}=\frac{q_V}{q_{V\mathrm{m}}}=\frac{l^3/t}{l_{\mathrm{m}}^3/t_{\mathrm{m}}}=\frac{{C_l}^3}{C_t}={C_l}^2C_v \tag{7-6}$$

运动黏度 $$C_\nu=\frac{\nu}{\nu_{\mathrm{m}}}=\frac{l^2/t}{l_{\mathrm{m}}^2/t_{\mathrm{m}}}=\frac{{C_l}^2}{C_t}=C_lC_v \tag{7-7}$$

角速度 $$C_\omega=\frac{\omega}{\omega_{\mathrm{m}}}=\frac{v/l}{v_{\mathrm{m}}/l_{\mathrm{m}}}=\frac{C_v}{C_l} \tag{7-8}$$

式中：C_{q_V} 为体积流量相似比例常数；C_ν 为运动黏度相似比例常数；C_ω 为角速度相似比例常数。

三、动力相似（或质量相似）

流场力学相似的第三个条件是动力相似，即模型与原型上所有对应流体质点的流体所受到的力，方向相同，大小成比例，如图 7 - 1 所示，有

$$\frac{F_1}{F_{1\mathrm{m}}}=\frac{F_2}{F_{2\mathrm{m}}}=\frac{F_3}{F_{3\mathrm{m}}}=C_F \tag{7-9a}$$

式中：C_F 为力相似比例常数。

由牛顿力学第二定律，有

$$C_F=\frac{ma}{m_m a_m}=C_m C_a=C_\rho C_l^2 C_v^2 \tag{7-9b}$$

式中：C_m 为质量相似比例常数；C_ρ 为密度相似比例常数。

由式（7-9b）可见，动力相似的实质是几何相似条件和运动相似条件下的质量相似或密度相似。因此，在部分教材中，流场力学相似的第三个条件也通常写为质量相似。从质量相似的概念可以看到，模型实验时所用流体的种类可以与实物上的不一样。若模型实验满足几何相似、运动相似及质量相似，必然满足动力相似。它们从物质基础、时间与空间范畴上，建立了相似系统上进行的过程特性间的关系。

采用密度相似比例常数 C_ρ、长度相似比例常数 C_l 和速度相似比例常数 C_v 作为基本比例常数，则模型和原型两流场其他动力学参数之间的关系可表示为

压强相似比例常数 $$C_p=\frac{p}{p_m}=\frac{F/A}{F_m/A_m}=\frac{C_F}{C_A}=C_\rho C_v^2 \tag{7-10}$$

功率相似比例常数 $$C_W=\frac{W}{W_m}=\frac{Fv}{F_m v_m}=C_F C_v=C_\rho C_l^2 C_v^3 \tag{7-11}$$

动力黏度相似比例常数 $$C_\eta=\frac{\rho\nu}{\rho_m \nu_m}=\frac{\rho l^2/t}{\rho_m l_m^2/t_m}=\frac{C_\rho C_l^2}{C_t}=C_\rho C_l C_v \tag{7-12}$$

总结上述流场力学相似的三个条件，流场的力学相似是几何相似的延伸，几何相似是流场力学相似的前提，动力相似是流场力学相似的决定条件，运动相似是动力相似的结果。流场力学相似的关键与实质是力相似，即模型与原型间作用力相似，即作用力的性质一样，方向相同，大小成一定比例。

需要说明的是，流场的力学相似包含几何相似、运动相似和动力相似三个方面，还包含初始条件和边界条件相似。另外，为保证动力相似，模型和原型的受力性质必须一致，即必须是同一性质的流动，如原型是牛顿流体，模型也必须是牛顿流体。

第二节 动 力 相 似 准 则

由第一节所述可见，就模型与原型的受力相似而言，可以归结为存在相同的力、相似的比例常数；反之，在几何相似的前提下，如果模型与原型流场间对应的地方处处都存在同一 C_F，则可判定两种流动必然是动力相似，这就提供了一种判别模型与原型间力学相似的方法。

一、动力相似准数

同样，采用密度相似比例常数 C_ρ、长度相似比例常数 C_l 和速度相似比例常数 C_v 作为基本比例常数，则式（7-9a）可改写为

$$C_F=\frac{ma}{m_m a_m}=\frac{\rho V v/t}{\rho_m V_m v_m/t_m}=C_\rho C_l^2 C_v^2$$

即

$$\frac{C_F}{C_\rho C_l^2 C_v^2}=1 \tag{7-13}$$

将式（7-13）中比例常数换成物理量之比，则

$$\frac{F}{\rho l^2 v^2}=\frac{F_m}{\rho_m l_m^2 v_m{}^2} \tag{7-14a}$$

式（7－14a）说明，若模型和原型动力相似，流场对应点上相应于式（7－14a）的物理量的组合数值是一样的；反之，在几何相似的前提下，如果在模型和原型的对应点上，存在有式（7－14a）的关系，则就可判定原型与模型间是动力相似的。因此，式（7－14a）提供了一个动力相似的判据，称为牛顿数 Ne，即

$$Ne=\frac{F}{\rho l^2 v^2} \tag{7-14b}$$

式（7－14）是由式（7－9）变换得到的。牛顿数是一个无量纲的数值，其物理意义是：

$$Ne=\frac{\text{流体所受到的某种性质的力}}{\text{流体质点的惯性力}}$$

对于流场中流体所受到的力，可以是压力、重力、黏性力、弹性力（考虑流体的可缩性）等。牛顿数 Ne 是一个普遍的动力相似准数，具体到不同性质的力，这个动力相似准数就转化为不同形式。下面分别讨论流体受到压力、重力、黏性力和弹性力时，各个相似准数的具体表达式。

二、欧拉数、弗劳德数、雷诺数、马赫数

通常情况下，流体所受到的压力、重力、黏性力、弹性力及其相似比例常数可表示为

压力　$F_p=(\Delta p)A=(\Delta p)l^2,\ C_{F_p}=C_p C_l{}^2$

重力　$F_g=mg=\rho Vg=\rho l^3 g,\ C_{F_g}=C_\rho C_l{}^3 C_g$

黏性力　$F_\tau=\tau A=\left(\eta\dfrac{du}{dy}\right)A=\eta\dfrac{du}{dy}l^2,\ C_{F_\tau}=C_\eta C_v C_l$

弹性力　$F_s=KA=Kl^2,\ C_{F_s}=C_e C_l{}^2$

式中：τ 为黏性切应力；K 为体积弹性模量。

对一具体的流动问题，各个性质相同的力相似，将以上这些基本关系代入式（7－14）中，分别得到

欧拉数
$$Eu=\frac{\Delta p}{\rho v^2}=\frac{\Delta p_m}{\rho_m v_m^2} \tag{7-15}$$

弗劳德数
$$Fr=\frac{v}{\sqrt{gl}}=\frac{v_m}{\sqrt{g_m l_m}} \tag{7-16}$$

雷诺数
$$Re=\frac{\rho vl}{\eta}=\frac{\rho_m v_m l_m}{\eta_m} \tag{7-17}$$

柯西数
$$Ca=\frac{\rho v^2}{K}=\frac{\rho_m v_m^2}{K_m} \tag{7-18}$$

由于流体的声速 c 可表示为 $c=\sqrt{K/\rho}$，因此式（7－18）可写为

$$Ca=\frac{\rho v^2}{\rho c^2}=\frac{v^2}{c^2} \tag{7-19}$$

对于气体，弹性力相似准数常用马赫数，由式（1－22），表征气体可压缩性对流场影响的马赫数 Ma 与柯西数 Ca 间的关系为

$$Ma=\frac{v}{c}=(Ca)^{1/2} \tag{7-20}$$

为便于应用，将上述各个动力相似准数的表达式与物理意义列于表 7 - 1。

表 7 - 1 一些相似准数的符号、表达式及物理意义

名称	符号	表达式	物理意义
雷诺数	Re	$\frac{\rho vl}{\eta}$，$\frac{vl}{\nu}$	黏性力相似，$\frac{\text{流体质点惯性力}}{\text{黏性力}}$
欧拉数	Eu	$\frac{\Delta p}{\rho v^2}$	压力相似，$\frac{\text{总压力}}{\text{流体质点惯性力}}$
弗劳德数	Fr	$\frac{v}{\sqrt{gl}}$	重力相似，$\frac{\text{流体质点惯性力}}{\text{重力}}$
柯西数	Ca	$\frac{\rho v^2}{K}$	弹性力相似，$\frac{\text{流体质点惯性力}}{\text{弹性力}}$
马赫数	Ma	$\frac{v}{c}$	同上

对于这些相似准数物理意义的了解，有助于分析认识流体流动的一些特性。例如，湍流情况下的雷诺数比层流大，可见在湍流情况下，流体质点所受到的惯性力比黏性力大，是流体质点惯性力起主导作用；反之，层流情况下则是黏性力大，是黏性力起主导作用。

第三节 相 似 定 律

上述两节具体介绍了流体的力学相似包含的几何相似、运动相似和动力相似三个方面；各个相似准数［式（7 - 15）～式（7 - 20）］定量确定了动力相似的判据，建立了模型与原型相同量间的关系。另外在第一节中已介绍，流体的流动相似还需满足初始条件和边界条件相似；模型和原型的受力性质必须是一样的，即必须是同一性质的流动。

因此，流体的力学相似可以表述如下：同一类型的流动，若单值条件相似，而且由单值条件中的物理量所组成的准数在数值上相等，则流动必然是相似的。上述三个条件就是流动相似的充分必要条件。

所谓同一类型的流动，就是模型和原型中的流动现象是服从同一自然规律的同类现象，可用相同的基本方程来描述。若原型中的流动是不可压缩流体的非稳定等温流动，则模型中的流动也应是不可压缩流体的非稳定等温流动。

单值条件相似包括物理过程涉及的所有独立物理量，包括几何条件、初始条件、时间条件、物性条件等。两过程涉及的物理量的个数应该是相等的。

第三个条件是相似准数相等。若流体只受重力，只要模型与原型弗劳德数相等，所受力相似，在满足其他单值条件相似的前提下，流体运动必然相似。

例如，为确定图 7 - 1 中浸没在流体中物体的绕流阻力，在流速较低的情况下，流体可压缩性的影响可忽略不计，且重力对这种情况的流场影响也可忽略。因此，在做到几何相似的前提下，模型与实物间在此情况下的动力相似，就是黏性力相似，即在安排模型实验时是要做到

$$Re=\frac{\rho vl}{\eta}=\frac{\rho_{\mathrm{m}}v_{\mathrm{m}}l_{\mathrm{m}}}{\eta_{\mathrm{m}}}$$

若在实际原型上流动的流体是空气，而实验流体则可以用水，都是牛顿流体，只要实物与模型流动的雷诺数相等，就做到了黏性力相似。如果模型实验的流体与实物原型的完全一

样，则就有 $vl=v_m l_m$，原型的线尺寸是模型的 100 倍，模型上的流速就应该是原型上的 100 倍。这样，在相似系统上，按一些相同的量组成的无因次数，在模型与实物上一定是相等的。如果实物上的阻力是 D，模型上的阻力为 D_m，则有

$$\frac{D}{\rho l^2 v^2}=\frac{D_m}{\rho_m l_m^2 v_m^2} \tag{7-21}$$

因此，在模型实验时，只要测出阻力、流速、线尺寸及流体的密度，则根据实物尺寸、流速及流体的密度，就可按式（7－21）计算得到实物上的阻力。

流体绕流物体的阻力系数 C_D 为

$$C_D=\frac{D}{\frac{1}{2}\rho v_\infty^2 A}$$

式中：v_∞ 为来流的速度；A 为物体的迎流面积。

阻力系数 C_D 是一个无因次的系数，在模型与原型上应该一致。实验表明，C_D 是流动的雷诺数及物体表面相对粗糙度 $\frac{\varepsilon}{l}$ 的函数，即

$$C_D=f\left(Re,\frac{\varepsilon}{l}\right) \tag{7-22}$$

因此，若在模型上进行系统的实验，绘出 C_D 与 Re_m、$\frac{\varepsilon_m}{l_m}$ 的关系图表，则这张图表对于与模型相似的一系列实物的阻力计算均适用。

综上所述，流体流动动力相似理论是模型实验的基本原理，可依据其指导实验中应如何去安排模型实验，需要测量哪些量，并指导如何去整理模型实验的数据，从而解决实际问题。

【例 7－1】 温度为 15℃ 的水在一直径 75mm 的水平管内流动，平均流速为 3m/s，由于黏性阻力的作用，在管长 12m 上压强下降了 1.568×10^4Pa。问温度为 15℃的煤油（$\nu_{oil}=0.36\times10^{-5}m^2/s$，$\rho_{oil}=830kg/m^3$）在直径为 25mm 几何相似的管内流动，为做到动力相似，流速是多少？又在这种管子长 4m 的管段上，压强下降是多少？

解　因为是黏性力相似，并取管径 d 为特征尺寸，因此有

$$\left(\frac{vd}{\nu}\right)_{H_2O}=\left(\frac{vd}{\nu}\right)_{oil}$$

由表 1－5 查得，15℃下 $\nu_{H_2O}=0.114\times10^{-5}m^2/s$，将已知数据代入，得

$$\frac{3\times75\times10^{-3}}{0.114\times10^{-5}}=\frac{v_{oil}\times25\times10^{-3}}{0.36\times10^{-5}}$$

$$v_{oil}=\frac{3\times75}{0.114}\times\frac{0.36}{25}\times10^{-2}=28.4(m/s)$$

由欧拉数相等，可以求得压力降为

$$Eu=\left(\frac{\Delta p}{\rho v^2}\right)_{oil}=\left(\frac{\Delta p}{\rho v^2}\right)_{H_2O}$$

$$(\Delta p)_{oil}=(\rho v^2)_{oil}\left(\frac{\Delta p}{\rho v^2}\right)_{H_2O}=830\times28.4^2\times\frac{15\,680}{1000\times3^2}=1.166\times10^6(Pa)$$

【例 7－2】 一矩形桥墩，宽 $b=0.8$m，水深 $h=3.5$m，水流流速 $v=1.9$m/s，现拟用模型实验来确定桥墩所受的冲击力，模型拟采用几何相似比例常数 $C_l=10$，求模型中的水

速。若模型中测得桥墩所受冲击力为 $F_m=6.8N$，水流在模型中经过桥孔的时间为 $t_m=5s$，试求实际过程中桥墩所受冲击力与水流时间。

解 水流冲击桥墩，主要受重力控制，相似准数是弗劳德数，则

$$\frac{v}{\sqrt{gl}}=\frac{v_m}{\sqrt{g_m l_m}}$$

由于 $g=g_m$，因此

$$\frac{v}{\sqrt{l}}=\frac{v_m}{\sqrt{l_m}}$$

$$v_m=v\sqrt{\frac{l_m}{l}}=v\sqrt{\frac{1}{C_l}}=1.9\sqrt{\frac{1}{10}}=0.6(\text{m/s})$$

由式（7-14a），有

$$\frac{F}{\rho l^2 v^2}=\frac{F_m}{\rho_m l_m{}^2 v_m{}^2}$$

由于 $\rho=\rho_m$，因此有

$$F=\frac{l^2 v^2 F_m}{l_m{}^2 v_m{}^2}=F_m C_l{}^2 C_v{}^2=F_m\times 100\times 10=6800(\text{N})$$

由式（7-4）

$$\frac{v}{v_m}=\frac{l/t}{l_m/t_m}$$

$$t=\frac{l v_m}{v l_m}t_m=5\times\sqrt{C_l}=5\times\sqrt{10}=15.8(\text{s})$$

第四节 量纲分析的基本原理与方法

上述相似原理的有关知识解决了如何布置实验，以及把模型实验的结果换算到实物上去的问题。在实验过程中，如何处理众多的物理量，建立物理量间的函数关系，揭示物理过程的规律，则需要用到量纲分析的方法。

一、量纲与量纲和谐性原理

量纲即物理量单位的种类。任何确定的物理量，其量纲是唯一的。物理量量纲的单位制中最常见的是以质量［M］、长度［L］及时间［T］为基本量纲，即 MLT 制，流体力学中其他物理量的量纲都可从这三个基本量纲导出。根据基本量纲导出的其他物理量的量纲，称为导出量纲。例如：

$$速度=\frac{长度}{时间}=\frac{[L]}{[T]}=[LT^{-1}]$$

表 7-2 列出的是流体力学中一些常见物理量的量纲。

表 7-2 一些常见物理量的量纲（MLT 制）

物理量	量　纲	物理量	量　纲
速度	LT^{-1}	密度	ML^{-3}
加速度	LT^{-2}	体积模量	$ML^{-1}T^{-2}$
力	MLT^{-2}	动力黏度	$ML^{-1}T^{-1}$
压强	$ML^{-1}T^{-2}$	运动黏度	L^2T^{-1}
能量	ML^2T^{-2}		

自然界中的物理量一般都是有量纲的，描述物理量间关系的任何物理方程，各项物理量的量纲必然是一致的，这就是物理方程的量纲和谐性原理。

以伯努利方程为例，无论方程如何变换，各项量纲总是一致的。

对于单位重力作用下的流体　$z_1+\frac{p_1}{\rho g}+\frac{v_1^{\ 2}}{2g}=z_2+\frac{p_2}{\rho g}+\frac{v_2^{\ 2}}{2g}$

各项的量纲都是［L］。

对于单位体积流体　$\rho g z_1+p_1+\rho\frac{v_1^{\ 2}}{2}=\rho g z_2+p_2+\rho\frac{v_2^{\ 2}}{2g}$

各项的量纲都是［$ML^{-1}T^{-2}$］。

方程各项也可都写成无量纲形式：　$\frac{z_1}{H}+\frac{p_1}{\rho gH}+\frac{v_1^{\ 2}}{2gH}=\frac{z_2}{H}+\frac{p_2}{\rho gH}+\frac{v_2^{\ 2}}{2gH}$

量纲分析法是根据物理方程量纲和谐性原理分析物理量间关系的方法。流体力学中常见的物理量除上述有量纲量外，还有一些是无量纲量，如第二节中介绍的雷诺数、马赫数等都是无量纲的准数。无量纲的方程称为准数方程，很多情况下，准数方程更具有普遍性，能更方便地解决实际问题，本节介绍的就是如何采用量纲分析法得到物理过程的准数方程。

量纲分析法常用的方法有瑞利法和泊金汉法。

二、瑞利法

对于工程实际中较复杂的现象和过程，特别是一些新出的问题，当影响现象及过程的各个物理量间的关系，还不能用具体的方程或函数关系来描写时，通常是将物理量 y、x_1、x_2、x_3、…、x_n 写成一个不定函数的形式：

$$\phi(y,x_1,x_2,x_3,\cdots,x_n)=0 \tag{7-23}$$

或

$$y=f(x_1,x_2,x_3,\cdots,x_n) \tag{7-24}$$

根据物理方程量纲和谐性原理，不论式（7-24）中函数 f 的具体形式如何，方程两端的量纲总是一样的。

瑞利法又称幂指数法，它将因变量 y 表示成变量 x_1、x_2、x_3、…、x_n 的幂次之积：

$$y=kx_1^{a_1}x_2^{a_2}x_3^{a_3}\cdots x_n^{a_n} \tag{7-25}$$

式中：k 为无量纲的比例常数；a_1、a_2、…、a_n 为待定指数，可利用物理方程量纲和谐性的原理来确定。

下面以几个具体的实例来说明瑞利法的应用。

【例 7-3】　已知管中流体运动层流与湍流分界的临界流速 v_c 与流体的动力黏度 η、密度 ρ 及管径 d 有关，试确定表示 v_c 的关系式。

解　将 v_c 写成 ρ、η 与 d 的不定函数关系，得到

$$v_c=f(\rho,\eta,d)$$

将此函数写为幂指数方程得到

$$v_c=k\rho^{a_1}\eta^{a_2}d^{a_3}$$

上式两端的量纲关系为

$$[LT^{-1}]=[ML^{-3}]^{a_1}[ML^{-1}T^{-1}]^{a_2}[L]^{a_3}$$

根据物理方程量纲和谐性原理得到

$$\text{M：}\quad 0 = a_1 + a_2$$
$$\text{L：}\quad 1 = -3a_1 - a_2 + a_3$$
$$\text{T：}\quad -1 = -a_2$$

解上述方程组得到 $a_1 = -1, a_2 = 1, a_3 = -1$，因此

$$v_c = k\frac{\eta}{\rho d}$$

将比例常数 k 用 Re_c 表示，就得到在第四章第二节中已讨论过的临界雷诺数 Re_c

$$Re_c = \frac{\rho v_c d}{\eta}$$

实验测得 ρ、η、d 及临界流速 v_c，根据上式即可求得临界雷诺数 Re_c 的具体数值。

【例 7 - 4】 流体在圆管内做湍流流动，作用在壁上的摩擦力 F_τ 已知是与管长 l、管径 d、流体的密度 ρ、动力黏度 η、平均流速 v 及管壁的粗糙度 ε 有关，试确定摩擦阻力、摩擦阻力系数及摩擦阻力产生的压头损失 h_f 的关系式。

解 写出幂指数方程，有

$$F_\tau = k l^{a_1} \rho^{a_2} v^{a_3} \eta^{a_4} d^{a_5} \varepsilon^{a_6} \tag{a}$$

式（a）两端的量纲关系为

$$[\text{MLT}^{-2}] = [\text{L}]^{a_1}[\text{ML}^{-3}]^{a_2}[\text{LT}^{-1}]^{a_3}[\text{ML}^{-1}\text{T}^{-1}]^{a_4}[\text{L}]^{a_5}[\text{L}]^{a_6}$$

按物理方程的量纲和谐性原则，得到

$$\text{M：}\quad 1 = a_2 + a_4$$
$$\text{L：}\quad 1 = a_1 - 3a_2 + a_3 - a_4 + a_5 + a_6$$
$$\text{T：}\quad -2 = -a_3 - a_4$$

共计有六个未知数 a_1、a_2、a_3、a_4、a_5、a_6，而只有三个方程，取 a_1、a_2、a_6 为参数，解上述方程组得到

$$a_3 = 1 + a_2$$
$$a_4 = 1 - a_2$$
$$a_5 = 1 - a_1 + a_2 - a_6$$

将 a_3、a_4、a_5 的值代入式（a）中，得到

$$F_\tau = k l^{a_1} \rho^{a_2} v^{1+a_2} \eta^{1-a_2} d^{1-a_1+a_2-a_6} \varepsilon^{a_6}$$

自实验观察可知，管壁上的摩擦力 F_τ 是与管长 l 成正比，因此 $a_1=1$，上式进一步可写为

$$F_\tau = k\rho v^2 l d\left(\frac{\rho v d}{\eta}\right)^{a_2-1}\left(\frac{\varepsilon}{d}\right)^{a_6} = k\rho v^2 l d\,(Re)^{a_2-1}\left(\frac{\varepsilon}{d}\right)^{a_6} \tag{b}$$

由量纲分析法得到式（b），再由实验研究得到 k、a_2 及 a_6，就可得 F_τ 的具体计算式。

设管壁上的平均内摩擦切应力为 τ_w，则

$$F_\tau = \tau_w \pi l d$$

由式（b）可得到

$$\tau_w = \frac{k}{\pi}\rho v^2 (Re)^{a_2-1}\left(\frac{\varepsilon}{d}\right)^{a_6}$$

管壁的摩擦阻力系数 C_f 常表示为

$$C_f = \frac{\tau_w}{\frac{1}{2}\rho v^2}$$

因此

$$C_f = 2\frac{k}{\pi}(Re)^{a_2-1}\left(\frac{\varepsilon}{d}\right)^{a_6} = f(Re, \frac{\varepsilon}{d}) \qquad (c)$$

因此，若通过实验确定了 C_f 与 Re 及$\frac{\varepsilon}{d}$的函数关系，就可确定 τ_w 和 F_τ。另外，由式（c）可得出，无量纲系数 C_f 是雷诺数 Re 与相对粗糙度$\frac{\varepsilon}{d}$的函数，可见，实验是以相似原理和量纲分析为指导进行的。

又对于稳定的管内流动，存在受力平衡：

$$F_\tau = \Delta p \frac{\pi}{4} d^2$$

单位重量的流体由于摩擦阻力产生的压头损失 h_f 为

$$h_f = \frac{\Delta p}{\rho g}$$

因此

$$h_f = \frac{\Delta p}{\rho g} = \frac{4F_w}{\pi d^2 \rho g} \qquad (d)$$

将式（b）代入式（d）中，得

$$h_f = \frac{8k}{\pi}(Re)^{a_2-1}\left(\frac{\varepsilon}{d}\right)^{a_6}\frac{l}{d}\frac{v^2}{2g}$$

令

$$\lambda = \frac{8k}{\pi}(Re)^{a_2-1}\left(\frac{\varepsilon}{d}\right)^{a_6} = f\left(Re, \frac{\varepsilon}{d}\right)$$

得到

$$h_f = \lambda \frac{l}{d}\frac{v^2}{2g}$$

这就得到了第四章已介绍过的沿程能量损失计算的达西公式。

由［例 7 - 3］和［例 7 - 4］可以看出，应用量纲分析法对新提出的问题先进行分析，结合相似原理中的相似准数，可得到解决问题所需的公式或方程的初步形式，以此出发，将可以更有目的地进行实验研究，整理实验结果的数据资料，从而解决实际问题。

三、泊金汉法

由于流体力学中的参数通常只涉及三个基本量纲，因此，采用瑞利法进行量纲分析所得到的代数方程也只有三个，对于［例 7 - 4］这样涉及物理量较多的过程，分析待定指数较为困难。泊金汉将量纲分析方法进一步引申，提出 π 定理。π 定理的应用更为广泛，具体表述如下：若某物理过程涉及 n 个物理量和 m 个基本量纲，则 n 个变量之间的关系可用 $n-m$ 个无量纲的 π 项的关系式来表示。

对描述物理过程的物理量 x_1、x_2、x_3、…、x_n 写成不定函数：

$$\phi(x_1, x_2, x_3, \cdots, x_n) = 0$$

若上述 n 个物理量的量纲中涉及 m 个基本量纲，从 x_1、x_2、x_3、…、x_n 中选出 m 个包含基本量纲且又相互独立的变量作为基本变量，设其为 x_{i+1}、x_{i+2}、…、x_{i+m}，其他 $n-m$ 个变量可写成这 m 个基本变量的幂次积形式：

$$x_i = \pi_i x_{i+1}^{a_1} x_{i+2}^{a_2} x_{i+3}^{a_3} \cdots x_{i+m}^{a_m}$$

则

$$\pi_i = \frac{x_i}{x_{i+1}^{a_1} x_{i+2}^{a_2} x_{i+3}^{a_3} \cdots x_{i+m}^{a_m}} \tag{7-26}$$

这样就可以得到 $n-m$ 个无量纲准数 π_i，方程（7-23）可写为无量纲准数的方程：

$$f(\pi_1, \pi_2, \pi_3, \cdots, \pi_{n-m}) = 0 \tag{7-27}$$

下面举例说明 π 定理的意义及应用。

【例 7-5】 流体在圆管内做湍流流动，作用在壁上的摩擦力 F_τ 已知是与管长 l、管径 d、流体的密度 ρ、动力黏度 η、平均流速 v 及管壁的粗糙 ε 有关，试确定表达摩擦力的关系式。

解 将各个物理量间的关系写为不定函数的形式有

$$\phi(F_\tau, l, \rho, v, \eta, d, \varepsilon) = 0 \tag{a}$$

这七个物理量中基本量纲只有质量、长度和时间三个，一般选 ρ、v、d 作为基本变量，将它们与其余的物理量组成四个无量纲量，得到

$$\pi_1 = \frac{F_\tau}{\rho^{a_1} v^{a_2} d^{a_3}}, \qquad \pi_2 = \frac{l}{\rho^{b_1} v^{b_2} d^{b_3}}$$

$$\pi_3 = \frac{\eta}{\rho^{c_1} v^{c_2} d^{c_3}}, \qquad \pi_4 = \frac{\varepsilon}{\rho^{d1} v^{d2} d^{d3}}$$

下面就可根据量纲和谐性原理得到各个幂指数，以 π_3 为例，上下量纲一致，因此

$$[ML^{-1}T^{-1}] = [ML^{-3}]^{c_1} [LT^{-1}]^{c_2} [L]^{c_3}$$

由物理方程量纲的和谐性得

$$\begin{aligned} &M: \quad 1 = c_1 \\ &L: -1 = -3c_1 + c_2 + c_3 \\ &T: -1 = -c_2 \end{aligned}$$

解得，$c_1=1$，$c_2=1$，$c_3=1$，则

$$\pi_3 = \frac{\eta}{\rho v d}$$

同样地，可以得到 $\pi_1 = \dfrac{F_\tau}{\rho v^2 d^2}, \pi_2 = \dfrac{l}{d}, \pi_4 = \dfrac{\varepsilon}{d}$

因此式（a）可写成

$$f\left(\frac{F_\tau}{\rho v^2 d^2}, \frac{\eta}{\rho v d}, \frac{l}{d}, \frac{\varepsilon}{d}\right) = 0$$

或

$$F_\tau = k\rho v^2 d^2 \left(\frac{\rho v d}{\eta}\right)^{k_1} \left(\frac{\varepsilon}{d}\right)^{k_2} \left(\frac{l}{d}\right)^{k_3}$$

同样由管壁上的摩擦力 F_τ 与管长 l 成正比，因此

$$F_\tau = k\rho v^2 l d (Re)^{k_1} \left(\frac{\varepsilon}{d}\right)^{k_2}$$

得到与［例 7 - 4］相同的形式。

将［例 7 - 5］与［例 7 - 4］相比较，可见此时采用 π 定理比瑞利法更为简洁便利。

综上所述，相似原理和量纲分析方法，是流体力学实验研究方法的理论基础，指导如何安排及进行实验，并从复杂的实验资料中，揭示出某种自然现象及过程的规律。

第五节　模 型 实 验 方 法

一、近似模型实验

相似原理和量纲分析提供了模型实验研究的理论基础，第三节中已介绍，完全满足流体流动相似，必须满足以下条件：

（1）模型和原型中的流动是同一类型的流动，可用相同的基本方程来描述。

（2）模型和原型中所有的单值条件（包括几何条件、初始条件、出入口边界条件、时间条件、物性条件等）相似。

（3）模型和原型中所有相似准数相等。

对于一般的流体力学问题，完全满足上述条件是非常困难的，甚至可以说是不太可能的。以几何相似为例，完全几何相似应是模型和原型所有的几何尺寸都成等比例，包括表面粗糙度，但显然实现这种相似是非常困难的，有时甚至所有宏观尺寸相似都难以做到。以物性条件相似为例，在实验研究燃烧室内的空气、烟气流动时，要保证模型中各点的密度 ρ_m、动力黏度 η_m 与原型中对应点的密度 ρ、动力黏度 η 完全相似也是难以做到的。

另外，流动过程通常涉及多个相似准数，同时满足模型和原型中所有相似准数相等也是非常困难的。

例如，不可压缩黏性流体在重力场内的稳定流动，必须保证雷诺数和费劳德数相等，当模型比不是 1∶1 时，使 $Re=Re_m$，即

$$\frac{vl}{\nu}=\frac{v_m l_m}{\nu_m}$$

则

$$C_v=\frac{v}{v_m}=\frac{l_m\nu}{l\nu_m}=\frac{C_\nu}{C_l}$$

当模型与原型采用同种流动介质时，$\nu=\nu_m$，$C_\nu=1$，则

$$C_v=1/C_l \tag{7-28}$$

因此，若模型是原型的 $1/n$，为保证 $Re=Re_m$，则要求模型中的流速是原型中的 n 倍。

而另一方面，还需同时满足 $Fr=Fr_m$，即

$$\frac{v}{\sqrt{gl}}=\frac{v_m}{\sqrt{g_m l_m}}$$

因为 $g=g_m$，因此有

$$C_v=\sqrt{C_l} \tag{7-29}$$

此时，若模型是原型的 $1/n$ 倍，为保证 $Fr=Fr_m$，则要求模型中的流速是原型中的 $\sqrt{1/n}$倍。显然式（7 - 28）和式（7 - 29）在模型比不为 1∶1 时是无法满足的。实际实验中

只能是模型与原型用不同的流动介质，根据模型要求选用黏度合适的实验流体。通常找到满足要求的流体介质也很困难。

正是由于上述完全满足流体流动相似条件是十分困难的，一般在实验研究中只是要求主要的过程与现象的相似，这样的相似称为局部相似，这种研究方法称为近似模型实验法。

近似模型实验法对于不同的流动问题有不同的近似措施。

以几何相似为例，除特殊情况，一般不要求表面粗糙度相似。对于保持原型形状不变，所有尺寸按同一比例放大或缩小的模型称为正态模型；若不是按同一比例，这时模型改变了原有的形状，这种模型称为变态模型，变态模型就是一种常用的近似模型实验法。以河道流动为例，由于天然河道的长度比宽度和水深要大得多，若按正态模型，水深太小，不利于问题的研究，因此常采用不同的长度比例、宽度比例和高度比例。

在模拟锅炉炉膛内的流动过程时，由于实际过程中温度场、浓度场十分复杂，同时实际过程中的流动常常是气固两相流动，在实验室内得到与实际过程完全相似的流动是不可能的，一般采用等温的冷空气或水等介质来模拟炉膛内非等温的热气体流动。这种以冷态实验研究热态过程的方法也是一种近似模型实验法。显然冷态模型实验结果与实际的非等温热态过程是有差异的，因此，得到的冷态实验结果要经修正后才能用于指导实际热态过程。实验研究表明，很多冷态实验结果对热态实际过程都有很大的指导意义。

对于黏性流动的实验研究，经常用到流体的自模化特性。在第四章已介绍了流体流动的层流状态和湍流状态，决定流动状态的准数是雷诺数 Re。Re 表征流体所受到的黏性力和惯性力之比，两种力在流动中所起的作用不同，流动状态就不同。对于管内流动，若 $Re<2300$，流动处于层流状态，此时不论 Re 数值的大小，只要小于临界雷诺数，速度分布就呈抛物线分布，分布特性不变，流动的这一特性即为自模化性，层流区一般称为第一自模化区。雷诺数 Re 增大，流动进入湍流，管截面时均速度越来越均匀，但当 Re 大到一定程度，管内流体流动的紊乱程度及时均速度分布曲线几乎不再变化，沿程损失系数也不再变化，第四章第七节已介绍此区域称为阻力平方区，它是第二自模化区。这样，对于黏性流体流动，只要模型中的流动和原型中处于同一自模化区，就可认为流动是相似，不必要求雷诺数 Re 一定相等。

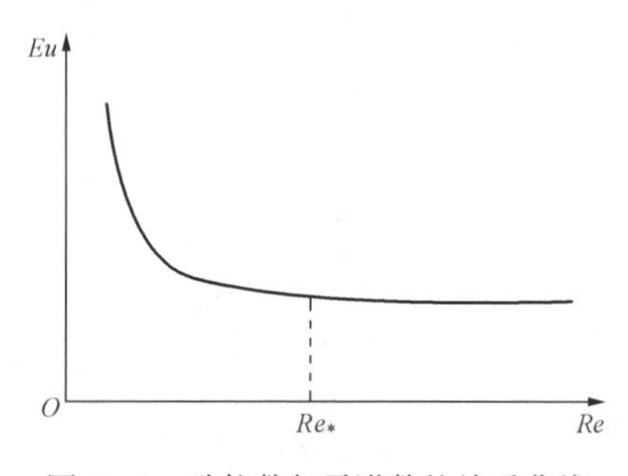

图 7-2 欧拉数与雷诺数的关系曲线

实践表明，工程设备的通道越复杂，进入第二自模化区越早，理论分析和实验研究都表明，流动进入第二自模化区后，沿程损失系数不变，欧拉数 Eu 也不变，这可作为检验模型中的流动是否进入第二自模化区的标志。如图 7-2 所示，随着流动 Re 的增加，欧拉数 Eu 下降，当雷诺数 Re 增加到 Re_* 以后，再进一步提高雷诺数 Re，欧拉数 Eu 保持为一常数不变，Re_* 就称为第二临界雷诺数，自 Re_* 开始，流动就进入第二自模化区。

二、模型实验的主要步骤

总结上述本章内容，采用相似原理和量纲分析进行模型实验揭示流动规律，一般包括以下几个步骤：

（1）分析流动过程，找出主要相似准数。

（2）根据相似条件设计模型实验。

（3）进行实验研究，测量相似准数涉及的物理量。

（4）分析处理实验数据，用相似准数和无量纲数表示实验结果。

（5）对实验结果换算、推广，应用到实际过程。

复习与思考

7-1　什么是流场力学相似？包含哪几个方面的相似？

7-2　雷诺数、欧拉数、弗劳德数、柯西数和马赫数德物理意义是什么？

7-3　进行模型实验时，保证模型与原型流动相似的充分必要条件是什么？

7-4　研究流体力学问题常涉及的基本量纲有哪些？加速度、压强、动力黏度等物理量的量纲是怎样的？

7-5　采用瑞利法和泊金汉法进行量纲分析的研究步骤分别是怎样的，各自有何优缺点？

习　题

7-1　一根管径 $d=50\text{mm}$ 的输水管，为确定其沿程压降，在安装前先用空气进行实验，若在 $t=20℃$ 情况下，空气的运动黏度 $\nu_a=0.156\text{cm}^2/\text{s}$，水的运动黏度 $\nu_{H_2O}=0.011\text{cm}^2/\text{s}$，空气密度 $\rho_a=1.116\text{kg/m}^3$，问：

（1）若输水管在使用时，水的流速 $v_w=2.5\text{m/s}$，在实验时为保持相似，空气的流速应为多少？

（2）如果在用空气实验时，测得管内压降为 $\Delta p_a=0.0803\text{N/cm}^2$，输水管在以上流速（$v_w=2.5\text{m/s}$）使用时，压降为多少？

7-2　一汽车高 1.5m，时速 $v=108\text{km/h}$，现拟在风洞中用模型实验测定其气动阻力，设实验时空气的密度与黏度与实际相同。问：

（1）若风洞实验段风速最大为 $v_m=45\text{m/s}$，实验时为保持流动相似（Re 相等），模型尺寸应为多少？

（2）若实验时在最大气流速度下测得的迎风阻力 $F_M=1470\text{N}$，则汽车行驶时所受的阻力是多少？

7-3　一圆球放在流速为 1.6m/s 的水中，受到的阻力为 4.0N，另一直径为其两倍的圆球置于一风洞中，求在动力条件相似下风速的大小及球受到的阻力。（$\nu_a/\nu_{H_2O}=13$，$\rho_a=1.28\text{kg/m}^3$）

7-4　如图 7-3 所示，现拟在保持黏性力与重力相似的条件下，研究煤油（$\nu=0.045\text{cm}^2/\text{s}$）经直径 $d=75\text{mm}$ 孔口出流情况，用水（$\nu_{H_2O}=0.01\text{cm}^2/\text{s}$）进行实验。求：

（1）模型孔口的直径；

（2）原型中油面高 h 与模型水深 h_w 的比值；

（3）在满足上述条件下，流量 q_V 与 q_{Vw} 的比。

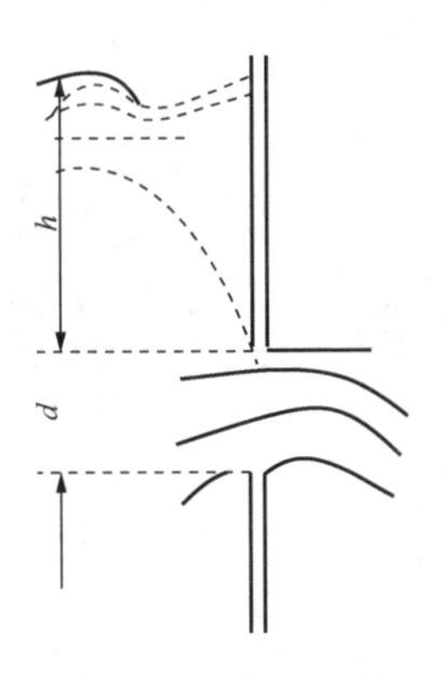

图 7-3　题 7-4 图

7-5　如图7-4所示，测定水管流量的孔板流量计$D=200$mm，$d=100$mm，水的运动黏度$\nu=10^{-6}\text{m}^2/\text{s}$，采用此孔板用空气进行实验测定，空气的动力黏度$\eta=1.818\times10^{-5}$ Pa·s，$\rho=1.166\text{kg/m}^3$，若在水流管道中，水在流量$q_V=0.016\text{m}^3/\text{s}$时，孔板的流量系数开始成为常数，此时水银压差计上的读数为$h=45$mm，问：

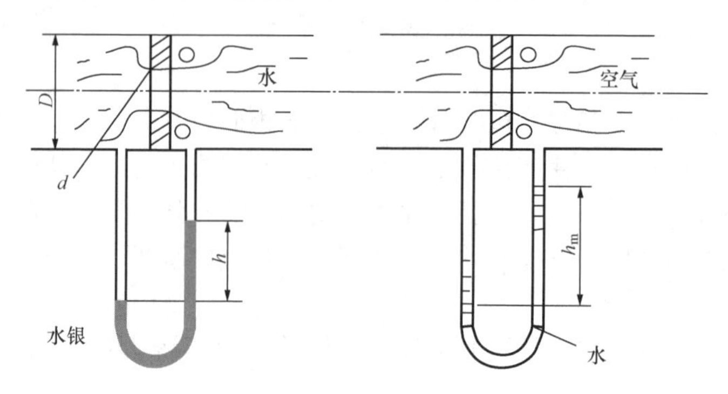

图7-4　题7-5图

（1）以空气实验时q_{Vm}是多少？

（2）此时压差计中水柱高差h_m是多少？

7-6　已知浸没在不可压缩流体中的光滑物体运动的阻力D，是与速度v、物体的线尺寸l、流体的密度ρ和动力黏度η有关，试确定阻力的表达式。如果物体表面不光滑，则阻力D的公式有何改变？

7-7　试用量纲分析证明离心力$F=Cmv^2/r$。

7-8　试导出一由长度、线加速度、密度与动力黏度组成的无因次准数。

7-9　若表面光滑的物体在可压缩流体中运动的阻力，与物体的大小及运动速度、流体的密度、动力黏度及体积弹性模量相关，试导出阻力表达式。

7-10　黏性流体在静压头作用下经一孔口流出，若射流出口速度与静压头、孔口直径、重力加速度、流体的动力黏度与密度相关，试导出此速度的表达式。

7-11　若光滑圆球在不可压缩流体中沉降的速度，与其大小、球的密度、重力加速度、流体的密度及动力黏度相关，试导出沉降速度的表达式。

7-12　单摆在黏性流体中摆动时，其摆动周期与摆长、重力加速度、流体的密度及动力黏度有关，试确定单摆摆动周期的表达式。

第八章　气体动力学基础

气体动力学研究的是当压缩性起重要作用时气体的运动规律。若流体质点在运动过程中显著地改变其密度，则必须考虑压缩性的影响。由密度的质点导数可知，在高速或密度的当地导数很大时，密度的全导数取很大值，此时气体是可压缩的。一般 $Ma<0.3$ 时，气体做低速运动，气体密度变化很小，常可忽略气体密度的变化，把气体当作不可压缩流体处理；$Ma\geqslant 0.3$ 时，则按可压缩流动处理。本章主要介绍气体动力学的基本概念与基本理论，重点介绍可压缩气体一维稳定流的流动规律及其在工程实际中的应用。

第一节　气体流动的基本概念和基本方程

一、热力学的基本概念和基本过程

对于气流而言，密度的变化伴随着温度的变化，因此在流动过程中，气体质点的内能即热力学能也发生变化，必须用能量守恒来代替机械能的守恒。热力学的一些概念和定律是研究气体流动规律的基础，本节首先介绍热力学的一些基本概念和基本过程。

1. 比热容、热力学能、焓与熵

单位质量的物质温度变化 1℃所需的热量称为比热容。对于气体而言，如果在加热过程中压强不变，称为比定压热容，用 c_p 表示；如果加热过程中体积不变，则称为比定容热容，用 c_V 表示。

由热力学知识知

$$c_p = c_V + R \tag{8-1}$$

对于完全气体，比定压热容和比定容热容都是常数，两者的比值 $\kappa = c_p/c_V$ 称为等熵指数，式（8-1）可转化为

$$c_p = \frac{\kappa}{\kappa - 1}R \tag{8-2}$$

$$c_V = \frac{1}{\kappa - 1}R \tag{8-3}$$

常见气体的热力学参数见表 8-1。

气体的热力学能表征气体的内部状态和做功的能力，单位质量气体的热力学能 u 可表示为

$$u = c_V T$$

热力学能与压强势能之和定义为焓，即

$$h = u + p/\rho$$

表 8-1　常用气体的热力学参数（标准大气压，20℃）

气体名称	分子式	等熵指数 κ	气体常数 R [J/(kg·K)]	比定压热容 c_p [J/(kg·K)]
空气		1.40	287	1003
氩气	Ar	1.66	208	523
一氧化碳	CO	1.40	297	1040
二氧化碳	CO_2	1.28	188	858
氦气	He	1.66	2077	5220
氢气	H_2	1.40	4120	14 450
甲烷	CH_4	1.30	520	2250
氮气	N_2	1.40	297	1040
氧气	O_2	1.40	260	909
水蒸气	H_2O	1.33	462	1862

气体的焓表征气体做功的能力，它可表示为

$$h = c_p T = \frac{\kappa}{\kappa - 1} RT \tag{8-4}$$

熵是气体的状态参数，对于给定的状态，熵有确定的值，熵的变化为

$$\mathrm{d}s = \frac{\delta q}{T} \tag{8-5}$$

式中：δq 为微小过程使系统得到的热量。

2. 定温过程、绝热过程和定熵过程

气体从一个状态变化到另一个状态的过程中，温度保持不变，则这一过程称为定温过程；若变化过程中气体与外界没有热交换，$\delta q=0$，称为绝热过程，这样的流动称为绝热流动；绝热而可逆的过程称为定熵过程，这样的流动则称为定熵流动；只有完全气体才存在定熵流动，气体在定熵流动过程中没有热量交换和能量损失。定熵过程的方程为

$$\frac{p}{\rho^{\kappa}} = C_1 \tag{8-6}$$

二、一维稳定气体流动的基本方程

（1）状态方程。本章在研究可压缩气体的流动规律时，一般按完全气体处理，完全气体的状态方程为

$$\frac{p}{\rho} = RT \tag{8-7}$$

（2）连续性方程。由式（3-11），对于管内一维流动，根据质量守恒，有

$$\rho v A = C_2$$

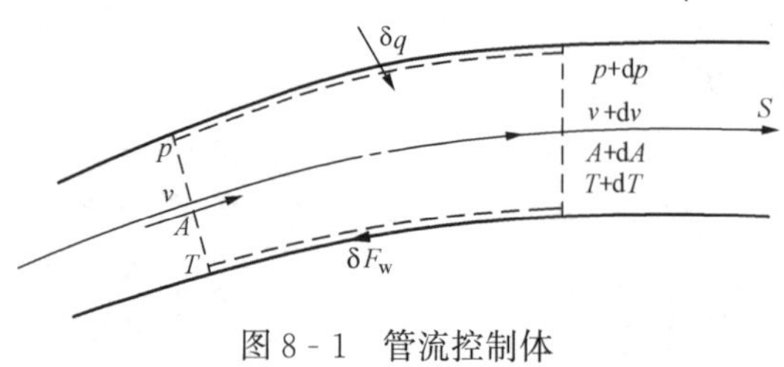

图 8-1　管流控制体

对上面方程两端取对数，再微分得到微分形式的连续性方程

$$\frac{\mathrm{d}\rho}{\rho} + \frac{\mathrm{d}v}{v} + \frac{\mathrm{d}A}{A} = 0 \tag{8-8}$$

（3）动量方程。如图 8-1 所示，所取微小控制体内的气体受到壁面的摩擦阻力

为 δF_w，在忽略质量力的条件下，动量方程可写为

$$pA+\left(p+\frac{dp}{2}\right)dA-(p+dp)(A+dA)-\delta F_w=\rho vA[(v+dv)-v]$$

整理上式，略去高阶小量可以得到动量方程

$$vdv+\frac{dp}{\rho}+\frac{\delta F_w}{A\rho}=0 \tag{8-9}$$

（4）能量方程。在壁面固定的情况下，通过控制体，侧面与外界并无机械功交换，但可能有热量交换。设 δq 为单位质量流体在单位时间内所吸收的热量，则能量方程可写为

$$\frac{1}{2}q_m v^2+pAv+q_m u+q_m\delta q$$
$$=\frac{1}{2}q_m(v+dv)^2+(p+dp)(A+dA)(v+dv)+q_m(u+du)$$

其中，$q_m=\rho vA$，为管道内气流的质量流量。

整理上式，略去高阶小量，并注意到 $h=u+p/\rho$，可得能量方程为

$$vdv+dh=\delta q \tag{8-10}$$

三、完全气体定熵流动的基本方程

对于完全气体的定熵流动，气体与外界没有热量和能量交换，$\delta F_w=0$，$\delta q=0$，方程式（8-9）和式（8-10）变为

$$vdv+\frac{dp}{\rho}=0 \tag{8-11}$$

$$vdv+dh=0 \tag{8-12}$$

对于气体而言，位能的变化相对于压强能和动能可忽略不计，可见式（8-11）与理想流体欧拉运动微分方程（3-20）形式一致。

积分形式的动量方程和能量方程为

$$\frac{1}{2}v^2+\int_1^2\frac{dp}{\rho}=C_3 \tag{8-13}$$

$$\frac{1}{2}v^2+h=C_4 \tag{8-14a}$$

结合定熵过程的基本方程，不难看出，对于绝热定熵流动，运动方程和能量方程是一致的。式（8-14a）表示不同截面单位质量的流体动能和焓值之和为一常数，与伯努利方程相比较可知，此时能量不只是在机械能之间转换。

因此完全气体定熵流动的方程组为

$$\left.\begin{aligned}&\frac{p}{\rho}=RT\\&p/\rho^{\kappa}=C_1\\&\rho vA=C_2\\&\frac{1}{2}v^2+\int_1^2\frac{dp}{\rho}=C_3\\&\frac{1}{2}v^2+h=C_4\end{aligned}\right\}$$

对于完全气体，由于$h=c_pT=\frac{\kappa}{\kappa-1}RT=\frac{\kappa}{\kappa-1}\frac{p}{\rho}$，因此能量方程（8-14a）可写成下列形式：

$$\frac{1}{2}v^2+c_pT=C \tag{8-14b}$$

$$\frac{1}{2}v^2+\frac{\kappa}{\kappa-1}RT=C \tag{8-14c}$$

$$\frac{1}{2}v^2+\frac{\kappa}{\kappa-1}\frac{p}{\rho}=C \tag{8-14d}$$

另外，在第二节还将介绍用声速表达的能量方程

$$\frac{1}{2}v^2+\frac{c^2}{\kappa-1}=C \tag{8-14e}$$

微分形式的能量方程，以式（8-12）为例，可写为

$$v\mathrm{d}v+c_p\mathrm{d}T=0$$

或

$$\frac{\mathrm{d}T}{T}+\frac{v}{c_pT}\mathrm{d}v=0$$

【例8-1】 在某输送氧气的管道上装置一皮托管，测得某点的总压为$p_0=160\mathrm{kN/m^2}$，静压为$p=106\mathrm{kN/m^2}$，管中气体温度为20℃。（1）不计气体的可压缩性，求流速；（2）流动是定熵可压缩流，求流速。[氧气，$\kappa=1.4$，$R=260\mathrm{J/(kg\cdot K)}$]

解 （1）若认为流体是不可压缩的，对于气体流动，忽略位能的变化，根据伯努利方程

$$p_0=p+\frac{\rho}{2}v^2$$

而由状态方程$\rho=\frac{p}{RT}$，得

$$v=\sqrt{\frac{p_0-p}{\rho/2}}=\sqrt{\frac{(p_0-p)\times 2RT}{p}}$$

因此
$$v=\sqrt{\frac{(160-106)\times 2\times 260\times 293}{106}}=278.6(\mathrm{m/s})$$

（2）若认为流动是定熵可压缩流，则由式（8-14d），有

$$\frac{1}{2}v^2+\frac{\kappa}{\kappa-1}\frac{p}{\rho}=\frac{\kappa}{\kappa-1}\frac{p_0}{\rho_0}$$

则
$$\frac{1}{2}v^2=\frac{\kappa}{\kappa-1}\left(\frac{p_0}{\rho_0}-\frac{p}{\rho}\right) \tag{a}$$

对于定熵过程，$p/\rho^\kappa=C$，因此

$$\frac{p_0}{p}=\left(\frac{\rho_0}{\rho}\right)^\kappa \tag{b}$$

将式（b）代入式（a）可得

$$\frac{1}{2}v^2=\frac{\kappa}{\kappa-1}\left[\frac{p_0}{\rho(p_0/p)^{1/\kappa}}-\frac{p}{\rho}\right]=\frac{\kappa}{\kappa-1}\frac{p}{\rho}\left[\left(\frac{p_0}{p}\right)^{\frac{\kappa-1}{\kappa}}-1\right]$$

而$p/\rho=RT$，因此

$$v=\sqrt{\kappa RT}\times\sqrt{\frac{2}{\kappa-1}\left[\left(\frac{p_0}{p}\right)^{\frac{\kappa-1}{\kappa}}-1\right]}$$

$$=\sqrt{1.4\times260\times293}\times\sqrt{\frac{2}{0.4}\times\left[\left(\frac{160}{106}\right)^{\frac{0.4}{1.4}}-1\right]}=258.0(\text{m/s})$$

第二节　声速和马赫数

一、小扰动的传播和声速

在气体介质中若某一点有一轻微的扰动，该扰动将会以一定速度在气体中传播。小扰动是通过对周围气体产生压缩作用，压缩现象依次传递下去而传播的。小扰动的传播速度与相邻两点之间的密度差和压强差密切相关。在不可压流场中，任何扰动均是以无限大的速度立刻在流场中传播开的，但对于可压缩流动，扰动则是以一定速度传播的。小扰动的传播速度是分析流体可压缩性的一个重要参数，是体现流体的可压缩性的主要指标。

如图 8 - 2（a）所示，等截面直管内充满可压缩流体，管的左端装有活塞，管内流体初始处于静止状态。若推动活塞以微小速度 dv 向右运动，压迫活塞右侧的气体也以 dv 速度向右运动，并产生微小的压强增量 dp 和密度增量 $d\rho$；向右运动的流体又推动它右侧的流体向右运动，也产生压强增量 dp 和密度增量 $d\rho$。这个过程以速度 c 逐渐向右传递，这就是小扰动波的传播过程，c 就是小扰动的传播速度。

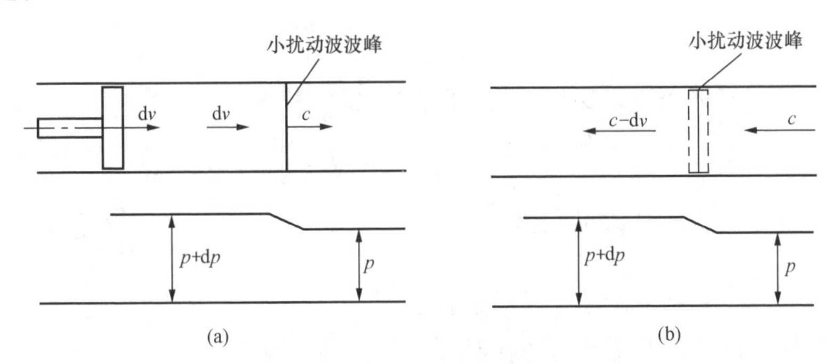

图 8 - 2　小扰动波传播的物理过程

这样，在小扰动波通过之前，流体处于静止状态，压强为 p，密度为 ρ；在小扰动波通过之后，流体的速度变为 dv，压强变为 $p+dp$，密度变为 $\rho+d\rho$。

为分析小扰动的传播速度，在扰动面处取控制体，控制体体积趋于零，将坐标固定在扰动面上，如图 8 - 2（b）所示。这样，控制体右侧原来静止的流体将以速度 c 向左运动，压强为 p，密度为 ρ。控制体左侧流体将以 $c-dv$ 向左运动，压强为 $p+dp$，密度为 $\rho+d\rho$。

由连续性方程

$$c\rho A=(c-dv)(\rho+d\rho)A$$

式中：A 为管道截面积。

略去二阶小量，得

$$\frac{d\rho}{\rho}=\frac{dv}{c}\tag{a}$$

由动量方程

$$pA-(p+\mathrm{d}p)A=\rho cA[(c-\mathrm{d}v)-c]$$

整理可得

$$\mathrm{d}p=\rho c\,\mathrm{d}v \tag{b}$$

联立式（a）及式（b），消去 dv 可得声速公式

$$c=\sqrt{\frac{\mathrm{d}p}{\mathrm{d}\rho}} \tag{8-15a}$$

式（8-15a）就是小扰动波传播的速度公式。声波是一种典型的小扰动波，它的传播速度简称声速，因此，将声速作为小扰动在流体中传播速度的统称。

在上述推导过程中，未对小扰动波的传播介质有任何限制，因此式（8-15a）对固体和流体都适用。

式（8-15a）表明流体声速的大小取决于压强变化和密度变化比值的平方根，可见声速是体现该流体可压缩性的重要指标，流体越难压缩，其声速越高；流体越容易压缩，其声速越低。例如，在室温条件下，空气中的声速约为 343m/s，而水中的声速约为 1478m/s。

由于小扰动波传播迅速，传播过程中流体的密度、压强及温度变化为无限小，可以把这个过程看作是定熵过程。

对完全气体的定熵过程方程取对数，有

$$\ln p-\kappa\ln\rho=C$$

再微分，得

$$\left(\frac{\partial p}{\partial\rho}\right)_s=\frac{\kappa p}{\rho} \tag{c}$$

并注意到对完全气体而言，$p=\rho RT$，于是式（c）可写为

$$\left(\frac{\partial p}{\partial\rho}\right)_s=\frac{\kappa p}{\rho}=\kappa RT \tag{d}$$

因此，完全气体的声速公式可写为

$$c=\sqrt{\frac{\kappa p}{\rho}}=\sqrt{\kappa RT} \tag{8-15b}$$

可见完全气体中的声速是温度 T 的函数。

由上述声速的表达式，能量方程（8-14a）可写为

$$\frac{1}{2}v^2+\frac{c^2}{\kappa-1}=C$$

【例 8-2】 当 CO_2 和 CH_4 气体同为 15℃时，问哪种气体介质中的声速快？

解 查表 8-1，CO_2 和 CH_4 的气体常数和等熵指数分别为

$$R_{CO_2}=188\mathrm{J/(kg\cdot K)},\kappa_{CO_2}=1.28$$
$$R_{CH_4}=520\mathrm{J/(kg\cdot K)},\kappa_{CH_4}=1.3$$

因此，声速分别为

$$c_{CO_2}=\sqrt{\kappa RT}=\sqrt{1.28\times188\times(273+15)}=263(\mathrm{m/s})$$
$$c_{CH_4}=\sqrt{\kappa RT}=\sqrt{1.3\times520\times(273+15)}=441(\mathrm{m/s})$$

可见声速在 CH_4 中的传播速度比 CO_2 中快。

二、马赫数

马赫数是用来度量流体的可压缩性对流动影响程度的一个重要参数，是一个无量纲数，

第七章第二节中已介绍，马赫数 Ma 定义为

$$Ma = \frac{v}{c}$$

根据马赫数的大小，气体流动可分为以下三种情况：

当 $Ma<1$ 时，$v<c$，称为亚声速流动；

当 $Ma=1$ 时，$v=c$，称为声速流动；

当 $Ma>1$ 时，$v>c$，称为超声速流动。

对于亚声速流，若 $Ma<0.3$，流体流速较低，可不计流体的可压缩性，将流体的密度看为常数；若 $0.3\leqslant Ma<0.75$，可在按不可压缩流体流动计算的基础上，根据情况加以流体可压缩性的修正；若 $Ma\geqslant 0.75$，则必须按可压缩流体进行分析计算。

由于流体可压缩性的影响，超声速流与亚声速流有显著的差异。

第三节　小扰动在运动气流中的传播

小扰动波的传播速度体现了流体可压缩性的大小，是判断流体可压缩性对流动影响的一个指标。在不同的流动情况下，小扰动的传播特性是不同的。第二节中分析了小扰动在一维静止流体中的传播，以下分析在运动气流中小扰动的空间传播特征。

一、静止气流

在静止流场中某点 O 存在一个小扰动源，则小扰动以声速 c 向四周传播，声波面是一组同心球面，如图 8－3（a）所示。

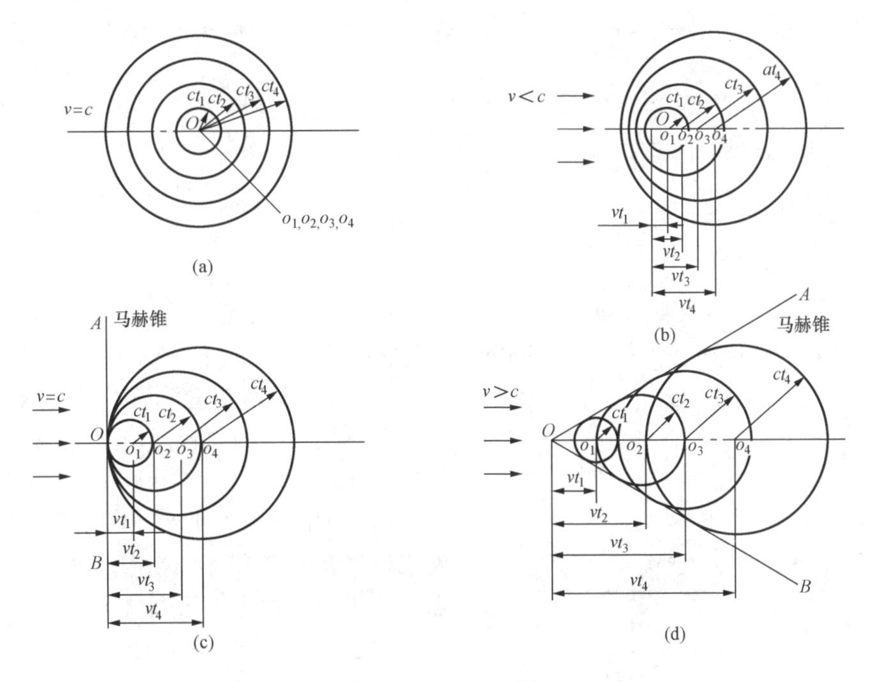

图 8－3　马赫数对扰动波传播的影响

在均匀来流速度为 v 的流场中，某点 O 上存在一个小扰动源，小扰动仍以速度 c 相对于

流体向四周传播。以 O 点为原点，沿流动方向为 x 轴，由于流体本身以速度 v 沿 x 轴方向运动，故小扰动传播的绝对速度为 $c+v$。下面分别讨论三种情况。

二、亚声速气流

若小扰动在运动气流中传播，当均匀来流为亚声速流时，如图 8-3（b）所示，气体速度为 v，在 $t=0$ 时刻发出的小扰动，一边以声速 c 传播，一边随气流以速度 v 移动，在 $t=t_1$ 时刻将传播到以 O_1 为中心（$\overline{OO_1}=vt_1$），$R_1=ct_1$ 为半径的球面上，而在 $t=t_2$ 时刻将传播到以 O_2 为中心（$\overline{OO_2}=vt_2$），$R_2=ct_2$ 为半径的球面上，因 $vt_i<ct_i$，所以在亚声速流动中，随着时间的推移（$t_i=t_1$，t_2，t_3，…），扰动总可以传播到整个流场，但传播不对称。

三、声速流动

若均匀来流为声速流动，如图 8-3（c）所示，与以上分析相类似，但此时，由于 $vt_i=ct_i$，则扰动只能传播到 $x\geqslant 0$ 的半空间。任何时刻的扰动都不可能越过 $x=0$ 的平面。

四、超声速流动

若均匀来流为超声速流动，由图 8-3（d）可见，在 $t=0$ 时刻从 O 点发出的微小扰动，在 $t=t_1$ 时刻将传播到以 O_1 为中心（$\overline{OO_1}=vt_1$），$R_1=ct_1$ 为半径的球面上，而在 $t=t_2$ 时刻将传播到以 O_2 为中心（$\overline{OO_2}=vt_2$），$R_2=ct_2$ 为半径的球面上，因 $vt_i>R_i=ct_i$，这些球面的包络面就是以扰动源为顶点的锥形面，小扰动只能在该锥形区内传播，锥的半顶角为 α，通常称此锥为马赫锥，称 α 为马赫角。它与声速、气流速度的关系为

$$\sin\alpha=\frac{ct}{vt}=\frac{c}{v}=\frac{1}{Ma} \tag{8-16}$$

可见，马赫数越大，马赫角越小。由上面的分析可知，超声速流与亚声速流有很大的区别，在亚声速流动中，扰动可以传播到整个流场，在超声速流动中，扰动只能在马赫锥中传播。

【例 8-3】 实验测得某风洞实验段超声速气流的马赫角 $\alpha=30°$，气流的温度为 $-120℃$，求气流速度。[空气，$\kappa=1.4$，$R=287\text{J/(kg·K)}$]

解 气流的马赫数为
$$Ma=\frac{1}{\sin\alpha}=\frac{1}{\sin 30°}=2$$

因此，气体速度为

$$v=Ma\cdot c=Ma\sqrt{\kappa RT}=2\sqrt{1.4\times 287\times(273-120)}=496(\text{m/s})$$

【例 8-4】 超声速飞机在 $H=1500\text{m}$ 上空飞行，速度为 $v=750\text{m/s}$，空气平均温度为 5℃，问地面观察者看到飞机飞过多长时间才能听到飞机发出的声音。[空气，$\kappa=1.4$，$R=287\text{J/(kg·K)}$]

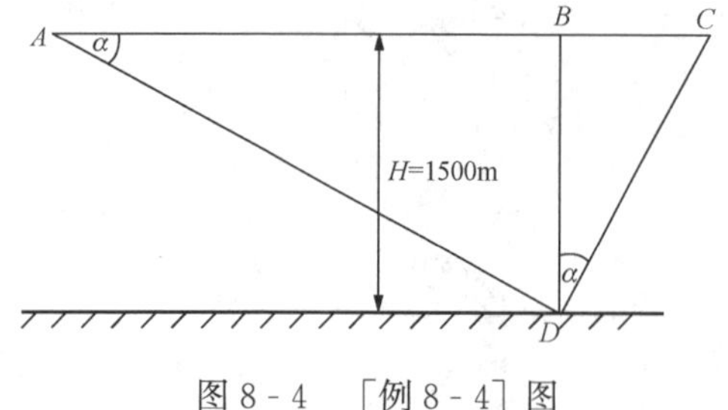

图 8-4 [例 8-4] 图

解 如图 8-4 所示，观察者 D 最先听到的飞机声音发自 C 点，当声音从 C 点传播到 D 点，飞机则从 C 点飞行到 A 点。

对于空气 $\kappa=1.4$，$R=287\text{J/(kg·K)}$

当地气流的声速为 $c=\sqrt{\kappa RT}=\sqrt{1.4\times 287\times(273+5)}=334(\text{m/s})$

马赫角 $\alpha=\arcsin(1/Ma)=\arcsin(334/750)=26.44°$

BA 点的距离为　　$BA=\frac{BD}{\tan\alpha}=\frac{1500}{\tan 26.44^{\circ}}=3016.4(\mathrm{m})$

飞机自 B 点飞到 A 点的时间为

$$t=\frac{BA}{v}=\frac{3016.4}{750}=4.02(\mathrm{s})$$

即观察者看到飞机飞过 4.02s 后才能听到飞机发出的声音。

第四节　可压缩气体流动的参考状态

在实际过程中研究可压缩气体流动时，为方便起见，经常选取几个特殊状态作为参考状态。

一、滞止状态

经过等熵过程达到的速度为零的状态称为滞止状态。滞止状态的参数以下标“0”表示，即 $v_0=0$ 或 $Ma_0=0$ 的状态，其他各物理量用 T_0、p_0、ρ_0 表示。

由能量方程（8 - 14c）知，对于管流上的任意截面与滞止截面，有

$$\frac{1}{2}v^2+\frac{\kappa}{\kappa-1}RT=\frac{1}{2}v_0{}^2+\frac{\kappa}{\kappa-1}RT_0$$

又由 $Ma=\frac{v}{c}=\frac{v}{\sqrt{\kappa RT}}$，所以 $v=Ma\sqrt{\kappa RT}$，代入上式可得

$$\frac{1}{2}Ma^2\kappa RT+\frac{\kappa}{\kappa-1}RT=\frac{\kappa}{\kappa-1}RT_0$$

整理后得任意状态与滞止状态温度关系为

$$\frac{T_0}{T}=1+\frac{\kappa-1}{2}Ma^2 \tag{8-17}$$

对于定熵过程，$p/\rho^{\kappa}=C$，且完全气体的状态方程有 $\frac{p}{\rho}=RT$，因此

$$\frac{p_0}{p}=\left(\frac{\rho_0}{\rho}\right)^{\kappa}=\left(\frac{p_0}{p}\right)^{\kappa}\left(\frac{T}{T_0}\right)^{\kappa}$$

将式（8 - 17）代入上式，整理可得压强关系为

$$\frac{p_0}{p}=\left(1+\frac{\kappa-1}{2}Ma^2\right)^{\frac{\kappa}{\kappa-1}} \tag{8-18}$$

同样将定熵过程方程代入式（8 - 18），可得任意截面与滞止状态的密度关系为

$$\frac{\rho_0}{\rho}=\left(1+\frac{\kappa-1}{2}Ma^2\right)^{\frac{1}{\kappa-1}} \tag{8-19}$$

应当指出，式（8 - 17）并不要求过程定熵。

对于与大容器相连接的一维管流，由于容器体积足够大，可以认为容器中的状态处于速度为零的滞止状态。式（8 - 17）～式（8 - 19）给出的就是容器中流动参数与管流任意截面上流动参数之间的关系式。

二、临界状态

临界状态是经过等熵过程达到流体速度等于当地声速时的状态，以下标“*”表示，即 $v_*=c_*$，其中，v_* 为临界速度，c_* 为临界声速，此时 $Ma_*=1$，各物理量用 T_*、p_*、ρ_*、A_*

表示。与分析滞止状态参数时相同，从能量方程式（8 - 14）出发，结合定熵过程的方程，可以得到任意截面上各参数与临界状态各参数之间的关系：

$$\frac{T}{T_*}=\frac{\kappa+1}{2+(\kappa-1)Ma^2} \tag{8-20}$$

$$\frac{p}{p_*}=\left[\frac{\kappa+1}{2+(\kappa-1)Ma^2}\right]^{\frac{\kappa}{\kappa-1}} \tag{8-21}$$

$$\frac{\rho}{\rho_*}=\left[\frac{\kappa+1}{2+(\kappa-1)Ma^2}\right]^{\frac{1}{\kappa-1}} \tag{8-22}$$

由 $Ma=\frac{v}{c}=\frac{v}{\sqrt{\kappa RT}}$，代入式（8 - 20），可得速度关系为

$$\frac{v}{v_*}=Ma\left[\frac{\kappa+1}{2+(\kappa-1)Ma^2}\right]^{\frac{1}{2}} \tag{8-23}$$

联立连续性方程（3 - 12）和式（8 - 22）、式（8 - 23），可得面积关系为

$$\frac{A}{A_*}=\frac{1}{Ma}\left[\frac{2}{\kappa+1}\left(1+\frac{\kappa-1}{2}Ma^2\right)\right]^{\frac{\kappa+1}{2(\kappa-1)}} \tag{8-24}$$

式中，A_* 为 $Ma=1$ 处的截面积。

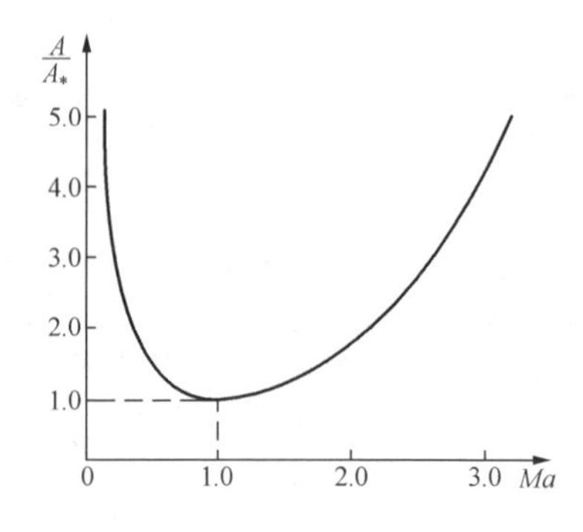

图 8 - 5　Ma 和 A/A_* 关系曲线

图 8 - 5 所示为 Ma 和 A/A_* 关系曲线图，可从图中看出，每一个 A/A_* 值对应两个马赫数 Ma' 及 Ma''，且必有 $Ma'<1$，$Ma''>1$，而 $A/A_*=1$ 则对应于 $Ma=1$。因此，仅由 A/A_* 不能唯一确定管内流动马赫数，还必须补充管端进出口压强条件或在任意截面给出其他已知补充条件。

将 $Ma_*=1$ 代入式（8 - 17）～式（8 - 19），可得滞止状态和临界状态之间的参数关系为

$$\frac{T_*}{T_0}=\frac{2}{\kappa+1} \tag{8-25}$$

$$\frac{p_*}{p_0}=\left(\frac{2}{\kappa+1}\right)^{\frac{\kappa}{\kappa-1}} \tag{8-26}$$

$$\frac{\rho_*}{\rho_0}=\left(\frac{2}{\kappa+1}\right)^{\frac{1}{\kappa-1}} \tag{8-27}$$

由能量方程式（8 - 14e），且 $v_*=c_*$，可得到

$$c_*^2=\frac{2}{\kappa+1}c_0^2 \tag{8-28}$$

对于双原子气体，$\kappa=1.4$，则

$$\frac{T_*}{T_0}=0.833,\quad \frac{p_*}{p_0}=0.528,\quad \frac{\rho_*}{\rho_0}=0.634,\quad \frac{c_*}{c_0}=0.9127$$

三、最大速度状态

最大速度状态是流体速度达到最大值的假想状态，由能量方程式（8 - 14a）可知，当 $T=0$ 时，速度可以达到最大值，即

$$\frac{v^2}{2}+h=\frac{v_{max}^2}{2}$$

用滞止参数来表征最大速度，可得

$$v_{max}=\sqrt{2c_pT_0}=\sqrt{\frac{2\kappa}{\kappa-1}RT_0}=\sqrt{\frac{2}{\kappa-1}c_0^2} \tag{8-29a}$$

因此

$$v_{max}=c_0\sqrt{\frac{2}{\kappa-1}} \tag{8-29b}$$

利用式（8-28），式（8-29b）又可写成

$$v_{max}=c_*\sqrt{\frac{\kappa+1}{\kappa-1}} \tag{8-29c}$$

应当指出，式（8-29a）～式（8-29c）所表述的三个关系都是由能量方程直接得到的，因此并不要求过程定熵。最大速度状态显然在实际过程中是不可能实现的，是一个假想状态，但这一状态的引入常常能使分析问题得以简化。

需要说明的是，滞止状态、临界状态和最大速度状态是对流动过程所设想的一种特殊状态，因此，流动的任一状态都存在它所对应的滞止状态、临界状态和最大速度状态。对于任一管流，管流本身可以是不绝热、非定熵的，但每一个截面的状态都存在它对应的滞止状态、临界状态和最大速度状态。若管流是定熵的，则各截面对应的上述三个参考状态相同。

四、无量纲速度系数

由可压缩气体流动的能量方程式（8-14a）和式（8-14d）可看出，气体介质在流动过程中，流速增加，温度降低，当地声速减小，对于假设的最大速度状态，声速趋近于零，因此在高马赫数流动条件下，用声速作为参考速度不太方便，可用气体的临界声速作为参考速度。定义无量纲速度

$$M_*=\frac{v}{c_*} \tag{8-30a}$$

M_* 也称为速度系数，M_* 与 Ma 的关系可由其定义得出。

由能量方程（8-14e），任意状态与其对应的临界状态满足方程：

$$\frac{1}{2}v^2+\frac{1}{\kappa-1}c^2=\frac{1}{2}v_*^2+\frac{1}{\kappa-1}c_*^2=\frac{\kappa+1}{2(\kappa-1)}c_*^2$$

方程两边除以 c^2，可得

$$\frac{1}{2}\frac{v^2}{c^2}+\frac{1}{\kappa-1}=\frac{\kappa+1}{2(\kappa-1)}\frac{c_*^2}{v^2}\frac{v^2}{c^2}$$

注意到 $Ma=v/c, M_*=v/c_*$，对上式进行整理，可得

$$M_*=\frac{v}{c_*}=\sqrt{\frac{(\kappa+1)Ma^2}{2+(\kappa-1)Ma^2}} \tag{8-30b}$$

由式（8-30b）可知，$Ma=0$ 时，$M_*=0$；$Ma<1$ 时，$M_*<1$；$Ma>1$ 时，$M_*>1$；$Ma\to\infty$ 时，$M_*=\sqrt{(\kappa+1)/(\kappa-1)}$。可见速度系数和马赫数一样，也是区别高速气体流动类型的标准。

【例 8-5】　试将式（8-18）与不可压缩流体运动的伯努利方程比较，分析气体按不可压缩流体处理的极限。

解　忽略重力的影响，由伯努利方程，不可压缩气体的速度与静压强和滞止压强的关系为

$$p_0=p+\frac{\rho}{2}v^2$$

因此 $$v=\sqrt{\frac{2(p_0-p)}{\rho}} \tag{a}$$

考虑气体的压缩性，由式（8 - 18）有

$$p_0=p\left(1+\frac{\kappa-1}{2}Ma^2\right)^{\frac{\kappa}{\kappa-1}}$$

在马赫数较小时，将上式用级数展开，得到

$$p_0=p\left(1+\frac{\kappa}{2}Ma^2+\frac{\kappa}{8}Ma^4+\frac{2-\kappa}{48}Ma^6+\cdots\right)$$

注意到 $Ma^2=\frac{v^2}{\kappa RT}$，动压 $\frac{\rho}{2}v^2=\frac{\rho}{2}Ma^2\kappa RT=\frac{p}{2}\kappa Ma^2$，上式可变为

$$p_0=p+\frac{\rho}{2}v^2\left(1+\frac{Ma^2}{4}+\frac{2-\kappa}{24}Ma^4+\cdots\right)$$

令 $\varepsilon=1+\frac{Ma^2}{4}+\frac{2-\kappa}{24}Ma^4+\cdots$，考虑气体的压缩性，则速度为

$$v=\sqrt{\frac{2(p_0-p)}{\varepsilon\rho}} \tag{b}$$

对比式（a）和式（b），由于 ε 恒大于 1，按不可压缩流体计算气体的流速总是大于可压缩气体的计算结果。对于空气，常温状态下声速为 343m/s，若 $Ma=0.2$，流速为 68.6m/s 时，按不可压缩流体处理，皮托管测速误差约为 0.5%；若 $Ma=0.3$，气流速度约为 103m/s，按不可压缩流体处理测速误差约为 1.1%。因此，一般气体 $Ma>0.3$ 时，必须考虑其压缩性。

【例 8 - 6】 飞机以 900km/h 的速度飞行，飞行高度的空气温度为 $T=223.5$K，求机头顶部滞止点的温度（不计散热损失）。

解 $$v=900\times1000/3600=250(\text{m/s})$$

飞行高度处的声速为

$$c=\sqrt{\kappa RT}=\sqrt{1.4\times287\times223.5}=300(\text{m/s})$$

飞机飞行处的马赫数为

$$Ma=\frac{v}{c}=\frac{250}{300}=0.833(\text{m/s})$$

由式（8 - 17），滞止点的温度为

$$T_0=T\left(1+\frac{\kappa-1}{2}Ma^2\right)=223.5\times\left(1+\frac{1.4-1}{2}\times0.833^2\right)=254.5(\text{K})$$

第五节 变截面管道内的定熵流动

可压缩流体在管道内流动，通常管截面沿流动方向是变化的，本节采用可压缩流动的基本方程，对变截面管道内的定熵流动的各个参数随截面变化的规律进行研究，揭示一维可压缩流动的特性。

一、密度变化

由动量方程 $$\frac{1}{\rho}\mathrm{d}p+v\mathrm{d}v=0$$

因为 $c=\sqrt{\mathrm{d}p/\mathrm{d}\rho}$，则

$$v\mathrm{d}v=-\frac{1}{\rho}\mathrm{d}p=-\frac{\mathrm{d}p}{\mathrm{d}\rho}\frac{\mathrm{d}\rho}{\rho}=-c^2\frac{\mathrm{d}\rho}{\rho}$$

进一步整理为

$$\frac{\mathrm{d}\rho}{\rho}=-\frac{v}{c^2}\mathrm{d}v=-\frac{v^2}{c^2}\frac{\mathrm{d}v}{v}=-Ma^2\frac{\mathrm{d}v}{v}$$

即

$$\frac{\mathrm{d}\rho}{\rho}=-Ma^2\frac{\mathrm{d}v}{v} \tag{8-31}$$

式（8-31）表明，流体流动过程中密度变化和速度变化的方向是相反的，速度增加则密度减小；速度减小则密度增加，但二者的变化速率随马赫数的不同而异。

若 $Ma<1, Ma^2<1, \left|\frac{\mathrm{d}\rho}{\rho}\right|<\left|\frac{\mathrm{d}v}{v}\right|$，密度变化率小于速度变化率；若 $Ma<0.3$（常温空气约100m/s以下），$\left|\frac{\mathrm{d}\rho}{\rho}\right|<0.09\left|\frac{\mathrm{d}v}{v}\right|$，密度变化率很小，气体流动可以认为是不可压缩的。

若 $Ma=1, Ma^2=1, \left|\frac{\mathrm{d}\rho}{\rho}\right|=\left|\frac{\mathrm{d}v}{v}\right|$，密度与速度变化率相当。

若 $Ma>1, Ma^2>1, \left|\frac{\mathrm{d}\rho}{\rho}\right|>\left|\frac{\mathrm{d}v}{v}\right|$，此时流动过程中，密度的变化率很大，流体的压缩性影响很大。

由连续性方程可得

$$\frac{\mathrm{d}v}{v}=-\frac{\mathrm{d}A}{A}-\frac{\mathrm{d}\rho}{\rho}$$

将上式代入式（8-31），整理得到密度变化与截面面积变化的规律为

$$\frac{\mathrm{d}\rho}{\rho}=\frac{Ma^2}{1-Ma^2}\frac{\mathrm{d}A}{A} \tag{8-32}$$

因此，气体在变截面管道内流动，若 $Ma<1$，截面变大，则密度增大，截面变小，则密度减小；若 $Ma>1$，与之相反，截面变大，则密度减小，截面变小，则密度增大。

二、速度变化

将式（8-32）代入式（8-31），得到速度变化与截面面积变化的规律为

$$\frac{\mathrm{d}v}{v}=\frac{1}{Ma^2-1}\frac{\mathrm{d}A}{A} \tag{8-33}$$

式（8-33）表明，若 $Ma<1, Ma^2-1<0$，亚声速流动的速度变化与截面面积变化相反，截面缩小，速度增大，截面扩张，流速降低；若 $Ma>1$，$Ma^2-1>0$，超声速流动的速度变化与截面面积变化相同，截面缩小，速度减小，截面扩张，流速增大。

由以上分析可得出结论：

（1）对于收缩管道内的流动，速度最大只能达到声速。

（2）欲将气体从亚声速加速到超声速，必须先使气流进入收缩形管道，当气流速度达到声速时，再转入扩张形管道，此时，截面增大，流速增加，从而可以得到超声速气流。这种先收缩再扩大的喷管称为拉瓦尔管，它是获得超声速气流的基本装置。

（3）声速截面一定是最小截面，即管道的喉部，但最小截面却不一定就是声速截面。

三、温度变化

由能量方程

$$\frac{dT}{T}+\frac{v}{c_pT}dv=0$$

对于定熵流动
$$c_p=\frac{\kappa}{\kappa-1}R=\frac{c^2}{(\kappa-1)T}$$

代入式（8-12c），得

$$\frac{dT}{T}+\frac{v(\kappa-1)}{c^2}dv=\frac{dT}{T}+\frac{v^2(\kappa-1)}{c^2}\frac{dv}{v}=0$$

因此
$$\frac{dT}{T}+Ma^2(\kappa-1)\frac{dv}{v}=0$$

将式（8-33）代入上式，得到温度变化与截面面积变化的规律为

$$\frac{dT}{T}=\frac{(\kappa-1)Ma^2}{1-Ma^2}\frac{dA}{A} \tag{8-34}$$

式（8-34）表明，若 $Ma<1$，$1-Ma^2>0$，亚声速流动的温度变化与截面面积变化相同，截面缩小，温度降低，截面扩张，温度升高；若 $Ma>1$，$1-Ma^2<0$，即超声速流动中，截面缩小，温度升高，截面扩张，温度降低。

四、压强变化

由状态方程微分可得

$$\frac{dp}{p}=\frac{d\rho}{\rho}+\frac{dT}{T}$$

将式（8-32）和式（8-34）代入上式，得到压强变化与截面变化的规律为

$$\frac{dp}{p}=\frac{\kappa Ma^2}{1-Ma^2}\frac{dA}{A} \tag{8-35}$$

压强变化规律与温度相同，亚声速流动中截面缩小，压强降低，截面扩张，压强升高；超声速流动中截面缩小，压强升高，截面扩张，压强降低。

根据式（8-32）～式（8-35），在变截面管道内各个参数的变化规律可用表8-2表示。

表8-2　变截面管道内各参数的变化规律

来流情况	马赫数	截面扩张 $dA>0$	截面收缩 $dA<0$
亚声速流	$Ma<1$	减速、升温、增压 $dp>0$，$d\rho>0$，$dT>0$，$dv<0$	加速、降温、减压 $dp<0$，$d\rho<0$，$dT<0$，$dv>0$
超声速流	$Ma>1$	加速、降温、减压 $dp<0$，$d\rho<0$，$dT<0$，$dv>0$	减速、升温、增压 $dp>0$，$d\rho>0$，$dT>0$，$dv<0$

气体在管道内的亚声速流动与超声速流动，在本质上的区别是压缩性影响的直接结果。在定熵流动中，由基本方程（8-11）可知，在任何情况下（即无论是亚声速还是超声速流动），当气体加速时，压强必下降。当气体在管道内沿流动方向做超声速运动时，气体密度的下降比速度的增加更为迅速，以致管道截面积必须不断加大，以保证整个管内质量守恒。

第六节　喷管定熵流动计算

工程中为了得到一定的气流速度，经常用到渐缩喷管和缩放喷管，本节讨论渐缩喷管和

缩放喷管内的定熵流动。由于是定熵流动，因此在流动的各个截面上对应的滞止状态、临界状态和最大速度状态是相同的。

一、渐缩喷管内的流动

如图 8 - 6（a）所示，流体从一高压大容器内经一渐缩喷管流出，出口截面积最小。喷管内及其出口截面的流动状态显然取决于容器内气体的状态、喷管出口以外的气体状态及喷管形状。

由于大容器内速度为零，流体出流过程中的流动是定熵的，因此，容器内的气体状态是流动的滞止状态，其压强、密度和温度分别用 p_0、ρ_0 和 T_0 表示。喷管出口截面以外（不包括出口截面）周围环境的压强，称为背压，有时也称环境压强，用 p_b 表示。若周围是大气环境，则背压等于大气压强 $p_b=p_a$；若喷管出口之后接一体积很大的容器，或接真空气罐，则背压 p_b 等于容器内压强或真空罐压强。出口截面压强为 p_e，用下标为 e 的参数表示出口截面参数，如 Ma_e、v_e、ρ_e、T_e 等。出口截面参数一般并不等于环境参数，只在某些特定的条件下，出口截面的某些参数等于环境参数，如在亚声速流动中的压强。

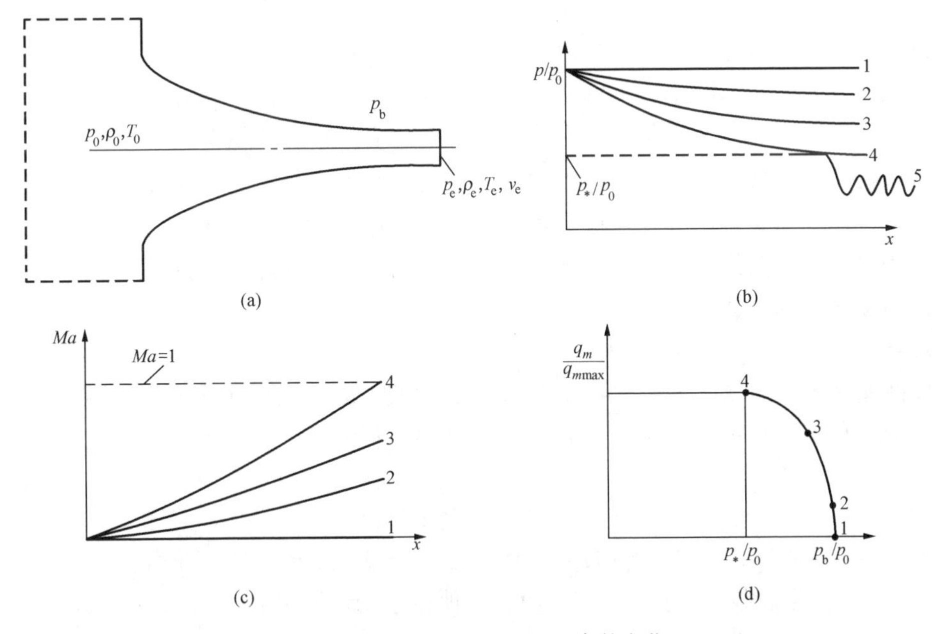

图 8 - 6　渐缩喷管内流动的参数变化

若背压等于大容器内的滞止压强 $p_b=p_0$，喷管两侧压强相同，气体不流动。减小背压 p_b，在压差作用下，流体从大容器中流出。进一步减小背压 p_b，出流流速增大，流量增多，直至出口达到声速，出口达到临界状态，此时 $p_e=p_b=p_*$。下面就 $p_b>p_*$、$p_b=p_*$ 和 $p_b<p_*$ 三种情况进行分析。

1. $p_b>p_*$

此时出口截面的流动速度是亚声速的，出口截面附近的流动参数连续分布，出口截面压强等于背压，即 $p_e=p_b$。

由式（8 - 18）有

$$\frac{p_e}{p_0}=\left(1+\frac{\kappa-1}{2}Ma_e^{\ 2}\right)^{-\frac{\kappa}{\kappa-1}}$$

因此，出口马赫数为

$$Ma_e = \sqrt{\frac{2}{\kappa-1}\left[\left(\frac{p_0}{p_e}\right)^{\frac{\kappa-1}{\kappa}}-1\right]} \tag{8-36}$$

这样，确定了出口处的马赫数 Ma_e，出口截面的各个参数由式（8-17）～式（8-19），都可确定。

$$T_e = T_0\left(1+\frac{\kappa-1}{2}Ma_e^{\ 2}\right)^{-1}$$

$$\rho_e = \rho_0\left(1+\frac{\kappa-1}{2}Ma_e^{\ 2}\right)^{-\frac{1}{\kappa-1}}$$

出口处流速为

$$v_e = \sqrt{2(h_0-h_e)} = \sqrt{2c_p(T_0-T_e)} = \sqrt{\frac{2\kappa}{\kappa-1}RT_0\left(1-\frac{T_e}{T_0}\right)}$$

$$= \sqrt{\frac{2\kappa}{\kappa-1}\frac{p_0}{\rho_0}\left[1-\left(\frac{p_e}{p_0}\right)^{\frac{\kappa-1}{\kappa}}\right]} \tag{8-37}$$

出口处的质量流量为

$$q_m = A_e\rho_e v_e = A_e\rho_0\left(\frac{p_e}{p_0}\right)^{\frac{1}{\kappa}}\sqrt{\frac{2\kappa}{\kappa-1}\frac{p_0}{\rho_0}\left[1-\left(\frac{p_e}{p_0}\right)^{\frac{\kappa-1}{\kappa}}\right]} \tag{8-38}$$

此时，进一步降低 p_b，由于喷管内的流动是亚声速的，降低 p_b 引起的压强扰动能传播到流动上游，因此喷管内压强、速度、温度等所有参数沿管流 x 方向连续分布，如图 8-6 中压强曲线和马赫数曲线 1、2、3 所示，背压 p_b 越低，流速越高，马赫数越大，流量越大，直至出口马赫数达到声速。

2\. $p_b = p_*$

出口截面达到临界状态，$Ma_e=1$，管道内其他截面的流动为亚声速，如图 8-6 中曲线 4 所示，压强等于背压 $p_e=p_b=p_*$，由式（8-26），得

$$p_e = p_* = p_0\left(\frac{2}{\kappa+1}\right)^{\frac{\kappa}{\kappa-1}}$$

对于双原子气体，$\kappa=1.4$，当 $Ma_e=1$ 时，$p_b/p_0=p_e/p_0=0.528$。即当 p_b/p_0 由 1 减小到 0.528，Ma_e 由 0 增加到 1，见图 8-6（c）。其他参数的计算见式（8-25）～式（8-27）。

此时，出口处流速为

$$v_e = v_* = \sqrt{\frac{2\kappa}{\kappa-1}\frac{p_0}{\rho_0}\left[1-\left(\frac{p_*}{p_0}\right)^{\frac{\kappa-1}{\kappa}}\right]} = \sqrt{\frac{2\kappa}{\kappa+1}\frac{p_0}{\rho_0}} \tag{8-39}$$

出口处的质量流量为

$$q_m = A_e\rho_e v_e = A_*\rho_* v_* = A_e\sqrt{\kappa p_0\rho_0}\left(\frac{2}{\kappa+1}\right)^{\frac{\kappa+1}{2(\kappa-1)}} \tag{8-40}$$

3\. $p_b < p_*$

继续减小背压 p_b，由于出口处 Ma_e 等于 1，减小背压 p_b 的扰动无法传播到上游，不能影响管内流动，因而渐缩管道出口处 Ma_e 最大只能等于 1，不能再继续增加，总有

$$p_e = p_* = p_0\left(\frac{2}{\kappa+1}\right)^{\frac{\kappa}{\kappa-1}} > p_b$$

无论背压 p_b 如何减小，出口截面始终为临界状态。因此，只要容器内的状态保持不变（κ、R、T_0、p_0 不变），出口各个参数不变，则质量流量不变，如图 8－6（d）所示，出口质量流量不再随 p_b 降低而增加，这种现象称为声速壅塞现象。此时

$$q_{m,\max}=A_e\rho_e v_e=A_*\rho_* v_*=A_e\sqrt{\kappa p_0\rho_0}\left(\frac{2}{\kappa+1}\right)^{\frac{\kappa+1}{2(\kappa-1)}} \tag{8-41}$$

这样，已知 p_0 及 p_b，对于渐缩喷管的计算步骤如下：

首先判断 $\frac{p_b}{p_0}<$ 或 $>\left(\frac{2}{\kappa+1}\right)^{\frac{\kappa}{\kappa-1}}$。

（1）若 $\frac{p_b}{p_0}>\left(\frac{2}{\kappa+1}\right)^{\frac{\kappa}{\kappa-1}}$，则出口流动必为亚声速，$Ma_e<1$，出口截面压强与背压相等，$p_e=p_b$，因此可根据式（8－36）计算 Ma_e。

（2）若 $\frac{p_b}{p_0}=\left(\frac{2}{\kappa+1}\right)^{\frac{\kappa}{\kappa-1}}$，则 $Ma_e=1, p_e=p_b$。

（3）若 $\frac{p_b}{p_0}<\left(\frac{2}{\kappa+1}\right)^{\frac{\kappa}{\kappa-1}}$，则 $Ma_e=1, p_e=p_0\left(\frac{2}{\kappa+1}\right)^{\frac{\kappa}{\kappa-1}}>p_b$。

再根据以上求得的 Ma_e，进而计算可得到其他流动参数。

【例 8－7】　一封闭大容器中氮气［$\kappa=1.4$，$R=297$J/（kg·K）］的压强 $p_0=4\times10^5$Pa，温度 $T_0=298$K。氮气从渐缩喷管流出，出口直径为 $d=50$mm，求外部背压分别为 3×10^5Pa、2×10^5Pa 和 10^5Pa 时氮气的质量流量。

解　出口达到临界状态时出口压强为

$$p_*=p_0\left(\frac{2}{\kappa+1}\right)^{\frac{\kappa}{\kappa-1}}=4\times10^5\times\left(\frac{2}{2.4}\right)^{\frac{1.4}{0.4}}=4\times10^5\times0.528=2.112\times10^5(\text{Pa})$$

（1）若 $p_b=3\times10^5\text{Pa}>p_*$，出口为亚声速，$p_e=p_b$，$p_e/p_0=0.75$，由式（8－36）和式（8－17）可得

$$Ma_e=\sqrt{\frac{2}{\kappa-1}\left[\left(\frac{p_0}{p_e}\right)^{\frac{\kappa-1}{\kappa}}-1\right]}=0.654$$

$$T_e=T_0\left(1+\frac{\kappa-1}{2}Ma_e^2\right)^{-1}=274.5(\text{K})$$

$$\rho_e=\frac{p_e}{RT_e}=\frac{3\times10^5}{297\times274.5}=3.68(\text{kg/m}^3)$$

$$v_e=Ma_e\sqrt{\kappa RT_e}=0.654\times\sqrt{1.4\times297\times274.5}=220.95(\text{m/s})$$

此时氮气的质量流量为

$$q_m=\rho_e v_e\frac{\pi d^2}{4}=3.68\times220.95\times\frac{\pi(50\times10^{-3})^2}{4}=1.597(\text{kg/s})$$

（2）若外部背压为 2×10^5Pa 和 10^5Pa，$p_b<p_*$，因此 $p_e=p_*$，喷管出口气流达临界状态。

由式（8－25）

$$\frac{T_0}{T_*}=1+\frac{\kappa-1}{2}=1.2$$

$$T_*=248.33\text{K}$$

$$\rho_* = \frac{p_*}{RT_*} = 2.865\text{kg/m}^3$$

$$v_* = c = \sqrt{\kappa RT_*} = 321.33\text{m/s}$$

$$q_m = \rho_* v_* \frac{\pi d^2}{4} = 1.807\,6\text{kg/s}$$

【例 8-8】 已知大容器内压缩空气的压强 $p_0=5\text{atm}$，温度 $T_0=288\text{K}$，通过喷管流出，外部环境背压 $p_b=2.8\text{atm}$，要求质量流量为 $q_m=0.065$ kg/s。试设计圆形喷管几何尺寸。

解 压强比为

$$\frac{p_b}{p_0} = \frac{2.8}{5} = 0.560 > 0.528$$

因此应采用收缩喷管，出口处 $p_e=p_b$。

由式（8-36）得到出口马赫数为

$$Ma_e = \sqrt{\frac{2}{\kappa-1}\left[\left(\frac{p_0}{p_e}\right)^{\frac{\kappa-1}{\kappa}} - 1\right]} = 0.949\,1$$

由式（8-17）可得

$$T_e = T_0\left(1+\frac{\kappa-1}{2}Ma_e{}^2\right)^{-1} = 244.0\text{K}$$

$$\rho_e = \frac{p_e}{RT_e} = \frac{2.8\times101\,325}{287\times244.0} = 4.051(\text{kg/m}^3)$$

$$v_e = Ma_e\sqrt{\kappa RT_e} = 0.9491\times\sqrt{1.4\times287\times244.0} = 297.175(\text{m/s})$$

出口截面积 A_e 为

$$A_e = \frac{q_m}{\rho_e v_e} = \frac{0.065}{4.051\times297.175} = 0.540(\text{cm}^2)$$

出口直径为

$$d_e = \sqrt{\frac{4A_e}{\pi}} = \sqrt{\frac{4\times0.540}{3.14}} = 0.829(\text{cm})$$

收缩段的形状多采用圆锥形，其夹角可选取 30°～60°，收缩段的长度根据输气管直径和管嘴出口直径确定。

如果考虑流量系数，应适当扩大出口截面和直径。取流量系数 $\beta=0.98$，则实际出口截面

$$A_{e1} = \frac{A_e}{\beta} = \frac{0.540}{0.98} = 0.551(\text{cm}^2)$$

$$d_{e1} = \sqrt{\frac{4\times0.551}{3.14}} = 0.838(\text{cm})$$

为了改进气流特性，收缩段末端可增加少许直管段。

二、拉瓦尔喷管内的流动

由上述分析可知，若来流是亚声速的，采用渐缩喷管最大只能得到声速，要想得到超声速气流，必须在达到声速之后扩大管道流动面积，即采用收缩-扩张型喷管［见图 8-7

(a)]，它是法国工程师拉瓦尔最初提出的，常称为拉瓦尔喷管。在工业技术上它主要用来产生超声速气流。

如图 8 - 7（a）所示，流体从高压大容器内经一拉瓦尔喷管流出，若 $p_b=p_0$，没有压差，管内无流动；减小背压 p_b，在压差作用下气流开始从大容器流出，两端压差越大，速度越大，质量流量也越大。在亚声速流动区，喉部速度最大。喉部流动状态是拉瓦尔喷管流动的重要指标。

若喉部速度是亚声速，在下游截面扩张段速度会减小，仍然为亚声速流动，则在整个管道内的流动都是亚声速的；若喉部速度达到声速，则喉部为临界状态（各参数下标为 *），对于一定的出口截面，由式（8 - 24），出口截面（各参数下标为 e）和喉部截面的面积关系为

$$\frac{A_e}{A_*}=\frac{1}{Ma_e}\left[\frac{2}{\kappa+1}\left(1+\frac{\kappa-1}{2}Ma_e^2\right)\right]^{\frac{\kappa+1}{2(\kappa-1)}}$$

求解式（8 - 24），可得到两个解 Ma_{e1} 和 Ma_{e2}，且 $Ma_{e2}>1>Ma_{e1}$。因此，此时在喉部下游的扩张管中流动有两种定熵流动的可能性，一种是减速、增压，速度减小为亚声速流，在出口，$Ma=Ma_{e1}$；另一种是增速的超声速流动，在出口，$Ma=Ma_{e2}$。Ma_{e1} 和 Ma_{e2} 对应的出口压强分别为

$$\frac{p_{e1}}{p_0}=\left(1+\frac{\kappa-1}{2}Ma_{e1}^2\right)^{-\frac{\kappa}{\kappa-1}} \tag{8-42}$$

$$\frac{p_{e2}}{p_0}=\left(1+\frac{\kappa-1}{2}Ma_{e2}^2\right)^{-\frac{\kappa}{\kappa-1}} \tag{8-43}$$

这样，根据出口处压强的大小，拉瓦尔喷管内的流动可分为以下几种情况。

1. $p_b>p_{e1}$

若 $p_b>p_{e1}$，喉部压强比 $p_t/p_0>p_*/p_0$，因此喉部流速 $v_t<c_*$，则整个喷管内的流动是亚声速流动。对于定熵过程，与渐缩喷管内 $p_b>p_*$ 时计算相同，可计算出各个截面的参数。气体在收缩段中加速，在扩张段中减速，沿喷管流动方向马赫数和压强的变化如图 8 - 7（b）、（c）中的曲线 1 所示。

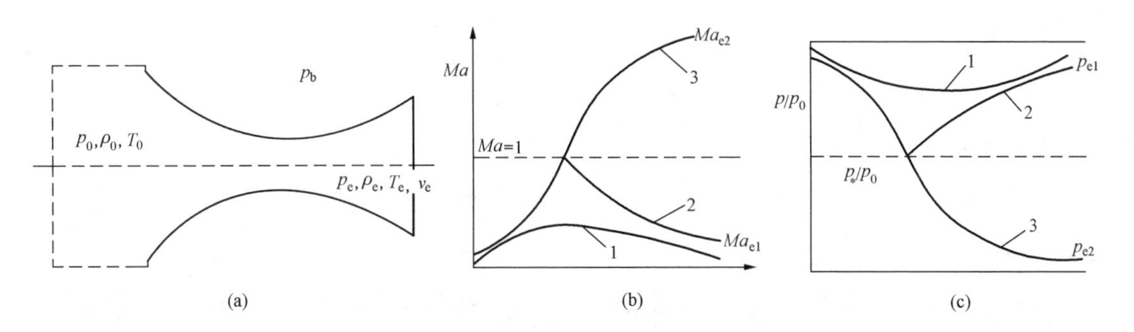

图 8 - 7　拉瓦尔喷管中的流动

2. $p_b=p_{e1}$

喉部气流速度达到声速 $v_t=c_*$，此时气体在收缩段中加速，直至喉部达到声速，而在扩张段中由声速减为亚声速，出口马赫数 $Ma=Ma_{e1}$。沿喷管流动方向马赫数和压强的变化

如图 8 - 7（b）、（c）中的曲线 2 所示。

3. $p_{e2}<p_b<p_{e1}$

在 $p_{e2}<p_b<p_{e1}$ 的情况下，喉部为声速运动，喷管质量流量可根据喉部参数计算，但是在扩张段已无法找到既满足定熵条件，又满足出口条件的解。这时喷管中出现非定熵过程。关于这一流动情况将在正激波中简单讨论。

4. $p_b=p_{e2}$

当 $p_b=p_{e2}$ 时，喉部气流速度是声速，在扩张段内流动加速到超声速，出口马赫数 $Ma=Ma_{e2}$。采用定熵流动基本方程可确定喷管中各截面上的 Ma，马赫数 Ma 沿管长方向的变化曲线如图 8 - 7（b）中的曲线 3 所示。管中各截面上的压强比 p/p_0 沿管长的变化曲线如图 8 - 7（c）中的曲线 3 所示。

5. $p_b<p_{e2}$

在 $p_b<p_{e2}$ 的情况下，喷管喉部为声速流动，管中流动情况与 $p_b=p_{e2}$ 情况相同，出口压强仍为 p_{e2}，气流出口后经过复杂的膨胀过程才能达到 p_b。

【例 8 - 9】 氧气从高压大容器内经拉瓦尔喷管送入炉膛内，氧气滞止压强 $p_0=1.0\times10^6$ Pa，滞止温度 $T_0=288$K，每小时要求供氧量 $q_m=0.715$kg/s，炉膛内压强 $p_b=1.2\times10^5$ Pa，试计算喷管主要尺寸。

解 压强比为 $\dfrac{p_b}{p_0}=\dfrac{1.2}{10}=0.12<\dfrac{p_*}{p_0}$，采用拉瓦尔喷管。

滞止密度为
$$\rho_0=\frac{p_0}{RT_0}=\frac{1.0\times10^6}{259.82\times288}=13.364\ (\text{kg/m}^3)$$

（1）出口截面尺寸。

令出口压强 $p_e=p_b$，则出口马赫数 Ma_e 为

$$Ma_e=\sqrt{\frac{2}{\kappa-1}\left[\left(\frac{p_e}{p_0}\right)^{-\frac{\kappa-1}{\kappa}}-1\right]}=\sqrt{\frac{2}{1.4-1}\times(0.12^{-\frac{1.4-1}{1.4}}-1)}=2.040\,4$$

出口密度

$$\rho_e=\rho_0\left(1+\frac{\kappa-1}{2}Ma_e^2\right)^{-\frac{1}{\kappa-1}}=13.364\times(1+0.2\times2.040\,4^2)^{-\frac{1}{1.4-1}}=2.939(\text{kg/m}^3)$$

出口温度

$$T_e=T_0\left(1+\frac{\kappa-1}{2}Ma_e^2\right)^{-1}=287\times(1+0.2\times2.040\,4^2)^{-1}=157.15(\text{K})$$

出口速度

$$v_e=Ma_e c_e=Ma_e\sqrt{\kappa RT_e}=2.040\,4\times\sqrt{1.4\times259.82\times157.15}=487.84(\text{m/s})$$

因此，出口截面积

$$A_e=\frac{q_m}{\rho_e v_e}=\frac{0.715}{2.939\times487.84}=4.987(\text{cm}^2)$$

出口直径

$$d_e=\sqrt{\frac{4A_e}{\pi}}=\sqrt{\frac{4\times4.987}{3.14}}=25.20(\text{mm})$$

（2）喉部尺寸。

临界压强

$$p_* = p_0\left(\frac{2}{\kappa+1}\right)^{\frac{\kappa}{\kappa-1}} = 1.0\times10^6\times\left(\frac{2}{1.4+1}\right)^{\frac{1.4}{1.4-1}} = 5.283\times10^5(\text{N/m}^2)$$

临界密度

$$\rho_* = \rho_0\left(\frac{2}{\kappa+1}\right)^{\frac{1}{\kappa-1}} = 13.364\times\left(\frac{2}{1.4+1}\right)^{\frac{1}{1.4-1}} = 8.472(\text{kg/m}^3)$$

临界温度

$$T_* = T_0\left(\frac{2}{\kappa+1}\right) = 288\times\frac{2}{1.4+1} = 240.00(\text{K})$$

临界速度

$$v_* = \sqrt{\kappa RT_*} = \sqrt{1.4\times259.82\times240.00} = 295.46(\text{m/s})$$

喉部面积

$$A_* = \frac{q_m}{\rho_* v_*} = \frac{0.715}{8.472\times295.46} = 2.856(\text{cm}^2)$$

喉部直径

$$d_* = \sqrt{\frac{4A_*}{\pi}} = \sqrt{\frac{4\times2.856}{3.14}} = 19.07(\text{mm})$$

第七节　有摩擦和热交换的气体管流

在上述几节中研究了气体的定熵流动，本节介绍有摩擦或热交换的一维气体管内流动。

一、有摩擦的一维稳定绝热流动

1. 有摩擦绝热流动的基本方程与特性

实际气体由于黏性的影响，总是会受到壁面的摩擦阻力，若气体流动速度很快，来不及与外界进行热交换，常可将其处理为有摩擦的绝热流动。

如图 8 - 8 所示，由式（8 - 9），一维稳定管流的运动方程为

$$v\text{d}v + \frac{\text{d}p}{\rho} + \frac{\delta F_w}{A\rho} = 0$$

δF_w 为气体在直径为 D 的管道内流过 $\text{d}x$ 段受到的摩擦力，由式（4 - 57），$\tau_w = \frac{\lambda}{8}\rho v^2$，即 $\delta F_w = \frac{\lambda}{8}\rho v^2\pi D\text{d}x$，因此式（8 - 9）变为

$$v\text{d}v + \frac{\text{d}p}{\rho} + \lambda\frac{\text{d}x}{D}\frac{v^2}{2} = 0$$

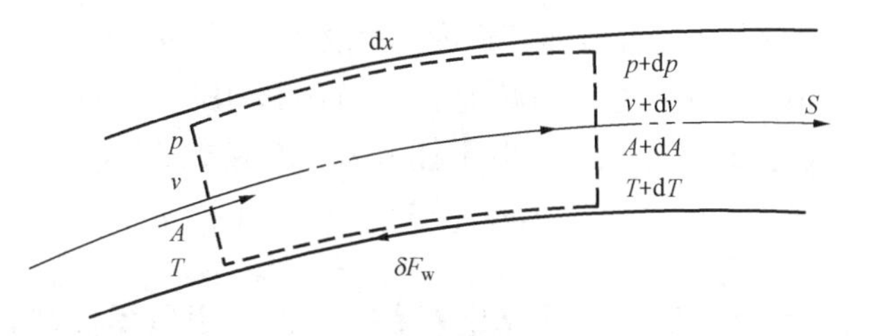

图 8 - 8　有摩擦的管内流动

由 $v = Ma\cdot c, c = \sqrt{\kappa p/\rho}$，则

$$\kappa Ma^2\frac{\text{d}v}{v} + \frac{\text{d}p}{p} + \lambda\frac{\kappa Ma^2}{2}\frac{\text{d}x}{D} = 0 \qquad (8-44)$$

由能量方程（8 - 12c）、状态方程（8 - 7）和连续性方程（8 - 8），可以得到

$$\frac{dT}{T}=-(\kappa-1)Ma^2\frac{dv}{v} \tag{8-45}$$

$$\frac{d\rho}{\rho}=-\frac{dv}{v}-\frac{dA}{A}$$

$$\frac{dp}{p}=\frac{d\rho}{\rho}+\frac{dT}{T}$$

将上述三式代入式（8 - 44），得到

$$(Ma^2-1)\frac{dv}{v}=\frac{dA}{A}-\lambda\frac{\kappa Ma^2}{2}\frac{dx}{D} \tag{8-46}$$

对于等截面管道，$dA=0$，则有

$$(Ma^2-1)\frac{dv}{v}=-\lambda\frac{\kappa Ma^2}{2}\frac{dx}{D} \tag{8-47}$$

式（8 - 47）就是等截面管道内的有摩擦绝热流动的基本方程。由于式（8 - 47）右端总是小于零，因此 $(Ma^2-1)\frac{dv}{v}<0$。对于等截面管道内的稳定摩擦绝热流动，若 $Ma<1$，则 $dv>0$；若 $Ma>1$，则 $dv<0$。摩擦的作用相当于气流在渐缩管道内的流动，使亚声速流动加速，超声速流动减速。因此，在等截面有摩擦管道内，亚声速流动不可能变为超声速流动，超声速流动也不可能变为亚声速流动，出口的极限状态只能是声速。

2. 极限管长与参数的变化

将方程 $v=Ma\sqrt{\kappa RT}$ 两边取对数，再微分，得

$$\frac{dv}{v}=\frac{dMa}{Ma}+\frac{1}{2}\frac{dT}{T}$$

将式（8 - 45）和式（8 - 47）代入上式，整理可得到

$$\lambda\frac{dx}{D}=\frac{2(1-Ma^2)dMa}{\kappa Ma^3\left(1+\frac{\kappa-1}{2}Ma^2\right)}$$

设管道入口处马赫数为 Ma_1，$x=l$ 处马赫数为 Ma_2，当沿程阻力系数 λ 为常数时，对上式积分得

$$\lambda\frac{l}{D}=\frac{1}{\kappa}\left(\frac{1}{Ma_1^2}-\frac{1}{Ma_2^2}\right)+\frac{\kappa+1}{2\kappa}\ln\left[\frac{Ma_1^2}{Ma_2^2}\frac{2+(\kappa-1)Ma_2^2}{2+(\kappa-1)Ma_1^2}\right] \tag{8-48}$$

由上述对等截面管道内的摩擦绝热流动分析已知，在管流方向，摩擦的作用使亚声速流动加速，超声速流动减速。出口的极限状态只能是临界状态。这时的管长称为极限管长 l_{max}。由式（8 - 48），对于任一入口马赫数 Ma，极限管长 l_{max} 为

$$\lambda\frac{l_{max}}{D}=\frac{1}{\kappa}\left(\frac{1}{Ma^2}-1\right)+\frac{\kappa+1}{2\kappa}\ln\left[Ma^2\frac{(\kappa+1)}{2+(\kappa-1)Ma^2}\right] \tag{8-49}$$

这样，在实际流动中，若 $l<l_{max}$，出口未达到临界状态，流量也未达到最大；若 $l>l_{max}$，由于摩擦造成的阻塞现象，管内流动将会出现复杂的调整，使出口仍然保持临界状态。

由于管内流动是绝热的，能量方程（8 - 14）仍然适用，由式（8 - 17），管内任意两截面间的温度关系为

$$\frac{T_2}{T_1}=\frac{1+\frac{\kappa-1}{2}Ma_1^2}{1+\frac{\kappa-1}{2}Ma_2^2} \tag{8-50}$$

由 $Ma=\frac{v}{c}=\frac{v}{\sqrt{\kappa RT}}$，代入两截面的温度关系，可得速度关系为

$$\frac{v_2}{v_1}=\frac{Ma_2}{Ma_1}\left(\frac{1+\frac{\kappa-1}{2}Ma_1^2}{1+\frac{\kappa-1}{2}Ma_2^2}\right)^{\frac{1}{2}} \tag{8-51}$$

由等截面的连续性方程，密度关系为

$$\frac{\rho_2}{\rho_1}=\frac{v_1}{v_2}=\frac{Ma_1}{Ma_2}\left(\frac{1+\frac{\kappa-1}{2}Ma_2^2}{1+\frac{\kappa-1}{2}Ma_1^2}\right)^{\frac{1}{2}} \tag{8-52}$$

由状态方程，得到压强关系为

$$\frac{p_2}{p_1}=\frac{\rho_2}{\rho_1}\frac{T_2}{T_1}=\frac{Ma_1}{Ma_2}\left(\frac{1+\frac{\kappa-1}{2}Ma_1^2}{1+\frac{\kappa-1}{2}Ma_2^2}\right)^{\frac{1}{2}} \tag{8-53}$$

二、一维稳定换热无摩擦流动

实际流动过程中，若流动的摩擦阻力可忽略，但与外界的热交换较大，不可忽略，流动可认为是有换热无摩擦流动问题。由式（8-10）有

$$v\mathrm{d}v+c_p\mathrm{d}T=\delta q$$

两边除以声速，得到

$$\frac{\delta q}{c^2}=Ma^2\frac{\mathrm{d}v}{v}+\frac{1}{\kappa-1}\frac{\mathrm{d}T}{T} \tag{8-54}$$

由连续性方程、状态方程和式（8-44）分别得

$$\frac{\mathrm{d}\rho}{\rho}=-\frac{\mathrm{d}v}{v}-\frac{\mathrm{d}A}{A}$$

$$\frac{\mathrm{d}T}{T}=\frac{\mathrm{d}p}{p}-\frac{\mathrm{d}\rho}{\rho}$$

$$\frac{\mathrm{d}p}{p}=-\lambda\frac{\kappa Ma^2}{2}\frac{\mathrm{d}x}{D}-\kappa Ma^2\frac{\mathrm{d}v}{v}$$

将上述三式代入式（8-54），可以得到有摩擦换热的管内流动的能量方程为

$$\frac{\delta q}{c^2}=\frac{1}{\kappa-1}\left[(1-Ma^2)\frac{\mathrm{d}v}{v}+\frac{\mathrm{d}A}{A}-\lambda\frac{\kappa Ma^2}{2}\frac{\mathrm{d}x}{D}\right] \tag{8-55}$$

若流动是等截面，无摩擦，则方程变为

$$\frac{\delta q}{c^2}=\frac{1}{\kappa-1}\left[(1-Ma^2)\frac{\mathrm{d}v}{v}\right] \tag{8-56}$$

由式（8-56），可看出，当 $\delta q>0$ 时，若 $Ma<1$，则 $\mathrm{d}v>0$；若 $Ma>1$，则 $\mathrm{d}v<0$，无摩擦加热流动与有摩擦绝热流动相同，使亚声速流动加速，超声速流动减速。反之，当 $\delta q<0$ 时，若 $Ma<1$，则 $\mathrm{d}v<0$；若 $Ma>1$，则 $\mathrm{d}v>0$，无摩擦冷却流动与有摩擦绝热流动相反，

使亚声速流动减速，超声速流动加速。

采用连续性方程、无摩擦的运动方程、有换热的能量方程，可以得到任意两截面速度、密度和温度关系。

第八节　激波与膨胀波的基本概念

由前面内容可知，亚声速气流和超声速气流有着不同的流动特性，超声速气流受到压缩或膨胀时，还会产生激波和膨胀波。本节主要介绍激波和膨胀波的基本概念。

一、激波的形成与特征

激波是超声速气流受到障碍发生压缩而产生的物理现象。如图 8－9 所示，气流流场中有一固体障碍物，若来流是亚声速气流［见图 8－9（a）］，气流到固体壁面前方速度降低，压强升高，气流被压缩，由于亚声速气流中扰动能在全流场中传播，压缩波逆气流传播到上游，这样上游能“预感”到下游的压缩现象，在固体壁面前方分流，气流不会出现急剧压缩。

若来流是超声速气流，如图 8－9（b）所示，物体前方滞止区压强升高，气流被压缩，但由于气流速度 $v>c$，流体被压缩这一扰动无法逆气流传播到上游，即上游无法“预感”到下游的压缩现象，仍以原来的流动方向和大小冲向物体表面，使得气体质点在某一截面堆积得越来越多，出现一个密度、压强和温度突然升高的薄层，这一气体参数突然变化的薄层就称为激波。

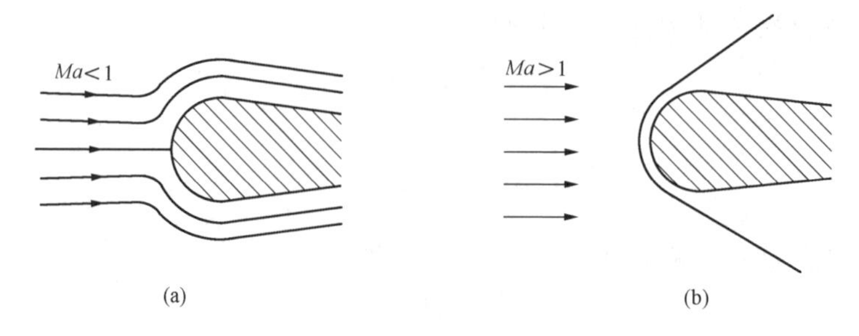

图 8－9　超声速气流受到阻碍出现激波

激波面与来流方向相垂直的激波称为正激波，不相垂直则称为斜激波。在图 8－9（b）中，障碍物正前端为正激波，两侧为斜激波。

激波是由强压缩过程引起的，可看成是无数个微弱压缩过程的叠加。下面以管内活塞加速推动为例进一步说明正激波的形成。如图 8－10 所示，管内气体原来处于静止状态。初始时刻活塞推动速度为 Δv，则由此引起的小扰动波以当地声速 c_0 向前传播；活塞是加速推动的，到 Δt 时刻，若活塞推动速度为 $2\Delta v$，则由此引起的小扰动波以速度 $c_1+\Delta v$ 向前运动；到 $2\Delta t$ 时刻，若活塞推动速度为 $3\Delta v$，则由此引起的小扰动波以速度 $c_2+2\Delta v$ 向前传播；如此不断增加活塞运动速度至有限值。由于后一个扰动波是在前一个扰动波通过的基础上传播的，因此，后一个波相对于气体的传播速度总是大于前一个波相对于气体的传播速度，即后面的波将逐渐接近前边的波，最终将使所有的波聚集在一起，从而形成一个有限强度的扰动波，并以一定速度在流体中传播。这个有限强度的扰动波就是激波。激波的传播速度大于当地声速。

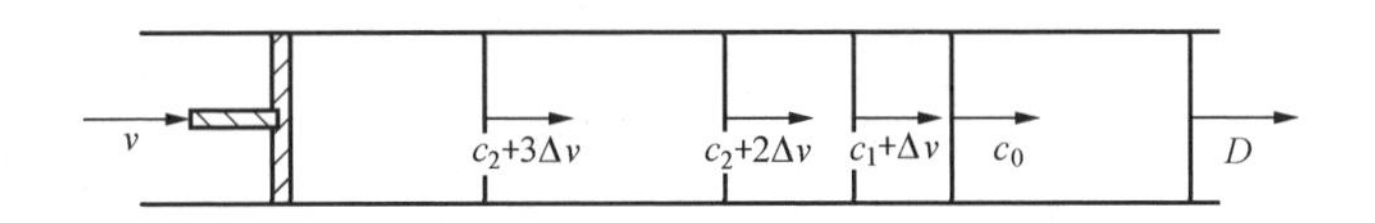

图 8 - 10　活塞运动引起的激波

研究表明，激波的厚度极薄，与分子平均自由程是同一数量级的。气体通过激波时，在这一薄层内，流体流动参数发生剧变，由于过程进行得很快，可以认为是绝热的。参数的急剧变化使得流体的黏性产生的摩擦作用不可忽略，因此气体穿过激波的过程是非定熵的。

由于激波面很薄，激波内部已不满足连续介质假设，实际研究问题一般只关心激波前后参数发生了哪些变化，并不要求内部变化过程，所以在处理问题时，通常认为激波是一个流动参数的间断面。因此，对于气流经过激波前后的两个截面所取的控制体，满足连续性方程、动量方程与绝热过程的能量方程。

连续性方程　$q_m = \rho v A = C$

动量方程　$\sum \vec{F} = q_m(\vec{v}_2 - \vec{v}_1)$

能量方程　$c_p T + \dfrac{v^2}{2} = C$

状态方程　$\dfrac{p}{\rho} = RT$

二、膨胀波的形成与特征

与激波相对应，膨胀波是超声速气流在膨胀加速过程中出现的物理现象。如图 8 - 11 所示，超声速气流沿平直壁面 AO 流动，其马赫数为 Ma，在 O 点处壁面向外有一微小的扩张角 $d\theta$。由于 $d\theta$ 的存在，对流场产生微小扰动，扩张角 $d\theta$ 相当于一个扰动源，根据小扰动在超声速气流中的传播特性，小扰动只能在马赫锥内传播。对于如图 8 - 11 所示的流动，流场中形成交界面 OL，扰动只能在 OL 面的下游传播，OL 面的上游未受扰动，仍保存均匀来流。OL 与壁面 AO 之间的夹角就是马赫角，有

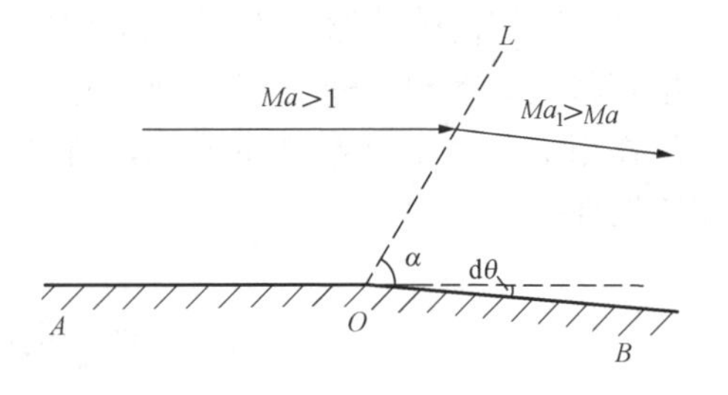

图 8 - 11　超声速气流的绕微小折壁的流动

$$\sin\alpha = \frac{1}{Ma} \tag{8-16}$$

这样，在 OL 面上形成马赫波，只要拐角 $d\theta$ 足够小，马赫波便为小扰动波，马赫波面上的马赫角处处为一常数，马赫波面是平面。在波面上，气流所受扰动相同，马赫数由 Ma 变为 Ma_1。由于壁面在 O 点处向外扩张，由第五节所讨论的内容可知，超声速气流经马赫波后加速、降温、减压。因此气流经过马赫波是一个膨胀加速的过程，马赫波也称膨胀波。

这样，经过马赫波 OL 后，气流被膨胀加速到 Ma_1。如果壁面是由若干个 $d\theta$、$d\theta_1$、$d\theta_2$、$d\theta_3$、…组成的折壁，如图 8 - 12 所示，那么每经过一次向外转折，就产生一道膨胀波。这些膨胀波分别是 OL、O_1L_1、O_2L_2、O_3L_3、…，每经过一道膨胀波，气流便被加速一次，必然有 $Ma_4 > Ma_3 > Ma_2 > Ma_1$，由于

$$\alpha_1 = \arcsin\frac{1}{Ma_1}$$

$$\alpha_2 = \arcsin\frac{1}{Ma_2}$$

$$\alpha_3 = \arcsin\frac{1}{Ma_3}$$

这样，$\alpha_3 < \alpha_2 < \alpha_1$，随着气流马赫数的增加，马赫角越来越小，即后面的膨胀波与来流方向的倾角比前面的小，因此，这一系列膨胀波既不平行，也不相交，而是呈发散状的。如果转折点 O_1、O_2、O_3、…，无限靠近 O 点，壁面在 O 点处转折了 θ 角（无数个 $d\theta$ 之和），如图 8 - 13 所示，组成扇形区 LOL_n，气流经过扇形区马赫数连续地从 Ma 从膨胀加速到 Ma_n。

需要说明的是，以上分析是针对完全气体做无摩擦绝热均匀流动这一情况进行的，在图 8 - 13 中，从 O 点发出的沿膨胀波束的任意一条马赫线都是直线，并且马赫波上所有参数相等，因此马赫线也是等压线，而实际的有摩擦流中，等压线通常是曲线。

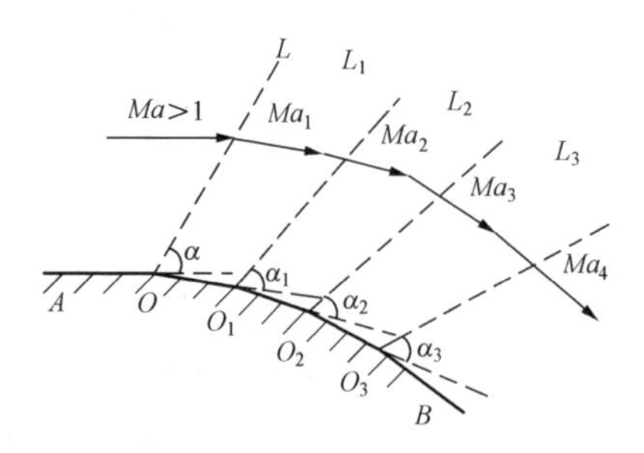

图 8 - 12 超声速气流的绕多个折壁的流动

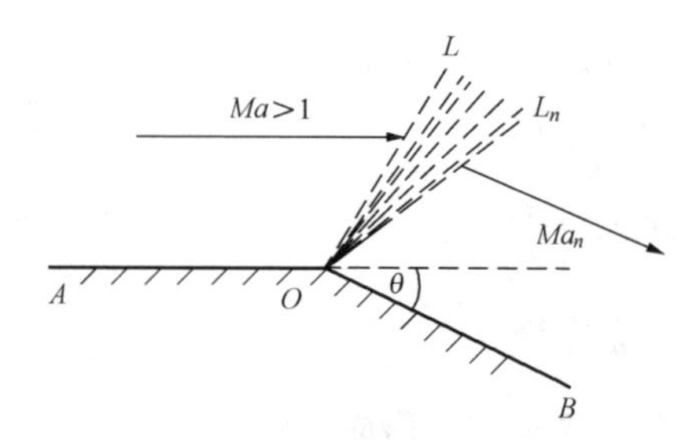

图 8 - 13 超声速气流的绕折壁的流动

以上以绕流外凸壁面为例分析了膨胀波的形成与特征，超声速气流进入低压区时也会产生膨胀波。当超声速气流离开喷管时，如果出口截面压强大于外部环境背压，在压强差的作用下，气流边界向外扩张，喷管出口边缘将出现扇形膨胀区，膨胀后压强下降，流速增加。

第九节 正激波前后参数的变化

如图 8 - 14 所示，为研究方便，假设激波面不变，或将坐标固定在激波面上，波前速度为 v_1，压强为 p_1，密度为 ρ_1，温度为 T_1；波后速度为 v_2，压强为 p_2，密度为 ρ_2，温度为 T_2。如图 8 - 14 中的虚线所示，取一包含激波面的控制体，正激波两侧截面积相等，气流通过控制体时与外界绝热。控制体内流体的连续性方程、动量方程和能量方程可写成

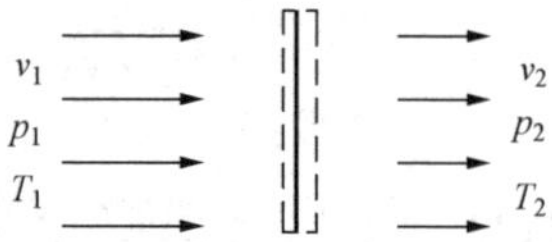

$$\rho_1 v_1 = \rho_2 v_2 \tag{a}$$

$$p_1 - p_2 = \rho_1 v_1 (v_2 - v_1)$$

或

$$p_1 + \rho_1 v_1^2 = p_2 + \rho_2 v_2^2 \tag{b}$$

$$h_1 + \frac{1}{2}v_1^2 = h_2 + \frac{1}{2}v_2^2 \tag{c}$$

v_1 p_1 T_1 v_2 p_2 T_2

图 8 - 14 正激波前后参数的变化

一、速度的变化

将式（a）代入式（b），可得到

$$v_2 - v_1 = \frac{p_1}{\rho_1 v_1} - \frac{p_2}{\rho_2 v_2} \tag{8-57}$$

由能量方程，并由临界状态的定义，得

$$\frac{v_1^2}{2} + \frac{\kappa}{\kappa-1}\frac{p_1}{\rho_1} = \frac{v_2^2}{2} + \frac{\kappa}{\kappa-1}\frac{p_2}{\rho_2} = \frac{1}{2}\frac{\kappa+1}{\kappa-1}c_*^2 \tag{8-58}$$

由式（8 - 58）得到 p_1/ρ_1、p_2/ρ_2 的表达式，并将其代入式（8 - 57），得

$$\frac{\kappa+1}{2\kappa}(v_1 - v_2)\left(1 - \frac{c_*^2}{v_1 v_2}\right) = 0$$

因为 $v_1 \neq v$，所以

$$v_1 v_2 = c_*^2 \tag{8-59a}$$

采用速度系数 M_*，则

$$M_{*1} M_{*2} = 1 \tag{8-59b}$$

式（8 - 59）就是正激波前后速度的普朗特方程。显然，对于超声速气流 $M_{*1}>1$，经过激波后 $M_{*2}<1$，变成亚声速气流。

又由于

$$\frac{v_1}{v_2} = \frac{v_1^2}{v_1 v_2} = \frac{v_1^2}{c_*^2} = M_{*1}^2$$

利用式（8 - 30b）可得激波前后速度之间关系为

$$\frac{v_2}{v_1} = \frac{(\kappa-1)Ma_1^2 + 2}{(\kappa+1)Ma_1^2} \tag{8-60}$$

二、密度的变化

由连续性方程（a），可得激波前后密度关系为

$$\frac{\rho_2}{\rho_1} = \frac{v_1}{v_2} = \frac{(\kappa+1)Ma_1^2}{(\kappa-1)Ma_1^2 + 2} \tag{8-61}$$

三、压强的变化

动量方程（b）可变换为

$$p_2 - p_1 = \rho_1 v_1^2 - \rho_2 v_2^2 = \rho_1 v_1^2\left(1 - \frac{v_2}{v_1}\right)$$

将上式两端除以 p_1，得

$$\frac{p_2 - p_1}{p_1} = \frac{\rho_1 v_1^2}{p_1}\left(1 - \frac{v_2}{v_1}\right) = \kappa Ma_1^2\left(1 - \frac{v_2}{v_1}\right)$$

将式（8 - 60）代入上式，加以整理，可得激波前后压强关系为

$$\frac{p_2}{p_1} = 1 + \frac{2\kappa}{\kappa+1}(Ma_1^2 - 1) \tag{8-62}$$

四、温度、声速与马赫数的变化

由完全气体的状态方程

$$\frac{T_2}{T_1} = \frac{p_2}{p_1}\frac{\rho_1}{\rho_2}$$

将式（8 - 61）及式（8 - 62）代入，得

$$\frac{T_2}{T_1}=\frac{[2\kappa Ma_1^2-(\kappa-1)][(\kappa-1)Ma_1^2+2]}{(\kappa+1)^2Ma_1^2} \tag{8-63}$$

由激波前后温度的变化，结合式（8－60）速度的关系式，可以得到激波前后声速与马赫数的关系式为

$$\frac{c_2}{c_1}=\frac{\sqrt{[2\kappa Ma_1^2-(\kappa-1)][(\kappa-1)Ma_1^2+2]}}{(\kappa+1)Ma_1} \tag{8-64}$$

$$\frac{Ma_2}{Ma_1}=\sqrt{\frac{Ma_1^{-2}+(\kappa-1)/2}{\kappa Ma_1^2-(\kappa-1)/2}} \tag{8-65}$$

式（8－60）～式（8－65）揭示了正激波前后各参数的变化规律。由上述公式可知，气流通过正激波以后，速度突然降低，由超声速变成亚声速，而压强、密度和温度突然上升，状态参数和流动参数发生突变。

五、滞止参数的变化

由于气流通过激波是绝热的，因此由能量方程（8－14b）

$$\frac{1}{2}v_1^2+c_pT_1=\frac{1}{2}v_2^2+c_pT_2$$

可得

$$T_{01}=T_{02} \tag{8-66}$$

可见激波前后的滞止温度相同，但由于过程非定熵，激波前后滞止压强、滞止密度并不相等。

由于

$$\frac{p_{01}}{p_{02}}=\frac{\rho_{01}}{\rho_{02}}\frac{T_{01}}{T_{02}}=\frac{\rho_{01}}{\rho_{02}}=\frac{\rho_{01}}{\rho_1}\frac{\rho_1}{\rho_2}\frac{\rho_2}{\rho_{02}}=\frac{\rho_1}{\rho_2}\left(\frac{p_{01}}{p_1}\right)^{\frac{1}{\kappa}}\left(\frac{p_2}{p_{02}}\right)^{\frac{1}{\kappa}}$$

因此

$$\frac{p_{01}}{p_{02}}=\left(\frac{\rho_1}{\rho_2}\right)^{\frac{\kappa}{\kappa-1}}\left(\frac{p_2}{p_1}\right)^{\frac{1}{\kappa-1}}$$

将式（8－61）和式（8－62）代入上式，可得激波前后滞止压强的关系式为

$$\frac{p_{02}}{p_{01}}=\left[1+\frac{2\kappa}{\kappa+1}(Ma_1^2-1)\right]^{-\frac{1}{\kappa-1}}\left[\frac{(\kappa+1)Ma_1^2}{(\kappa-1)Ma_1^2+2}\right]^{\frac{\kappa}{\kappa-1}} \tag{8-67}$$

滞止密度的关系式为

$$\frac{\rho_{02}}{\rho_{01}}=\frac{p_{02}}{p_{01}}=\left[1+\frac{2\kappa}{\kappa+1}(Ma_1^2-1)\right]^{-\frac{1}{\kappa-1}}\left[\frac{(\kappa+1)Ma_1^2}{(\kappa-1)Ma_1^2+2}\right]^{\frac{\kappa}{\kappa-1}} \tag{8-68}$$

六、熵的变化

将式（8－61）与式（8－62）联立，消去 Ma_1，得到

$$\frac{\rho_2}{\rho_1}=\frac{\frac{\kappa+1}{\kappa-1}\frac{p_2}{p_1}+1}{\frac{\kappa+1}{\kappa-1}+\frac{p_2}{p_1}} \tag{8-69}$$

或

$$\frac{p_2}{p_1}=\frac{\frac{\kappa+1}{\kappa-1}\frac{\rho_2}{\rho_1}-1}{\frac{\kappa+1}{\kappa-1}-\frac{\rho_2}{\rho_1}} \tag{8-70}$$

式（8－69）和式（8－70）就是完全气体激波的兰金－雨贡纽公式。它和定熵关系

$p_2/p_1=(\rho_2/\rho_1)^\kappa$ 大不相同，对于定熵过程，$p_2/p_1\to\infty$，$\rho_2/\rho_1\to\infty$；而在激波前后，$p_2/p_1\to\infty$，$\rho_2/\rho_1=(\kappa+1)/(\kappa-1)$。激波过程是非定熵的。

对于完全气体，可以得到激波前后熵增为

$$s_2-s_1=c_V\ln\frac{p_2/p_1}{(\rho_2/\rho_1)^\kappa} \tag{8-71}$$

可以证明，对于超声速气流，$s_2>s_1$，激波过程是一个熵增过程。

由上述激波前后各流动参数的变化，可以得出以下结论：

(1) 气流通过正激波以后，速度突然降低，由超声速变成亚声速，而压强、密度和温度突然上升，状态参数和流动参数发生突变。

(2) 气体通过激波的过程是熵增的过程。

(3) 气体通过激波的过程绝热，激波前后的滞止温度相同，但激波前后滞止压强、滞止密度并不相等。

采用本节各式，若激波前的流动参数已知，则可以确定激波后的流动参数。

【例 8-10】　在马赫数为 $Ma_1=1.5$ 的均匀超声速气流中放置一皮托管，在皮托管的前方产生激波。皮托管显示的滞止压强为 $p_{02}=1.5\times10^5\,\text{Pa}$，求放置皮托管前气流中的静压。($\kappa=1.4$)

解　由式 (8-67)，激波前后的滞止压强关系为

$$\frac{p_{02}}{p_{01}}=\left[1+\frac{2\kappa}{\kappa+1}(Ma_1^2-1)\right]^{-\frac{1}{\kappa-1}}\left[\frac{(\kappa+1)Ma_1^2}{(\kappa-1)Ma_1^2+2}\right]^{\frac{\kappa}{\kappa-1}}$$

因此

$$\begin{aligned}p_{01}&=p_{02}\left[1+\frac{2\kappa}{\kappa+1}(Ma_1^2-1)\right]^{\frac{1}{\kappa-1}}\left[\frac{(\kappa+1)Ma_1^2}{(\kappa-1)Ma_1^2+2}\right]^{-\frac{\kappa}{\kappa-1}}\\&=1.5\times10^5\times\left[1+\frac{2.8}{2.4}(1.5^2-1)\right]^{\frac{1}{1.4-1}}\times\left[\frac{2.4\times1.5^2}{0.4\times1.5^2+2}\right]^{-\frac{1.4}{0.4}}\\&=1.61\times10^5(\text{Pa})\end{aligned}$$

由式 (8-18)，当地静压强和滞止压强的关系为

$$\frac{p_{01}}{p_1}=\left(1+\frac{\kappa-1}{2}Ma_1^2\right)^{\frac{\kappa}{\kappa-1}}$$

因此

$$\begin{aligned}p_1&=p_{01}\left(1+\frac{\kappa-1}{2}Ma_1^2\right)^{-\frac{\kappa}{\kappa-1}}\\&=1.61\times10^5\left(1+\frac{0.4}{2}1.5^2\right)^{-\frac{1.4}{0.4}}\\&=4.39\times10^4(\text{Pa})\end{aligned}$$

【例 8-11】　空气经拉瓦尔喷管流出，已知喉部截面和出口截面之比为 1∶3，出口背压和来流总压之比为 $p_b/p_0=0.4$，试分析该喷管内的流动过程，并分析管内是否会出现正激波。($\kappa=1.4$)

解　若喷管内的流动是定熵的，即没有激波，由式 (8-24)，有

$$\frac{A_e}{A_*}=\frac{1}{Ma_e}\left[\frac{2}{\kappa+1}\left(1+\frac{\kappa-1}{2}Ma_e^2\right)\right]^{\frac{\kappa+1}{2(\kappa-1)}}$$

求解上式，可得 $Ma_{e1} = 0.2$，$Ma_{e1} = 2.65$

因此
$$\frac{p_{e1}}{p_0} = \left(1+\frac{\kappa-1}{2}Ma_{e1}^2\right)^{-\frac{\kappa}{\kappa-1}} = 0.937$$

$$\frac{p_{e2}}{p_0} = \left(1+\frac{\kappa-1}{2}Ma_{e2}^2\right)^{-\frac{\kappa}{\kappa-1}} = 0.047$$

由已知条件，此时 $\frac{p_{e2}}{p_0} < \frac{p_b}{p_0} < \frac{p_{e1}}{p_0}$。由第六节对拉瓦尔喷管内的流动分析，若 $p_b \geqslant p_{e1}$，喉部前后都是亚声速，喉部最大达到声速，流动是定熵的。当 $p_b \leqslant p_{e2}$ 时，喷管内的扩张段达到超声速；当 $p_{e2} < p_b < p_{e1}$ 时，喉部为声速运动，但在扩张段已无法找到既满足定熵条件又满足出口条件的解，会有激波出现。这是因为，当 $p_b = p_{e2}$ 时，扩张段为超声速流动，此时若增加外部背压，$p_b > p_{e2}$，相当于喷管入口受到阻碍，产生激波，激波向上传递在扩张段某一位置 x_D 上停留下来。如图 8 - 15 所示，喷管内的压强变化曲线为0—1—2—3—4。

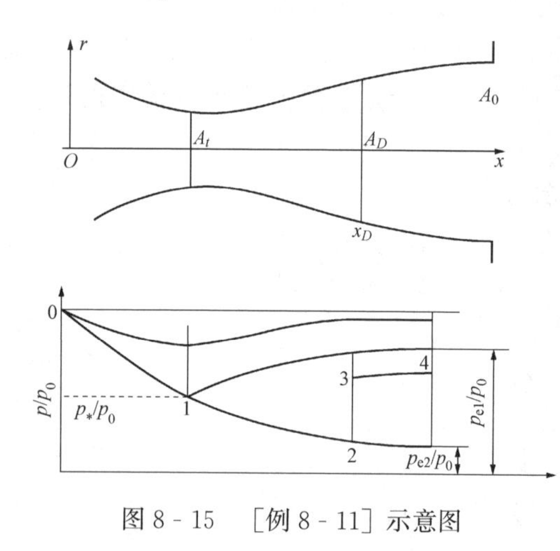

图 8 - 15 ［例 8 - 11］示意图

设喷管中激波处于截面 $x = x_D$ 处，如图 8 - 15所示，可以把流动分成三个区域来计算。

（1）$x < x_D$ 区域。在 $x < x_D$ 区域中，流动相当于出口背压 $p_b = p_{e2}$ 的拉瓦尔喷管的无激波的定熵流动。

（2）$x = x_D$ 处。在 $x = x_D$ 处的截面 A_D 上存在正激波，由正激波前后关系式，可得出激波前后物理量之间的关系。

（3）$x > x_D$ 区域。在 $x > x_D$ 区域中，相当于扩张管中的亚声速流动。

在设计拉瓦尔喷管时，应尽量避免产生正激波，否则将失去其超声速的特性。

复习与思考

8 - 1　流体的声速与哪些因素有关？为何声速是体现流体可压缩性的指标？

8 - 2　小扰动在亚声速气流、声速气流和超声速气流中的传播特性分别是怎样的？

8 - 3　什么是滞止状态？什么是临界状态？什么是最大速度状态？气流在管道内做定熵流动，不同截面上参数所对应的滞止温度是否相同？为什么？

8 - 4　亚声速气流在变截面管道内做定熵流动，其流速随截面变化如何变化？超声速气流呢？

8 - 5　亚声速气流如何能加速得到超声速气流？试说明装置设计步骤及运行参数要求。

8 - 6　声速气流在扩张管道内一定能加速为超声速气流吗？说明原因。

8 - 6　什么是声速壅塞现象？试分析产生原因。

8 - 7　什么是激波？什么是膨胀波？激波发生前后流动参数如何变化？

习　题

8-1　根据通用气体常数值 $R_m=8314.34$（J/kmol·K），计算空气、氧气、氮气、氦气、氢气、甲烷、一氧化碳、二氧化碳的气体常数值 R。

8-2　当上述气体温度为15℃，求其声速。

8-3　如果上述气体的马赫数 $Ma=2$，求其实际流速。

8-4　证明小扰动经过后，压强的相对变化为 $\frac{dp}{p}=\kappa\frac{dv}{c}$。

8-5　输送氩气的管路中装置一皮托管，测得某点的总压强为158kN/m²，静压为104kN/m²，管中气体温度20℃，求流速：

（1）不计气体的可压缩特性；

（2）按绝热可压缩流计算。

8-6　用皮托管测得风洞中某点的总压强为98kN/m²，静压为40.7kN/m²，滞止温度为90℃，求流速。

8-7　已知空气流速 $v=500$m/s，温度 $t=15$℃，静压 $p=1$atm，试求其 Ma 数、总温 T_0 和总压 p_0。

8-8　空气气流的滞止压强 $p_0=490$kN/m²，滞止温度 $T_0=293$K，求滞止声速 c_0 及 $Ma=0.8$ 处的声速、流速和压强值。

8-9　氧气罐中的稳定压强 $p_0=8$atm，温度为 $t=27$℃，当出流马赫数分别为0.8、1.0、2.0时，求出口的气体流速 v、温度 T、静压 p 和密度 ρ。

8-10　空气喷管的临界直径 $d_*=10$mm，要求标准状态下体积流量为0.1m³/s，总温 $T_0=300$K。已知 $p_b=p_a=1$atm，试计算喷管所要求的总压 p_0、临界流速 v_*、出口速度 v。

8-11　根据习题8-10的条件，如果总温提高到420K，为保证质量流量不变，其总压 p_0 应如何调整。

8-12　空气拉瓦尔喷管的出口马赫数 $Ma_e=2$，出口直径 $d_e=20$cm，出口压强 $p_e=1$atm，出口温度 $T_e=173$K，试求临界截面面积 A_*、总温 T_0、总压 p_0、质量流量 q_m。

8-13　空气罐中的绝对压强 $p_0=700$kN/m²，$t_0=40$℃，通过一喉部直径为 $d=25$mm 的拉瓦尔喷管向大气中喷射，大气压强 $p_a=98.1$kN/m²，求质量流量 q_m、喷管出口断面直径 d_2 和喷管出口马赫数 Ma_2。

8-14　已知空气自喷管出流速度 $v=500$m/s，如果测得的气流温度 $t=11$℃，静压 $p=1$atm，试求气流的马赫数 Ma、总温 T_0 和总压 p_0。

8-15　氧气按定熵过程经拉瓦尔喷管向大气出流，当地大气压为 1.00×10^5N/m²，喷管入口处气体静压为 5.00×10^5N/m²，温度为310K，流速为120m/s，试求：

（1）临界截面气体的温度、静压和流速；

（2）出口截面气体的温度、马赫数、流速。

8-16　证明 $v_{max}^2=\frac{\kappa+1}{\kappa-1}c_*^2$。

8-17 空气流经喷管，在某截面面积为 A_1，$Ma_1=0.4$，$p_1=2.0684\times10^5\text{N/m}^2$，下游某截面面积为 $A_2=0.632A_1$，$p_2=1.379\times10^5\text{N/m}^2$，求 Ma_2。

8-18 理想空气在管内流动，两截面马赫数 $Ma_1=0.8$，$Ma_2=0.4$ 时，求面积比 A_1/A_2。

8-19 空气经管道某截面速度为 $v=182.88\text{m/s}$，质量流量 $q_m=9.072\text{kg/s}$，截面面积 $A=0.0516\text{m}^2$，马赫数 $Ma=0.5$，求压强 p。

8-20 已知容器中空气的温度为 40℃，压强为 700kPa，空气从出口截面直积为 650mm² 的渐缩喷管中排出，试求在等熵条件下外界压强为 400kPa 和 100kPa 时，出口截面处的压强、温度和质量流量。

8-21 氮气在直径 $D=200\text{mm}$、阻力系数 $\lambda=0.25$ 的等截面管道内做绝热流动，上游某截面参数为 $p=300\text{kN/m}^2$，$t=40℃$，$v=550\text{m/s}$，求此截面到出口的极限管长，以及出口压强、温度和速度。

8-22 马赫数为 1.7，压强 $p_1=60000\text{N/m}^2$，温度 $t_1=30℃$ 的空气通过一道正激波，求激波后的速度 v_2 和滞止压强 p_0。

附录 单位与表示方法

附表 1 **力学的量和单位符号**

物理量	符号	单位名称	国际代号	中文代号	用基本单位表示	单位类别
质量	m	千克	kg	千克	kg	基本单位
长度	l	米	m	米	m	
时间	t	秒	s	秒	s	
温度	T	开尔文	K	开	K	
力	F	牛顿	N	牛	$kg \cdot m \cdot s^{-2}$	导出单位
压强	p	帕斯卡	Pa	帕	$kg \cdot m^{-1} \cdot s^{-2}$	
切应力	τ	牛顿每平方米	N/m^2	牛/米^2	$kg \cdot m^{-1} \cdot s^{-2}$	
表面张力	σ	牛顿每米	N/m	牛/米	$kg \cdot s^{-2}$	
力矩	M	牛顿米	N·m	牛·米	$kg \cdot m^2 \cdot s^{-2}$	
动量	mv	千克米每秒	kg·m/s	千克·米/秒	$kg \cdot m \cdot s^{-1}$	
动力黏度	η	帕秒	Pa·s	帕·秒	$kg \cdot m^{-1} \cdot s^{-1}$	
运动黏度	ν	平方米每秒	m^2/s	米^2/秒	$m^2 \cdot s^{-1}$	
密度	ρ	千克每立方米	kg/m^3	千克/米^3	$kg \cdot m^{-3}$	
速度	v	米每秒	m/s	米/秒	$m \cdot s^{-1}$	
加速度	a	米每秒平方	m/s^2	米/秒^2	$m \cdot s^{-2}$	
面积	A	平方米	m^2	米^2	m^2	
体积	V	立方米	m^3	米^3	m^3	
角速度	ω	弧度每秒	rad/s	弧度/秒	s^{-1}	
能 量	E	焦 耳	J	焦	$kg \cdot m^2 \cdot s^{-2}$	
功 率	P	瓦 特	W	瓦	$kg \cdot m^2 \cdot s^{-3}$	

附表 2 **用于构成十进倍数和分数单位的词头**

幂次方	英文缩写	中文缩写	幂次方	英文缩写	中文缩写
10^{12}	T	太	10^{-3}	m	毫
10^{9}	G	吉	10^{-6}	μ	微
10^{6}	M	兆	10^{-9}	n	纳
10^{3}	k	千	10^{-12}	p	皮

习 题 答 案

第一章

1-1 $v=3.3\times10^{-4}\text{m}^3/\text{kg}$

1-2 $\rho=851\ \text{kg/m}^3$；$d=0.85$

1-3 $K=1.965\times10^9\text{Pa}$

1-4 $\rho=4.33\ \text{kg/m}^3$；$v=0.231\text{m}^3/\text{kg}$

1-5 $\nu=4.41\times10^{-7}\text{m}^2/\text{s}$

1-6 1.3 倍

1-7 $\rho_{in}=0.298\text{kg/m}^3$；$\rho_{out}=0.452\ \text{kg/m}^3$

1-8 $\rho=1.336\text{kg/m}^3$

1-9 $F=4.6\text{N}$

1-10 $y=\dfrac{h}{1+\sqrt{k}}$，$y=\dfrac{\sqrt{k}}{1+\sqrt{k}}h$

1-11 $v=0.23\text{m/s}$

1-12 $\eta=0.63\text{Pa}\cdot\text{s}$

1-13 $\eta=0.792\text{Pa}\cdot\text{s}$

1-14 $\eta=7.45\times10^{-3}\text{Pa}\cdot\text{s}$

1-15 $F=1.15\times10^3\text{N}$

1-16 $d=7.3\text{mm}$

第二章

2-1 0.197atm，$2\times10^4\text{Pa}$，$2.04\text{mH}_2\text{O}$

2-2 能

2-3 $p=\rho_0 gh+\dfrac{2}{3}Kgh^{\frac{3}{2}}+p_0$

2-4 $p_g=2.203\text{atm}$

2-5 $\Delta h=\dfrac{\rho_{H_2O}\cdot a}{\rho_{Hg}-\dfrac{1}{2}\rho_{H_2O}}$

2-6 $a=1.63\text{m/s}^2$

2-7 $H=0.213\text{m}$

2-8 $p_x=1611\text{mmHg}$

2-9 $p_x-p_y=-4560\text{Pa}$

2-10 $a=\dfrac{2g(h_2-h_1)}{l_1+l_2}$

2-12 $n=\dfrac{1}{\pi R}\sqrt{gh}$

2-13 $p_{gA}=0$；$p_{gB}=17.89\text{kPa}$；$p_{gC}=11.52\text{kPa}$

2-14 $\omega=5.9179\text{rad/s}$

2-15 $F=256.72\text{kN}$

2-16 $h_{煤油}=7.88\text{cm}$，$h_{H_2O}=5.25\text{cm}$

2-17 $F=12.64\text{N}$；$p_g=1221\text{Pa}$

2-18 $F=45806\text{N}$

2-19 $F_1=0\text{N}$，$F_2=2898\text{N}$；55.77%

第三章

3-1 二维；$\vec{a}=\frac{16}{3}\vec{i}+\frac{32}{3}\vec{j}+\frac{4}{3}\vec{k}$；稳定流

3-2 三维；$\vec{a}=2004\vec{i}+108\vec{j}$

3-3 三维；非稳定；$\vec{a}=19.5\vec{i}+17.25\vec{j}$

3-4 $\vec{a}=-4\vec{j}$，$\frac{r^2-1}{r}\sin\theta=C$

3-5 $(x+1)(-y+4)=6$

3-6 $x=z-3$ 和 $x=y^{-0.5}$的交线

3-7 $3x-2y=C$

3-9 $(4x-2)(4y-2)=C$；$x^2y+2xy-2y^2=C$；$r=Ce^{-\theta}$

3-10 $v_2=8.97\text{m/s}$；$v_4=2.99\text{m/s}$

3-12 $d_2=42.4\text{mm}$；$v_2=8.49\text{m/s}$

3-13 $v=63\text{m/s}$

3-14 $q_V=0.087\text{m}^3/\text{s}$

3-15 $h=0.174\text{m}$

3-16 $q_V=1.93\text{m}^3/\text{s}$

3-17 $q_V=0.154\text{m}^3/\text{s}$；$v_A=19.67\text{m/s}$；$p_M=-135.7\text{kN/m}^2$

3-18 $h=1.51\text{m}$

3-19 $d_2=235\text{mm}$

3-20 $q_{V\max}=0.02\text{m}^3/\text{s}$

3-21 $v=11.7\text{m/s}$，$p_A=2.31\times10^4\text{N/m}^2$

3-22 $p_A=5536\text{Pa}$，$p_B=1217\text{Pa}$，$p_C=-3650\text{Pa}$，$p_D=0\text{Pa}$

3-23 $q_V=0.1125\text{m}^3/\text{s}$，$p_M=53000\text{Pa}$

3-24 $q_V=1.78\times10^{-2}\text{m}^3/\text{s}$

3-25 $t=159\text{s}$

3-26 $q_V=0.03929\text{m}^3/\text{s}$

3-27 $y=(2\pm\sqrt{3})\text{m}$；$x=4\text{m}$，$y=2\text{m}$

3-28 $F=9229\text{N}$

3-29 $q_{V1}/q_{V2}=0.172$

3-30 $F=4pdv_0^2$

3 - 31　$R_x=0.538\text{kN}$，$R_y=0.598\text{kN}$

3 - 32　$F=\rho v_0^2 A_0 \sin\theta$，$F=\rho(v_0-u)^2 A_0 \sin\theta$

3 - 33　$G=2.32\text{kN}$

3 - 34　$F=9504\text{N}$

3 - 35　$\omega=8.52\text{rad/s}$；$M=0.3\text{N}\cdot\text{m}$

3 - 36　$m=3.11\text{kg}$；$OA=0.173\text{m}$

第四章

4 - 1　湍流

4 - 2　层流

4 - 3　$q_V=1.44\times10^{-3}\text{m}^3/\text{s}$

4 - 4　$Re=10^4$

4 - 5　$q_V=4.12\times10^{-3}\text{m}^3/\text{s}$；$H=8.42\text{m}$

4 - 6　$a=1.41$；$\beta=1.21$

4 - 7　$a=1.259$

4 - 8　$h_f=18.17\text{m}$ 油柱

4 - 9　$p_A=24.5\text{atm}$；$p_C=3.5\text{atm}$

4 - 10　$d=55\text{mm}$；$z_{\max}=4.98\text{m}$

4 - 12　层流；湍流；$q_V=5.14\times10^{-5}\text{m}^3/\text{s}$；$v=3.2\text{m/s}$

4 - 13　$q_V=1.56\times10^{-3}\text{m}^3/\text{s}$

4 - 14　$v=1.38\text{m/s}$；$q_V=4.335\text{m}^3/\text{s}$

4 - 15　$q_V=0.0052\text{m}^3/\text{s}$

4 - 16　$\lambda=0.0165$

4 - 17　下降：0.029→0.026

4 - 18　$q_V=1.58\times10^{-4}\text{m}^3/\text{s}$

4 - 19　$q_V=8.7\times10^{-3}\text{m}^3/\text{s}$

4 - 20　$K=0.485$

4 - 21　$H=1.536\text{m}$

4 - 22　$\Delta p=34.2\text{N/m}^2$

4 - 24　$q_V=0.0505\text{m}^3/\text{s}$；$H=2.5\text{m}$

4 - 25　$R=4.09\times10^3\text{N}$；$F=4.72\times10^3\text{N}$

4 - 26　$h_s=5.4\text{m}$

4 - 27　$H=43.9\text{m}$；$E_m=87.8\text{J/N}$，$P=56.0\text{kW}$

4 - 28　$q_{V1}=2.44\times10^{-3}\text{m}^3/\text{s}$；$H_1=0.234\text{m}$；$q_{V2}=2.46\times10^{-3}\text{m}^3/\text{s}$

4 - 29　$q_V=0.1525\text{m}^3/\text{s}$

4 - 30　$q_V=0.0725\text{m}^3/\text{s}$

4 - 31　$q_{V3}:q_{V2}:q_{V1}=3^{5/2}:2^{5/2}:1$

4 - 32　$q_{V1}=0.003848\text{m}^3/\text{s}$；$q_{V2}=0.002993\text{m}^3/\text{s}$；$q_{V3}=0.00539\text{m}^3/\text{s}$

4 - 33　50mm；62.5mm

4 - 34 $q_{V1}=15.9\times10^{-3}\mathrm{m^3/s}$；$q_{V2}=13.3\times10^{-3}\mathrm{m^3/s}$；$q_{V3}=29.2\times10^{-3}\mathrm{m^3/s}$；$p_A=-0.4\mathrm{mH_2O}$

4 - 35 $5.49\times10^{-3}\mathrm{m^3/s}$；$28.5\mathrm{mH_2O}$；$3.18\times10^{-3}\mathrm{m^3/s}$；$0.8\mathrm{mH_2O}$

第五章

5 - 1 （1）连续

5 - 2 （1）、（2）、（4）、（5）连续；（1）、（2）、（3）有旋

5 - 3 连续；有旋；驻点：（0，0）；（−2，0）；$\left(-1,-\frac{1}{4}\right)$；$\psi=x^2y+2xy-2y^2$

5 - 4 （1）、（3）连续并为无旋流

5 - 5 （1）、（2）、（4）无旋

5 - 6 $\varphi=\frac{1}{2}(x^2-y^2)-3x-2y$，$v_x=x-3$，$v_y=-y-2$

5 - 7 $\psi=\frac{1}{2}(y^2-x^2)$；$v_x=y$，$v_y=x$；$q_V=5/2$

5 - 8 $\varphi=x^2y+\frac{1}{2}x^2-\frac{1}{3}y^3-\frac{1}{2}y^2$，$\psi=xy^2+xy-\frac{1}{3}x^3$

5 - 9 $\omega_x=\omega_y=\omega_z=\frac{1}{2}$，$\gamma_x=\gamma_y=\gamma_z=\frac{5}{2}$，$x=y=z$

5 - 10 $\omega_x=\frac{3}{2}$，$\omega_w=-2$，$\omega_z=-\frac{1}{2}$

5 - 11 $\varphi=x^3-3xy^2$，$|\vec{v}|=3(x^2+y^2)=3r^2$

5 - 12 $\varphi=\frac{7}{2}(x^2-y^2)-4x-6y$

5 - 13 $\varphi=\frac{5}{2}(x^2-y^2)$，$v_x=5\mathrm{m/s}$，$v_y=-5\mathrm{m/s}$，$p_0=1.25\times10^5\mathrm{Pa}$

5 - 14 涡线的方程$\begin{cases}x=y+C_1\\y=z+C_2\end{cases}$；$J=1.732\times10^{-4}\mathrm{m^2/s}$

5 - 15 （0，0）；（0，2）；（0，−2）；（4/5，12/5）

5 - 16 $\varphi=xyzt$

5 - 17 有旋，$\Gamma=2\pi C$；$\Gamma=-2\pi C$；$\Gamma=0$

5 - 18 $v_z=-2z(x+y)-z^2-z$

5 - 19 $v_r=-1.43\mathrm{m/s}$；$v_\theta=-1.17\mathrm{m/s}$；$-2\rho\left[2\left(\frac{0.025}{r}\right)^2+\left(\frac{0.025}{r}\right)^4\right]$

5 - 20 $\theta_1=184.5°$；$\theta_2=355.5°$；$F=96\,000\mathrm{N}$

第六章

6 - 2 $v_x=-6.77\ln r-32.9$

6 - 3 $\frac{2}{3}$

6 - 4 $v_x=\frac{g\sin\alpha}{2\nu}(2hy-y^2)$；$v_{平}=\frac{gh^2\sin\alpha}{3\nu}$

6-5 $dp/dx=200Pa/m$

6-6 $\frac{\delta}{x}=\frac{3.164}{\sqrt{Re_x}}$；$C_f=1.264Re_l^{-\frac{1}{2}}$

6-7 是层流边界层；$v_x=0.406m/s$；$F_D=0.365N$

6-8 $l=0.55m$；$\delta=57.2mm$；$F=16.57N$

6-9 $\delta=0.4061x(Re_x)^{-1/6}$

6-10 $\delta_1=0.010m$；$\delta_2=0.105m$；$F=0.241N$

6-11 $F=345.5N$；$P=345.5W$

6-12 $x_r=0.114m$

6-13 $Re=6.57\times10^4$；$\delta=1.95mm$；0.010 2

6-14 $P=5.487kW$

6-15 $F=612N$

6-16 $\delta_1=0.082m$；$\delta_2=0.045m$

第七章

7-1 35.45m/s；0.357 8N/cm^2

7-2 1.0m；1470N

7-3 10.4m/s；0.865N

7-4 27.5mm；2.727；12.273

7-5 0.2495m^3/s；17.35cmH_2O

7-6 $F_D=f(Re)\rho v^2A$；$F_D=f(Re，\varepsilon/l)\rho v^2A$

7-8 ρ^2l^3a/η^2

7-9 $F_D=f(Re，Ca)\rho v^2l^2$

7-10 $v=f(Re，Fr，H/d)\sqrt{2gH}$

7-11 $v=f(Re)\sqrt{gd\left(\frac{\rho_{球}}{\rho}-1\right)}$

7-12 $T=\sqrt{\frac{l}{g}}f\left(\frac{\eta}{\rho l\sqrt{gl}}\right)$

第八章

8-1 287J/(kg·K)；260J/(kg·K)；297J/(kg·K)；2077J/(kg·K)；4120J/(kg·K)；520J/(kg·K)；297J/(kg·K)；188J/(kg·K)

8-2 340m/s；323.7m/s；346m/s；999.8m/s；1295m/s；441m/s；346m/s；266m/s

8-3 680m/s；647.4m/s；692m/s；1999.6m/s；2590m/s；882m/s；692m/s；532m/s

8-5 $v_1=252m/s$；$v_2=235m/s$

8-6 $v=404m/s$

8-7 $Ma=1.47$；$T_0=412.56K$；$p_0=3.514atm$

8-8 $c_0=343m/s$；$c=322m/s$；$v=257.6m/s$；$p=321.8kN/m^3$

8-9 $Ma=0.8$时，$v=248.8m/s$；$p=5.5atm$；$T=266.1K$；$\rho=7.8kg/m^3$

$Ma=1.0$ 时，$v=301.6\text{m/s}$；$p=4.23\text{atm}$；$T=250\text{K}$；$\rho=6.7\text{kg/m}^3$

$Ma=2.0$ 时，$v=492.5\text{m/s}$；$p=1.02\text{atm}$；$T=166.7\text{K}$；$\rho=2.4\text{kg/m}^3$

8 - 10　$p_0=6.95\text{atm}$；$v_*=316.8\text{m/s}$；$v=506.3\text{m/s}^3$

8 - 11　$p_0=8.22\text{atm}$

8 - 12　$A_*=186.2\text{cm}^2$；$T_0=311.4\text{K}$；$p_0=7.825\text{atm}$；$q_m=32.78\text{kg/s}$

8 - 13　$q_m=0.785\text{kg/s}$；$d_2=31.7\text{mm}$；$Ma_2=1.914$

8 - 14　$Ma=1.47$；$T_0=412.57\text{K}$；$p_0=3.516\text{atm}$

8 - 15　(1) $T_*=264.9\text{K}$；$p_*=2.88\times10^5\ \text{N/m}^2$；$v_*=310.52\text{m/s}$

(2) $T_e=195.68\text{K}$；$Ma_e=1.33$；$v_e=355\text{m/s}$

8 - 17　$Ma_2=0.933$

8 - 18　$A_1/A_2=0.659$

8 - 19　$p=0.942\times10^5\text{N/m}^2$

8 - 20　$p_{e1}=400\text{kPa}$，$T_{e1}=267\text{K}$，$q_{Vm1}=1.035\text{kg/s}$；$p_{e1}=369.6\text{kPa}$，$T_{e1}=260.8\text{K}$，$q_{m1}=1.039\text{kg/s}$

8 - 21　$L_{max}=1.16\text{m}$；$p_e=505.5\text{kN/m}^2$；$T_e=382$；$v_*=398.5/\text{s}$

8 - 22　$v_2=270\text{m/s}$；$p_0=247\,156.4\text{N/m}^2$

参 考 文 献

[1] 吴望一．流体力学．2 版．北京：北京大学出版社，2021.
[2] 周光垧，严宗毅，许世雄，等．流体力学．2 版．北京：高等教育出版社，2000.
[3] 丁祖荣．流体力学．3 版．北京：高等教育出版社，2018.
[4] 孔珑．工程流体力学．4 版．北京：中国电力出版社，2014.
[5] 杜广生．工程流体力学．3 版．北京：中国电力出版社，2022.
[6] 莫乃榕．工程流体力学．武汉：华中科技大学出版社，2015.
[7] 王献孚．工程流体力学．北京：科学出版社，2021.
[8] 武桂芝，李冬桂．工程流体力学．北京：中国电力出版社，2020.
[9] 李翠平，王勇．工程流体力学．北京：科学出版社，2019.
[10] 归柯庭，汪军，王秋颖．工程流体力学．3 版．北京：科学出版社，2020.
[11] 张兆顺，崔桂香．流体力学．3 版．北京：清华大学出版社，2015.
[12] 沙毅．流体力学学习指导与习题解析．合肥：中国科学技术大学出版社，2019.
[13] 王松岭．流体力学．北京：中国电力出版社，2007.
[14] 张鸣远．流体力学．北京：高等教育出版社，2010.